21 世纪高等院校电气工程与自动化规划教材
21 century institutions of higher learning materials of Electrical Engineering and Automation Planning

The Program Design and Application of LabVIEW (2nd Edition)

LabVIEW 虚拟仪器程序设计及应用（第 2 版）

孙秋野　吴成东　黄博南　编著

人民邮电出版社
北　京

图书在版编目（CIP）数据

LabVIEW虚拟仪器程序设计及应用 / 孙秋野，吴成东，黄博南编著. -- 2版. -- 北京 : 人民邮电出版社，2015.6（2024.7重印）
21世纪高等院校电气工程与自动化规划教材
ISBN 978-7-115-38784-4

Ⅰ. ①L… Ⅱ. ①孙… ②吴… ③黄… Ⅲ. ①软件工具－程序设计－高等学校－教材 Ⅳ. ①TP311.56

中国版本图书馆CIP数据核字(2015)第066917号

内 容 提 要

本书以 LabVIEW 2013 简体中文版为对象，通过理论与实例相结合的方式，深入浅出地介绍了 LabVIEW 的使用方法及应用技巧。全书共分为 14 章，内容包括 LabVIEW 概述、LabVIEW 2013 开发环境、LabVIEW 程序对象的基本操作、LabVIEW 的数据类型与程序控制、创建子 VI、操作界面的设计、字符串的实现、文件 I/O、图形与图表、访问数据库、数据采集、仪器控制与网络通信、LabVIEW 常用外部接口和上机练习。为使读者更加方便快捷地掌握 LabVIEW 的编程方法，本书各章都附有一定数量的示例程序。

本书可作为高等院校相关课程的教材，也可作为相关应用和技术研发人员的参考用书。

◆ 编　　著　孙秋野　吴成东　黄博南
　责任编辑　邹文波
　执行编辑　税梦玲
　责任印制　沈　蓉　彭志环

◆ 人民邮电出版社出版发行　　北京市丰台区成寿寺路 11 号
　邮编　100164　　电子邮件　315@ptpress.com.cn
　网址　http://www.ptpress.com.cn
　北京天宇星印刷厂印刷

◆ 开本：787×1092　1/16
　印张：15.25　　2015 年 6 月第 2 版
　字数：398 千字　　2024 年 7 月北京第 20 次印刷

定价：36.80 元

读者服务热线：(010)81055256　印装质量热线：(010)81055316

反盗版热线：(010)81055315

第2版前言

本书第一版出版至今已过去六个年头，在这几年里，电子技术、计算技术和网络技术得到了高速发展。LabVIEW 2013 中文版是 NI 发布的最新中文版本。相对于第一版中的 LabVIEW 8.5 中文版来说，LabVIEW 2013 拥有更加强大的功能。LabVIEW 2013 的发布大大缩短了软件易用性和强大功能之间的差距，为工程师提供了效率与性能俱佳的出色的开发平台。为了能够使读者更好地学习和掌握 LabVIEW 2013 中文版，我们决定对《LabVIEW 虚拟仪器程序设计及应用》一书进行再版修订。此次修订同样从入门的角度循序渐进地讲解 LabVIEW 2013 的基本操作，通过理论与实例相结合的方式，深入浅出地介绍 LabVIEW 的使用方法和技巧，并通过大量翔实的例子给出具体的创建过程和程序运行过程。

由于软件版本的重大革新，软件功能有很多提升，因此本次修订与第一版会有很多不同，主要体现在以下两个方面。

第一，章节安排做了重大调整，章节内容进行了一定程度上的删减。作为一本入门级教材，为了便于读者更好地学习和掌握 LabVIEW 2013 中文版，我们特意对原有的章节安排进行了调整。与此同时，相比于上一版，LabVIEW 2013 中文版在创建、调试和发布 Web 服务虚拟仪器等很多方面做出了改进，增加了很多新特性，使得操作更加简便易行、更加人性化。

第二，为了使读者能够更好地理解和掌握所讲解的内容，本版特意在上一版的基础上，增加和更改了大量实例。同时，考虑到本书为入门级教材，因此在实例选择上也秉持着基础性原则，主要目的仍是希望能够通过实例让读者更好地理解和掌握基本操作及应用。

在本书的修订过程中，杨珺、刘鑫蕊、马大中、王智良等老师给予了很多帮助。博士研究生滕菲、周建国、李玉帅等提供了软件及硬件方面的很多资料。硕士研究生沈政委、谢志远等也参与了大量的工作，提出了很多宝贵的建议，并帮助我们解决了很多具体问题。张艺缤、韩仁科、李大双、刘玲、王冰玉、陈思、甘俞乾、陈磊、赵霖等硕士研究生对全稿进行了仔细的校对，并测试了书中的示例程序。在此，一并向他们表示感谢。

最后，借此修订版出版之机，编者谨向本书第一版广大读者，尤其是对其提出批评建议的读者致以衷心的感谢。

由于时间仓促，加上编者水平有限，修订后的本书仍难以尽善，错误和不妥之处仍在所难免，恳请广大读者批评指正。

编　者

2014 年 11 月

目 录

第 1 章 LabVIEW 概述

1.1 LabVIEW 的起源与发展

LabVIEW 的全称为 Laboratory Virtual Instrument Engineering Workbench（实验室虚拟仪器集成环境），是由美国国家仪器公司（National Instruments，NI）创立的一种功能强大而又灵活的仪器和分析软件应用开发工具。它是一种基于图形化的、用图标来代替文本行创建应用程序的计算机编程语言。在以 PC 为基础的测量和工控软件中，LabVIEW 的市场普及率仅次于 C++/C 语言。LabVIEW 已经广泛地被工业界、学术界和研究实验室所接受，并被公认为是标准的数据采集和仪器控制软件。

LabVIEW 使用的编程语言通常称为 G 语言。G 语言与传统文本编程语言的主要区别在于：传统文本编程语言是根据语句和指令的先后顺序执行，而 LabVIEW 则采用数据流编程方式，程序框图中节点之间的数据流向决定了程序的执行顺序。G 语言用图标表示函数，用连线表示数据流向。

在 20 世纪 80 年代初个人计算机出现之前，几乎所有拥有程控仪器的实验室都采用贵重的仪器控制器来控制测试系统。这些功能单一、价格昂贵的仪器控制器通过一个集成通信口来控制 IEEE-488 总线仪器（也称为 GPIB 程控仪器）。后来随着 PC 的出现，通过性价比较高的通用 PC 控制台式仪器逐渐成为行业主流，各种基于 PC 的接口板卡产品也逐渐占据市场，NI 公司也应运而生。

LabVIEW 的概念来源于特鲁查德和柯德斯凯两人于 20 世纪 70 年代末期在应用研究实验室（Applied Research Laboratory，ARL）完成的一个大型测试系统，该系统主要用于测试美国海军的声纳探测器。通过几年的时间，柯德斯凯把从该测试系统得到的启示应用到测试系统软件从而引入了多层虚拟仪器（Virtual Instruments，VI）构成的新概念。1984 年，NI 公司投资启动 LabVIEW 软件工程项目，经过两年的努力，于 1986 年 10 月正式发布了 LabVIEW 1.0 版。为解决内存复用问题，NI 在 1988 年推出了 LabVIEW 2.0。该版本采用了最新的面向对象编程（OOP）技术，程序的执行速度和应用的灵活性达到了一个新的高度。LabVIEW 2.0 以前的版本都是运行在 Macintosh 平台上，当 Windows 3.0 操作系统出现，32 位的 Windows 应用程序设计成为可能后，LabVIEW 实现了从 Macintosh 平台到 Windows 平台的移植。

1992 年 8 月，跨平台的 LabVIEW 2.5 问世。1993 年 1 月，增加了大量新特性的 LabVIEW 3.0 正式发行，这些新特性包括全局与局部变量、属性节点和执行动画等。此后，每一个重大版本的发布都包括了里程碑意义的特性和功能上的飞跃。1998 年发布的 LabVIEW 5.0 已经提供了多线程支持功能，为现在的多处理器技术打下了基础。1999 年 LabVIEW 的首个实时系统版本诞生；2003 年 LabVIEW 7 Express 引入了波形数据类型以及一些交互性更强的、基于配置的函数；2005 年推出的 LabVIEW 8 实现了分布式智能；2006 年发布的 LabVIEW 8.2 提供了仿真框图和 MathScript 节点功能，同时第一次推出了简体中文版本；2007 年 NI 发布了 LabVIEW 8.5 版本；2013 年 8 月推出了最新的版本 LabVIEW 2013。2013 版最新的 LabVIEW 主要关注以下三个方面：集成最新技术帮助用户开发更高性能的系统，改善开发环境帮助开发者提高效率，提供系统的培训和众多联盟商工具。

1.2 LabVIEW 概述

LabVIEW 以图形语言（G 语言），用图标和连线代替文本的形式编写程序。和 VC、VB 等高级语言一样，LabVIEW 也是一种带有扩展库函数的通用程序开发系统。LabVIEW 的库函数包括数据采集、通用接口总线（General Purpose Interface Bus，GPIB）和串口仪器控制，数据显示、分析与存储等。为了便于程序调试，LabVIEW 还带有传统的程序开发调试工具，例如可以设置断点，可以单步执行，也可以激活程序的执行过程，以动画方式查看数据在程序中的流动。

LabVIEW 是一个通用编程系统，它不但能够完成一般的数学运算与逻辑运算和输入输出功能，还带有专门的用于数据采集和仪器控制的库函数和开发工具，尤其带有专业的数学分析程序包，基本上可以满足复杂的工程计算和分析要求。LabVIEW 环境下开发的程序称为虚拟仪器（Virtual Instruments，VI），因为它的外型与操作方式可以模拟实际的仪器。实际上，VIs 类似于传统编程语言的函数或子程序。

VI 由一个用户界面、图标代码和一个接口板组成。接口板用于上层 VI 调用该 VI。VI 具有以下特点。

（1）用户界面由于类似于仪器的面板也叫作前面板。前面板包括旋钮、按钮、图形和其他控制元件与显示元件以完成用鼠标、键盘向程序输入数据或从计算机显示器上观察结果。

（2）VI 用图标代码和连线来完成算术和逻辑运算。图标代码是对具体编程问题的图形解决方案。图标代码即 VI 的源代码。

（3）VIs 具有层次结构和模块化的特点。它们可以作为顶层程序，也可以作为其他程序的子程序。VI 代码内含的 VI 叫子程序 subVI。

（4）VI 程序使用接口板来替代文本编程的函数参数表，每个输入和输出的参数都有自己的连接端口，其他的 VIs 可以由此向 subVI 传递数据。

由于这些特色，LabVIEW 符合模块化的程序设计概念并对这种概念起到了推进作用。我们把一个复杂的应用程序逐步划分为一系列简单的子任务，为每一个子任务创建一个 VI，再把它们装配到另一个图标代码中完成一个复杂的任务。最终，顶层的 VI 包含着一系列 VIs，它们分别代表着应用程序的功能。

由于每一个 subVI 都可以单独执行，使得程序调试非常方便。此外，许多低层 subVIs 可以完成不同应用软件的通用功能，所以可以为将要构建的应用软件开发一系列适用的 subVIs。这些 subVIs 作为可重复利用的资源大大提高了开发效率。

总之，LabVIEW 建立在易于使用的图形数据流编程语言 G 语言上。G 语言大大简化了科学计算、过程监控和测试软件的开发，并可以在更广泛的范围内得以应用。

1.3　LabVIEW 的工程应用

1.3.1　LabVIEW 的优势

选择 LabVIEW 进行开发测试和测量应用程序的一个决定性因素是它的开发速度。一般来说，用 LabVIEW 开发应用系统的速度要比其他的编程语言快 4 ~ 10 倍。造成这种巨大差距的主要原因在于 LabVIEW 易用易学，上手很快。

LabVIEW 的优势主要体现在以下几个方面。

（1）提供了丰富的图形控件，采用了图形化的编程方法，把工程师从复杂枯涩的文件编程工作中解放出来；

（2）采用数据流模型，实现了自动的多线程，从而能充分利用处理器（尤其是多处理器）的处理能力；

（3）内建有编译器，能在用户编写程序的同时自动完成编译，因此如果用户在编写程序的过程中有语法错误，就能立即在显示器上显示出来；

（4）通过 DLL、CIN 节点、ActiveX、.NET 或 MATLAB 脚本节点等技术，能够轻松实现 LabVIEW 与其他编程语言的混合编程；

（5）内建了 600 多个分析函数用于数据分析和信号处理；

（6）通过应用程序生成器可以轻松地发布可执行程序、动态链接库或安装包；

（7）提供了大量的驱动和专用工具，几乎能够与任何接口的硬件轻松连接；

（8）NI 同时提供了丰富的附加模块，用于扩展 LabVIEW 在不同领域的应用，如实时模块、PDA 模块、数据记录与监控（DSC）模块、机器视觉模块与触摸屏模块。

1.3.2　LabVIEW 的应用

LabVIEW 在测试与测量、过程控制、工业自动化和实验室研究等方面都得到了广泛的应用。在世界范围内，汽车、通信、航空、半导体、电子设计生产、过程控制和生物医学等各领域均通过 LabVIEW 提高了应用开发的效率，LabVIEW 的应用涵盖了从研发、测试、生产到服务的产品开发所有阶段。使用 LabVIEW 可以实现和完成在任何平台上进行数据采集、仪器控制和连接、机器视觉、运动控制、模块化仪器、工业监控等众多方面的功能和任务。

LabVIEW 带有超过 450 个内置函数，专门用于从采集到的数据中挖掘有用的信息，用于分析测量数据及处理信号。LabVIEW 提供了一系列工具用于数据显示、用户界面设计、Web 信息发布、报告生成、数据管理及软件连接。只需简单地从控件选板中拖放内置的控制件和显示件，然后单击鼠标即可利用交互式的属性页面轻松地定义它们的功效和外观。

LabVIEW 将广泛的数据采集、分析与显示功能集中在了同一个环境中，可以在自己的平台上无缝地集成一套完整的应用方案。LabVIEW 是一个开放式的开发环境，用户可以将其与任何测量硬件轻松连接。LabVIEW 的交互式测量助手、自动代码生成以及与成千上万个设备的简易连接功能能够轻而易举地完成数据采集。LabVIEW 简化了与数百家仪器厂商的数千种仪器设备的连接和通信。使用 LabVIEW 中的仪器驱动程序、交互式仪器 I/O 助手（Instrument I/O Assistant）和内置仪器 I/O 函数库，可以从 GPIB、串口、以太网、PXI、USB 接口仪器及 VXI 仪器中快速采集数据。

LabVIEW 是一个具有高度灵活性的开发系统，用户可以根据自己的应用领域和开发要求选择 LabVIEW 系统配置。NI 公司为不同层次的用户提供了如下 3 种系统配置。

（1）LabVIEW 基本版。LabVIEW 基本版是指用于开发数据采集和仪器控制系统的最小 LabVIEW 配置，包括 VISA、GPIB、RS-232、DAQ 和基本分析库，同时还包括支持 ActiveX、TCP/IP 和 DDE 等标准程序的接口。

（2）LabVIEW 完整版（FDS）。除了基本版的功能外，FDS 还包括完整的高级分析库。

（3）LabVIEW 专业版（PDS）。PDS 除了 FDS 功能外，还具有专业程序员开发时所需要的全部工具，包括：可执行文件生成工具、原代码控制、复杂矩阵分析、软件工程文档管理、质量控制标准文档、图形差异比较和大型软件项目管理文档工具等。对一般用户而言，采购 LabVIEW 完整版，并根据实际应用选取专门的 LabVIEW 工具套件是最佳选择。

本章小结

LabVIEW 是一种功能强大的软件，其图形化编程语言的出现将人们从复杂的编程工作中解放出来。本章作为 LabVIEW 的入门，主要介绍了 LabVIEW 的起源与发展和工程应用，使读者对 LabVIEW 有了一个基本的认识。

第 2 章 LabVIEW 2013 开发环境

2.1 LabVIEW 系统安装

LabVIEW 2013 可以安装在 Windows XP SP3 平台和 Windows 7/8/8.1 等不同的操作系统上，不同的操作系统在安装 LabVIEW 2013 时对系统配置的要求也不同。用户在安装 LabVIEW 2013 软件之前，需要对个人计算机的软硬件配置作一定的了解，该版本不支持 Windows XP SP2 版本！

对于常用的 Windows 操作系统，安装 LabVIEW 2013 的硬件配置必须满足：①处理器：Pentium Ⅲ/Celeron 866 MHz 或同等性能以上处理器；②内存：最小内存为 256MB，推荐配置为 1GB 及以上；③屏幕分辨率：1024 像素×768 像素；④硬盘空间：最小安装需要至少 900MB 磁盘空间，完整安装时至少需要留出 3.5GB 磁盘空间。

LabVIEW 的安装十分简单，只要运行安装光盘中的 Setup 程序，按照屏幕提示，每一步选择必要的安装选项即可。

选择安装程序后，屏幕上将会出现初始化界面，如图 2-1 所示。

图 2-1　初始化 LabVIEW 2013 的安装程序

初始化 LabVIEW 2013 的安装程序运行完毕后，系统会提示用户输入产品序列号，如图 2-2 所示。

安装 LabVIEW 2013 的试用版不需要输入序列号，试用期为 7 天，在程序编译完成后，不能打包生成独立可执行应用程序（EXE）和安装程序（Installer）。若使用正版软件，输入正确序列号后，单击下一步，即可进入如图 2-3 所示的安装路径对话框。

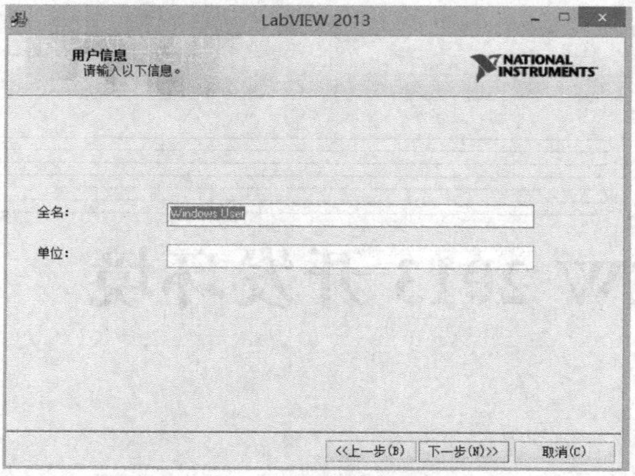

图 2-2　输入 LabVIEW 2013 用户信息的界面

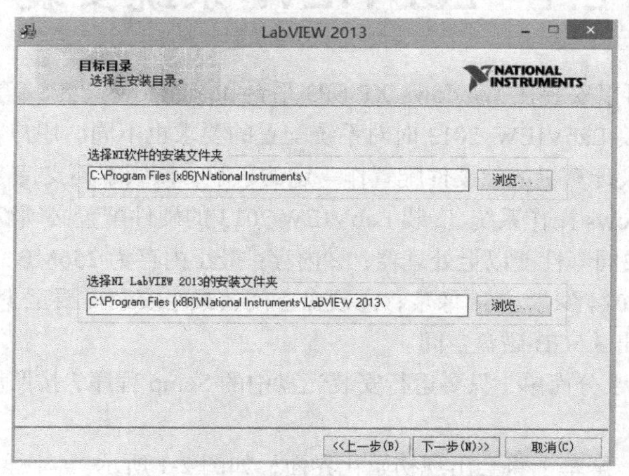

图 2-3　LabVIEW 2013 的安装路径

图 2-3 中默认的是安装路径为 C 盘，用户可以单击“浏览”按钮选择其他安装路径，然后单击“下一步”按钮进入模块安装界面，如图 2-4 所示。

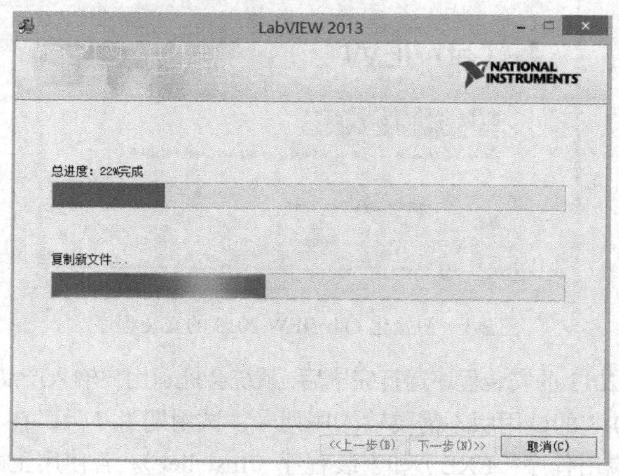

图 2-4　模块安装进度界面

安装完成后，出现如图 2-5 所示的界面，单击“完成”按钮，则完成 LabVIEW 2013 简体中文版的安装。

当完成软件的安装后，就可以使用 LabVIEW 软件了。另外，若装有 VXI、GPIB 和 DAQ 等设备，则需在 LabVIEW 系统软件安装完成后，运行专门的仪器驱动程序和 VISA 库函数的安装程序。

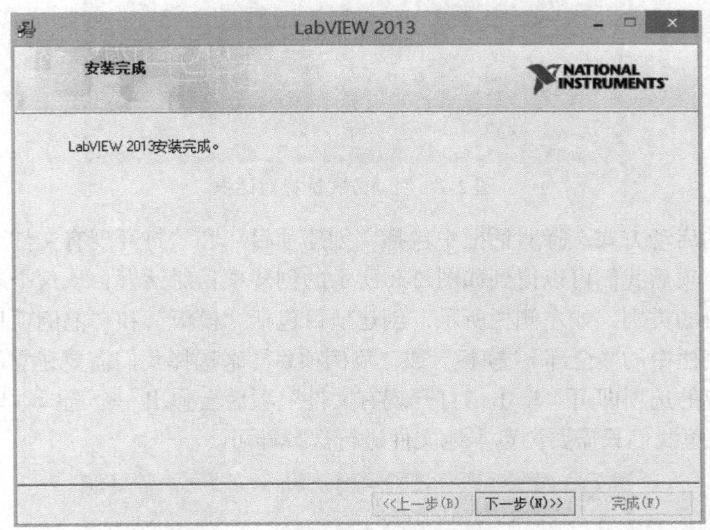

图 2-5 安装完成界面

2.2 LabVIEW 启动

我们从“开始”菜单中运行“National Instruments LabVIEW 2013”或直接在桌面上双击快捷方式图标，便可运行程序。随后计算机屏幕上将出现如图 2-6 所示的启动界面，几秒钟后跳转为如图 2-7 所示的启动方式选择对话框。

图 2-6 启动画面

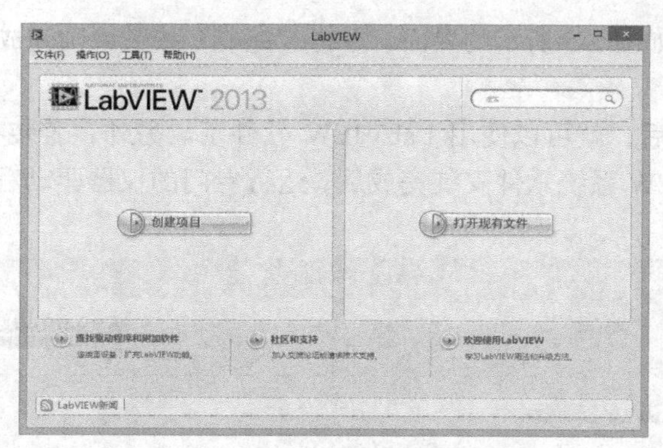

图 2-7　启动方式选择对话框

图 2-7 所示的启动方式选择对话框中包括“创建项目”和“打开现有文件”两种启动方式。单击“创建项目”项后我们可以得到如图 2-8 所示的创建项目对话框，从这个对话框里我们可以选择需要创建项目的类别，如左侧栏所示，创建项目包括“模板”和“范例项目”两大类，我们可以通过单击左侧栏中的“全部”“模板”或“范例项目”来选择我们需要建立的项目板块，然后单击右侧栏中相应的选项即可。单击“打开现有文件”项后会弹出一个选择本地文件的对话框，如图 2-9 所示，这里我们只需要浏览本地文件进行选择即可。

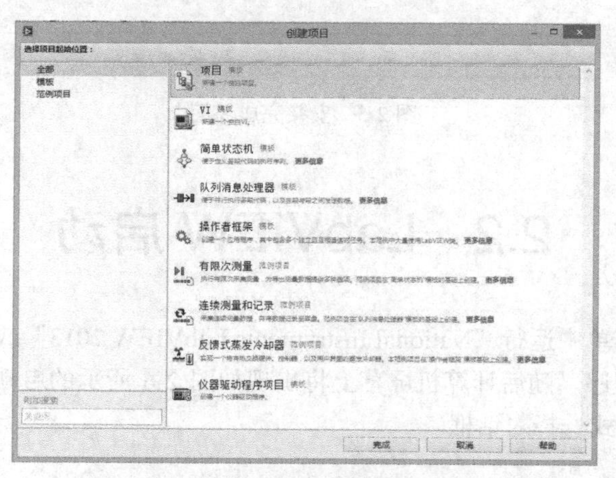

图 2-8　创建项目选择对话框

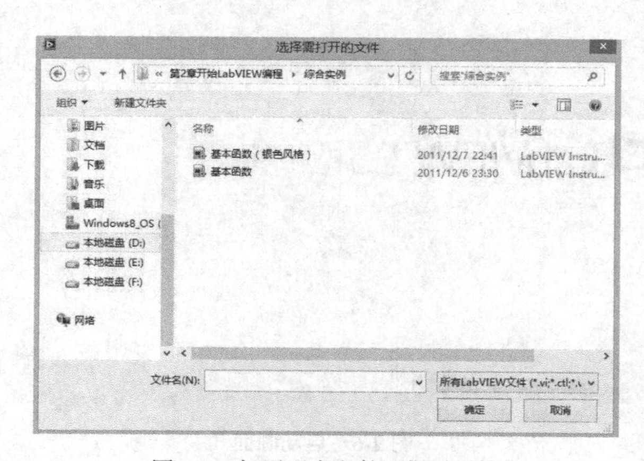

图 2-9　打开现有文件选择对话框

2.3 LabVIEW 编辑界面及系统菜单

2.3.1 LabVIEW 的编辑界面

LabVIEW 与虚拟仪器有着紧密的联系，在 LabVIEW 中开发的程序都被称为 VI（虚拟仪器），其扩展名默认为.vi。所有的 VI 都包括以下 3 个部分：前面板、程序框图和图标，如图 2-10 所示。

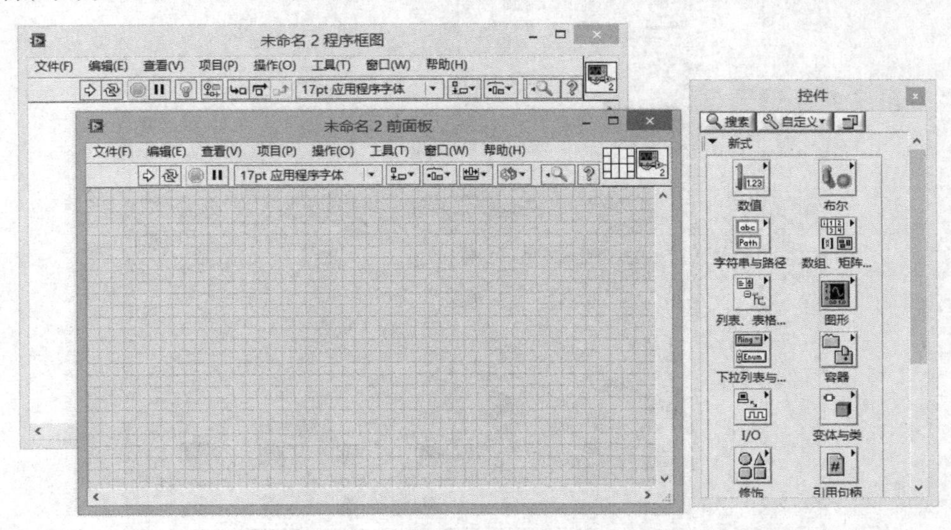

图 2-10 LabVIEW 前面板和程序框图

前面板就是图形化用户界面，也是 VI 的前面板。该界面上有交互式的输入和输出两类对象，分别称为控制器（Controller）和显示器（Indicator）。控制器包括开关、旋钮、按钮和其他各种输入设备；指示器包括图形（Graph 和 Chart）、LED 和其他显示输出对象。该界面可以模拟真实仪器的前面板，用于设置输入数值和观察输出量。

程序框图是定义 VI 逻辑功能的图形化源代码。框图中的编程元素除了包括与前面板上的控制器和显示器对应的连线端子（Terminal）外，还有函数、子 VI、常量、结构和连线等。在程序框图中对 VI 编程的主要工作是从前面板上的控制器获得用户输入信息，并进行计算和处理，最后在显示器中反馈给用户处理结果。只要在前面板中放有输入或显示控件，用户就可以在程序框图中看到相应的图表函数等内容。

如果将 VI 与标准仪器相比较，那么前面板就相当于仪器面板，而程序框图则相当于仪器箱内的功能部件。在许多情况下，使用 VI 可以仿真标准仪器。

2.3.2 LabVIEW 菜单栏

LabVIEW 有两种类型的菜单栏：快捷菜单和下拉菜单，如图 2-11 和图 2-12 所示。要访问快捷菜单，可通过在前面板或框图中任何对象上单击鼠标右键操作。这个过程也称之为“弹出”，因此快捷菜单又可称为“弹出菜单”。

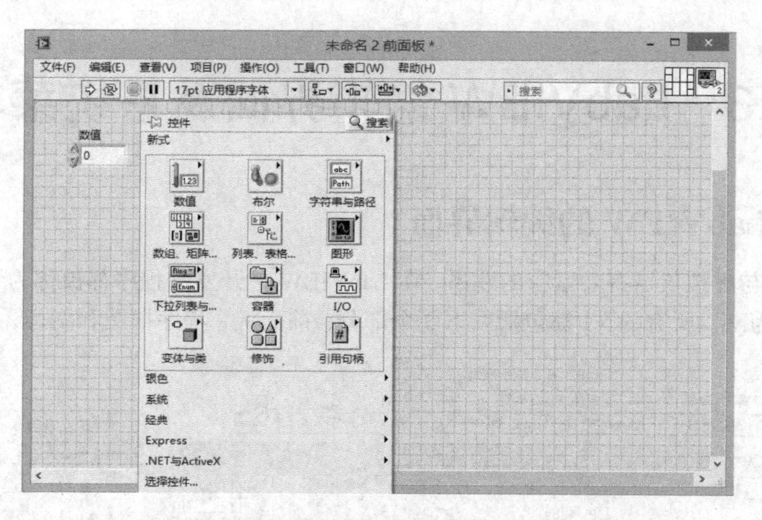

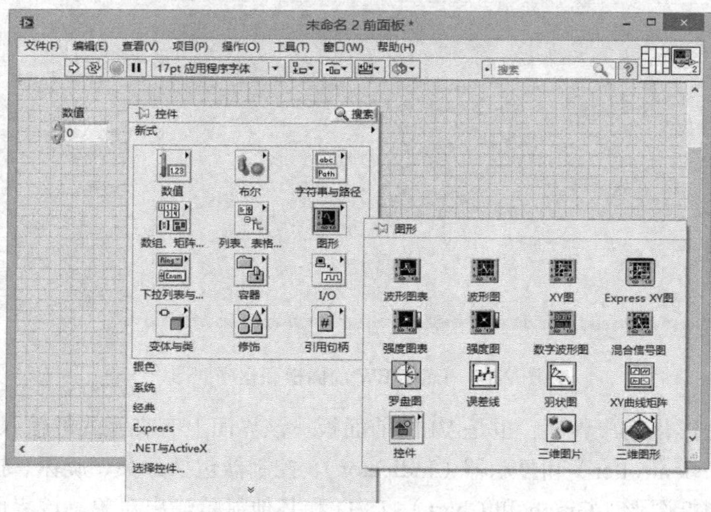

图 2-11　快捷菜单示例

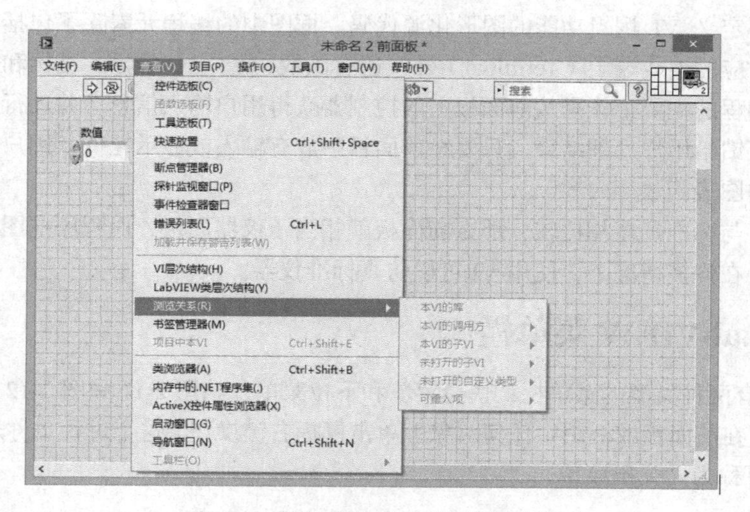

图 2-12　下拉菜单及扩展子菜单示例

一般来说，能够出现快捷菜单是由于大部分 LabVIEW 对象具有选项和命令快捷菜单。快捷菜单中的选项取决于选择的对象类型；下拉菜单主要包括文件、编辑、查看、项目、操作、工具、窗口和帮助。下面将分别介绍各下拉菜单的主要功能。当然，许多快捷菜单和下拉菜单还包含有子菜单。

1. “文件”菜单

主要包含与文件操作相关的命令，其主要功能如表 2-1 所示。如可从该下拉菜单中创建新的 VI 或打开现有的 VI。它的选项主要是用于打开、关闭、保存和打印 VI。另外，某些常用的选项有快捷键，因此可以在查看时注意所选命令项旁边列出的快捷键。这是快捷方式的击键序列，在不打开下拉菜单的情况下可直接按照该击键序列键入选择所希望的选项。

表 2-1　文件菜单功能列表

选　项	功　能
新建 VI	创建新的 VI
新建	打开对话框选择要创建的文件类型
打开	打开现有的 VI
关闭	关闭当前窗口
关闭全部	关闭所有窗口
保存	保存当前 VI
另存为	另存当前 VI
保存全部	保存所有 VI
保存为前期版本	将当前 VI 保存为以前版本
还原	恢复 VI 上次保存的版本
新建项目	创建新的项目
打开项目	打开现有的项目
保存项目	保存当前项目
关闭项目	关闭当前项目
页面设置	编辑打印设置
打印	打印 VI
打印窗口	打印前面板
VI 属性	打开 VI 属性对话框
近期项目	快速打开最近访问过的项目
近期文件	快速打开最近访问过的文件
退出	退出 LabVIEW

2. “编辑”菜单

主要用于 VI 前面板和框图对象的修改，其主要功能如表 2-2 所示。在编辑时，撤销和重做选项非常有用，因为在执行后可以使用该选项撤销操作，并且撤销操作后还可以重做。默认情况下，每个 VI 最大可撤销的步数为 8，如果需要的话，可以增加或减少该数值。

表 2-2　　　　编辑菜单功能列表

选　项	功　能
撤销窗口移动	撤销上一步操作
重做	恢复被撤销的操作
剪切	剪切
复制	复制
粘贴	粘贴
从项目中删除	删除选中的对象
选择全部	选中当前窗口中所有的对象
当前值设置为默认值	设置控件的当前值作为默认值
重新初始化为默认值	将所有的控件重新初始化为默认值
自定义控件	自定义控件
导入图片至剪贴板	从文件导入图片
设置 Tab 键顺序	设置 Tab 键选择控件对象的顺序
删除断线	删除框图中所有的错误连接线
从层次结构中删除断点	从 VI 层次结构中删除断点
创建子 VI	将框图中的对象转化为子 VI
禁用前面板网格对齐	前面板网格对齐功能禁用
对齐所选项	对齐选中的前面板对象
分布所选项	分布选中的前面板对象
VI 修订历史	编辑当前 VI 的修定历史
运行时菜单	编辑运行时菜单，定制用户需要的选项
查找和替换	查找或替换选中的对象
显示搜索结果	显示搜索的结果

3. “查看”菜单

主要用于 LabVIEW 中的各种窗口，其主要功能如表 2-3 所示。

表 2-3　　　　查看菜单功能列表

选　项	功　能
控件选板	打开控件选板
函数选板	打开函数选板
工具选板	打开工具选板
错误列表	查看错误列表
VI 层次结构	查看 VI 层次结构
LabVIEW 类层次结构	查看 LabVIEW 类层次结构
浏览关系	查看选中子 VI 的调用关系
类浏览器	打开类浏览器

续表

选　项	功　能
ActiveX 属性浏览器	打开 ActiveX 属性列表窗口
启动窗口	打开 LabVIEW 8.5 的启动窗口
导航窗口	打开导航窗口
工具栏	显示工具栏选项

4. “项目”菜单

主要用于工程文件的相关操作，其主要功能如表 2-4 所示。

表 2-4　　项目菜单功能列表

选　项	功　能
新建项目	创建新的工程
打开项目	打开现有的工程文件
保存项目	保存工程文件
关闭项目	关闭工程文件
添加至项目	向工程文件中添加新的 VI 或其他类型的文件
生成	把单个文件编译成可执行文件
生成全部	把所有文件编译成可执行文件
运行	执行编译
筛选视图	在项目浏览器中对视图内容进行筛选
显示项路径	在项目浏览器中显示文件所在路径
文件信息	显示文件路径和对应项目的项
属性	打开工程属性设置对话框

5. “操作”菜单

主要用于启动或停止 VI 程序的执行、调试、改变 VI 的默认值，以及在运行模式和编辑模式间进行切换，其主要功能如表 2-5 所示。

表 2-5　　操作菜单功能列表

选　项	功　能
运行	执行 VI
停止	停止执行 VI
单步步入	单步进入
单步步过	单步跳过
单步步出	单步跳出
断点	查找并显示当前 VI 断点
调用时挂起	当 VI 被调用时暂停执行
结束时打印	VI 运行完后打印 VI 前面板

续表

选　项	功　能
结束时记录	VI 运行完后将数据记录写入文件
数据记录	记录数据
切换至运行模式	在运行和编辑模式之间切换
连接远程前面板	连接到远程面板
调试应用程序或共享库	调试应用程序或共享库

6. “工具”菜单

主要用于与仪器和数据采集板之间的通信、比较 VI、编译程序、允许访问 Web 服务器及 LabVIEW 的其他选项，其主要功能如表 2-6 所示。

表 2-6　工具菜单功能列表

选　项	功　能
Measurement & Automation Explorer	配置食品和数据采集硬件
仪器	访问仪器驱动程序网
Mathscript 窗口	打开 Mathscript 窗口
比较	比较 VI 和 VI 层次
合并 VI	两个及以上 VI 的合并
性能分析	VI 性能分析
安全	安全策略管理
用户名	设置或改变用户名
转换程序生成脚本	将程序生成脚本文件（.bld）的设置由前期 LabVIEW 版本转换为新项目中的程序生成规范
源代码控制	提供多种源代码控制功能
LLB 管理器	用于复制、重命名和删除 LLB 中的文件和创建新的 LLB 和目录，可将 LLB 转化为目录，或将目录转化为 LLB
导入	导入.NET 控件和 AxtiveX 控件至选板、共享库、Web 服务等功能
共享变量	包括变量管理器和注册计算机选项
在磁盘上查找 VI	搜索硬盘上的 VI
NI 范例管理器	用于将新创建的 VI 添加到 NI 范例查找器中，也可用于管理在 NI 范例查找器中出现的基于项目的范例
远程前面板连接管理器	管理远程前面板的连接
Web 发布工具	用于创建 HTML 文件和嵌入式 VI 前面板图像
高级	包括批量编辑、错误代码编辑、编辑选板、导入导出字符串等功能
选项	多种选项设置

7. “窗口”菜单

主要用于在面板窗口和框图窗口之间的切换，也可以排列两个窗口以便同时观察（上下排列或左右排列）。所有打开的 VI 都显示在该菜单底部，并可以在打开的 VI 之间切换，其主要功能如表 2-7 所示。

表 2-7 工具菜单功能列表

选　项	功　能
显示程序框图/显示前面板	显示出对应程序的程序框图/前面板
左右两栏显示	在屏幕上分左右两栏显示前面板和程序框图
上下两栏显示	在屏幕上分上下两栏显示前面板和程序框图
最大化窗口	使对应窗口最大化
全部窗口	单击后显示当前打开的全部文件的类型、文件名、路径等

8. “帮助”菜单

主要用于访问 LabVIEW 的大量在线帮助，观察面板和框图中对象的相关信息、激活在线参考实用程序及观察 LabVIEW 版本号和计算机内存等信息。通过网络资源和学习版网站资源可直接访问互联网查找需要的资源，其主要功能如表 2-8 所示。

表 2-8 工具菜单功能列表

选　项	功　能
显示即时帮助	显示即时帮助窗口
锁定即时帮助	锁定即时帮助窗口
搜索 LabVIEW 帮助	打开 LabVIEW 联机帮助
解释错误	解释错误
本 VI 帮助	查看本 VI 帮助信息
查找范例	打开范例查找器
查找仪器驱动	查找仪器驱动
网络资源	网络资源
专利信息	显示 LabVIEW 的专利信息
关于 LabVIEW	关于 LabVIEW

2.4 LabVIEW 选板

2.4.1 控件选板

控件选板（Controls）在前面板显示，由表示子选项板的顶层图标组成，包含创建前面板时可使用的全部对象。如需显示控件选板，用户可选择“查看”下拉菜单中的“控件选板”选项或在前面板空白处单击鼠标右键。控件有多种可见类别和样式，用户可以根据自己的需要来选择。控件选板中基本常用控件有新式、系统、经典 3 种显示风格。

新式及经典控件面板上的许多控件对象具有非常形象的外观，如图 2-13 所示。

为了获取对象的最佳外观，显示器最低应设置为 16 色。位于新式面板上的控件也有相应的低彩对象。经典选板上的控件适于创建在 256 色和 16 色显示器上显示的 VI。

控件选板有不同的可见类别，默认的类别是 Express 面板。如果要将其他面板设置为首选可见类别，用户可以选择控件工具栏上的“查看”下拉菜单中的“更改可见类别”选项来调整。新式控件面板中的各个控件模块及其功能如表 2-9 所示。

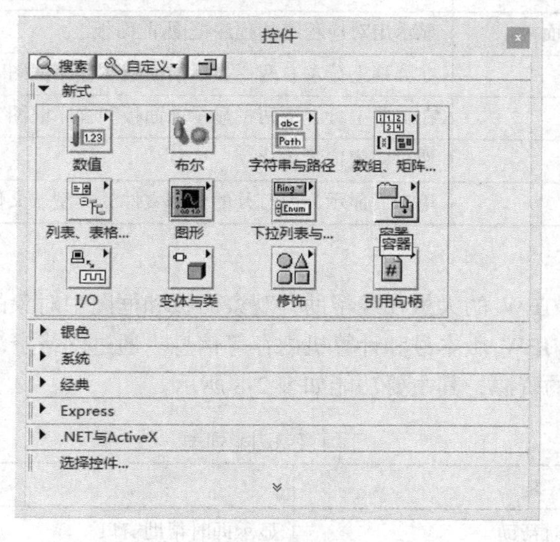

图 2-13　控件选板

表 2-9　新式控件面板功能模板

图　标	名　称	功　能
	数值控件	存放各种数字控制器，包括数值控件、滚动条、旋钮、颜色盒等
	布尔控件	用于创建按钮、开关和指示灯
	字符串与路径控制器	创建文本输入框和标签、输入或返回文件或目录的地址
	数组、矩阵与簇控制器	用来创建数组、矩阵与簇，包括标准错误簇输入控件和显示控件
	列表与表格控制器	创建各种表格，包括树形表格和 Express 表格
	图形控件	提供各种形式的图形显示对象
	下拉列表与枚举控件	用来创建可循环浏览的字符串列表。下拉列表控件将数值与字符串或图片建立关联的数值对象，枚举控件用于向用户提供一个可供选择的项列表
	容器控件	用于组合控件，或在当前 VI 的前面板上显示另一个 VI 的前面板
	I/O 名称控件	I/O 名称控件将所配置的 DAQ 通道名称、VISA 资源名称和 IVI 逻辑名称传递至 I/O VI，与仪器或 DAQ 设备进行通信
	引用句柄控件	可用于对文件、目录、设备和网络连接等进行操作
	变体与类控件	用来与变体和类数据进行交互
	修饰控件	用于修饰和定制前面板的图形对象

2.4.2　函数选板

函数选板（Functions）如图 2-14 所示，其工作方式与控件选板大体相同。函数选板由表示子选项板的顶层图标组成，包含创建框图时可使用的全部对象，只能在编辑程序框图时使用。如需显示函数选板，请选择“查看”下拉菜单中的“函数选板”选项或在程序框图空白处单击鼠标右键。

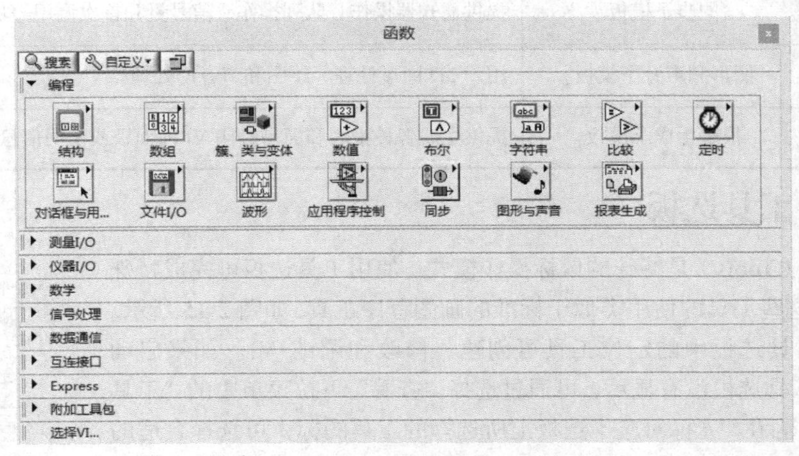

图 2-14　函数选板

以编程面板为例，其模板及使用功能如表 2-10 所示。

表 2-10　编程面板中的模板

图　标	名　称	功　能
	结构子模板	提供循环、条件、顺序结构、公式节点、全局变量、结构变量等编程要素
	数组子模板	提供数组运算和变换的功能
	簇与变体子模板	提供各种捆绑、解除捆绑、创建簇数组、索引与捆绑簇数组、簇和数组之间的转换、变体属性设置等功能
	数值子模板	提供数学运算、标准数学函数、各种常量和数据类型变换等编程要素
	文件 I/O 子模板	提供文件管理、变换和读/写操作模块
	布尔子模板	提供包括布尔运算符和布尔常量在内的编程元素
	字符串子模板	提供字符串运算、字符常量和特殊字符等编成元素
	比较子模板	提供数字量、布尔量和字符串变量之间比较运算的功能
	定时子模板	提供时间计数器、时间延迟、获取时间日期、设置时间标识常量等功能
	对话框与用户界面子模板	提供各种按钮对话框、简单错误处理、颜色盒常量、菜单、游标和简单的帮助信息等功能

续表

图　标	名　称	功　能
	波形子模板	提供创建波形、提取波形、数模转换、模数转换等功能
	应用程序控制子模板	提供外部程序或 VI 调用和打印选单，帮助管理等辅助功能
	同步子模板	提供通知器操作、队列操作、信号量和首次调用等功能
	图形和声音子模板	用于 3D 图形处理、绘图和声音的处理
	报表生成子模板	提供生成各种报表和简易打印 VI 前面板或说明信息等功能

2.4.3　工具选板

工具选板（Tools）是特殊的鼠标操作模式。使用工具选板可完成特殊的编辑功能，这些工具的使用类似于标准的画图程序工具，如图 2-15 所示。使用浮动的工具选板中的定位工具可创建、修改和调试 VI。如果启动 LabVIEW 后工具选板没有显示，可通过选择“查看”下拉菜单中的“工具选板”选项来显示。光标对应于选板上所选择的工具图标，可选择合适的工具对前面板和程序框图上的对象进行操作和修改。当从工具选板内选择了一种工具后，鼠标箭头就会变成与该工具相应的形状。当鼠标在工具图标上停留 2s 后，会弹出说明该工具的提示框。

图 2-15　工具选板

使用自动选择工具可以提高 VI 的编辑速度。如果自动选择工具已打开，自动选择工具指示灯呈现高亮状态。当光标移到前面板或程序框图的对象上时，LabVIEW 将自动从工具选板中选择相应的工具。如需取消自动选择工具功能，可以单击工具选板上的自动选择工具按钮，指示灯将呈灰色，表示自动选择工具功能已经关闭。按 Shift+Tab 组合键或单击自动选择工具按钮可重新打开自动选择工具功能。工具模板的可选工具与功能如表 2-11 所示。

表 2-11　工具选板功能列表

图　标	名　称	功　能
	自动选择工具	选中该工具，则在前面板和框图中的对象上移动光标，LabVIEW 将根据相应对象的类型和位置自动选择合适的工具
	操作工具	用于操作前面板的控制器和指示器。可以操作前面板对象的数据，或选择对象内的文本或数据
	定位工具	用于选择对象、移动对象或者缩放对象的大小
	标签工具	用于输入标签或标题说明的文本，或者用于创建自由标签
	连线工具	用于在框图程序中节点端口之间连线，或者定义子 VI 端口
	对象快捷键	选中该工具，在前面板或框图中单击鼠标右键，即可弹出单击鼠标右键的快捷菜单
	滚动窗口	同时移动窗口内的所有对象

续表

图 标	名 称	功 能
	断点操作	用于在框图程序中设置或清除断点
	探针工具	可在框图程序内的连线上设置探针
	复制颜色	可以获取对象某一点的颜色，来编辑其他对象的颜色
	着色工具	用于给对象上色，包括对象的前景色和背景色

2.5 LabVIEW 帮助系统

在学习 LabVIEW 的过程中，会经常用到系统提供的帮助，有效地利用帮助信息是快速掌握 LabVIEW 的一条捷径。LabVIEW 提供的帮助包括上下文帮助（即时帮助）、联机帮助、范例查找器、网络资源等。

要显示上下文帮助窗口，可从“帮助”菜单的下拉菜单中选择“显示即时帮助”，如果在前面板或程序框图中已经放置了对象，则只要将工具选板中的某个工具放置到框图和面板中的对象上就会得到有关该对象的相关信息。弹出的即时帮助窗口如图 2-16 所示，详细的帮助信息窗口如图 2-17 所示。

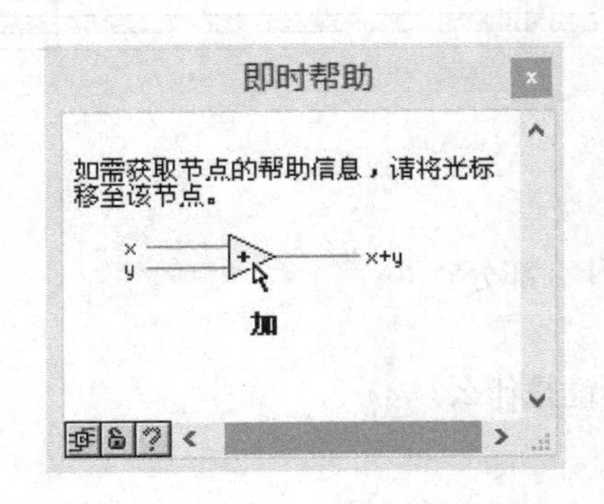

图 2-16 即时帮助窗口

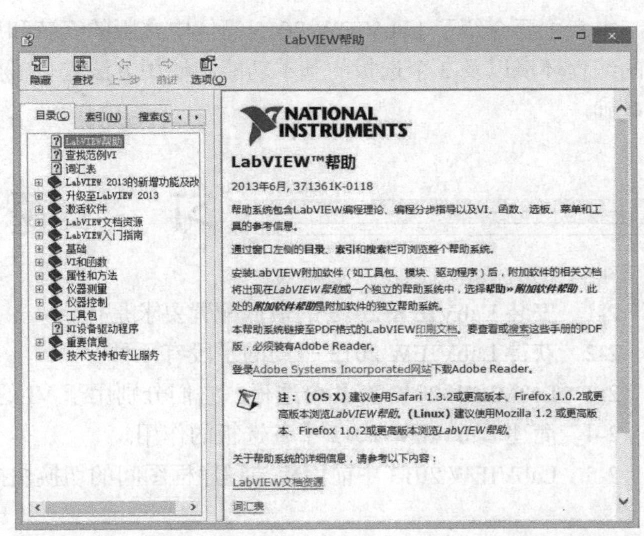

图 2-17 详细帮助窗口

为了用户能够方便快速地掌握各种功能模块和函数的使用方法，LabVIEW 还提供了大量的范例，几乎包含了 LabVIEW 所有功能的应用实例。该功能可以通过在“帮助”菜单中选择“查找范例”选项来打开。NI 范例查找器窗口如图 2-18 所示。

在最初的学习过程中，用户要多研究和学习系统提供的范例来尽快掌握 LabVIEW 的编程思想和方法，也可以将范例中某些实现特定功能的程序直接应用于用户的程序中，以大大地缩短程序的开发周期。同时，用户可以通过访问 NI 公司的官方网站来获取更多的 LabVIEW 实例。

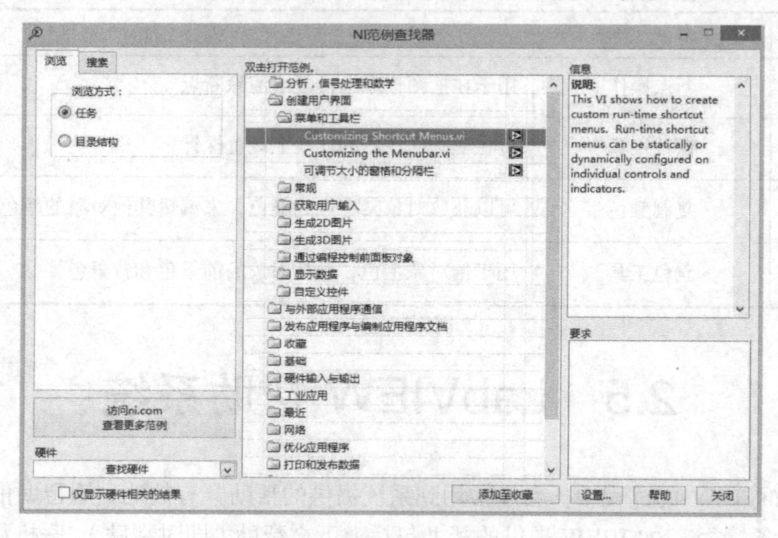

图 2-18 NI 范例查找器

本章小结

本章主要介绍了 LabVIEW 2013 简体中文版的安装和启动过程，对 LabVIEW 2013 简体中文版的编程环境以及 3 个选板的基本功能和使用方法进行了介绍，为下面的深入学习打下一个良好的基础。

习 题

2-1 安装 LabVIEW 2013 的最低配置要求是什么？

2-2 获得 LabVIEW 2013 帮助的手段有几种？

2-3 LabVIEW 2013 有几个选板？它们分别用于 VI 的什么部分？

2-4 简述 LabVIEW 2013 中各选板的作用。

2-5 LabVIEW 2013 中前面板与程序框图间的切换快捷键是什么？

第3章 基本操作——创建、编辑与调试

3.1 LabVIEW 的基本概念

LabVIEW 是目前应用最广、发展最快、功能最强的图形化软件开发集成环境，是一种图形化的编程语言和开发环境，被公认为是标准的数据采集和仪器控制软件。LabVIEW 是一种面向最终用户的开发工具，可为实现仪器编程和数据采集系统提供便捷途径。

以 LabVIEW 为代表的图形化程序语言，又称为“G”语言。使用这种语言编程时，只是绘制程序流程图，使编程过程变得生动有趣。LabVIEW 是一个功能强大的软件，利用它可以方便地建立自己的虚拟仪器。目前，LabVIEW 在测试与测量、过程控制与工业自动化和实验室研究与自动化等方面都得到了广泛的应用。

3.2 VI 的创建

VI 是 LabVIEW 编程中的程序基础单元。在对 LabVIEW 的基本知识有了一定了解后，我们可以通过创建一个简单的 VI 来熟悉一下 LabVIEW 的编程环境。

3.2.1 VI 的创建方法

在 LabVIEW 中新建一个 VI，有以下几种方法。

（1）在前面板的“文件”菜单中选择“新建 VI”命令。

（2）在如图 2-7 所示的启动方式选择对话框中的新建文件窗口直接单击“创建项目”后弹出如图 2-8 所示的窗口，在该窗口直接选择所要建立的选项即可创建新的 VI。

（3）在启动方式选择对话框中单击“创建项目”，弹出窗口 2-8 后，选择 2-8 所示的右侧第一栏“项目”选项，在“我的电脑”上单击鼠标右键，从弹出的快捷菜单中选择“新建→VI”，即可创建新的 VI，如图 3-1 所示。`

在 LabVIEW 8.0 版本以前，用户通常需要通过文件夹来手动管理项目的相关文件，其中可能包括 VI 文件、子 VI、自定义控件等。这些项目文件必须保存在同一个文件夹中，否则可能出现无法加载的错误，因此不利于对文件进行管理。LabVIEW“项目”的概念是在 LabVIEW 8.0 版本提出的一个新概念，用于管理 LabVIEW 项目中的 LabVIEW 文件和非 LabVIEW 文件并创建和生

成.exe 文件。如图 3-2 所示，用户使用项目浏览器可以直观地查看所有项目文件。当保存项目时，LabVIEW 会自动创建一个后缀名为.lvproj 的项目文件和一个.aliases 文件。

依赖关系项包含 VI 静态调用的 VI、DLL、LabVIEW 项目库以及 MathScript 用户定义函数。使用程序生成规范将项目程序打包成独立可执行的应用程序、安装程序、生成动态链接库进行源代码发布和压缩文件。

（4）从图 2-7 所示的启动方式单击“创建项目”后在弹出的 2-8 对话框中选择“模板”项，在如图 3-3 所示的模板选择对话框中选择所需要的模板。模板针对不同的应用需求设计了不同的程序框架，用户可以根据需要选择不同的模板并在模板中添加程序，以大大提高编写程序的效率。

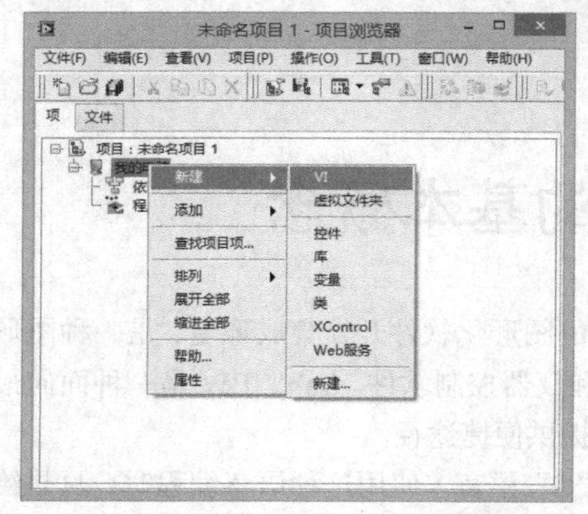

图 3-1　新建 VI

图 3-2　项目浏览器

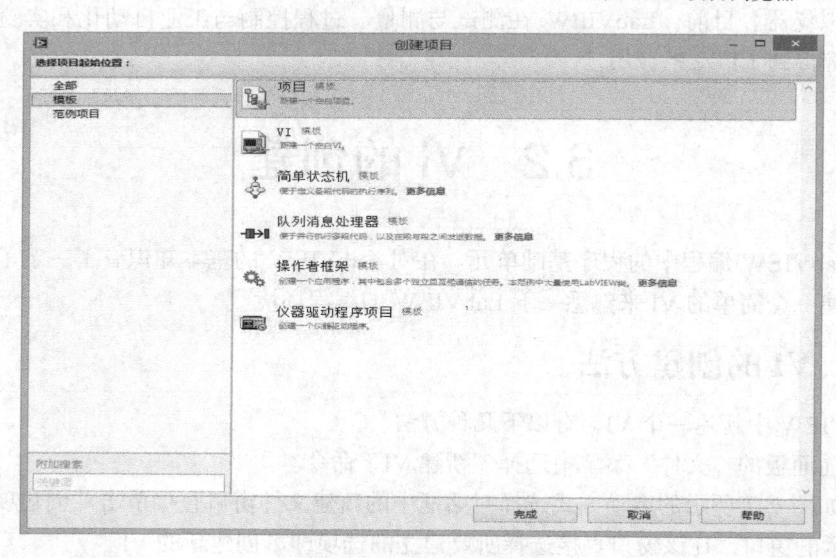

图 3-3　模板选择对话框

3.2.2　VI 的创建实例

【例 3-1】　创建一个简单的 VI，该 VI 将完成下列功能。

（1）将两个输入的数字相减并显示结果；

（2）将同样的两个输入数字相乘并显示结果；

（3）比较两个输入数字，如果数字相等，则 LED 指示灯变亮。

创建此 VI 的步骤如下。

（1）建立新的 VI。从 LabVIEW 的启动界面上单击“新建”对话框中的“VI”，打开一个新的前面板，在“查看”下拉菜单中选择“工具选板”和“控件选板”，显示两个选板。

（2）创建数字控件和指示器。使用两个前面板控件输入数字，使用两个指示器显示输入数字相减和相乘的结果。

① 从控件选板中选择数值输入控件子选板，从该子选板中选择数值输入控件按钮，用鼠标单击后将其拖动到前面板中合适的位置，松开鼠标按键。

② 此时标签框（在控件上方）默认显示为“数值”，双击该标签，标签内底色变为黑色时，在标签内输入字母“A”并按前面板工具条上的✓或鼠标单击前面板其他空白处来改变标签。如果控件或指示器没有标签，可在控件上单击右键弹出快捷菜单，从“显示项”中选择“标签”，标签框就会出现，然后使用标签工具编辑文本，如图 3-4 所示。

③ 重复以上两步创建第 2 个数字控件和 2 个数字指示器（数值显示子选板中的数值显示控件），并参照上一步更改标签。

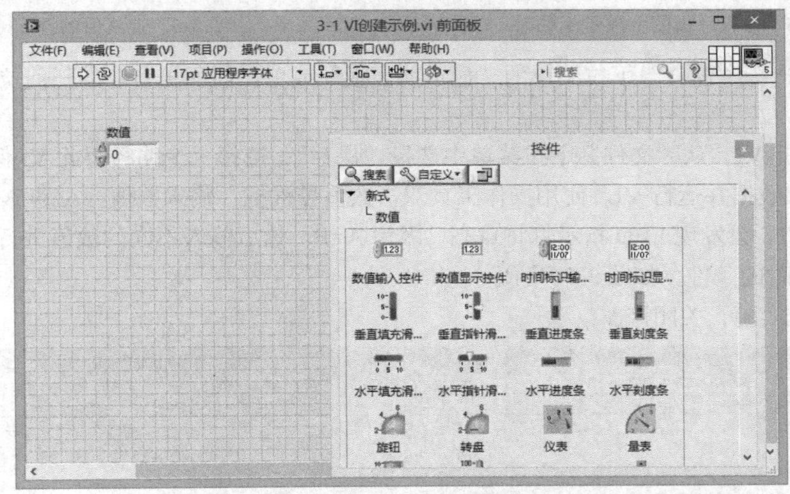

图 3-4　在前面板上放置控件

（3）创建布尔型 LED。比较两个输入数字，如果相同，则指示器打开；如果不相同，则指示器保持关闭状态。每当创建新的控件或指示时，LabVIEW 都会自动在框图上创建相应的端子。以图标方式显示时，端子是控件和指示器的图形表示。

① 从控件选板的指示灯子选板中选择方形指示灯，按下鼠标左键将其拖动到前面板上合适的位置，然后松开鼠标左键。

② 参照步骤（2）中的②来修改标签。

（4）从“窗口”下拉菜单中选择“显示程序框图”以切换到程序框图窗口。此时，程序框图上会显示前几步所创建的控件和指示器的端口。

（5）在程序框图上放置“减”和“乘”的函数。从函数选板的数值子选板中选择“减”函数，并用与前面板上创建对象相同的方法将其放置到框图窗口，如图 3-5 所示。如果找不到函数选板，可在“查看”下拉菜单中选择“函数选板”或在框图的空白处单击鼠标右键弹出函数选板。按照同样的步骤，将“乘”函数放置到框图上，并显示函数的标签。

（6）从函数选板的比较子选板中选择“等于？”并将其拖放到程序框图上。“等于？”函数比较两个数值，如果它们相等，则返回“TRUE”；否则，函数返回“FALSE”。

（7）连线。在工具选板上选择连线工具，按照图 3-6 所示进行连线，首先用连线工具在一个端口上单击，然后移动到第二个端口上再次单击，对于连接端口的前后顺序没有要求。

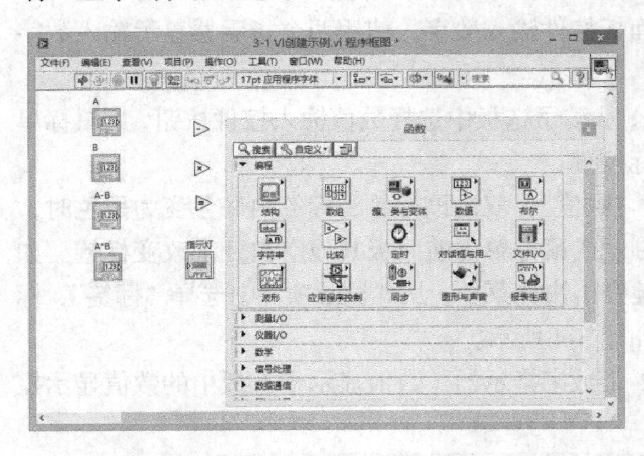

图 3-5　在程序框图上放置函数

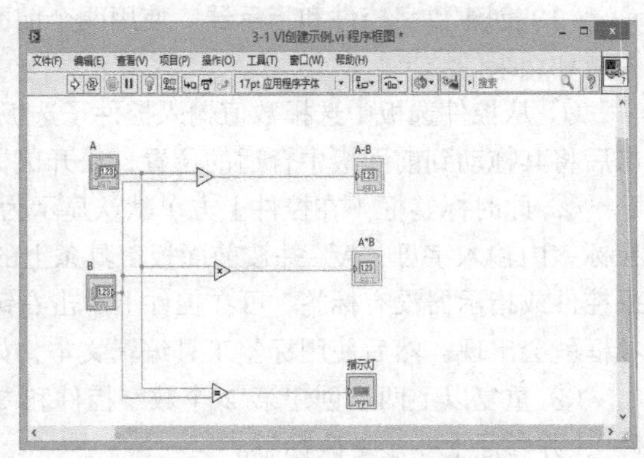

图 3-6　连线后的框图

（8）通过选择“窗口”下拉菜单的“显示前面板”或单击前面板窗口的任何位置切换回前面板窗口。

（9）保存此 VI。从“文件”下拉菜单中选择“保存”，选择一个路径将此 VI 保存。

（10）输入数据并运行 VI。使用操作工具双击数值控件框，输入数值。A 和 B 的默认值均为 0，此时运行 VI，会发现 LED 指示灯将点亮，因为 A=B。然后输入不同的数值进行实验，并验证 LED 指示灯亮时的条件，如图 3-7 所示。

（11）完成实验，关闭该 VI。

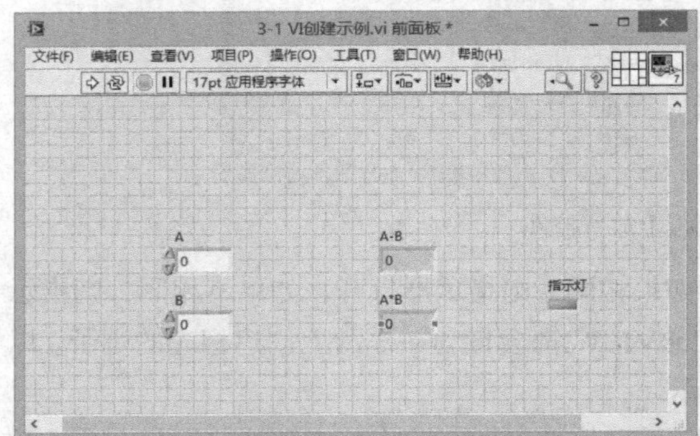

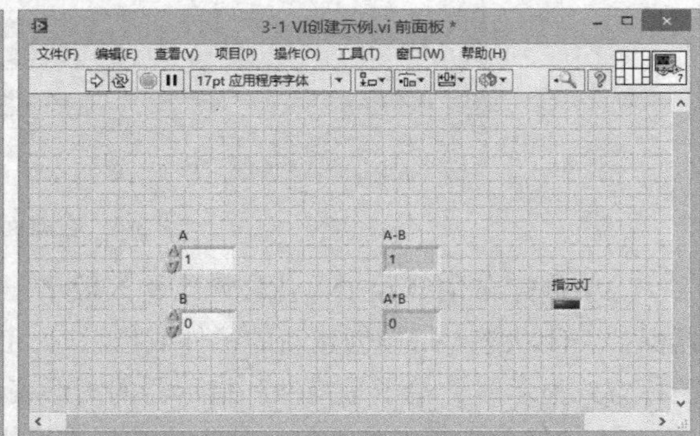

图 3-7　VI 运行结果

3.3　VI 的编辑

为了使 VI 的界面布局、结构合理，看起来更加友好和易于理解，需要我们对前面板进行相应的编辑。在前面板中添加控件后，为了实现对前面板中对象的控制，用户必须创建程序框图。程序框图是图形化代码的集合。

3.3.1　对象的放置与选择

编辑前面板时需要用到控件选板，用户可以用鼠标选择控件选板上的对象，然后将其拖放到前面板上即可。该步骤可见上节的 VI 创建范例。

在前面板中，用户一般使用定位工具来选择对象。用户选择对象时，将定位工具放在准备选择的对象上，按住鼠标左键，此时若该对象的轮廓边上出现流动的虚线，表示对象被选中，如图 3-8（a）所示；如果要选择一个以上的对象，用户可以按住“Shift”键不放，然后单击每个希望选择的对象，如图 3-8（b）所示；或者用定位工具，在前面板窗口的空白处按住鼠标左键不放，然后拖曳光标得到一个虚线的矩形框，并使所有希望选择的对象处于该矩形框中，此时松开鼠标，选中对象的轮廓边上同样会出现流动的虚线，表示对象被选中，如图 3-8（c）所示。

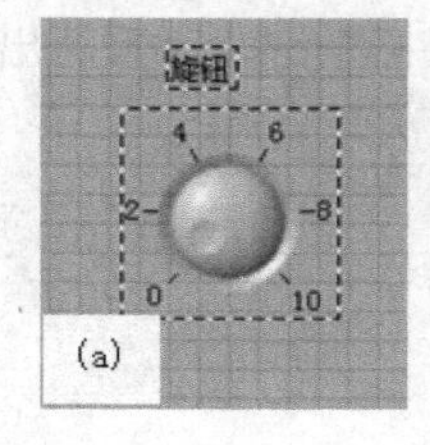

（a）单个对象被选择

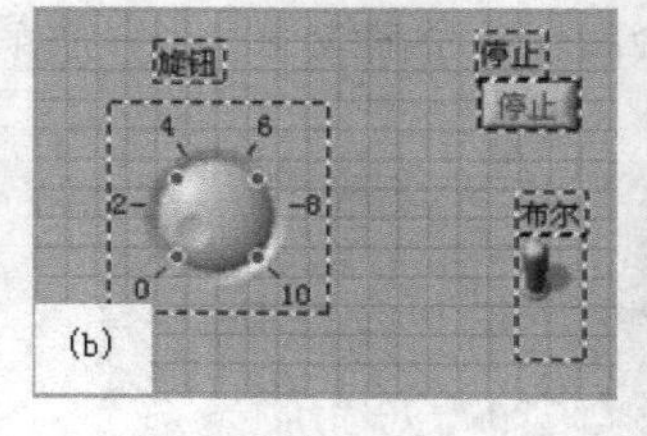

（b）用 Shift 键选择多个对象

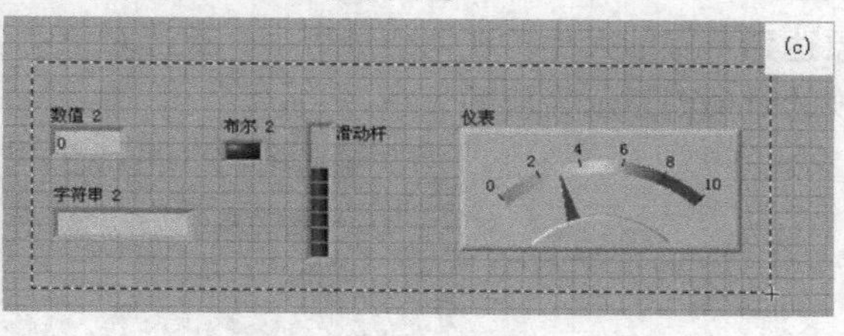

（c）用鼠标左键拖动选择多个对象

图 3-8　使用定位工具选择对象

3.3.2　对象的移动、复制与删除

利用定位工具单击选择对象并按住鼠标左键不放，然后拖动鼠标可以将被选对象移动到窗口中希望的位置。

多数对象都可以复制。用户复制对象时，须先选中对象（在希望被选对象上利用定位工具单击鼠标左键并按住不放），然后按住“Ctrl”键不放，拖动鼠标到前面板窗口中希望的位置，松开鼠标和“Ctrl”键，此时选中对象被复制，如图 3-9（a）所示；或者利用“编辑”下拉菜单中的“复制”和“粘贴”功能来复制对象，如图 3-9（b）所示。

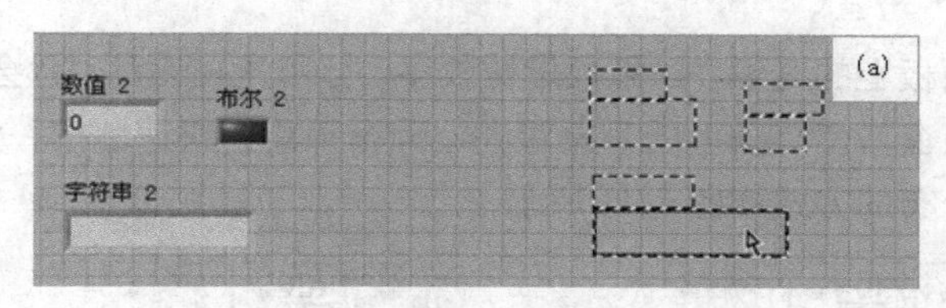

（a）用鼠标拖动实现

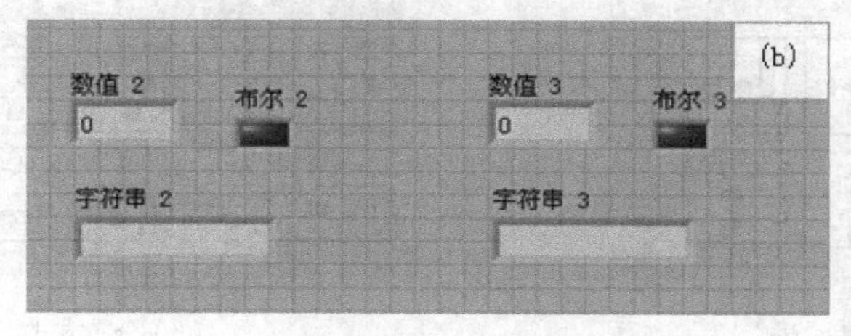

（b）对象复制

图 3-9　对象的移动、复制

用户选中对象后，按“Delete”键即可删除对象。通过这种方法用户尽管可以删除大多数对象，但是不能删除控件或指示器的某个组件，如标签或数字显示，此时必须使用弹出快捷菜单取消选定“显示项”中的“标签”等来隐藏这些组件。

3.3.3 对象大小的调整

一般情况下，控件选板上的对象是以默认的大小被拖放到前面板上的。但是这些属性不一定适合某一具体程序的需要，其外部的一些属性都可以通过简单的操作来进行修改。

当在希望调整大小的对象上移动定位工具时，希望被选对象上会出现大小调节句柄，如图 3-10 所示。在矩形对象上，大小调节句柄出现在对象的各个角上；在圆形对象上，大小调节句柄则出现在圆周上。为了放大或缩小对象，在大小调节句柄上单击鼠标左键并拖动光标调整大小直到对象达到希望的大小。在调整过程中，被选对象上会出现一个虚线框。当释放鼠标左键时，重新出现的对象则显示为新的大小。

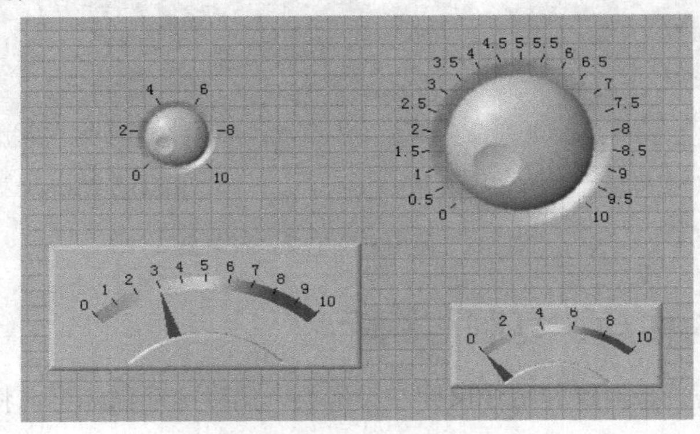

图 3-10　对象大小的调整

若希望取消调整大小操作，可使用“编辑”下拉菜单中的“撤销”功能，或者继续拖动光标到活动的外边，直到虚线框消失，然后释放鼠标左键，对象将保持原来的大小。

3.3.4 对象的对齐、分布

对于已旋转在前面板上的对象，如果数量比较多，分布比较凌乱，就会给编程带来许多不便。为此，可以使用前面板窗口工具条上的对象对齐、分布工具，快速地按一定方式对前面板上的对象进行分布。对齐和分布的方式如图 3-11 所示。

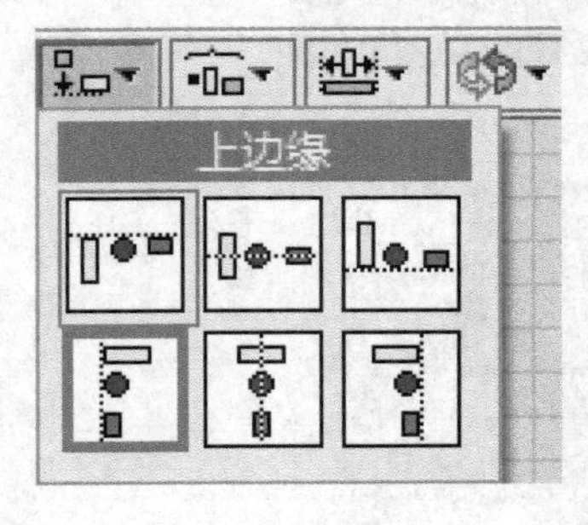

（a）对齐方式

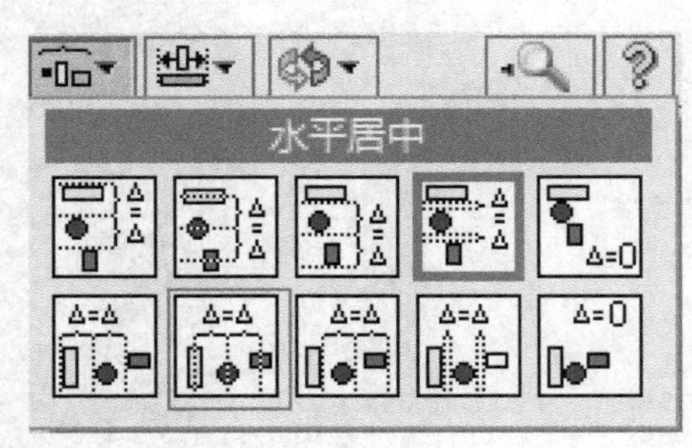

（b）分布方式

图 3-11　对象的分布排列工具

光标在工具图标上移动的时候会出现文字提示，结合图标的图示可以看出分布和对齐的规则。对于各种规则，用户可以去尝试，但是一定要记住，在进行对象的对齐、分布之前，一定要先用定位工具选取操作的目标对象。一种对齐和分布的示例结果如图 3-12 所示。

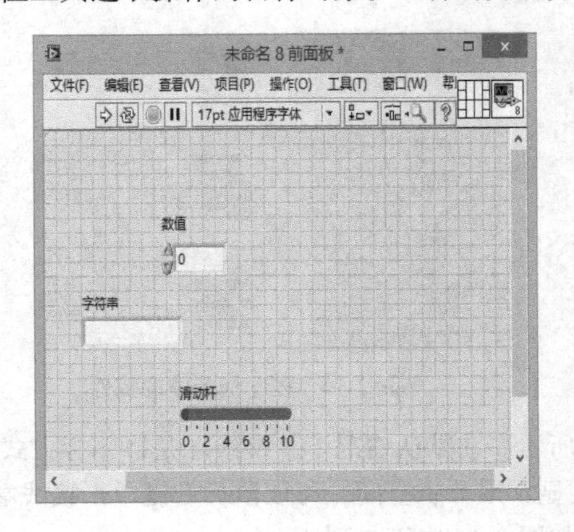

（a）对齐之前

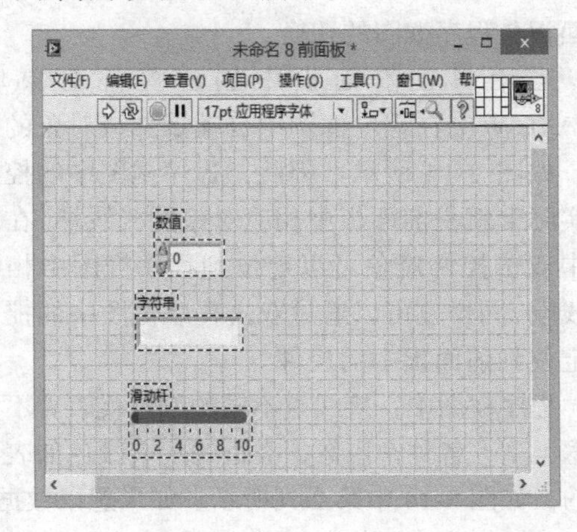

（b）水平居中对齐之后

图 3-12　一种对齐和分布方式的示例结果

3.3.5　控件属性的设置

前面板上的每个控件都有自己的属性，如大小、字体、颜色、显示模式等。在 LabVIEW 中，对象的许多属性都可以根据不同的需要进行编辑，下面以布尔控件为例进行简要的说明。用鼠标右键单击前面板任一目标布尔控件，选择位于最底部的“属性”选项，就会弹出属性对话框，如图 3-13 所示。

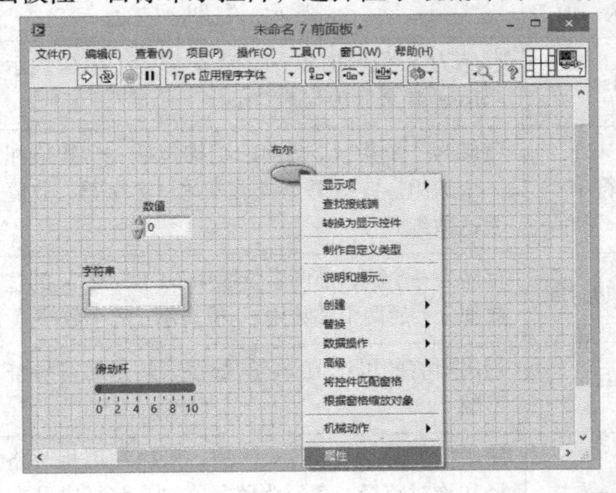

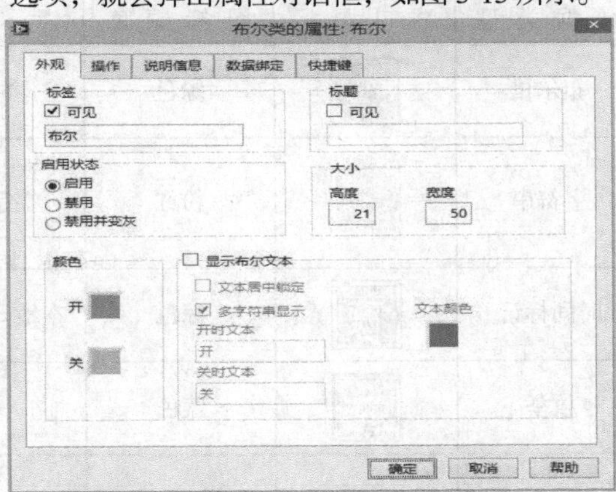

图 3-13　控件属性对话框

在属性对话框中，操作功能界面包括以下几项内容。

（1）“外观”：设置控件开/关时的颜色和文本、控件标签的显示和隐藏等功能；

（2）“操作”：设置布尔控件的机械动作方式；

（3）“说明信息”：为控件添加描述和提示信息；

（4）“数据绑定”：将该控件与网络上相应的数据源相连接；

（5）“快捷键”：设置该控件的快捷键。

3.3.6　连线的编辑

通过选择“窗口”下拉菜单中的“显示程序框图”或鼠标单击框图窗口中任意位置，可实现前面板与程序框图的切换。

当用户在前面板中创建控件对象后，LabVIEW 会在程序框图中自动添加该对象的接线端，如图 3-14 所示。因此，程序框图中的控件对象实际上就是前面板中相应对象的接线端。在前面板中双击控件对象可以定位到程序框图中相应的接线端，同样也可以通过双击程序框图中的控件对象定位到前面板中的控件。

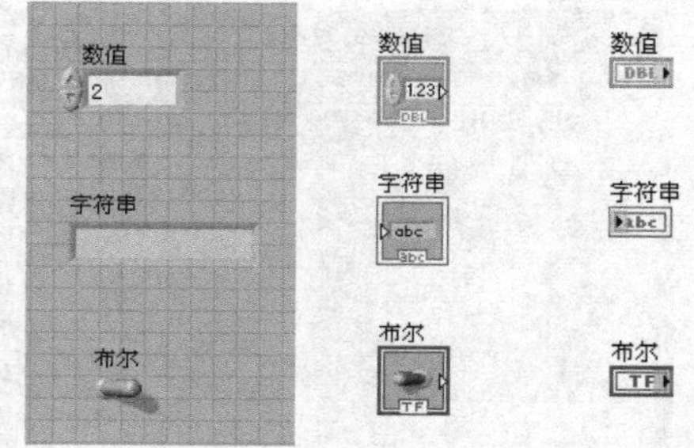

图 3-14　程序框图中的控件

程序框图中，接线端不同的颜色代表着不同的数据类型，各种常用数据类型的代表颜色如表 3-1 所示。在默认情况下，接线端是以图标方式显示的，如图 3-14 中第 2 列所示。如果想以数据类型显示来节省空间，可以鼠标右键单击接线端，选择“显示为图标”项，则接线端不以图标显示，如图 3-14 中第 3 列所示。

一般来说，输入控件接线端的边框要比显示控件接线端的边框粗，所以区别开边框的粗细是非常重要的，因为如果不注意区分就有可能导致连线的错误。同时，输入控件接线端的箭头一般在图标的右边，而显示控件接线端的箭头一般在图标的左边。这是因为一般情况下，我们默认为数据流都是从左向右流动的。输入控件一般作为数据流的起点，显示控件一般作为数据流的终点。

表 3-1　常用数据类型

数据类型	端口图标	图标颜色	默认值	简要说明
布尔量		绿色	False	存储为 8 位数值（一个字节），数值 0 表示 False，其余数值代表 True
字符串		粉红	空字符串	存储为一个指针，指向的结构包括一个数值和一个数组。数组每个成员表达一个字符，数值表达数组长度
时间标记		棕色	本地日期时间	存储为一个簇，前两个整数用 64 位表示 s 的整数部分，后两个整数用 64 位表示 s 的小数部分
枚举		蓝色	——	列出所有的可选值，它的数字表达是无符号整型数
路径		浅绿	——	使用标准的 Windows 语法，可以使用相对路径和绝对路径。存储为路径类型、路径成员数和路径成员
参考号		浅绿	——	LabVIEW 进行操作的对象，例如文件、设备等的标识
数组		随成员变	——	图标的方括号内包含数组成员的类型，图标的颜色随成员的数据类型改变
簇		棕或粉红	——	包含多个不同数据类型的成员，如果成员都是数值，颜色为棕色，否则为粉红色

续表

数据类型	端口图标	图标颜色	默认值	简要说明
波形		棕色	——	簇，成员包括 t0、△t 和数
数字波形		粉红	——	簇，成员包括 t0、△t 和数字数据
数字数据		深绿	——	用表格形式显示数字信号
输入输出名		紫色	——	表示与输入输出设备有关的名称
变体		紫色	——	可以容纳各种不同的数据类型，存储控件名称、数据类型和数据本身

连线工具是工具模板提供的工具之一。连线用于在程序框图各对象间传递数据。每根连线都只有一个数据源，但可与多个读取数据的 VI 和函数连接。所有需要连接的程序框图接线端必须连接，否则 VI 将处于断开状态而无法运行。

对象连线实现了程序框图中各对象之间的数据传递。连线的颜色、样式以及粗细随着 connection 对象数据类型的不同而不同。

对象之间的连线可以采用自动连线和手动连线。

1. 自动连线

在 LabVIEW 的编程环境中，默认的连线方式是自动连线。自动连线功能只有在添加了新的节点时才有效。当向程序框图中添加节点时，若其输入/输出接线端与其他对象的输出/输入端比较靠近时会显示有效的连线方式，这时放开鼠标后会完成自动连线，如图 3-15（a）所示。

LabVIEW 也可以对程序框图上已有对象进行自动连线。LabVIEW 将为已有对象中最匹配的接线端连线，对不匹配的接线端则不予连线。自动连线功能只对数据类型匹配的接线端才有效，在添加节点时，可以使用空格键来切换自动切换功能，如图 3-15（b）所示。

2. 手动连线

单击工具选板中的按钮，此时将光标放在对象的接线端或连线上，接线端或连线处于闪烁状态。单击鼠标表示选中该接线端，然后移动鼠标，此时会出现一条虚线随鼠标一起移动。该虚线即为连线的一部分，如图 3-16（a）所示。随着框图中连线对象的位置不同，连线能够自动转折。用户如果需要控制连线的转折点，则在希望的转折点处单击鼠标左键即可，如图 3-16（b）所示。最后，当鼠标移动到该条连线的终点时，目标接线端同样会处于闪烁状态，用鼠标左键单击该接线端，即完成一条连线。

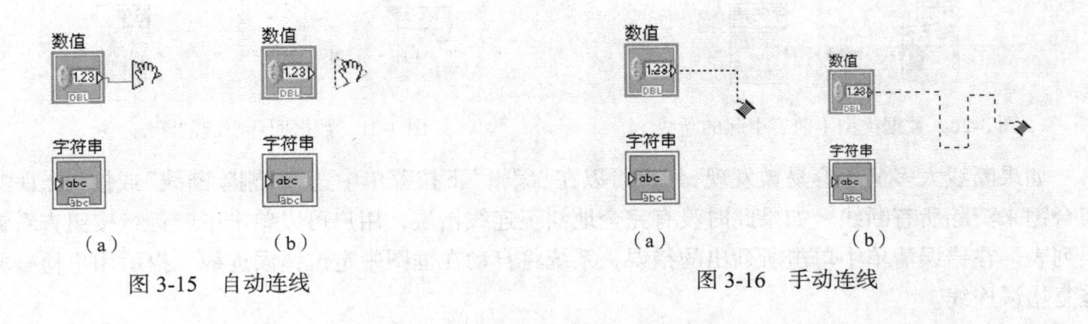

图 3-15 自动连线

图 3-16 手动连线

连线只能是水平或垂直的，但为了使代码清晰、可读性强，对于连线的排列和分布需要做一定的编辑。要移动或删除连线时，必须先选择该目标连线。

选择定位工具，鼠标左键单击某段连线则该段连线变成流动虚线，即表示选中该段，如图 3-17（a）所示；鼠标左键双击某段连线则表示选中该连线的一个分支，如图 3-17（b）所示；鼠标左键连续单击 3 次则表示选择全部连线，如图 3-17（c）所示。

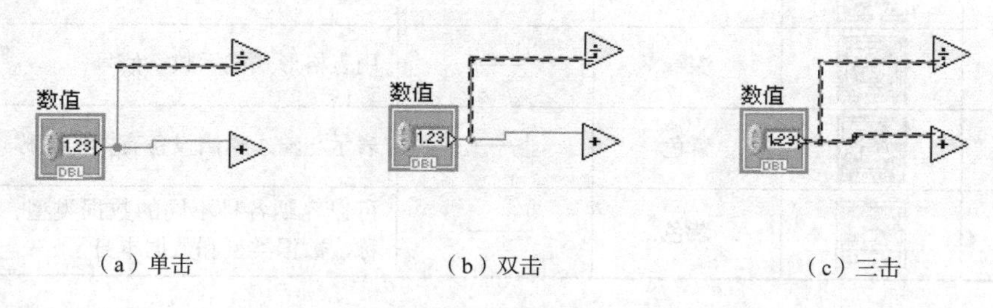

（a）单击　　（b）双击　　（c）三击

图 3-17　连线的编辑（1）

选择定位工具，同时按下“Shift”键，鼠标左键多次单击连线的一段，则表示被单击过的对象全部被选中，如图 3-18 所示。

对于被选择的连线或连线段，可以按“Backspace”或“Delete”键进行删除，也可以用鼠标将其拖动到新的位置。如果连线失败或不可用，就会变成断线，断线的存在会阻碍程序的运行。

断开的连线显示为黑色的虚线，中间有个红色的“X”。出现断线的原因有很多，如试图连接数据类型不兼容的两个对象时就会产生断线，或者出现多数据源错误等。断线中间红色 X 任意一边的箭头表明了数据流的方向，而箭头的颜色表明了流过连线数据的数据类型，如图 3-19～图 3-21 所示。用定位工具连续 3 次单击连线并按“Delete”键可以删除断线。用户还可右键单击连线，从快捷菜单中选择删除连线分支、创建连线分支、删除松终端、整理连线、转换为输入控件、转换为显示控件、在源处启用索引和在源处禁用索引等选项。

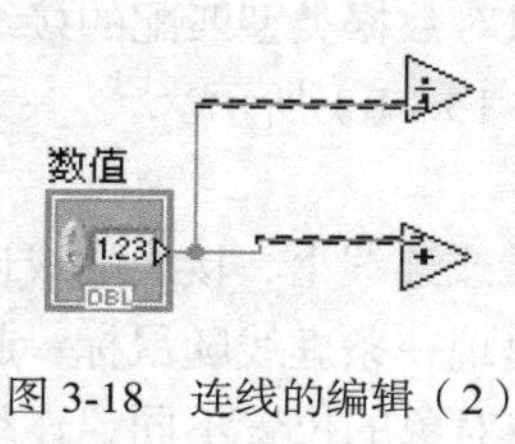

图 3-18　连线的编辑（2）

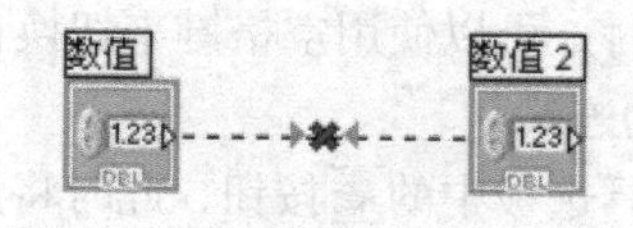

图 3-19　数据源错误引起的断线

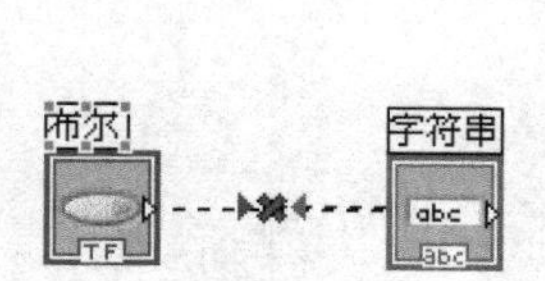

图 3-20　数据类型不兼容引起的断线

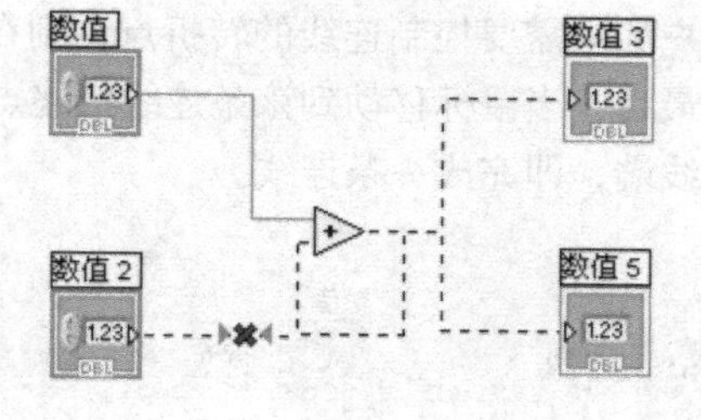

图 3-21　数据回环引起的断线

如果断线太多又不容易被发现，用户可以在“编辑”下拉菜单中选择“删除断线”或按“Ctrl+B”组合键来清除所有断线。如果此时没有完全地纠正连线错误，用户可以单击中断运行按钮查看错误列表。在错误清单中单击所列出的错误，系统将自动在框图中定位错误连线，提示用户检查并修复错误连线。

LabVIEW 还为用户提供了整理连线的功能，此功能可以把框图中混杂不清的连线清楚地显示出来。具体的操作步骤是选中需要整理的连线，单击鼠标右键，系统可以自动把不清晰的连线清晰地显现出来。但此功能不能纠正框图中的错误，只是把重叠不清的连线分离开来。如图 3-22 所示，为选择连线整理前后的效果。

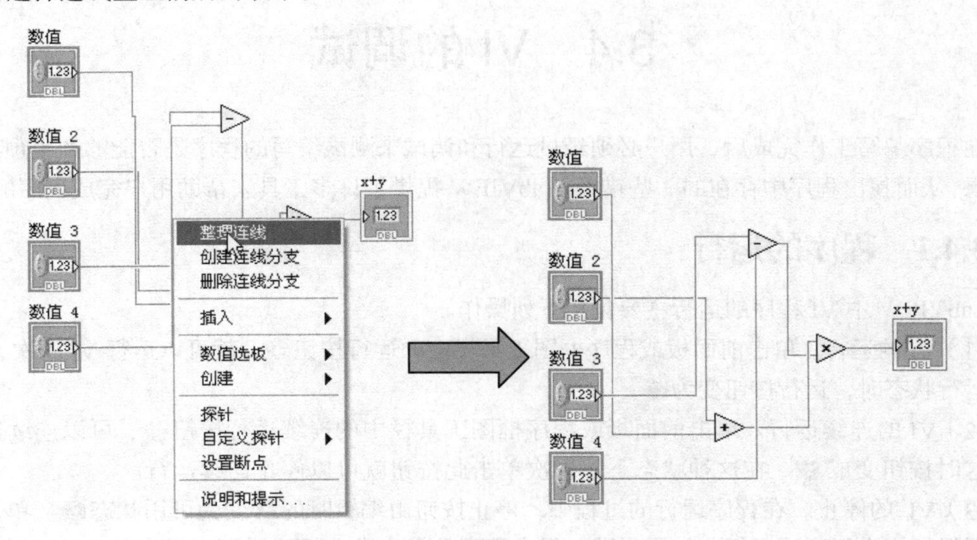

图 3-22　利用“整理连线”功能整理前后对比

3.3.7　对象的着色与字体选择

在建立前面板和框图对象时，LabVIEW 会自动给对象着色。用户可利用工具选板中提供的颜色工具来编辑前面板和前面板控件的颜色，但不是编辑系统风格控件的颜色，因为系统风格控件的颜色由操作系统决定。

单击位于工具选板的颜色工具，鼠标将变成画笔形状，此时右键单击希望编辑的对象，则弹出颜色面板；或在工具选板中的颜色工具中左键单击方框，也可显示颜色面板，如图 3-23 所示。

单击颜色选项板中右下角按钮，访问颜色定制对话框，如图 3-24 所示。红、绿、蓝 3 个颜色组件中的每一个描述 24 位颜色中的 8 位（在颜色对话框的右下角中），因此每个组件具有 0～255 的范围。在选项板中最后显示的颜色为当前色，用户可以用颜色工具单击对象从而使对象设置为当前色。

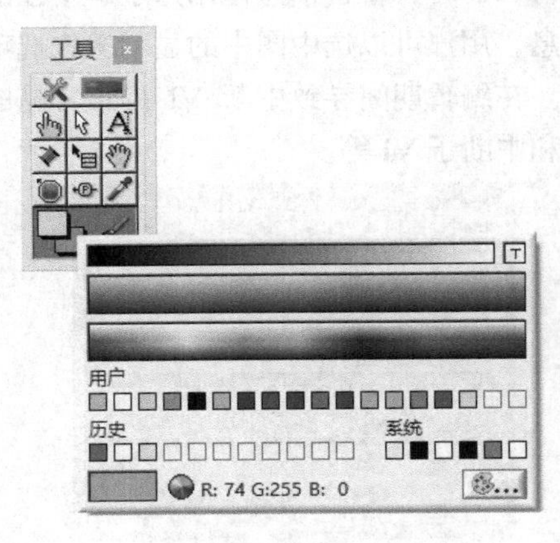

图 3-23　颜色面板

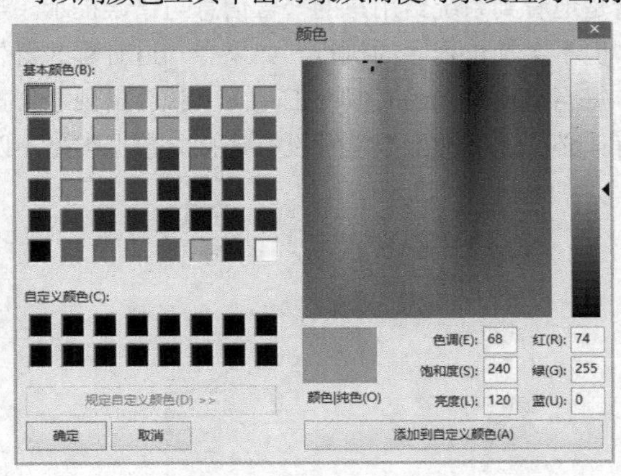

图 3-24　颜色对话框

使用颜色复制工具，用户可以在不使用颜色选项板的情况下复制一个对象的颜色并作用到第 2 个对象上。要实现该功能，可在原对象上单击颜色复制工具，然后选择颜色工具并单击另一个对象，即可改变它的颜色。

3.4　VI 的调试

在程序编写工作完成后，用户必须经过运行和调试来测试编写的程序是否能够产生预期的运行结果，从而找出程序中存在的一些错误。LabVIEW 提供了许多工具来帮助用户完成程序的调试。

3.4.1　程序的运行

LabVIEW 中 VI 程序的运行主要包括下列操作。

（1）VI 的运行。单击前面板或程序框图工具栏中的运行按钮，就可以运行 VI 一次，当 VI 正在运行状态时，运行按钮变为。

（2）VI 的连续运行。单击前面板或程序框图工具栏中的连续运行按钮，可以连续运行程序，这时按钮变成。在这种状态下，再次单击此按钮就可以停止连续运行。

（3）VI 的停止。在程序运行的过程中，停止按钮由编辑时的变为可用状态。单击此按钮，可强行停止程序的运行。如果调试过程中程序无意中进入了死循环或无法退出时，用户可用此按钮强行结束程序的运行。

（4）VI 运行的暂停。工具栏中的暂停按钮用来暂停程序的运行。在程序运行过程中单击该按钮，按钮的颜色将由原来的黑色变为红色，再次单击该按钮，则恢复程序的运行。

3.4.2　错误信息

程序错误一般分为两种：一种为程序编辑错误或编辑结果不符合语法，程序无法正常运行；另一种为语义和逻辑上的错误，或者是程序运行时某种外部条件得不到满足引起的运行错误，这种错误很难排除。

建立一个 LabVIEW 程序，如图 3-25 所示。

单击图标显示错误即可得到程序的错误列表，如图 3-26 所示。通过程序的错误列表，我们可以清楚地看到系统给用户的警告信息与错误提示。当运行 VI 时，警告信息让用户了解潜在的问题，但不会禁止程序的执行。如果想知道有哪些警告信息，用户可以选中图中的显示警告选项，这样每当出现警告的时候，工具条上就会出现警告按钮。在编辑期间导致中断 VI 的最常见的错误有：必要连接的函数端子没有连接，数据类型不匹配和中断子 VI 等。

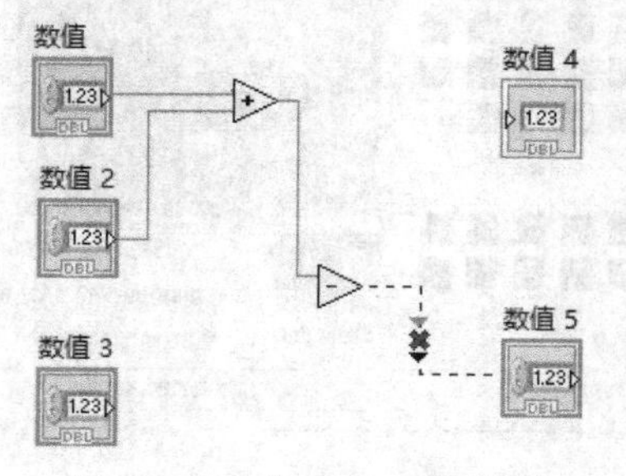

图 3-25　一个 LabVIEW 程序

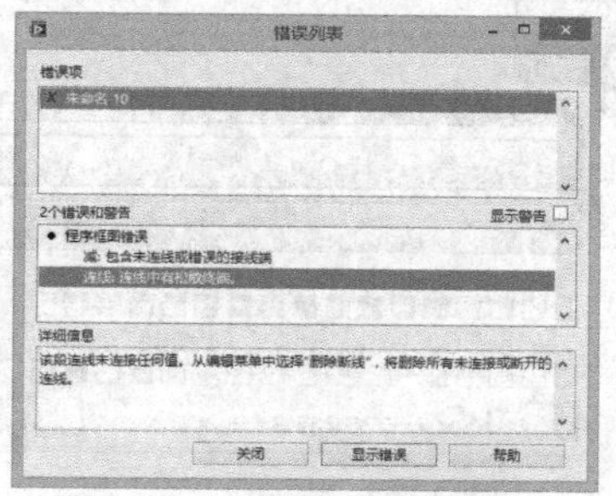

图 3-26　程序的错误列表

3.4.3　程序的加亮执行

当单击框图窗口工具条上的加亮执行按钮，即可打开执行加亮功能。执行加亮时，对节点之间的数据流动采用在连线上移动的气泡加以形象表示。为使用户有足够时间观察气泡数据线的流动，程序执行加亮程序时的运行速度大为降低了。把框图改正后，程序可以正常运行。选择加亮执行，加亮运行过程中的气泡流动可以清晰地看到，如图 3-27 所示。

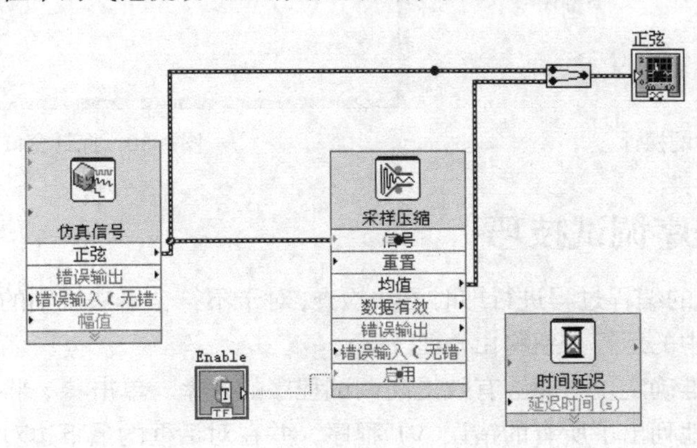

图 3-27　程序的加亮执行

3.4.4　程序的单步执行

如果想使程序逐个节点执行，可以采用单步执行。在单步执行时，可以查看全部代码的执行细节。单步执行方式有 3 种。

（1）单击进入单步执行方式，打开一个要执行的程序节点并暂停。再次单击程序执行第一次动作，并在下一个子程序或程序结构执行前停止。

（2）单击执行单步步过，首先执行打开的程序节点，然后停止在下一个节点处。

（3）单击启动单步步出，执行完当前节点内容立即暂停。通过使用单步执行方式，可以清楚地查看程序的执行顺序和数据的流动方向，进而区别程序逻辑的正确性。

3.4.5　设置断点与探针

用户有时需要在 VI 的某个位置设置断点，来看清程序执行情况。用户使用工具模板上的断点工具即可为代码中的子 VI、节点和连线添加断点，或者用鼠标右键单击窗口中某个对象或连线，从弹出的快捷菜单中选择“设置断点”。程序运行到断点位置时自动停止运行，用户可以在这一位置开始单步运行。节点上的断点用红框表示，而连线上的断点用红点表示，如图 3-28 所示。

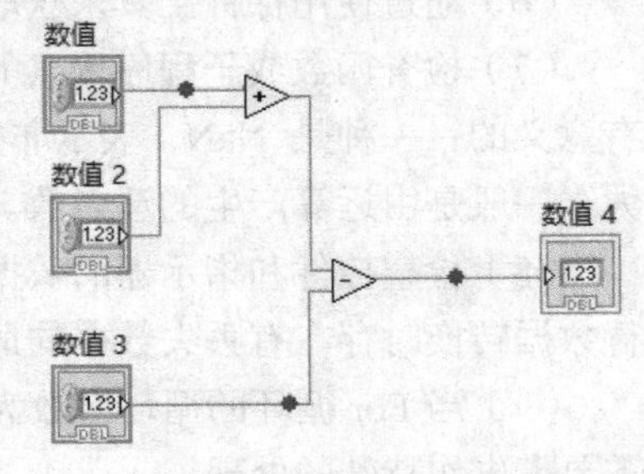

图 3-28　程序中的断点

当数据流过框图连线时，用户可使用探针工具检查 VI 运行时的即时数据。要想正确探测到流过数据线的数据，必须在数据流过之前添加探针。在数据的连线上弹出快捷菜单，选择探针或者使用工具模板上的探针工具，单击数据连线都可以为数据线添加探针。添加了探针的程序如图 3-29 所示，探针有编号，并弹出一个与其一样编号的、如图 3-30 所示的窗口，来显示运行时通过连线的数值。

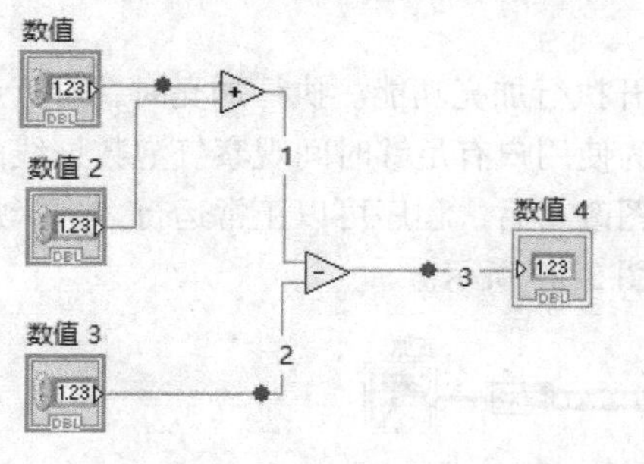

图 3-29 程序中的探针

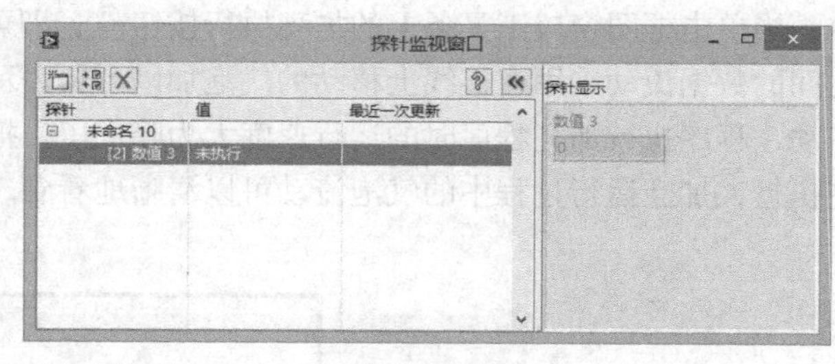

图 3-30 探针窗口

3.4.6 VI 程序调试技巧

LabVIEW 对用户的编程过程进行即时语法检查，对于不符合语法规则的连线或没有连接必须连接的端子时工具栏中的运行按钮将由 变为 。

系统对于错误的准确定位，能够有效提高调试程序的效率。单击 ，将会弹出错误列表对话框，在对话框中详细地列出了所有的错误 VI 程序，并在对话框的最下边对每个错误进行了详细的描述及如何修改错误的一些建议。用户可以通过访问 LabVIEW 的帮助文件来了解该程序的有关问题，以便及时修改。

一般来说，上述的程序错误很多都是显而易见的，不改正程序的错误会直接导致程序无法运行。而在大多数情况下，程序虽然可以运行，但是无法得出期望的结果。这种错误一般较难发现，查找过程可以按以下步骤进行。

（1）检查连线是否连接适当。可在某条连线上连续 3 次单击鼠标左键，则虚线显示与此连线相接的所有连线，以此来检查连线是否存在问题。

（2）使用“帮助”下拉菜单中的“显示即时帮助”功能来动态显示鼠标所指向的函数或子程序的用法介绍以及各端口的定义，然后对比当前的连线检查连线的正确性。

（3）检查某些函数或子程序的端口默认值，尤其是当函数或子程序的端口类型是可选型的时候，因为如果不连接该端口，则程序在运行时将使用默认值作为输入参数来进行传递。

（4）选择“查看”下拉菜单中的“VI 层次结构”，通过查看程序的层次结构来发现是否有未连线的子程序。因为未连线的函数会使运行按钮变成 ，所以能很容易找到。

（5）通过使用加亮执行方式、单步执行方式以及设置断点等手段来检查程序是否是按预定要求运行的。

（6）通过使用探针工具来获取连线上的即时数以及检查函数或子程序的输出是否存在错误。

（7）检查函数或子程序输出的数据是否是有意义的数据。在 LabVIEW 中，有两种数据是没有意义的：一种是 NaN，表示非数字，一般是由无效的数学运算得到的；一种是 Inf，表示无穷大，一般是由运算产生的浮点数。

（8）检查控件和指示器的数据是否有溢出。因为 LabVIEW 不提供数据溢出警告，所以在进行数据转换时存在有丢失数据的危险。

（9）当 For 循环的循环次数为 0 时，需要注意此时将会产生一个空数组，当调用该空数组时需要事先作特殊的处理。

（10）检查簇成员的顺序是否与目标端口一致。LabVIEW 在编辑状态下能够检查数据类型和簇的大小是否匹配，但是不能检查相同数据类型的成员是否匹配。

（11）检查是否有未连线的 VI 子程序。

本章小结

VI 是 LabVIEW 程序的基础单元。本章首先通过一个 VI 创建示例介绍了创建 VI 的典型过程，然后着重介绍了如何在前面板中添加、删除以及编辑控件对象，如何在程序框图中编辑连线，最后介绍了如何运行 VI、调试 VI、运行错误的查找和解决方法以及一些常用的 VI 调试技巧。

习　题

3-1　创建一个 VI 并实现以下任务。

（1）将两个输入数字相加并显示结果；

（2）将两个输入数字相减并显示结果；

（3）比较所得的两个运算结果，如果结果相等，则 LED 指示灯变亮。

3-2　前面板中如何将输入控件转换为显示控件？

3-3　比较两个随机数的大小，两个随机数都用仪表盘显示，一个呈蓝色一个呈黄色，当蓝色表盘数字大时 LED 指示灯亮且颜色为蓝色，否则为灰色。用高亮执行并观察数据流。

3-4　在前面板中随意放置 5 个控件，完成以下操作。

（1）将 5 个控件顶端对齐，水平中心分布，组合在一起；

（2）将其中 3 个控件右对齐，垂直中心分布，组合在一起。

3-5　程序框图中自动连线与手动连线有什么区别，如何设置？

3-6　如何利用错误列表快速定位程序框图中的错误？

第 4 章 数据类型与程序控制

4.1 数据类型及其操作

LabVIEW 作为一种通用的编程语言，与其他文本编程语言一样，数据操作是最基本的操作。LabVIEW 是用“数据流”的运行方式来控制 VI 程序的。数据流是 LabVIEW 的生命，运行程序就是将所有输入端口上的数据通过一系列节点送到目的端口。LabVIEW 主要的数据类型包括标量类型（单元素），如数值型、字符型和布尔型；还包括了结构类型（包括一个以上的元素），如数组和群集。LabVIEW 数据控件模板将各种类似的数据类型集中在一个子模板上以便于使用。

数据类型主要有数值量、逻辑量、字符串、文件路径等几类。相同的数据类型可能有不同的表现形式，所以一个数据类型子模板有相当多的项目，如一个数值类型可以显示为一个简单的数字、一个条图、一个滑块、一个模拟计量器或者显示在一个图表中。

4.1.1 数值型

数值型是 LabVIEW 一种基本的数据类型，可以分为浮点型、整型数和复数型 3 种，其类型的详细分类如表 4-1 所示。

表 4-1 数值类型表

数 值 类 型	图 标	存储所占位数	数 值 范 围
有符号 64 位整数	I64	64	−18 446 744 073 709 551 616～+18 446 744 073 709 551 615
有符号 32 位整数	I32	32	−2 147 483 648～+2 147 483 647
有符号 16 位整数	I16	16	−32 768～+32 767
有符号 8 位整数	I8	8	−128～+127
无符号 64 位整数	U64	63	0～1 844 674 407 309 551 615
无符号 32 位整数	U32	32	0～4 294 967 295

续表

数 值 类 型	图　　标	存储所占位数	数 值 范 围
无符号 16 位整数	U16	16	0～65 535
无符号 8 位整数	U8	8	0～255
扩展精度浮点型	EXT	128	最小正数：6.48E-4 966 最大正数：1.19E+4 932 最小负数：−6.48E-4 966 最大负数：−1.19E+4 932
双精度浮点型	DBL	64	最小正数：4.94E-324 最大正数：1.79E+308 最小负数：−4.94E-324 最大负数：−1.79E+308
单精度浮点型	SGL	32	最小正数：1.40E-45 最大正数：3.40E+38 最小负数：−1.40E-45 最大负数：−3.40E+38
复数扩展精度浮点型	CXT	256	实部与虚部分别与扩展精度浮点型相同
复数双精度浮点型	CDB	128	实部与虚部分别与双精度浮点型相同
复数单精度浮点型	CSG	64	实部与虚部分别与单精度浮点型相同

在前面板上单击鼠标右键或直接从“查看”下拉菜单中选择“控件选板”，在控件选板中即可看到各种类型的数值输入控件与显示控件。图 4-1 所示为数值型数据在“新式”显示风格下的界面，其他显示风格下的界面用户可以在实际运用中熟悉。在程序框图中数值型数据在函数选板下的界面如图 4-2 所示。

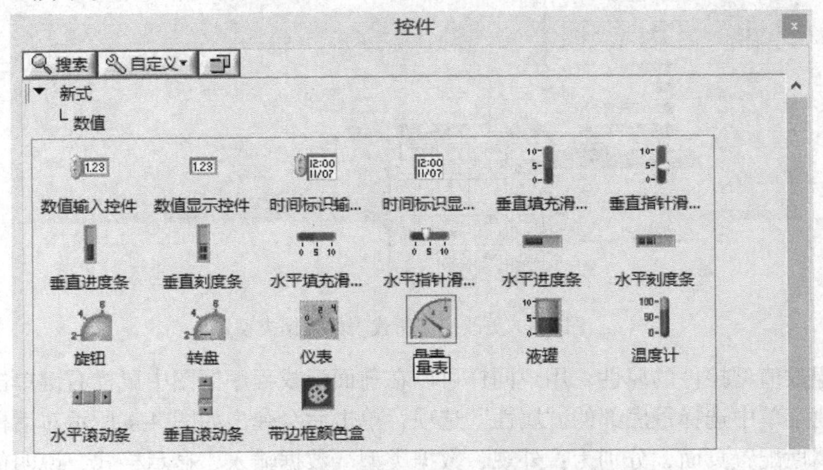

图 4-1　“新式”显示风格下的数值型数据控件界面

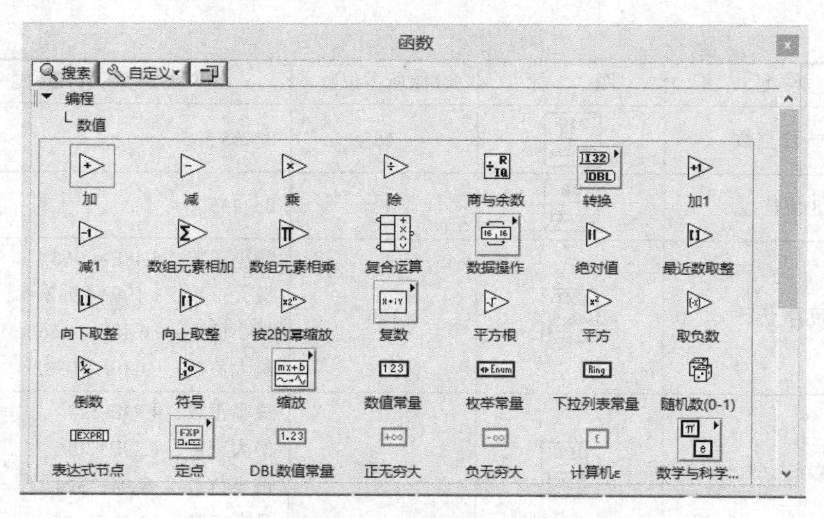

图 4-2　数值型数据在程序框图中函数选板下的界面

数值选板包括多种不同形式的控件和指示器，包括数值控件、滚动条、旋钮、颜色盒等。这些控件本质上都是数值型的，它们大多功能相似，只是在外观上有所不同。只要掌握了其中一种的用法，也就掌握了全部数值对象的用法。

对前面板或程序框图中的数值型数据，用户可以根据需要来改变数据的类型。在前面板或程序框图中鼠标右键单击目标对象，从弹出的快捷菜单中选择“表示法”选项，从该界面中可以选择该控件所代表的数据类型，如图 4-3 所示。

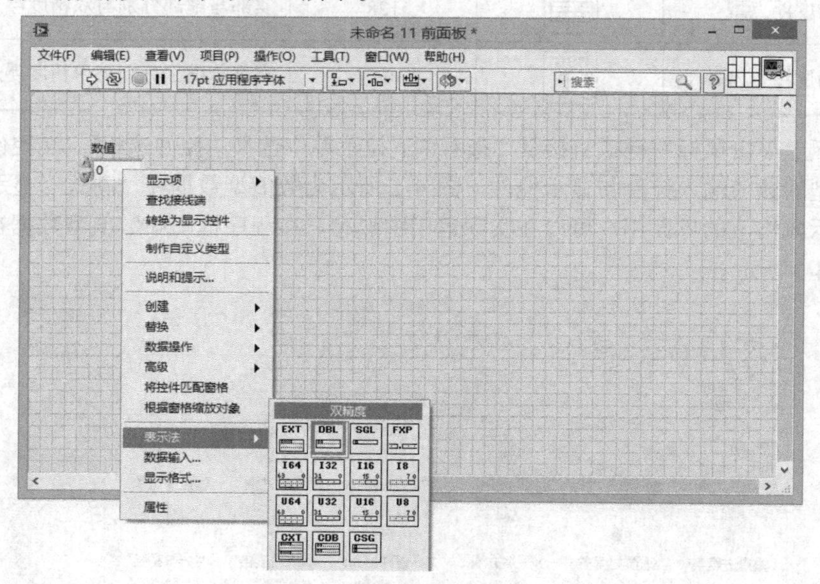

图 4-3　更改控件所代表的数据类型

如果希望数值型控件的属性，用户同样可以在前面板或程序框图中鼠标右键单击目标对象，从弹出的快捷菜单中选择最底部的“属性”选项，单击后会弹出如图 4-4 所示对话框。该对话框共包括 7 个属性配置页面，分别为：外观、数据类型、数据输入、显示格式、说明信息、数据绑定和快捷键。

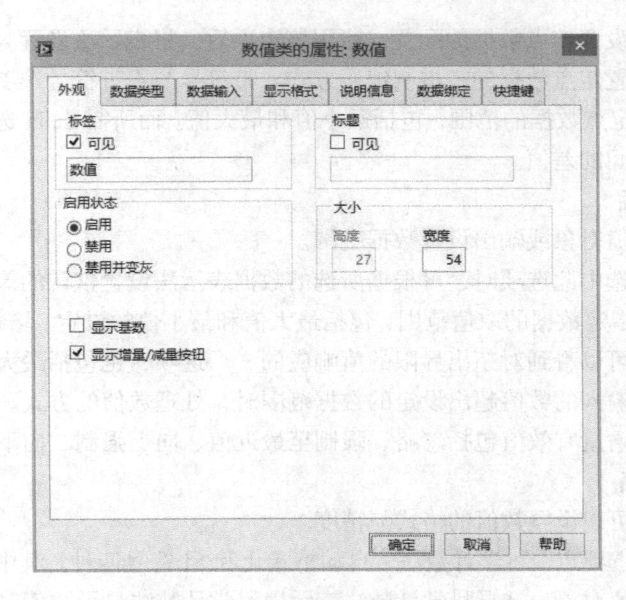

图 4-4　数值型控件的属性对话框

下面分别对这 7 个属性配置页的功能进行简要的说明。

1. 外观页面

在此页面中可以设置数值控件的外观属性，包括标签、启用状态、显示基数和显示增量/减量按钮等，各选项的功能说明如下。

（1）标签可见：标签用于识别前面板和程序框图上的对象。勾选上可见选项可以显示对象的自带标签并启用标签文本框对标签进行编辑。

（2）标题可见：与标签相似，但该选项对常量不可用。勾选上可见选项可以显示对象的标题并使标题文本框可编辑。

（3）启用状态：勾选上启用选项，表示用户可操作该对象；勾选上禁用选项，表示用户无法对该对象进行操作；勾选上选项禁用并变灰，表示在前面板窗口中显示该对象并将对象变灰，用户无法对该对象进行操作。

（4）显示基数：显示对象的基数，使用基数改变数据的格式，如十进制、十六进制、八进制、二进制或 SI 符号。

（5）显示增量/减量按钮：用于改变该对象的值。

（6）大小：分为高度、宽度两项，对数值输入控件而言，其高度不能更改，只能修改宽度。

与数值输入控件外观属性配置页面相比，滚动条、旋钮、转盘、温度计、液罐等其他控件的外观设置页面稍有不同。如针对旋钮输入控件的特点，在外观属性配置页面又添加了定义指针颜色、锁定指针动作范围等特殊外观功能项。对这些特点，用户可以在实际练习中加以体会。

2. 数据类型页面

在此页面中可以设置数据类型和范围等。用户应当注意的是，在设定最大值和最小值时，不能超出该数字类型的数据范围；否则，设定值无效。数据类型页面各部分的功能如下。

（1）表示法：为控件设置数据输入和显示的类型，例如整数、双精度浮点数等。我们注意到在数据类型页面中有一个表示法小窗口，鼠标左键单击它，得到如图 4-3 所示的数值类型选板。各图标对应的数据类型可以参见表 4-1。

（2）定点配置：设置定点数据的配置。启用该选项后，将表示法设置为定点，可配置编码或范围设置。编码即设置定点数据的二进制编码方式。带符号与不带符号选项设置定点数据是否带符号。范围选项设置定点数据的范围，包括最小值和最大值。而所需 delta 选项用来设置定点数据范围中任何两个数之间的差值。

3. 数据输入页面

此页面用于为数值对象或输出设置数据范围。

使用默认界限：选中此选项时，可根据所选的数据表示法设置默认的最小值、最大值和增量值。取消勾选用户可指定数据的取值范围，包括最大值和最小值的设定；增量用于设置强制增量。

在页面中我们还可以看到对超出界限的值响应的 3 个选项，也包括最大值、最小值和增量。它是用来设置当用户输入的数值超出设定的数据范围时，处理数值的方式。最大值和最小值有效值包括忽略和强制。增量有效值包括忽略、强制至最近值、向上强制、向下强制。

4. 显示格式页面

在此页面中用户可以设置数值的格式与精度。

数值计数方法可选浮点、科学计数法、自动格式化和 SI 符号四种。其中，用户选择浮点表示以浮点计数法显示数值对象；选择科学计数法表示以科学计数法显示数值对象；而自动格式化是指以 LabVIEW 所指定合适的数据格式显示数值对象；SI 表示法是以 SI 表示法显示数值对象，且测量单位出现在值后。

绝对时间用来显示数值对象从格林尼治标准时间 1904 年 1 月 1 日零点至今经过的秒数。只能通过事件表示控件设置绝对时间。相对时间用来显示数值对象从 0 起经过的小时、分钟及秒数。

精度类型和位数显示了不同表示法的精度位数或者有效数字位数。隐藏无效零选项表示当数据末尾的零为无效零时不显示，但如数值无小数部分，该选项会将有效数字精度之外的数值强制为零。

以 3 的整数倍为幂的指数形式，指数幂始终为 3 的整数倍。显示是采用了工程计数法表示数值。

当数据实际位数小于用户指定的最小域宽时，用户选中使用最小域宽选项，则在数据左端或者右端将用空格或者零来填补额外的字段空间。

默认编辑模式和高级编辑模式的切换完成默认视图和格式代码编辑格式及精度的切换。

5. 说明信息页面

用户可以在此页面中根据具体情况在说明和提示框中加注描述信息，用于描述该对象的目的并给出使用说明。提示框用于 VI 运行过程中当光标移到一个对象上时显示对象的简要说明。

6. 数据绑定页面

用户在页面中可以自由设置数据绑定选择。数据绑定选择下拉菜单中有 3 个选项，未绑定、共享变量引擎（NI-PSP）和 DataSocket。访问类型共有 3 种，只读、读取/写入、路径，是系统为正在配置的对象设置的访问类型。

7. 快捷键页面

用户在此页面中可以自由设置增量、减量，选中和各种数据绑定的相应快捷键操作。

（1）选中：为该控件分配一个快捷键。

（2）Shift 键：按键分配的修改键。

（3）Ctrl 键：按键分配的修饰键。

（4）现有绑定：列出已使用的按键分配。

（5）Tab 键动作：定位至该控件时控制 Tab 键的动作。

（6）按 Tab 键时忽略该控件：使用 Tab 键进行选中时，忽略该控件。在前面板使用 Tab 键时，LabVIEW 将忽略隐藏的控件。对于隐藏的控件，无需勾选该复选框。

控件类型中的其他类型控件的属性页和输入控件属性页并不完全相同，这是由各控件的功能和外观决定的。如在标尺页面中，用户可以根据需要配置带有标尺数值对象的标尺。在此页面中可以设置有标尺刻度的样式、主刻度颜色（即刻度标记的颜色）、辅刻度颜色（即辅刻度标记的颜色）、标记文本颜色（即标尺标记文本的颜色），用户可根据实际情况来体会。

4.1.2　布尔型

布尔型的值为 1 或者 0，即真（True）或者假（False）。通常情况下，布尔型即为逻辑型。在前面板上单击右键或直接从“查看”下拉菜单中选择控件选板。图 4-5 所示为新式风格下的布尔模板。

在图 4-5 中可以看到各种布尔型输入控件与显示控件，如开关、指示灯、按钮等，用户可以根据需要选择合适的控件。布尔控件用于输入并显示布尔值（True/False）。例如监控一个实验的压力时，可在前面板上放置一个布尔警告灯，当压力超过一定水平时，显示灯高亮，表示发出警告。

在前面板的布尔控件上单击鼠标右键，从弹出的快捷菜单中选择属性菜单项，则可打开如图 4-6 所示的布尔属性配置对话框。这里仅对外观页面及操作页面进行简单的说明。

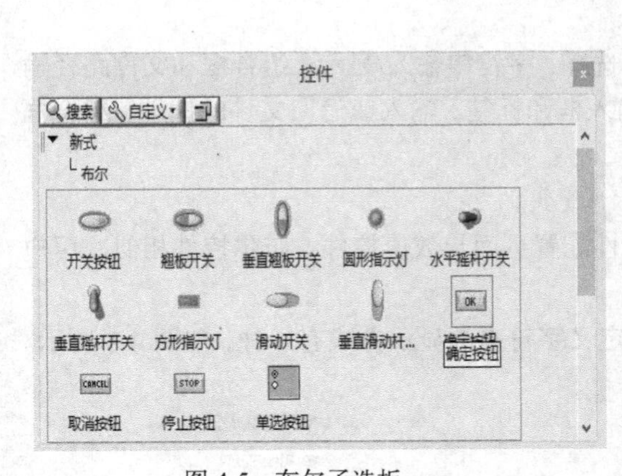

图 4-5　布尔子选板

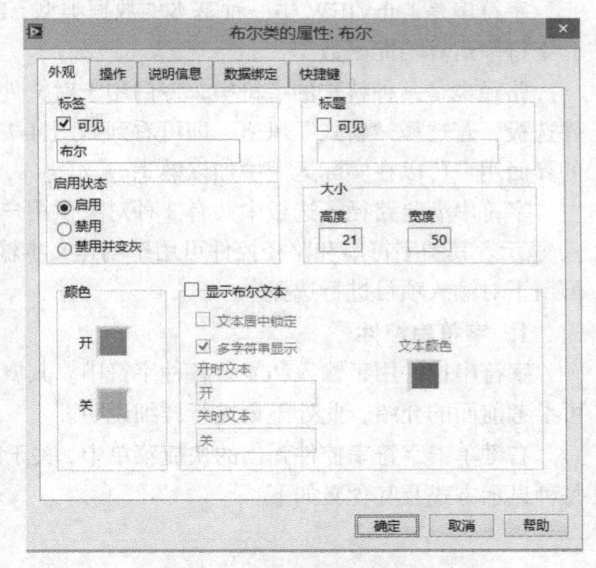

图 4-6　布尔属性对话框

1. 外观页面

打开布尔控件属性配置对话框，外观页面为默认页面。可以看到该页面与数值外观配置页面基本一致，本节只介绍与数值控件外观配置页面不同的选项及其相应功能。

（1）开：设置布尔对象状态为 TRUE 时的颜色。

（2）关：设置布尔对象状态为 FALSE 时的颜色。

（3）显示布尔文本：在布尔对象上显示用于指示布尔对象状态的文本，同时使用户能够对开时文本和关时文本文本框进行编辑。

（4）文本居中锁定：将显示布尔对象状态的文本居中显示；也可使用锁定布尔文本居中属性，

通过编程将布尔文本锁定在布尔对象的中部。

（5）多字符串显示：允许为布尔对象的每个状态显示文本。如取消勾选，在布尔对象上将仅显示关时文本文本框中的文本。

（6）开时文本：布尔对象状态为 TRUE 时显示的文本。

（7）关时文本：布尔对象状态为 FALSE 时显示的文本。

（8）文本颜色：说明布尔对象状态的文本颜色。

2. 操作页面

该页面用于为布尔对象指定按键时的机械动作。该页面包括按钮动作、动作解释、所选动作预览和指示灯等选项，各选项的功能如下。

（1）按钮动作：设置布尔对象的机械动作，共有 6 种可供选择，用户可以在练习中对各种动作的区别加以体会。

（2）动作解释：描述选中的按钮动作。

（3）所选动作预览：显示具有所选动作的按钮，用户可测试按钮的动作。

（4）指示灯：当预览按钮的值为 TRUE 时，指示灯变亮。

4.1.3 字符串与路径

字符串是 LabVIEW 中一种基本的数据类型。LabVIEW 为用户提供了功能强大的字符串控件和字符串运算功能函数。

路径也是一种特殊的字符串，专门用于对文件路径的处理。在前面板单击鼠标右键，打开控件选板，若选择“新式”风格，即可看到如图 4-7 所示的字符串与路径子选板。其他风格显示下的界面用户可以在实际运用中加以熟悉。

字符串型与路径子选板中共有 3 种对象供用户选择：字符串输入/显示、组合框和文件路径输入/显示。其中字符串和路径控件可用于创建文本输入框和标签、输入或返回文件的地址，组合框可用于对输入项目进行选择。

1. 字符串控件

字符串控件用于输入和显示各种字符串。其属性配置页面与数值控件、布尔控件相似，用户可参考前面的介绍，此处不再进行详细说明。

右键单击字符串控件弹出的快捷菜单中，关于定义字符串的显示方式有 4 种，如图 4-8 所示。每种显示方式及其含义如下。

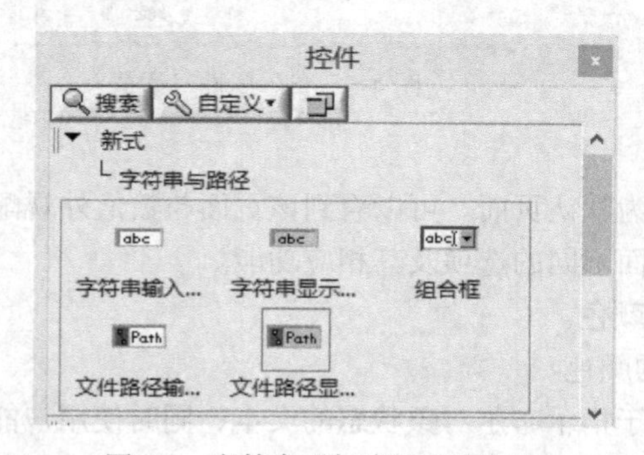

图 4-7 字符串型与路径子选板图

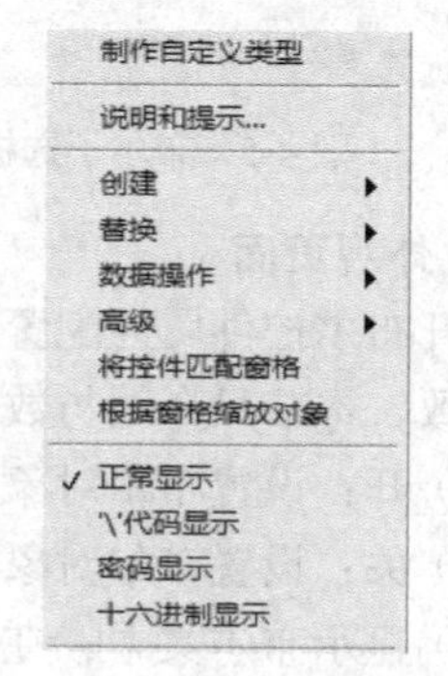

图 4-8 字符串快捷菜单部分选项

（1）正常显示。在这种显示模式下，除了一些不可显示的字符，如制表符、声音、Esc 等，字符串控件显示输入的所有字符。

（2）“\”代码显示。选择这种显示模式，字符串控件除了显示普通字符以外，还可以显示一些特殊控制字符，表 4-2 显示了一些常见的转义字符。

表 4-2　　‘\’代码转义字符列表

字　　符	ASCII 码值	控 制 字 符	功 能 含 义
\n	10	LF	换行
\b	8	BS	退格
\f	12	FF	换页
\s	20	DC4	空格
\r	13	CR	回车
\t	9	HT	制表位
\\	39		反斜线\

应当注意的是，在 LabVIEW 中，如果反斜杠后接的是大写字符，并且是一个合法的十六进制整数，则把它理解为一个十六进制的 ASCII 码值；如果反斜杠后接的是小写字符，而且是表中的一个命令字符，则把它理解为一个控制字符；如果反斜杠后接的既不是合法的十六进制整数，又不是上表中任何一个命令字符，则忽略反斜线。

（3）密码显示。密码模式主要用于输入密码，输入的字符均以“*”显示。

（4）十六进制显示。该模式下，将显示输入字符对应的十六进制 ASCII 码值。

2. 路径控件

路径控件用于输入或返回文件或目录的地址。路径控件与字符串控件的工作原理类似，但 LabVIEW 会根据用户使用操作平台的标准句法将路径按一定格式处理。路径通常分为以下几种类型。

（1）非法路径。如函数未成功返回路径，该函数将在显示控件中返回一个非法路径值。非法路径值可作为一个路径控件的默认值来检测用户何时未提供有效路径，并显示一个带有选择路径选项的文件对话框。使用文件对话框函数显示文件对话框。

（2）空路径。空路径可用于提示用户指定一个路径。将一个空路径与文件 I/O 函数相连时，空路径将指向映射到计算机的驱动器列表。

（3）相对路径和绝对路径。相对路径是文件或目录在文件系统中相对于任意位置的地址。绝对路径描述从文件系统根目录开始的文件或目录地址。使用相对路径可避免在另一台计算机上创建应用程序或运行 VI 时重新指定路径。

3. 组合框控件

组合框控件可用来创建一个字符串列表，在前面板上可按次序循环浏览该列表。组合框控件类似于文本型或菜单型下拉列表控件，但是组合框控件是字符串型数据，而下拉列表控件是数值型数据。关于字符串、路径和组合框更详细的使用方法及相应函数的应用可以参见第 7 章字符串的实现。

在字符串控件中最常用的是字符串输入和字符串显示两个控件，如果需要为字符串添加背景颜色可以使用工具选板中的设置颜色工具。如果需要修改字符串控件中文字的大小、颜色、字体等属性，需要先使用工具选板中的编辑文本工具选定字符串控件中的字符串，然后打开前面板工具栏中文本设置工具栏，选择符合用户需求的字体属性。

默认情况下创建的字符串输入与显示控件是单行的，长度固定。如果用户输入和显示的字符串长度较长，就需要改变字符串框格的大小或显示形式来调整字符串显示窗口，使其适合字符串的长度。如果需要调整字符串窗口的大小，可以使用工具选板上的定位工具拖动字符串边框，如图 4-9 中左图所示。也可以鼠标右键单击控件，在弹出的快捷菜单中选择“显示项”下“垂直滚动条”选项在字符串窗口创建滚动条增加窗口空间显示多行文本，如图 4-9 中右图所示。

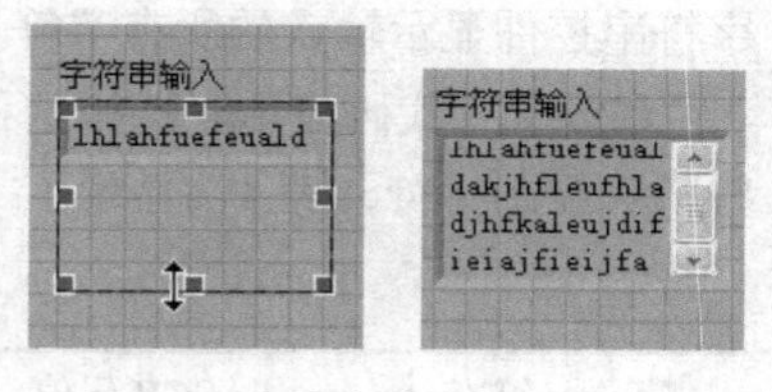

图 4-9　字符串输入与显示控件

字符串控件在默认情况下为正常显示状态显示字符的一般形式，在字符串中可以直接按回车键或空格键，系统自动根据键盘动作为字符串创建隐藏的‘\’形式的转义控制字符。右键单击控件，在弹出菜单中可以选择其他文本格式。

4.2　LabVIEW 的数据结构

4.2.1　数组

在程序设计语言中，数组是一种常用的数据结构，是相同数据类型的集合，是一种存储和组织相同类型数据的良好方式。LabVIEW 也不例外，提供了功能丰富的数组函数供用户在编程时调用。LabVIEW 中的数组是数值型、布尔型、字符串型等多种数据类型中的同类数据集合。

数组由元素和维度组成。元素是组成数组的数据，维度是数组的长度、高度或深度。数组可以是一维的，也可以是多维的。每一维可以多达 $2^{31}-1$（约 21 亿）个成员。一维数组是一行或一列数据，描绘的是平面上的一条曲线。二维数组是由若干行和列的数据组成的，可以在一个平面上描绘多条曲线。三维数组则由若干页构成，每一页都是一个二维数组。

数组中的每一个元素都有其唯一的索引数值，对每个数组成员的访问都是通过索引数值来进行的。索引值从 0 开始，一直到 $n-1$，n 是数组成员的个数。

1．数组的创建

在前面板和程序框图中可以创建数值、布尔、路径、字符串、波形和簇等数据类型的数组。下面以在前面板上创建数组为例进行说明。

首先，可在控件选板中选择“新式”显示风格下的“数组、矩阵与簇”子选板。找到数组图标，单击左键选择并将其拖曳到前面板适当位置，如图 4-10 所示。此时创建的只是一个数组框架，不包含任何内容。然后，根据需要的数据类型选择一个对象放入数组内。可以直接从控件选板中选择对象放入数组内，也可以直接将前面板上已有的对象拖入数组内。

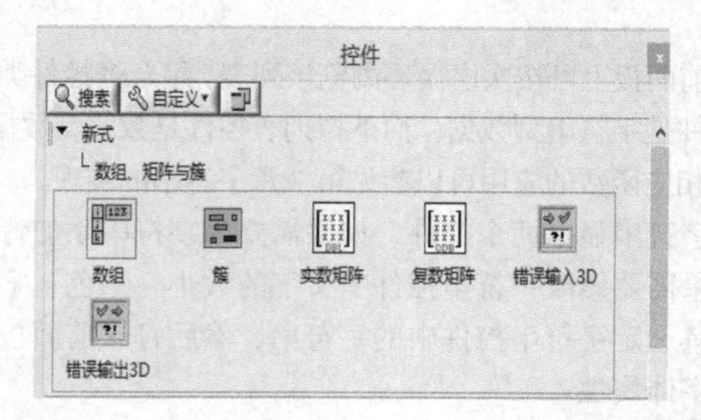

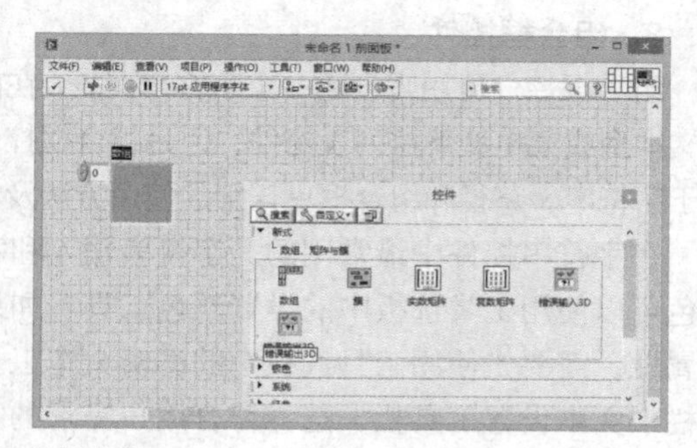

图 4-10　在前面板上创建数组

图 4-11 所示为在数组内放了一个数值型控件，因此这是一个数值型一维数组。

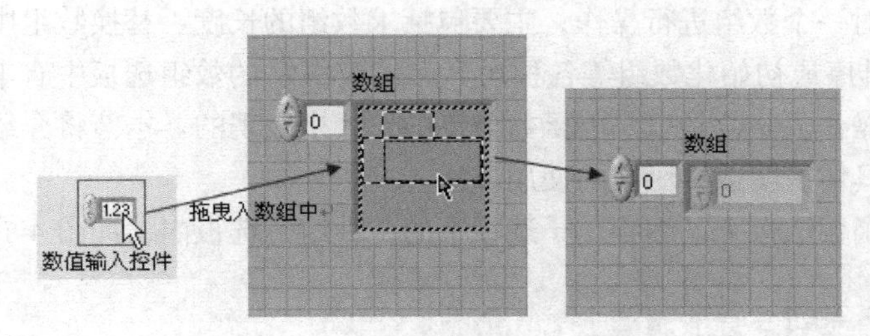

图 4-11　创建的数值型一维数组

创建完成后打开程序框图，用户可以看到这时数组图标由黑色变成与数组中数据类型一致的颜色。创建后的数组默认为只有一个数组元素。添加数组元素的方法主要有以下两种。

（1）将鼠标移动到数组边框右下角，当光标变为图 4-12（a）所示的拖曳图标状态时按住鼠标左键横向或纵向拖动鼠标，则可以添加新的数组元素。该方法仅对只含一个元素的数组有效。当数组中含有两个或两个以上元素时，将鼠标置于数组框右下角不会出现拖曳图标。

（2）将鼠标移动到数组边框控制点上，当光标变为图 4-12（b）所示的双向箭头状态时横向或纵向拖动鼠标来添加新的数组元素。这是一种更常用的添加新元素的方法。

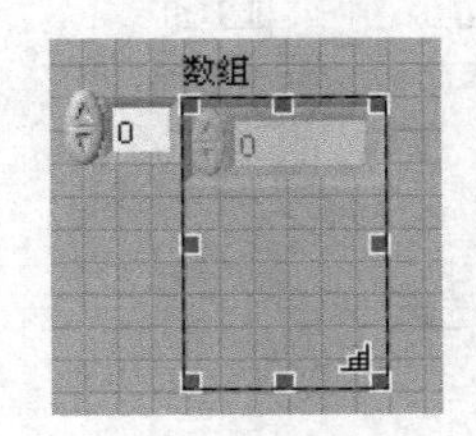

（a）拖曳边角添加数组元素

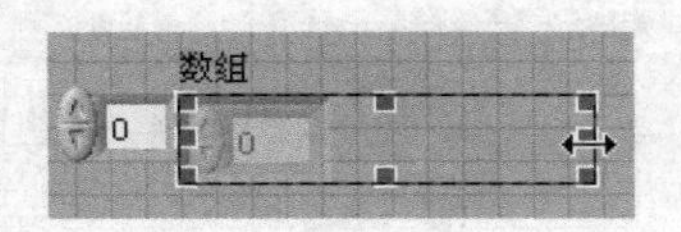

（b）拖曳外边框添加数组元素

图 4-12　数组元素的添加方式

以上介绍的都是创建一维数组的方法，如果要创建二维及以上的数组，将鼠标指针放在图标上，出现控制点后，在数组索引显示边框下边缘的尺寸控制点上向下拖动，或者在数组的右键弹出菜单中选择添加维数即可设定所需维数，操作方法和操作结果如图 4-13 所示。

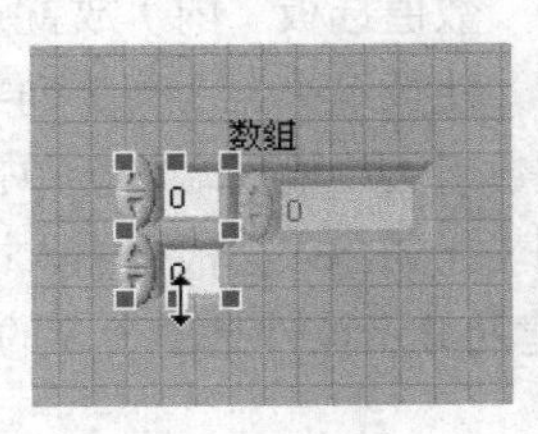

（a）二维数组

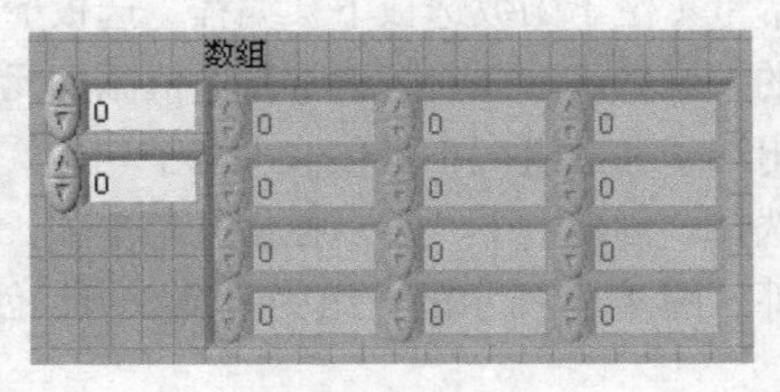

（b）显示更多的数组成员

图 4-13　增加数组维数及成员

需要注意的是数组中不能再创建数组，但允许创建多维数组或创建每个簇中含有一个或多个数组的簇数组。不能创建元素为子面板控件、选项卡控件、.NET 控件、ActiveX 控件、图表或多曲线 XY 图的数组。

在程序中创建数组常量，最一般的方法与在前面板上创建数组类似。具体操作可以以前面板作为参考。

2. **数组的使用**

数组函数用于对一个数组进行操作，主要包括求数组的长度、替换数组中的元素、取出数组中的元素、对数组排序或初始化数组等各种运算。LabVIEW 的数组选板中有丰富的数组函数可以实现对数组的各种操作。函数是以功能函数节点的形式来表现的。本节将介绍常用的数组函数，并通过一些实例来具体说明数组函数的使用方法。

数组函数位于函数选板下“编程”子选板下的“数组”选板内，如图 4-14 所示。

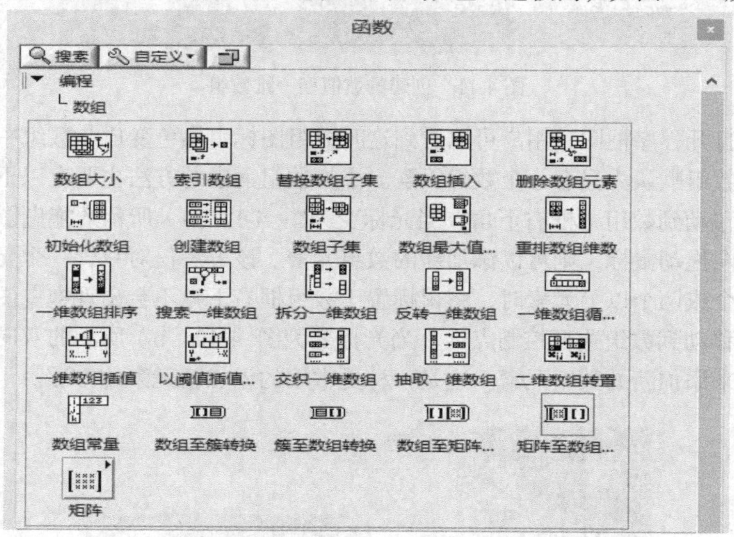

图 4-14　数组函数选板

（1）数组大小

数组大小函数的接线端子如图 4-15 所示。数组大小显示控件返回数组的维数。如果数组是一维的，则返回一个 32 位整数值；如果是多维的，则返回一个 32 位一维整型数组。节点的输入为一个 n 维数组，输出为该数组各维包含元素的个数。当 n=1 时，节点的输出为一个标量；当 $n>1$ 时，节点的输出为一个一维数组，数组的每一个元素对应输入数组中每一维的长度。

图 4-16 所示的程序在程序框图中创建一个数组常量。将图 4-14 所示的数组常量放置到程序框图中，再将数值常量（位于函数选板下“编程”选板下的“数值选板”内）放置到数组常量框格中生成含一个元素的一维数组，拖动数组常量边框添加元素，使数组中含 3 行 3 列共 9 个元素。完成后将数组常量输出端子和数组大小函数输入端子相连，在数组大小输出端子上单击鼠标右键，在弹出的快捷菜单中选择“创建”下“显示控件”菜单项，则 LabVIEW 会根据输入端子的数组维数创建相应的显示控件。图 4-16 所示的数组为一维数组，创建的显示控件是值为 3 的数值型控件。

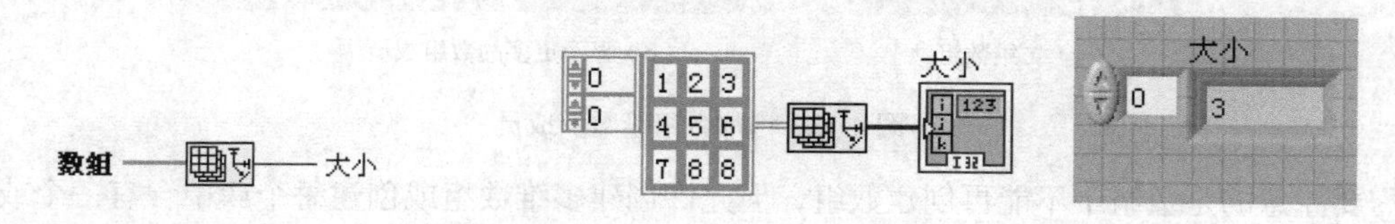

图 4-15　数组大小函数接线端子　　　　图 4-16　数组大小函数的使用举例

（2）索引数组

索引数组函数的接线端子如图 4-17 所示。索引数组用来索引数组元素或数组中的某一行

（列）。此函数会自动调整大小以匹配连接的输入数组的维数。一个任意类型的 n 维数组接入此输入参数后，自动生成 n 个索引端子组；这 n 个输入端子作为一组，使用鼠标拖动函数的下边缘可以增加新的输入索引端子组，这和数组的创建过程相似。每组索引端子对应一个输出端口。建立多组输入端子时，相当于使用同一组数组输入参数，同时对该函数进行多次调用。输出端口返回索引值对应的标量或数组。

图 4-18 所示的程序创建了一个二维数组常量。将该数组常量连接到索引数组函数，则索引数组函数自动生成一对索引端子，包括行索引端子和列索引端子。每一对索引端子对应一个输出端子。如果要索引数组中元素 4，则给索引行输入值 1，索引列输入值 0，表示索引的是数组第 1 行第 0 列的元素。在输出端子右击鼠标，在快捷菜单中选择创建→显示控件创建一个数值显示控件，运行程序，数值显示控件显示索引到的值 2。拖动函数下边缘添加索引，在索引列端子添加数值 2，指定索引的为第 2 列，在函数右端创建显示控件，显示控件自动创建为一维数组型，运行程序显示子数组如图 4-18 所示。

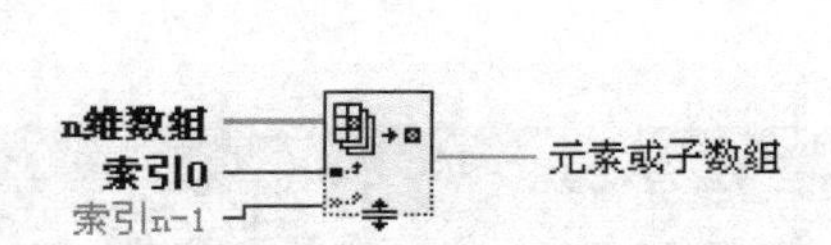

图 4-17　索引数组函数接线端子

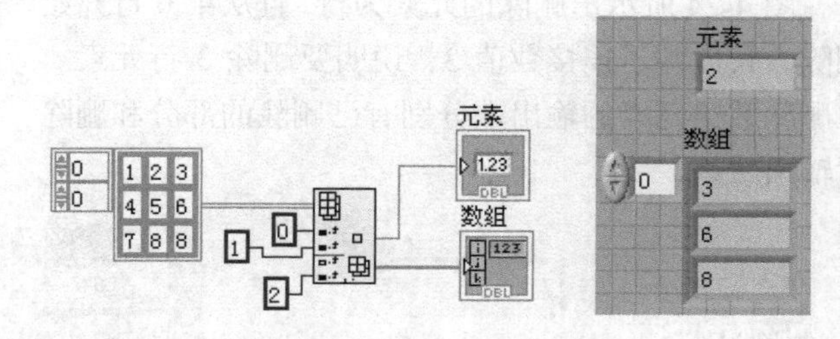

图 4-18　使用索引数组函数索引数组中的元素和指定列

（3）替换数组子集

替换数组子集函数的接线端子如图 4-19 所示。其功能是从索引中指定的位置开始替换数组中的某个元素或子数组。拖动替换数组子集下的边框可以增加新的替换索引。

图 4-20 所示的程序将数组的第 0 行替换成值为[7328]的新列。

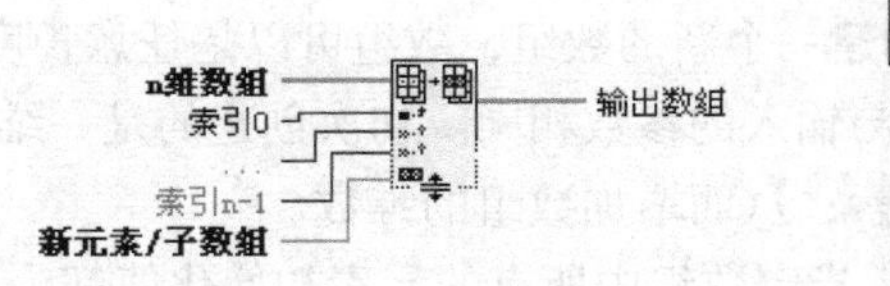

图 4-19　替换数组子集函数接线端子

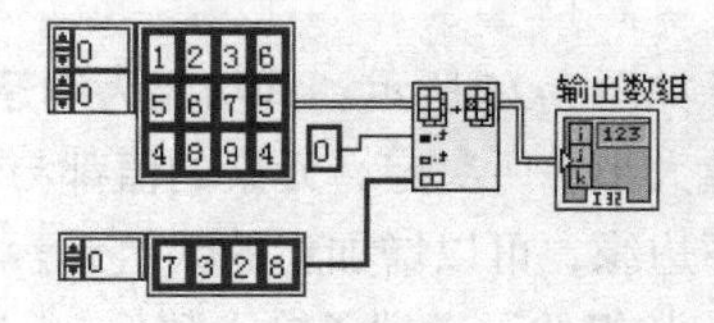

图 4-20　替换数组子集函数的使用

（4）数组插入

数组插入函数的接线端子如图 4-21 所示。其功能是向数组中插入新的元素或子数组。n 维数组是要插入元素、行、列或页的数组。输入可以是任意类型的 n 维数组。索引 0…n−1 端子指定数组中要插入元素、行、列或页的点。n 或 n−1 维数组端子是要插入 n 维数组的元素、行、列或页。

图 4-22 所示的程序将在原数组的第 2 行前添加一行新的数组，添加的数组为[0 1 2]。需要注意的是，数值插入函数只能在一个维度上调整数组的大小。因此，只能连接一个行索引或一个列索引，不能同时添加行索引和列索引。连接的索引决定了数组中可以插入元素的维度，要插入行，连接行索引；要插入列，则连接列索引。

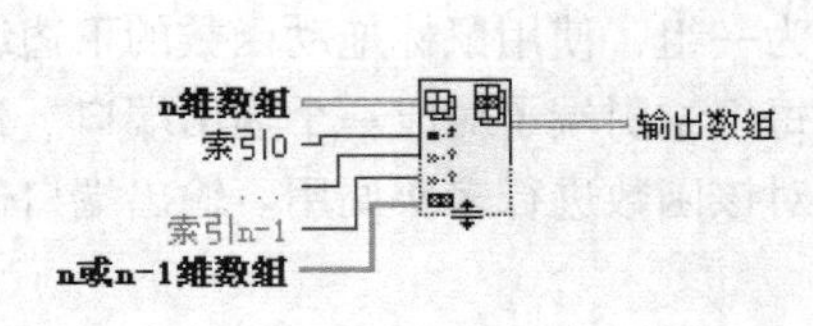

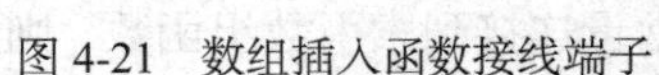
图 4-21　数组插入函数接线端子

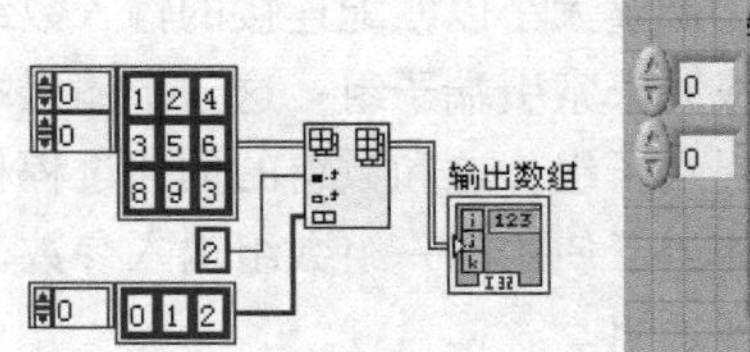

图 4-22　数值插入函数的使用

（5）删除数组元素

删除数组函数的接线端子如图 4-23 所示。其功能是从数组中删除元素，可删除的元素包括单个元素或者子数组。删除元素的位置由索引的值决定。长度端子指定要删除的元素、行、列或页的数量。索引端子指定要删除的行、列或元素的起始位置。对二维及二维以上的数组不能删除某一个元素，只有一维数组允许删除指定元素。

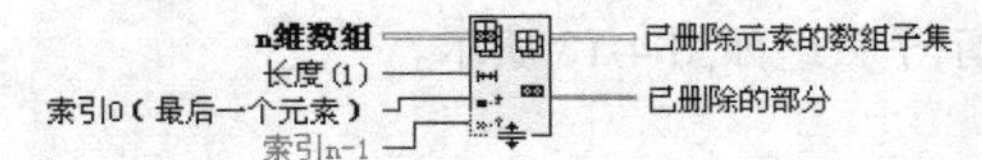

图 4-23　删除数组元素函数接线端子

图 4-24 所示出删除的元素为行，且从第 0 行开始删除，长度端子连接数值 3，说明要删除 3 行元素。在删除数组元素的输出端分别有已删除的部分和删除后输出数组。

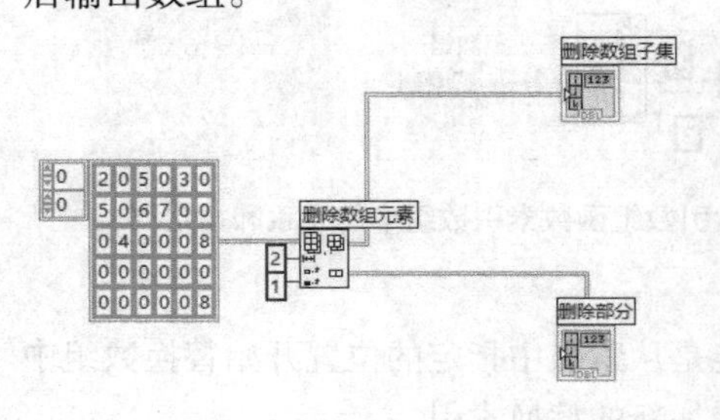

图 4-24　删除数组元素的使用

（6）初始化数组

初始化函数的接线端子如图 4-25 所示。其功能为创建一个新的数组，数组可以是任意长度。每一维的长度由选项“维数大小”所决定，元素的值都与输入的参数相同。初次创建的是一维数组。使用鼠标拖动函数的下边缘，可以增加新的数组元素，从而增加数组的维数。

如图 4-26 所示，初始化数组的元素端子输入数值 8，指定数组中所有的元素初始化值都为 8。拖动初始化数组下边框，创建两个维数大小端子，指定数组维数为 2。在维数大小 0 端子给定数值 2，在维数大小 1 端子给定数值 3，说明创建的是一个 2 行 3 列的二维数组，且数组元素都为 8。

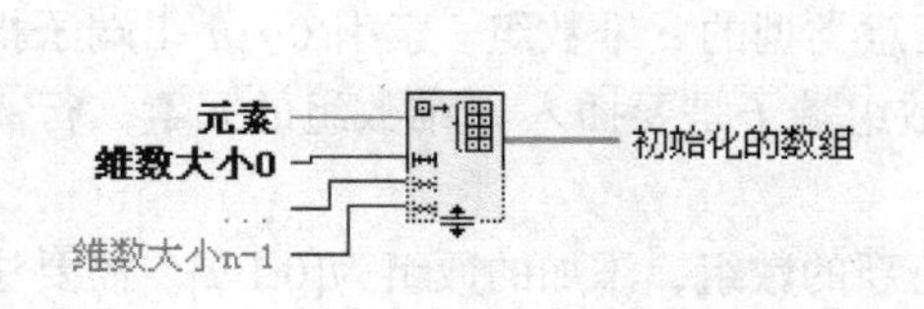

图 4-25　初始化数组函数接线端子

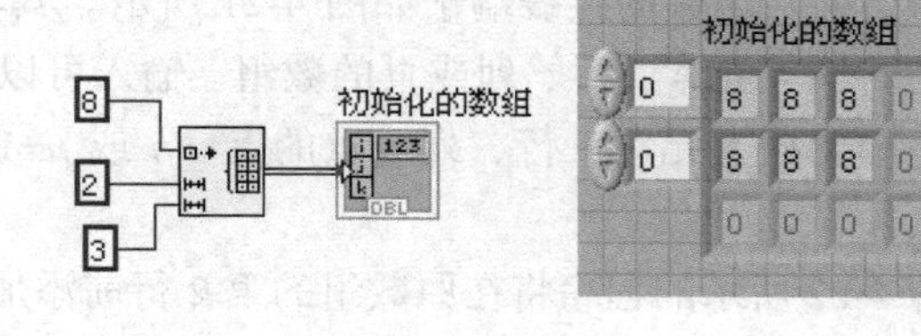

图 4-26　初始化数组的使用

（7）创建数组

创建数组函数的接线端子如图 4-27 所示。其功能是把若干个输入数组和元素组合为一个数组。函数有两种类型的输入：标量和数组。此函数可以接受数组和单值元素的输入。当此函数首次出现在框图窗口时，自动带一个标量输入。要添加更多的输入，可以在函数左侧弹出菜单选择增加输入，也可以将鼠标放置在对象的一个角上拖动来增加输入。此函数在合并元素和数组时，按照出现的顺序从顶部到底部合并。

创建了一个波形数组，如图 4-28 所示，使用两个正弦波形函数（位于函数选板下“编程下“波形选板→模拟波形子选板→波形生成三级子选板”内）作为数据源，将数据传递给创建数组函数，生成的波形数据数组在波形图表上显示。图中的 While 循环，后面的章节中给予详细介绍。在图中可以发现，波形数据连线的颜色、样式和双精度浮点数连线不同。在 LabVIEW 中传递不同数据类型的连线颜色和样式都不一样，这样可方便用户对程序中的数据类型进行区分。

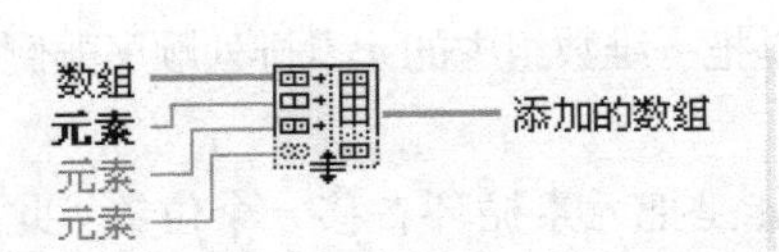

图 4-27　创建数组函数接线端子

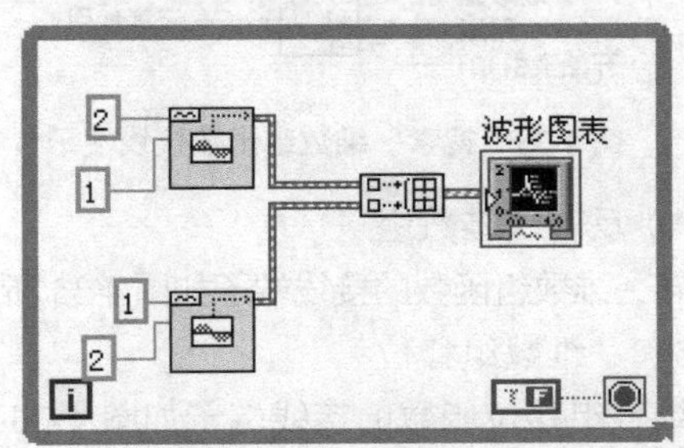

图 4-28　创建数组函数的使用

（8）数组子集

数组子集函数的接线端子如图 4-29 所示。其功能是返回数组中从索引开始的长度为设定长度的元素部分。

（9）数组的最大值和最小值

数组的最大值和最小值函数的接线端子如图 4-30 所示。其功能是在最大值处返回数组中的最大值，在最大索引中返回第一个最大值的索引；在最小值处返回数组的最小值，在最小索引中返回第一个最小索引的值。

（10）重排数组维数

重排数组函数的接线端子如图 4-31 所示。其功能是任意类型的 n 维数组，在“n 维数组”中输入维数大小 m，该函数把 n 维数组重整为 m 维数组后，在“m 维数组中输出”。

（11）一维数组排序

一维数组排序函数的接线端子如图 4-32 所示。其功能是对数组按照升序重新排列，排列后的结果在“已排序的数组”中返回。

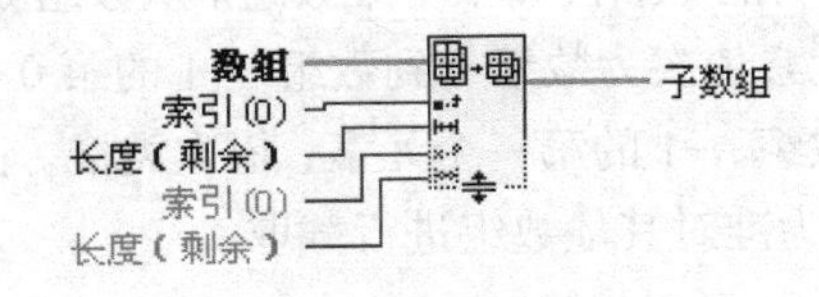

图 4-29　数组子集函数接线端子

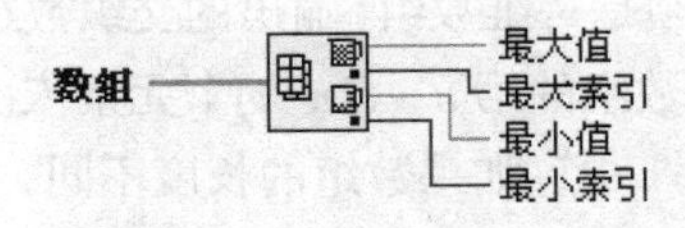

图 4-30　数组的最大值和最小值函数接线端子

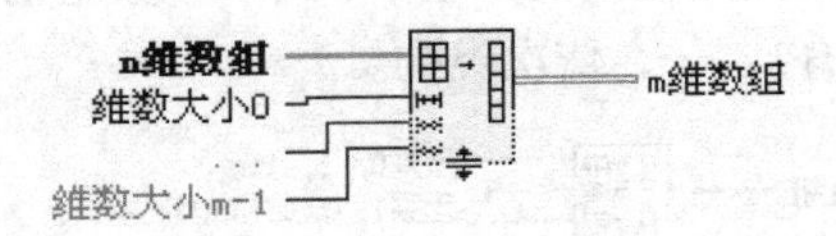

图 4-31　重排数组维数函数接线端子

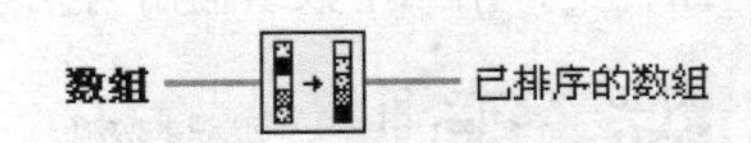

图 4-32　一维数组排序函数接线端子

（12）搜索一维数组

搜索一维数组函数的接线端子如图 4-33 所示。其功能是在一维数组中，从开始索引指示的位置开始搜索值与设定元素中的元素相等的元素。如果搜索成功，函数在索引中返回索引值；如果搜索失败，则返回−1。

（13）拆分一维数组

拆分一维数组函数的接线端子如图 4-34 所示。其功能是根据索引值把一维数组分为两个部分。第 0 个元素至第“索引值−1”个元素在第一个子数组中返回，其余的在第二个子数组中返回。

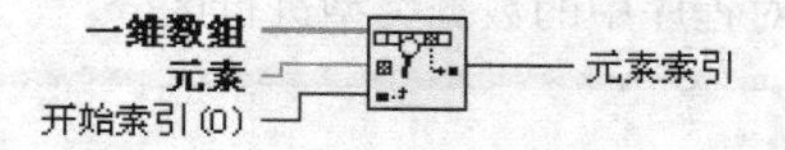

图 4-33　搜索一维数组函数接线端子

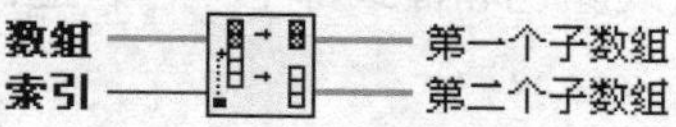

图 4-34　拆分一维数组函数接线端子

（14）反转一维数组

反转一维数组函数的接线端子如图 4-35 所示。其功能是把一维数组中的元素排列顺序颠倒一下。

（15）一维数组移位

一维数组移位函数的接线端子如图 4-36 所示。其功能是把元素循环右移 n 个位置。此处 n 支持负数的输入，如果值是（$-n$），则循环左移 n 个位置。

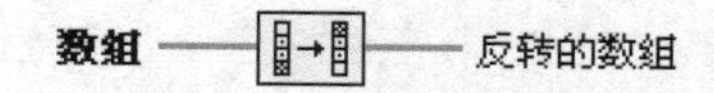

图 4-35　反转一维数组函数接线端子

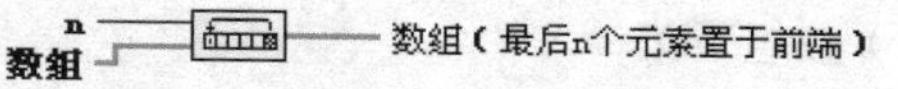

图 4-36　一维数组移位函数接线端子

（16）一维数组差值

一维数组差值函数的接线端子如图 4-37 所示。其功能是使用分式指数或 x 值，线性插入一个来自数字或点的数组的 y 值。

（17）以阈值插值一维数组

以阈值插值一维数组函数的接线端子如图 4-38 所示。其功能是求一维数组的门限值。

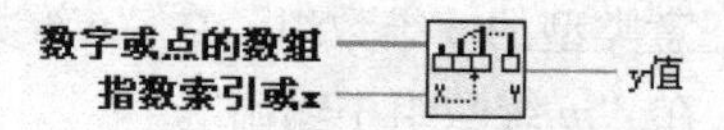

图 4-37　一维数组差值函数接线端子

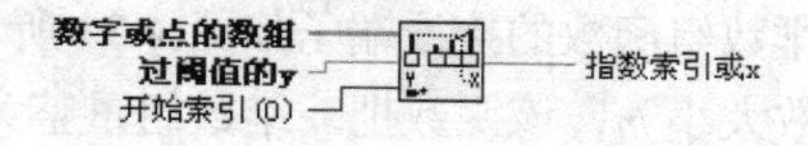

图 4-38　以阈值插值一维数组函数接线端子

（18）交织一维数组

交织一维数组函数的接线端子如图 4-39 所示。其功能是插接 n 个一维数组。从数组 0 到数组 $n-1$ 都必须是一维数组，输出的交织数组中的前 n 个元素依次为数组 0 到数组 $n-1$ 的第 0 个元素，输出交织数组的第 $n \sim (2n-1)$个元素依次为数组 0 到数组 $n-1$ 的第一个元素，依次类推。在数组 0 到数组 $n-1$ 中，如果数组的长度不同，则以最小长度为准对其他数组进行截取。

（19）抽取一维数组

抽取一维数组函数的接线端子如图 4-40 所示。其功能是输出的数组中，第一个数组输出为元素 0，n，$2n$，…，第二个数组输出为元素 1，n+1，$2n$+1，…，依次类推。

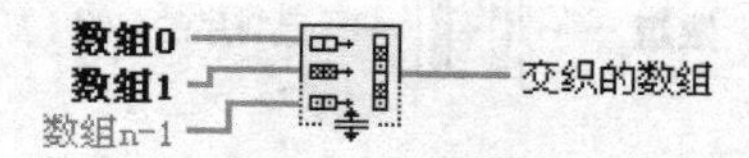

图 4-39　交织一维数组函数接线端子

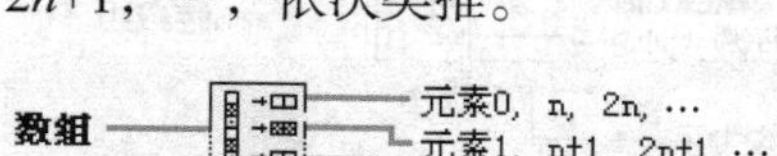

图 4-40　抽取一维数组函数接线端子

4.2.2 簇

与数组类似，簇也是 LabVIEW 中一种集合型的数据结构，对应于 C 语言等文本编程语言中的结构体变量。很多情况下，为了便于引用，我们需要将不同的数据类型组合成一个有机整体。例如，一名员工的姓名、性别、年龄、部门等数据项。这些选项都与这名员工相联系，只有把它们组合成一个组合项才能真正详尽地反映情况。簇正是这样的一种数据结构，它可以包含多种不同类型的数据，而数组只能包含同一类型的数据，这正是簇和数组的一个重要差别。可以把簇想象成一束电缆线，电缆中的每一根线代表簇中的一个元素。使用簇的概念可以为编程带来很大的方便。

1. 簇的创建

簇的创建方法与数组类似。下面仍以在前面板中创建簇为例进行说明。簇位于控件选板中选择“新式”显示风格下的“数组、矩阵与簇”子选板中，找到簇的图标后，单击左键选择并将其拖曳到前面板适当位置创建一个簇，如图 4-41 所示。

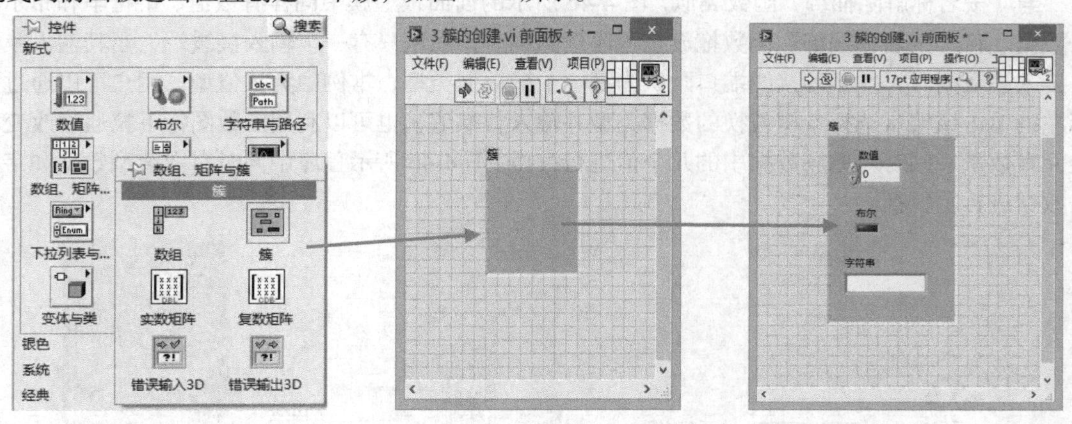

图 4-41　在前面板上创建簇

同样，此时创建的只是一个空簇，不包含任何内容。簇中内容的添加可以直接从控件选板中选择对象放入簇内，或者直接将前面板上已有的对象拖入簇内。图 4-24 右侧所示的是内部放了一个数值型控件、一个布尔型控件和一个字符型控件的簇。

在程序框图中创建簇的方法与在前面板中创建簇的方法相同，这里不再赘述。用户可以自己进行尝试。

2. 簇的使用

簇函数位于函数选板下“编程”子选板下的“簇、类与变体”选板内，如图 4-42 所示。

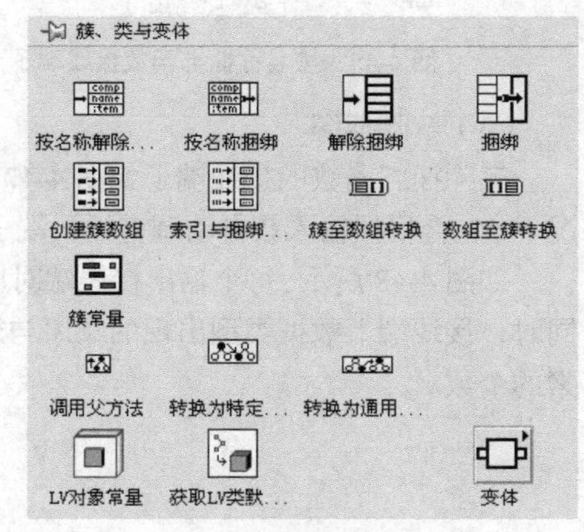

图 4-42　簇函数选板

下面对部分常用簇函数进行简单的介绍。

（1）按名称解除捆绑

按名称解除捆绑函数的接线端子如图 4-43 所示。其功能是根据名称有选择地输出簇的内部元素，其中元素名称就是指元素的标签。

如图 4-44 所示，在前面板中创建一个簇，簇中包含有数值、字符串和布尔三个数据。将“按名称解除捆绑”函数拖放至程序框图中，初始情况下只有一个输出接线端，类型默认为簇中第一个数据类型。用户可通过鼠标左键单击该端口选择希望捆绑的数据类型，或者在函数图标中下拉图标边框以改变输出数据端口数量来同时对原簇数据中的几个值进行捆绑。

图 4-43　按名称解除捆绑函数接线端子　　图 4-44　按名称解除捆绑函数的使用

（2）按名称捆绑

按名称捆绑函数的接线端子如图 4-45 所示。其功能是通过簇的内部元素来给簇的内部元素赋值。参考簇是必需的，该函数通过参考簇来获得元素名称。

与“按名称解除捆绑”函数类似，图 4-46 所示的前面板上簇中同样有数值、字符串和布尔三个数据。将“按名称捆绑”函数拖放至程序框图中时，默认只有一个输入接线端，当其输入簇端口接入簇数据时，左侧的接线端口默认为第一个簇数据类型，本例中为数值型。用户可以通过鼠标左键单击该端口选择希望替换的数据类型并输入替换值，也可以利用函数图标下拉通过改变替换元素数量来同时对原簇数据中的几个值进行替换。图 4-46 所示程序中同时对数值型数据和字符串数据进行了替换。

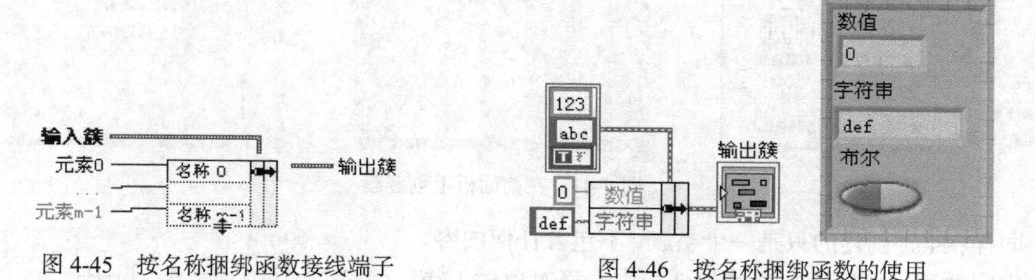

图 4-45　按名称捆绑函数接线端子　　图 4-46　按名称捆绑函数的使用

（3）解除捆绑

解除捆绑函数的接线端子如图 4-47 所示。其功能是解开簇并获得簇中各个元素的值。默认情况下，它会根据输入簇自动调整输入端子的数目和数据类型，并按照簇内部元素索引的顺序排列。

如图 4-48 所示，每个输出接线端对应一个簇元素，并在接线端上显示出对应元素的数据类型。同时，接线端上数据类型出现的顺序与簇中元素的数据类型顺序一致，但是用户可以选择输出元素的个数。

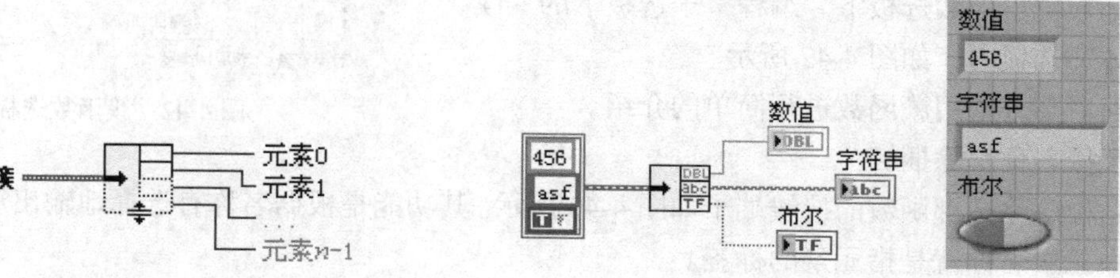

图 4-47　解除捆绑函数接线端子　　图 4-48　解除捆绑函数的使用

（4）捆绑

捆绑函数的接线端子如图 4-49 所示。其功能是给参考簇中各元素赋值。在输入的数据顺序和类型与簇的定义相匹配时，不需要参考簇。但是当簇的内部元素较多或用户没有绝对把握的时候建议加上参考簇，参考簇必须与输出簇完全相同。

在图 4-50 中，用“捆绑”函数来将三个不同类型的数据捆绑成一个数，“捆绑”函数的输入接线端数量可以根据用户的需要来增减。此时“簇参数”端子没有连接数据。如果在“捆绑”函数图标的“簇参数”端子连接了一个簇，则输入接线端将自动与参考簇中元素的数据类型匹配。此时，如果用户希望将参考簇中的某个元素替换掉，只需在相应数据类型的接线端口输入替换值即可，不希望替换的元素不需要另外连线，如图 4-51 所示。“捆绑”函数的这一功能类似于“按名称捆绑”函数。

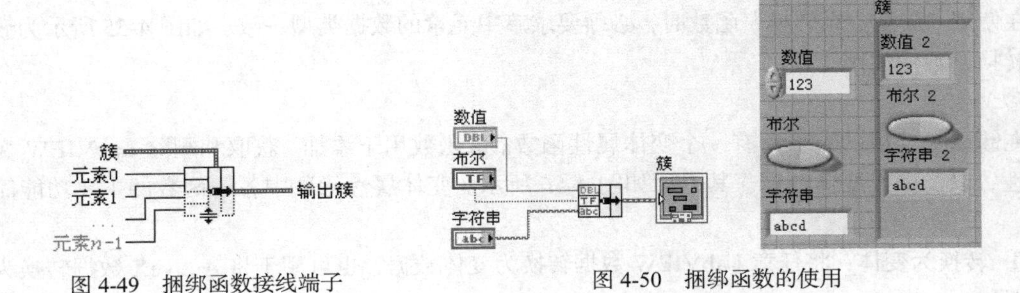

图 4-49　捆绑函数接线端子　　图 4-50　捆绑函数的使用

（5）创建簇数组

创建簇数组函数的接线端子如图 4-52 所示。其功能是将每个组件的输入捆绑为簇，然后将所有组件簇组成以簇为元素的数组。每个簇都有一个成员。

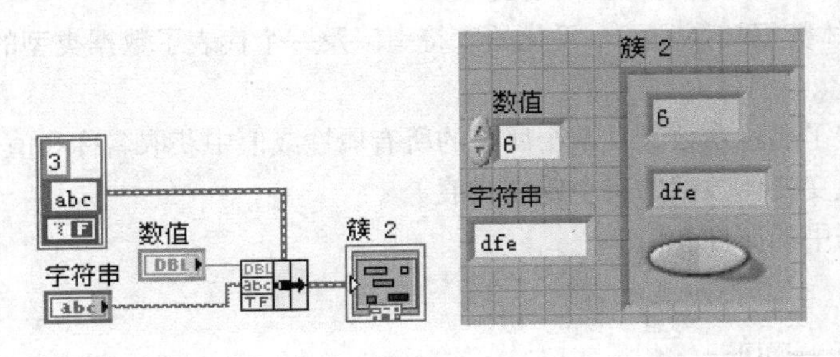

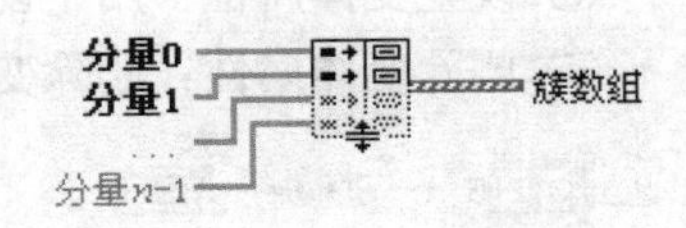

图 4-51　捆绑函数的使用（2）　　图 4-52　创建簇数组函数接线端子

如图 4-53 所示，首先需要将输入的 2 个一维数组转成簇数据，然后将簇数据组成一个一维数组。生成的簇数组中有两个元素，每个元素均为一个簇，每个簇则含有一个一维数组。在使用簇数组时，要求输入数据类型必须一致。

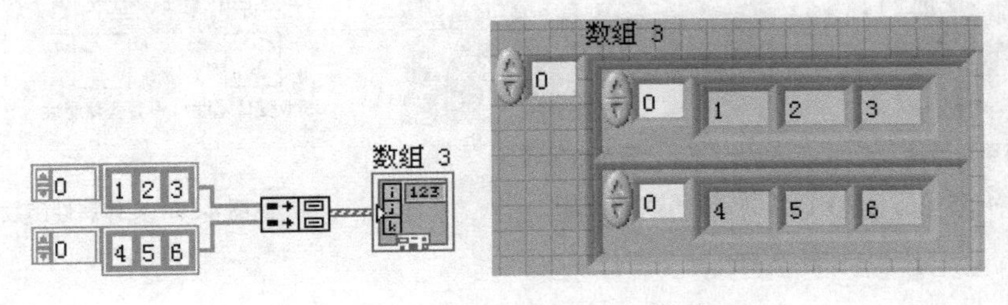

图 4-53　创建簇数组函数的使用

（6）簇至数组转换/数组至簇转换

簇与数组转换函数的接线端子如图 4-54 所示。簇至数组转换的功能是将相同数据类型元素组成的簇转换为数据类型相同的一维数组；数组至簇转换的功能是将一维数组转换为簇，簇元素和一维数组元素的数据类型相同。可通过鼠标右键单击函数，从快捷菜单中选择簇大小，设置簇中元素的数量。

簇 ⋯⋯ 数组　　数组 ⋯⋯ 簇

图 4-54　簇与数组转换函数接线端子

默认的簇有 9 个元素，因此在使用“数组至簇转换”函数时，在创建的空簇中必须放入 9 个元素，当输入数组的值不足 9 个时，簇则默认为值为 0。用户可以通过鼠标右键单击“数组至簇转换”函数图标，从弹出的快捷菜单中选择“簇大小”项可以更改簇元素的个数，最大可达到 256 个。在使用“簇至数组转换”函数时，必须要求簇中元素的数据类型一致。如图 4-55 所示为簇与数组转换函数的使用。

（7）变体

在簇函数选板的右下角有一个变体属性函数。该函数用于添加、获取和删除 LabVIEW 变体的属性，以及操作变体数据。其界面如图 4-56 所示。变体属性函数中各子函数的主要功能简述如下。

① 转换为变体：将任意 LabVIEW 数据转换为变体数据，也可用于将 ActiveX 数据转换为变体数据。

② 变体至数据转换：将变体数据转换为可为 LabVIEW 所显示或处理的 LabVIEW 数据类型，也可用于将变体数据转换为 ActiveX 数据。

③ 平化字符串至变体转换：将平化数据转换为变体数据。

④ 变体至平化字符串转换：将变体数据转换为一个平化的字符串以及一个代表了数据类型的整数数组。ActiveX 变体数据无法平化。

⑤ 获取变体属性：根据是否连接了名称参数，从某个属性的所有属性或值中获取名称和值。

⑥ 设置变体属性：用于创建或改变变体数据的某个属性或值。

⑦ 删除变体属性：删除变体数据中的属性和值。

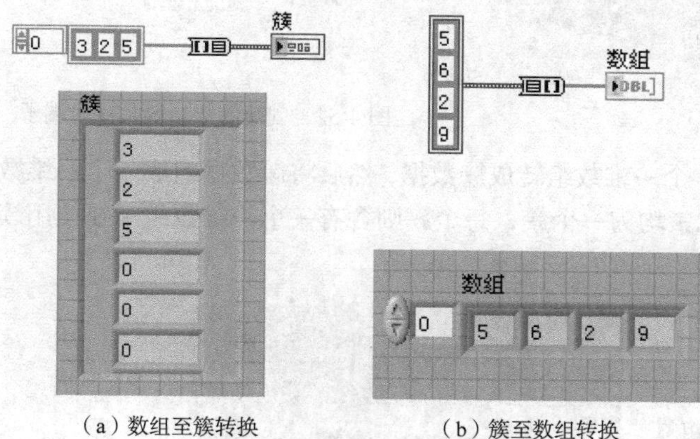

（a）数组至簇转换　（b）簇至数组转换

图 4-55　簇与数组之间转换函数的使用

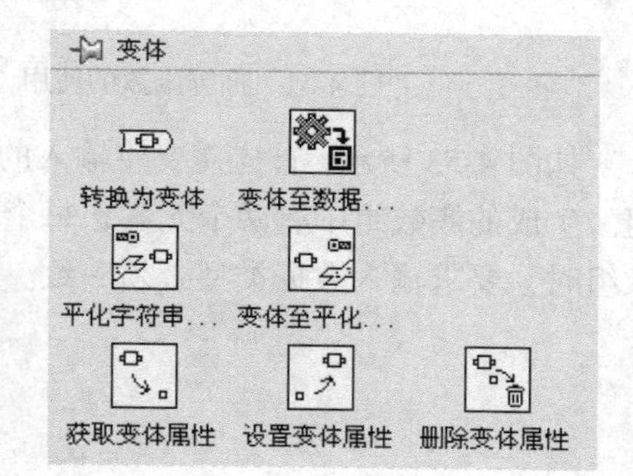

图 4-56　变体属性函数选板

4.3　程序控制

任何计算机语言都离不开程序结构。计算机编程的实践表明，要设计出功能完整的应用程序，仅有顺序执行的语法和语义是远远不够的，还必须有循环、分支等特殊的控制程序流程的程序结构。

LabVIEW 中除了拥有 C 语言中所有的程序结构外，还有一些特殊的程序结构，如事件结构、公式节点等，通过这些可以方便快捷地实现任何复杂的程序结构。

LabVIEW 中的循环与结构位于程序框图“函数”选板下的“结构”子选板中，如图 4-57 所示。

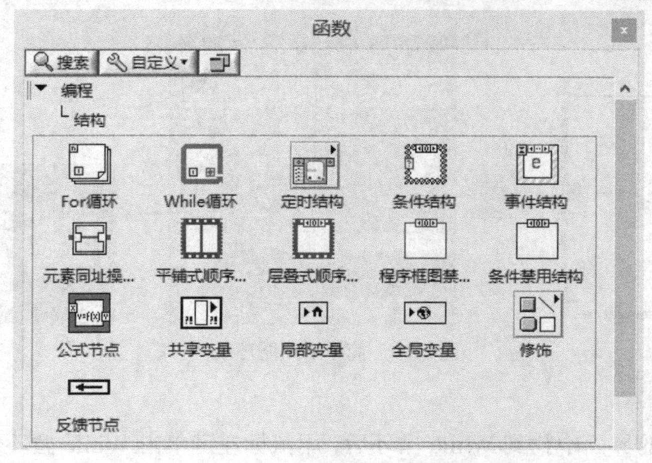

图 4-57　“结构”子选板界面

4.3.1　循环控制

1. For 循环

找到 For 循环后，用鼠标左键单击 For 循环后会发现鼠标箭头变成一个表示 For 循环的小图标，此时用户可在程序框图上用鼠标拖放一个任意大小和位置的 For 循环边框，如图 4-58 所示。

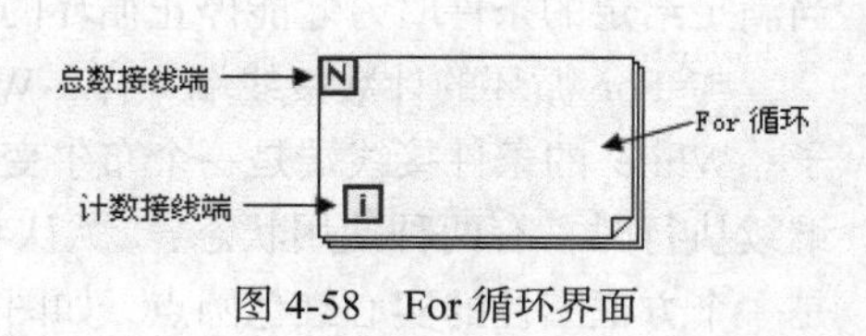

图 4-58　For 循环界面

For 循环相当于 C 语言中的下列程序代码。

```
for (i=0; i<N; i++)
{
}
```

最基本的 For 循环由循环框架、总数接线端（输入端）、计数接线端（输出端）组成。For 循环执行的是包含在循环框架内的程序。其总数接线端相当于 C 语言 For 循环中的计数变量 n，在程序运行前必须赋值。通常情况下该值为整型数字，若将其他类型数值连接到该端口处，For 循环会自动将其转化为整型。计数接线端相当于 C 语言变量 For 循环中的 i，i 从 0 开始计数，一直记到 $n-1$。计数接线端每次循环的递增步长为 1。

与其他语言相比，LabWIEW 中的 For 循环除具有一般 For 循环共有的特点外，还具有一般 For 循环没有的独特之处。LabWIEW 中没有类似于其他编程语言中的 goto 之类的转移的语句，一旦确立了 For 循环执行的次数并开始执行后，只有达到输入的循环次数才能终止其运行。如果确实要跳出此循环，可以用 While 循环来代替 For 循环。

图 4-59 创建了一个简单的 For 循环，将计数接线端和加法函数输入端子相连，加法函数的另一个输入端连接一个常量 5，加法函数的输出端连接一个数值显示控件。运行程序后可以看到数值显示控件值为 104。加法节点的数据输入类型必须一致。如图 4-59 所示的左图中，数值常量 5 为双精度浮点型数据，计数接线端输出的为长整形数据，LabVIEW 会把长整形的数据强制转换为双精度浮点型，在输入端子处会出现红色的强制转换圆点标记。这将会降低程序执行的效率，如果使用“转换为双精度浮”函数（位于“函数”选板下“数值”子选板下的“转换”子选板内）将长整形的数据转换为双精度浮点型数据再输出给加法函数的输入端子，可以提高程序运行效率。

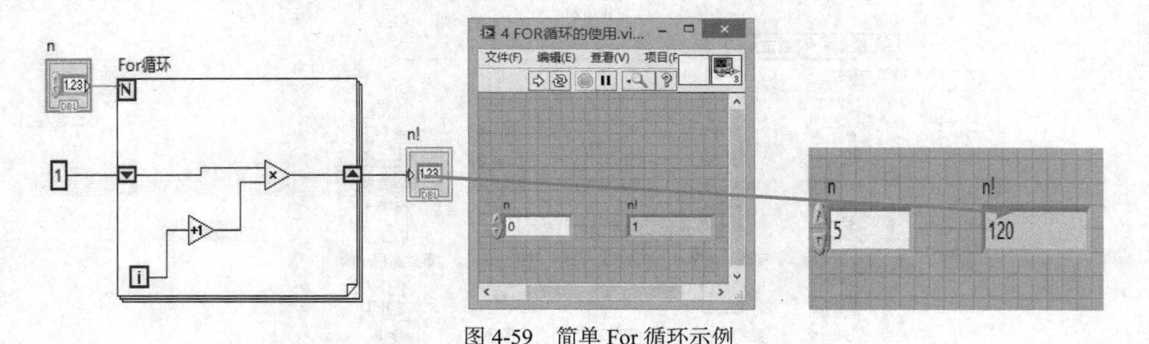

图 4-59　简单 For 循环示例

2. While 循环

在图 4-57 所示的界面中找到 While 循环后，用鼠标左键单击 While 循环会发现鼠标箭头变成一个表示 While 循环的小图标。此时用户可在程序框图上用鼠标拖放一个任意大小和位置的 While 循环边框，如图 4-60 所示。

最基本的 While 循环由循环框架、条件接线端（输入端）和计数接线端（输出端）组成。与 For 循环类似，While 循环执行的是包含在循环框架中的程序，但执行的循环次数却不固定，只有当满足给定的条件时，才能停止循环的执行。

与 For 循环的计数接线端一样，While 的计数接线端也是输出循环已执行次数的数字输出端子。While 的条件接线端是一个布尔变量，需要输入一个布尔值。条件接线端用于控制循环是否继续执行时，有两种使用状态：默认状态的条件接线端属性为“真（T）时停止”，此时的图标是一个方框圈住的实心红色圆点，如图 4-60 右下角所示，这表示当条件为真时循环停止。当在条件接线端图标上单击鼠标右键选择“真（T）时继续”，则图标变成如图 4-61 所示，此时表示当条件为真时循环继续。当每一次循环结束时，条件端口检测通过数据连线输入的布尔值和其使用状态决定是否继续执行循环。

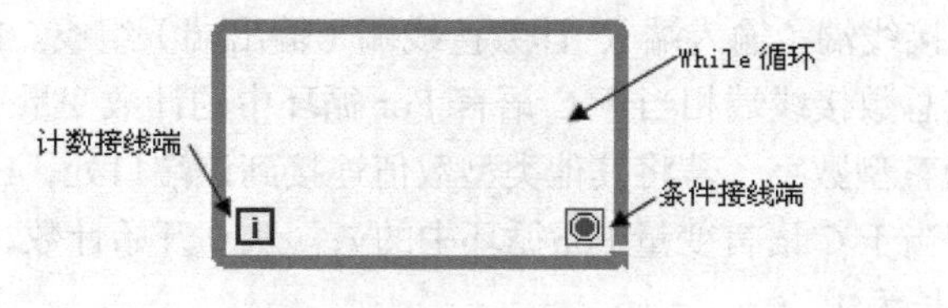

图 4-60　While 循环界面

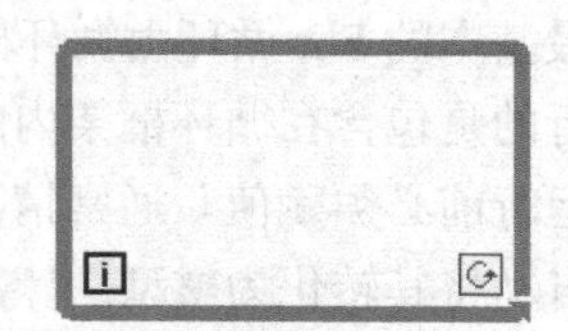

图 4-61　条件端子变换后的 While 循环界面

与 For 循环是在执行前检查是否符合条件不同，While 循环是在执行后再检查条件端子。因此，While 循环至少执行一次。

仍以计算 1+2+3+⋯+100 的值为例，其程序框图如图 4-62 所示。i=0 时，执行第一次循环，此时移位寄存器的存储数据为 0，在比较函数中将 i 的值与 100 进行比较，当两值不相等时，循环继续执行。一直到当 i=100 时，从移位寄存器的右端子传送到左端子的存储数据为 1+2+3+⋯+99 的值。将移位寄存器中的存储数据累加后输出至数值显示控件。并且将此时 i 的值与 100 进行比较，因该次循环中 i=100，因此比较函数成立，即此循环完成后停止执行。

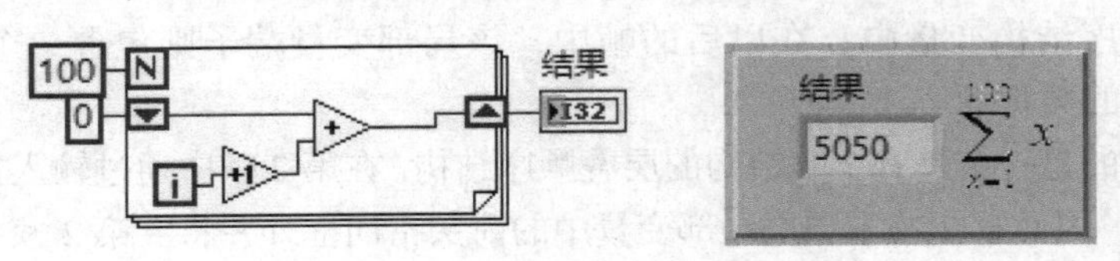

图 4-62　简单 While 循环示例

与 For 循环一样，在 While 循环里也会经常遇到下一个循环需要使用上一个循环产生的结果的情况。这时同样可以通过使用移位寄存器和反馈节点来实现，如上图中所示例子。实现方法与在 For 循环中一样，这里就不再重复了。

4.3.2　顺序结构

在传统的编程语言中，程序是按照它们所写的先后顺序执行的；而在数据流的编程过程中，当一个节点所有输入端的数据都可获得时，这个节点就可以执行了。因此可以同时运行多个程序模块，但有时候我们也需要一个接着一个地执行程序模块。顺序结构就是 LabVIEW 中用来控制程序执行次序的。顺序结构由多个框架组成，从框架 0 到框架 n，首先执行的是放在框架 0 中的程序，然后执行的是放在框架 1 中的程序，依次执行下去。顺序结构的每个框架称为一帧，在程序运行时，只有上一个框架中的程序运行结束后才能运行下一个框架中的程序。顺序结构共有两种类型：层叠式顺序结构和平铺式顺序结构。下面就具体说明顺序结构的组成、创建和使用方法。

1. 层叠式顺序结构

顺序结构顺序地执行子框图，而这些子框图看起来就像一帧帧的电影胶片，因此称之为帧。层叠式顺序结构和平铺式顺序结构都位于“函数”选板下的“结构”子选板中。与创建其他数据结构的方法类似，用户可以从结构选板中选择顺序结构，然后用鼠标在程序框图上任意位置拖放任意大小的顺序结构图框，此时的顺序结构只有一帧，如图 4-63（a）所示。在层叠式顺序结构的边框上单击鼠标右键，从弹出的快捷菜单中选择“在后面添加帧”菜单项就可以添加新的帧。每一个帧都有一个帧编号，编号从 0 开始。最基本的层叠式顺序结构如图 4-63（b）所示，由帧框架、选择器标签和递增/递减按钮组成。用鼠标单击递增/递减按钮可将当前的顺序结构帧框架切换到前一个或后一个顺序结构帧框架；用鼠标单击选择器标签可从下拉菜单中选择切换到任一编号的顺序框架。

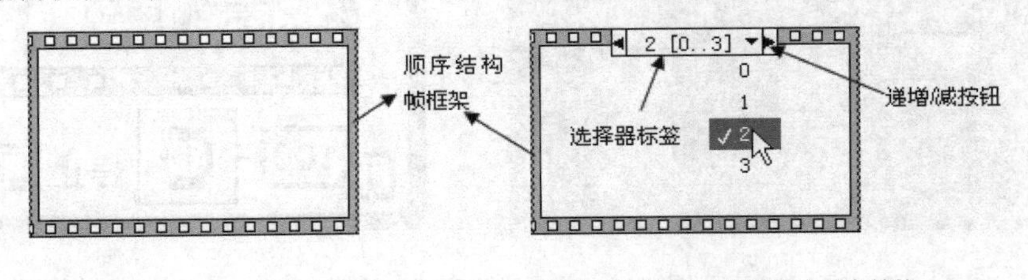

（a）原始层叠式顺序结构界面　　（b）添加新帧后的层叠式顺序结构

图 4-63　层叠式顺序结构界面

层叠式顺序结构中的数据要借助于顺序结构变量来传递。创建的局部变量在帧的边框上，连接在局部变量上的数据可以在其后各帧使用而在创建局部变量所在帧之前的帧无法使用。顺序结构变量的添加可通过在帧框架上单击鼠标右键，从弹出的快捷菜单中选择“添加顺序局部变量”选项来实现。此时，在弹出快捷菜单的位置会出现一个淡黄色小方框，用户可以将其拖曳到边框上任意未被占用的位置。当有数据源连接到局部变量的端子上后，在小方框的中间将出现一个向外指的箭头并且其颜色变得与连接的数据类型相符，这表示已经有一个数据存储到了顺序结构变量中；在以后的帧中，该局部变量端子则包含一个向内指的箭头，以表示它们是帧的数据源。

图 4-64 所示的是一个具有 3 帧结构的层叠顺序结构。在第 2 帧中通过输入控件为顺序局部变量赋给了一个值，因而第 2 帧中顺序局部变量中的箭头指向框外并将在第 2 帧中的数据传递给第 3 帧；第 3 帧的顺序局部变量接收到第 2 帧传递过来的数据，并将它赋值给输出控件。但是第 1 帧中的顺序局部变量没有箭头，也不允许连线，这是因为给局部变量赋值是在第 2 帧中进行的，而位于它之前的第 1 帧无法访问这个数据。图 4-64 最右侧显示了一种示例结果，例中因为传递过程中没有对输入数据作任何运算，所以最后输出的数据与输入数据相同。

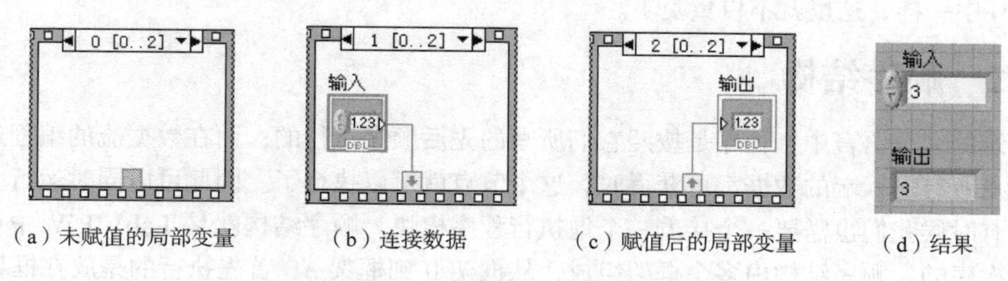

（a）未赋值的局部变量　（b）连接数据　（c）赋值后的局部变量　（d）结果

图 4-64　顺序局部变量的创建与使用

若直接将帧中的数据通过连线连接到帧框架上，用户可以创建一个隧道，但隧道只能用于将数据输出到层叠式顺序结构外而无法在帧间传递数据，如图 4-65 所示。

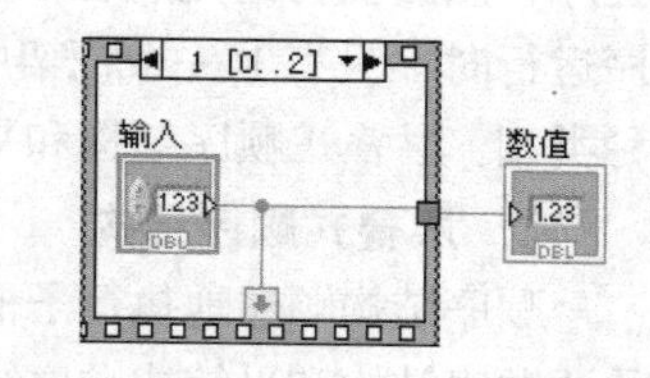

图 4-65　顺序结构中的数据通道

图 4-66 是一个$(x+y)\times 2$层叠式顺序结构实现的例子，用以实现两数相加，同时实现两数相加后再乘以 2。其内部数据通道如图 4-67 所示，执行结果如图 4-68 所示。

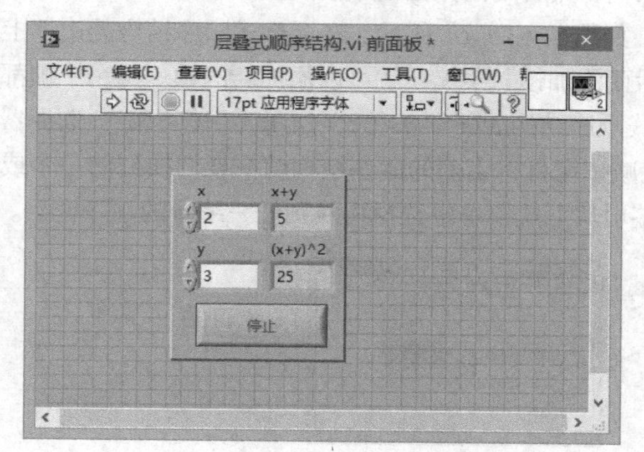

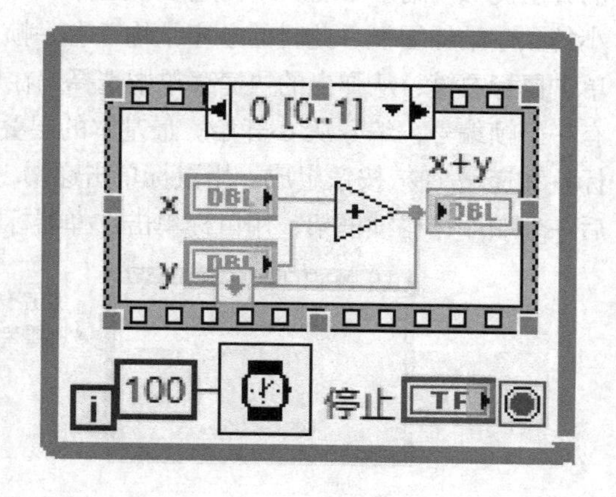

图 4-66　层叠式顺序结构示例

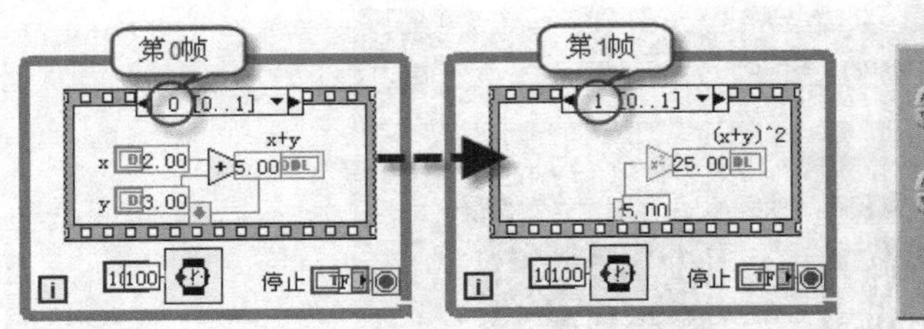

图 4-67　内部数据通道

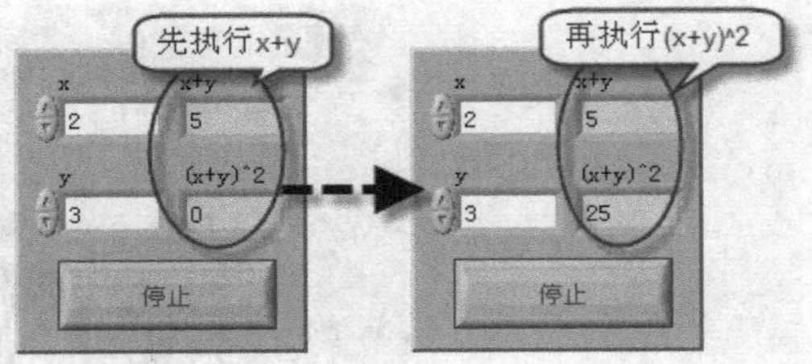

图 4-68　$(x+y)\times2$ 层叠式顺序结构的执行结果

2. 平铺式顺序结构

从外观上来说，平铺式顺序结构的单框架与层叠式顺序结构类似。但多框架结构则与层叠式顺序结构不同，如图 4-69 所示。

多框架平铺式顺序结构的一个鲜明特点是它的多个框架不是层叠在一起，而是自左至右平铺，并按从左至右的顺序执行。

在当前帧右框架右击鼠标，并在快捷菜单中选择“在后面添加帧”用户可以在当前帧后创建新的帧；或在当前帧左框架右击鼠标，选择“在后面添加帧”菜单项可以在当前帧前创建新的帧。

层叠式顺序结构与平铺式顺序结构的功能完全相同。它们的主要区别在于平铺式顺序结构的所有框架在一个平面上，视觉上较为直观，不需要用户在框架之间进行切换；当在编写项目程序时通常使用层叠式顺序结构，使框图中程序更加简洁。层叠式顺序结构和平铺式顺序结构之间是可以互相切换的。在顺序框架的右键菜单中，按需要选择相应选项即可。

相比于层叠式顺序结构，平铺式顺序结构各帧之间同样可以传输数据；而且平铺式顺序结构传输数据的方式比层叠式顺序结构更加简单和直观，只需直接在两帧间连线就可以自动创建一个循环隧道传输数据，如图 4-70 所示。

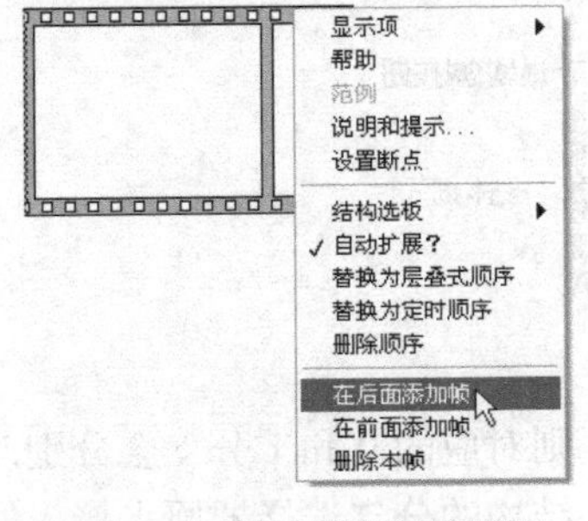

图 4-69　平铺式顺序结构界面

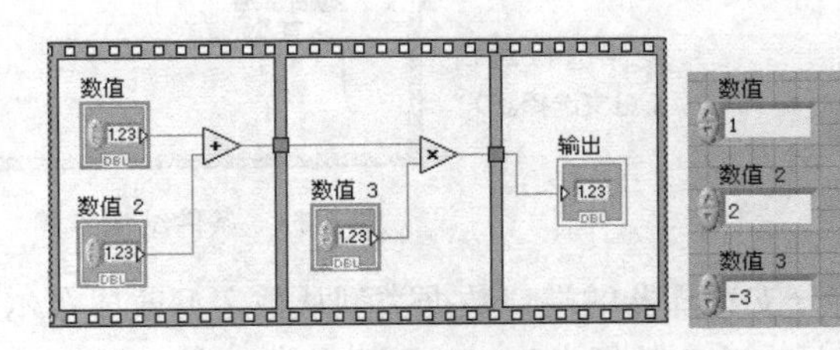

图 4-70　平铺式顺序结构的数据传输

图 4-71 是一个平铺式顺序结构示例前面板和程序框图，图 4-72 展示了其执行结果。

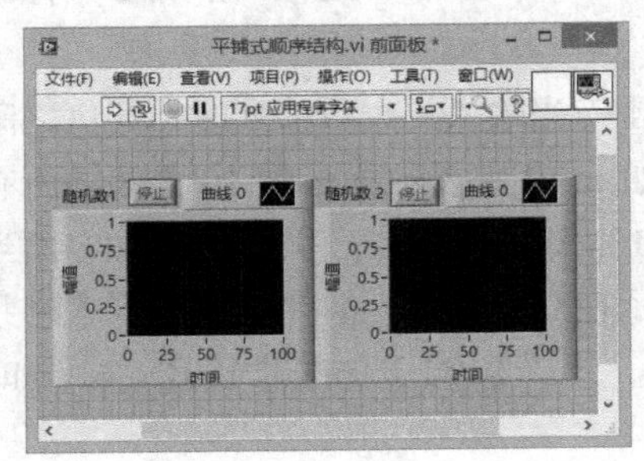

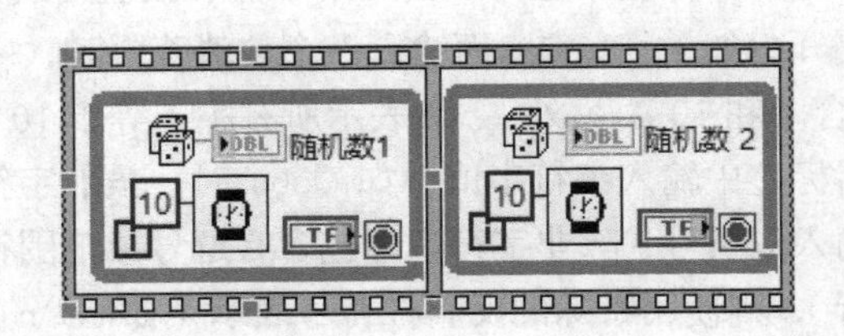

图 4-71　平铺式顺序结构示例

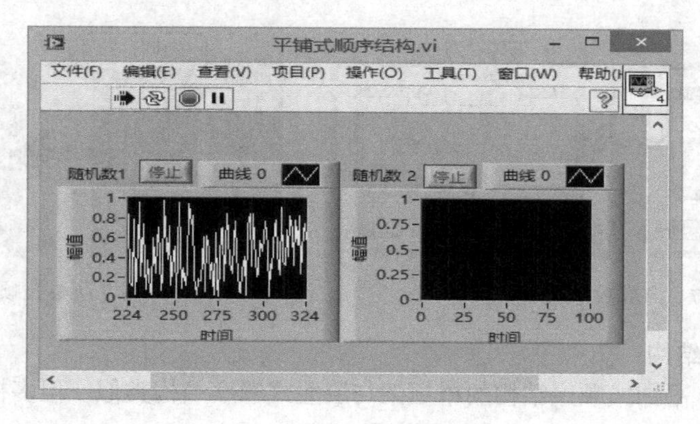

图 4-72　执行结果

4.3.3　条件结构

条件结构同样位于“函数”选板下的“结构”子选板中。与创建循环的方法类似，用户可以从结构选板中选择条件结构，用鼠标在程序框图上任意位置拖放任意大小的条件结构框图。Case 条件结构由结构框架、条件选择端口、选择器标签及递增/递减按钮组成，如图 4-73 所示。图中左边的数据端口是条件选择端口，其默认数据类型为布尔型，用户可以根据实际情况来改变成字符串、整数或枚举型。用户通过选择端口值，来选择到底哪个子图形代码框被执行。选择器标签的个数可以根据实际需要来确定，用户可以在选择器标签上单击鼠标右键从弹出的快捷菜单中选择“在前面/后面添加分支”来增加选择器标签的个数，同时还可以通过该操作删除以及编辑选择器标签。

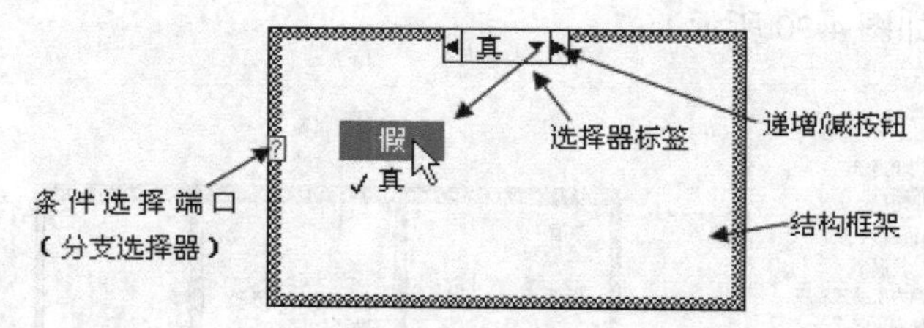

图 4-73　条件结构界面

如果要将分支选择器的端口数据类型从数字型改成布尔型，则对应的 0 和 1 分支会分别改变成假和真。但是在改变数据类型时，需要考虑一点：当 Case 条件结构的分支选择器原来接入的是数字，则代码中可能存在有 n 个分支 0，1，…，n。那么当分支选择器从数字型改成布尔型输入数据时，分支 0 和 1 自动变成假和真，但分支 2，3，…，n 却未丢失。因此，在 Case 条件结构执行前，一定要明确是删除这些多余的分支，以免出错。

选择器标签中也可以输入单个值、数值列或数值范围。当输入一个数值列时，数值之间用逗号隔开，如 1，2，5；而输入一个数值范围时，一般用如 1..10 来表示从 1 到 10 之间的所有数字（包含 1 和 10）；另外，..10 表示所有小于等于 10 的数，10..表示所有大于等于 10 的数。而当在选择器标签中输入字符串值，如“abc”时，虽然字符串显示在双引号中，但在输入字符串时并不需要输入双引号，除非字符串中包含有逗号或范围符号（“,”“..”）。对于一些非显示字符（如回车、换行），则使用特殊的反斜杠符号表示（如\r、\n）。

在条件结构框架上单击鼠标右键，在弹出的快捷菜单中选择“在后面添加分支”菜单项用户就可以为条件结构添加新的分支，如图 4-74 所示。添加完新分支后可在快捷菜单中选择“重排分支”菜单项打开重排分支对话框，在对话框的分支列表中用鼠标拖动列表项可以对分支进行重新排序。通常，排序按钮以第一个选择值为基准对选择器标签值进行排序。删除分支的操作与添加分支相同。

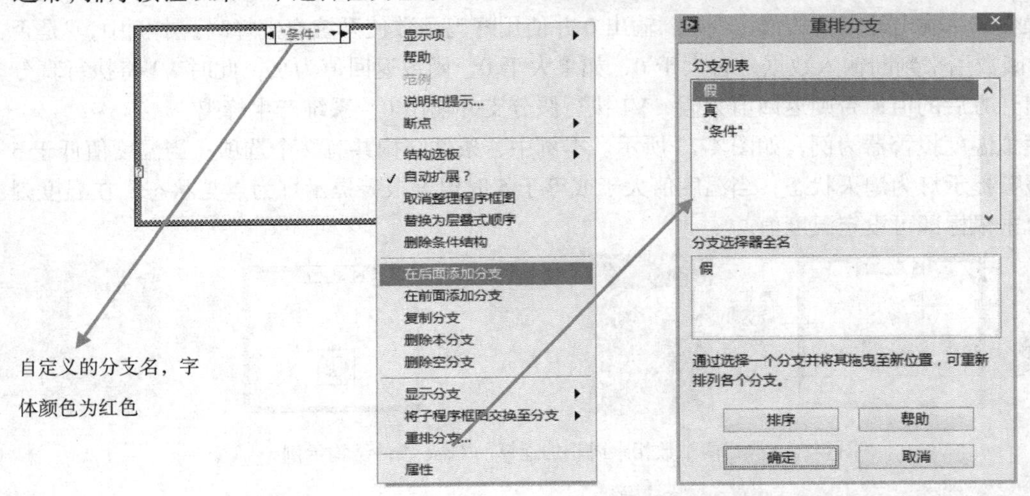

图 4-74　分支的添加和排序

创建新的分支后可以为新分支添加分支名。分支名为红色，表示输入选择器标签的值和分支选择器端口连接的对象不是同一数据类型，在结构执行之前必须编辑或删除该值，否则结构不能运行；若将两个数据类型统一后，则红色名变为黑色正常状态。通常情况下也可以不自定义分支名，而是直接将选择数据连接到分支选择器端子，然后创建新的分支，新分支的分支名会根据分支选择器端子输入的输入名自动创建。程序运行时选择器会判断送来的控制条件，引导条件结构执行相应分支中的内容。

Case 条件结构的所有输入端子（包括隧道和选择端子）的数据对所有分支都可以通过连线使用，甚至不用连线也可使用。隧道即指结构上的数据出入口，表现为以矩形框出现在结构的边框上。分支不一定要使用输入数据或提供输出数据，但是如果任一分支有输出数据，则其他所有的分支也必须在该数据通道有数据输出，否则将可能导致编程中的代码错误。这是因为当有一个分支有数据输出时，则创建了一个数据通道（隧道），其他的分支将在同一位置出现一个中空的数据通道，如图 4-75（a）所示；只有当所有分支与该通道都有连接并有数据输出，该数据通道才会变成实心，此时程序才能够运行，如图 4-75（b）所示。而如果允许没有连线的分支输出默认值，用户可以通过在数据通道上单击鼠标右键，从弹出的快捷菜单中选择“未选择时选择默认”选项实现。当程序执行到该分支时，输出相应数据类型的默认值，一般来说对整数型数据默认值为 0。

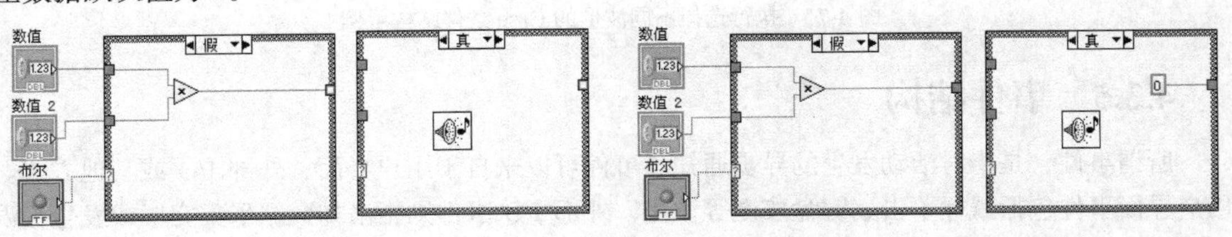

（a）不正确的连接——边框上的数据通道为中空状态　（b）正确的连接——边框上的数据通道为实心状态

图 4-75　连接数据的输入与输出

4.3.4 Case 条件结构示例

图 4-76 所示例子为对输入 1 所输入的数据进行是否大于 0 的判断，若输入数据大于 0，则执行开方操作，并输出开方后的值；否则，输出 0 并使用蜂鸣函数使系统产生蜂鸣。本例中，“是否大于 0”函数用来判断输入数据是否大于 0，如果大于 0，函数返回值为真，此时 VI 将执行真分支并输出开方后的值；否则返回值为假，VI 执行假分支并输出 0，系统产生蜂鸣。

以模拟温度报警器为例，如图 4-77 所示。本例中，条件结构共有 2 个选项：当温度值低于 5 时温度报警提示灯为熄灭状态；当温度值大于或等于 5 时温度报警提示灯为点亮状态。在温度刻度框上单击鼠标即可设定温度值。

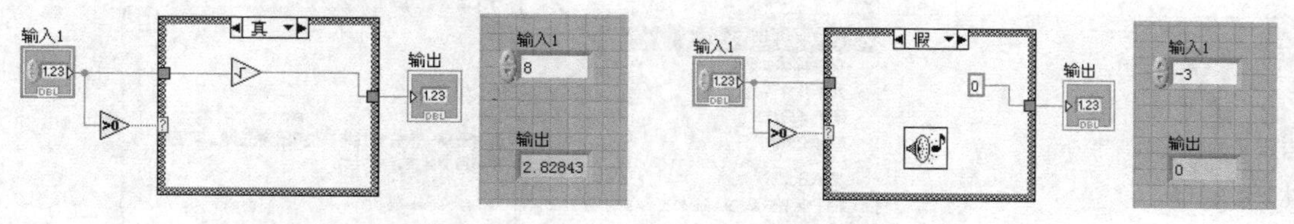

图 4-76　执行两个数相乘或相加运算的 Case 条件结构示例

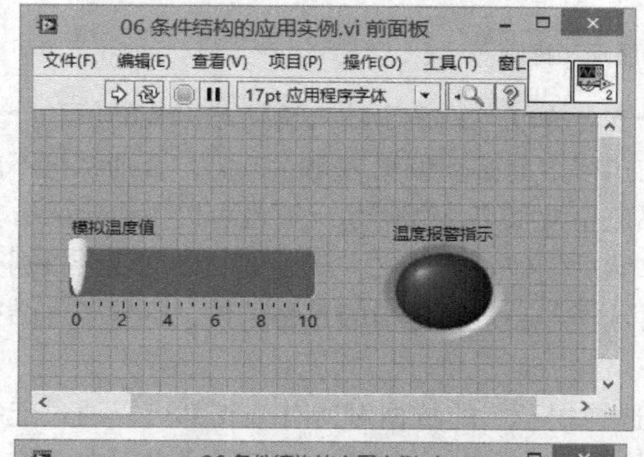

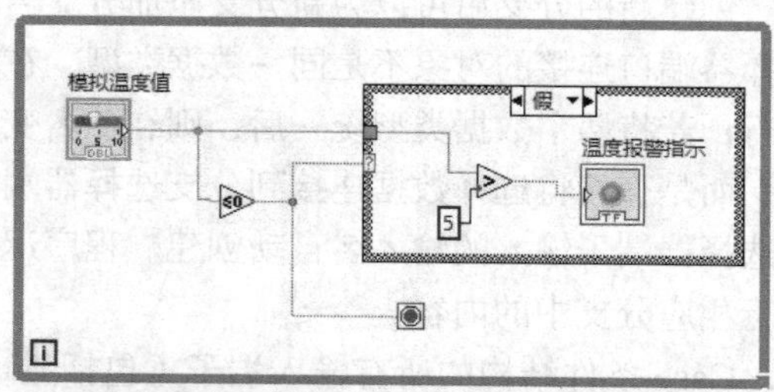

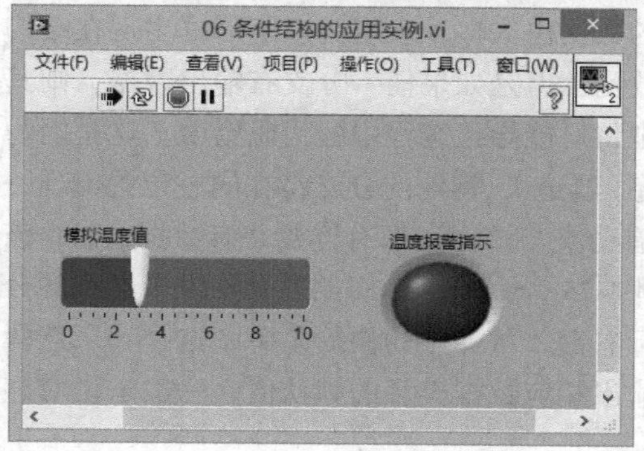

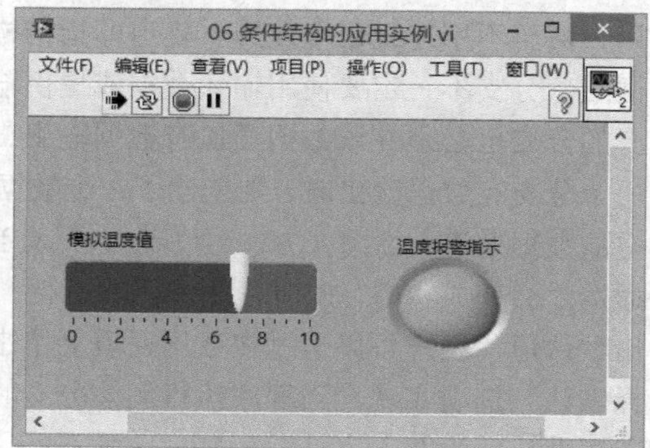

图 4-77　执行选择不同波形的 Case 条件结构示例

4.3.5 事件结构

所谓事件，是指对活动发生的异步通知。事件可以来自于用户界面、外部 I/O 或其他方式。用户界面事件包括鼠标单击、键盘按键等动作，外部 I/O 事件则指诸如数据采集完毕或发生错误时硬件触发器或定时器发出信号。其他方式的事件可通过编程生成并与程序的不同部分进行通信。LabVIEW 支持用户界面事件和通过编程生成的事件，但不支持外部 I/O 事件。

LabVIEW 中的事件结构也是一种能改变数据流执行方式的一种结构，使用事件结构可以实现用户在前面板的操作（事件）与程序执行的互动。在事件的驱动程序中，先要等待事件发生，然后按对应的指定事件的程序代码对事件进行响应后再回到等待事件状态。使用事件设置，可以达到用户在前面板的操作与图形代码同步执行的效果。用户每改变一个前面板控件的值或关闭前面板、退出程序等操作都能及时被程序捕捉到。

如果一个程序需要不停执行循环来查询前面板控件值是否改变，这样会占用很多的 CPU。所以当程序中出现多个循环时，系统运行速度会变得很慢。此外，为了响应事件的判断和执行响应事件，同时使用循环结构和条件结构，这样既增加了程序的复杂性，又增加了连线，因此不是响应用户操作的好方法。本节所介绍的事件结构很好地解决了使用循环结构的不足，用户应习惯于使用事件结构完成对控件、窗格、VI 和应用程序的响应操作。

一个标准的事件结构由框架、超时端子、事件数据节点、递增/递减按钮、选择器标签组成，如图 4-78 所示。和条件结构相似，事件结构也可以由多层框架组成；但与条件结构不同的是，事件结构虽然每次只能运行一个框图，但可以同时响应几个事件。

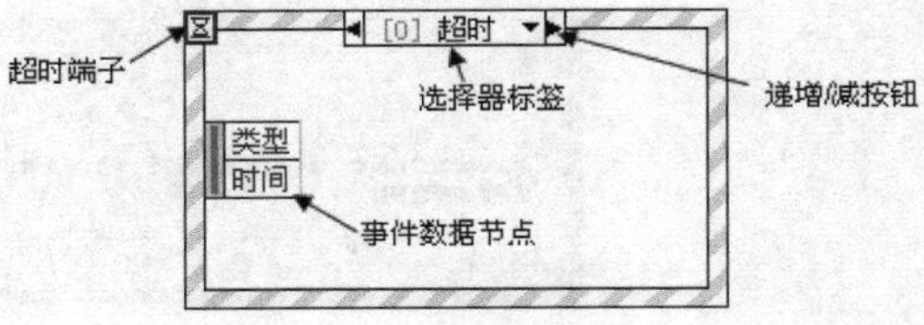

图 4-78　事件结构的基本构成

超时端子用来设定超时时间，其接入数据是以毫秒为单位的整数值。在等待其他类型事件发生的时间超过设定的超时时间后，将自动触发超时事件。也就是说在设定的超时时间内事件结构未触发，则超时时间结束时事件结构运行超时事件框架内的程序，然后事件结构停止运行。如果超时端子接入值为-1，则事件结构处于永远等待状态，直到指定的事件发生为止。在事件结构中，只要某一事件结构被触发，当这个事件所在的框架中程序运行结束后，事件结构都会退出并中止运行。

事件数据节点由若干个事件数据端子构成，数据端子的增减可以通过拖拉事件数据节点来进行，也可以通过单击鼠标右键从弹出的快捷菜单中选择“添加/删除元素”选项来进行。事件数据节点用于输出事件参数，不同的事件对应的事件数据节点也不同，超时事件默认的事件数据节点为类型和时间。选择器标签用于标识当前显示的子框图所处理的事件源，其增减和层叠式顺序结构中选择器标签的增减方式类似。

事件结构同样支持隧道。在默认状态下，不必为每个分支中的事件结构输出隧道连线，因为所有未连线隧道的数据类型将使用默认值。如果用户通过单击鼠标右键，从弹出的快捷菜单中选择取消“未连线时使用默认”选项，则必须为条件结构的所有隧道连线。

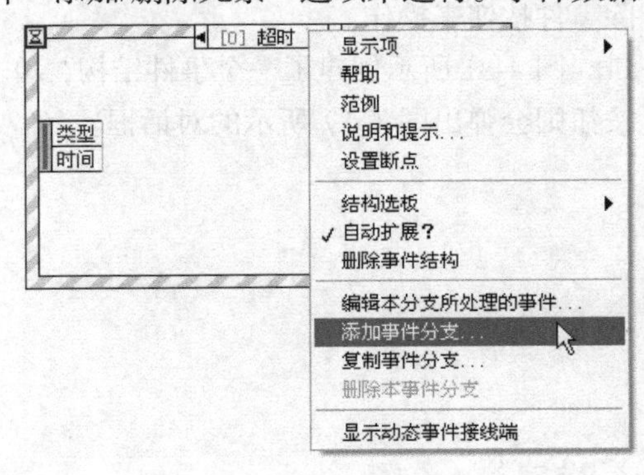

图 4-79　添加事件分支

在事件结构边框上单击鼠标右键，从如图 4-79 所示弹出的快捷菜单中选择“添加事件分支”用户可以为事件结构添加新的事件。对于事件结构，此时从弹出的快捷菜单中无论是选择“添加/复制事件分支”还是选择“编辑本分支所处理的事件”都将打开编辑事件对话框，如图 4-80 所示。

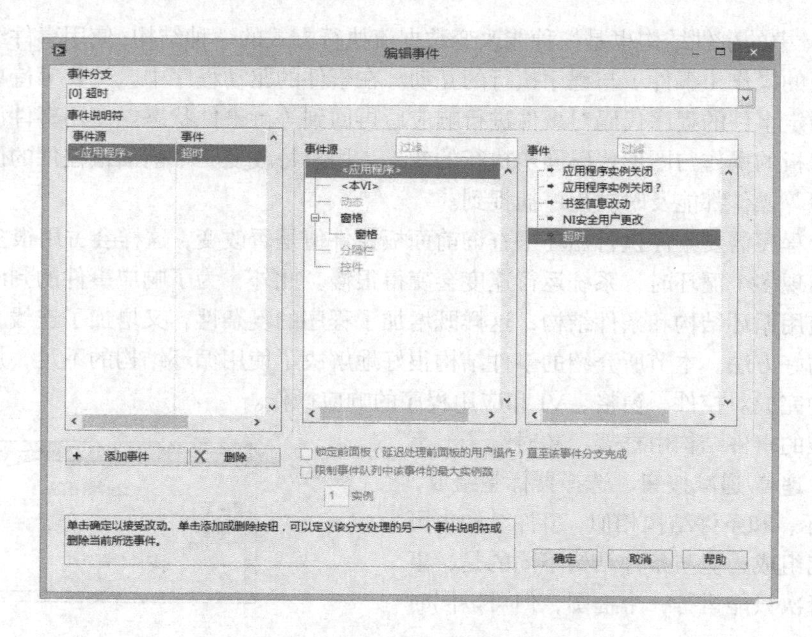

图 4-80　编辑事件对话框

在编辑事件对话框中首先要选择一个事件处理分支作为对象，然后在事件源中选择合适的事件源。事件源通常是控件，在对话框中将列出框图中所有的输入控件和显示控件。有时事件源也可以是应用程序、本 VI 和窗格等，它们对前面板、鼠标、窗格和菜单等非控件发生的事件进行操作。

编辑事件对话框中的事件列表中放置的是选中事件源对应的所有可能的事件名称，使用鼠标左键选择希望的动作选项就可以为事件源创建事件。

在编辑事件对话框中还有一个添加事件按钮，它可以在一个事件框中添加多个事件，当事件框中某个事件发生时，事件框中的程序就会运行。事件的删除则通过单击添加事件按钮下方的删除事件按钮来操作。

图 4-81 所示创建了一个事件结构，单击滑动杆则会弹出图（c）所示的对话框，单击“停止”按钮则会弹出图（d）所示的对话框。

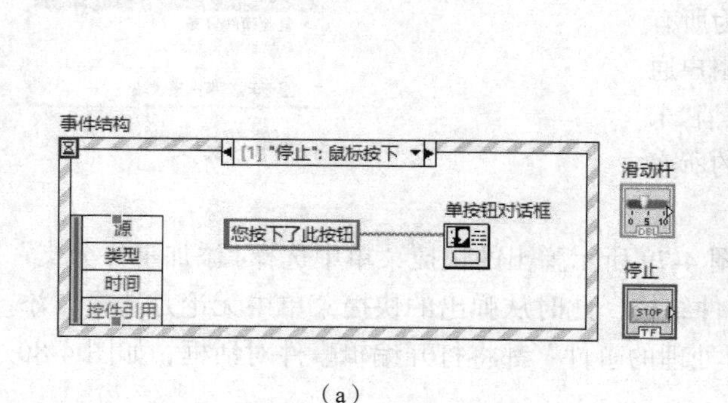

（a）

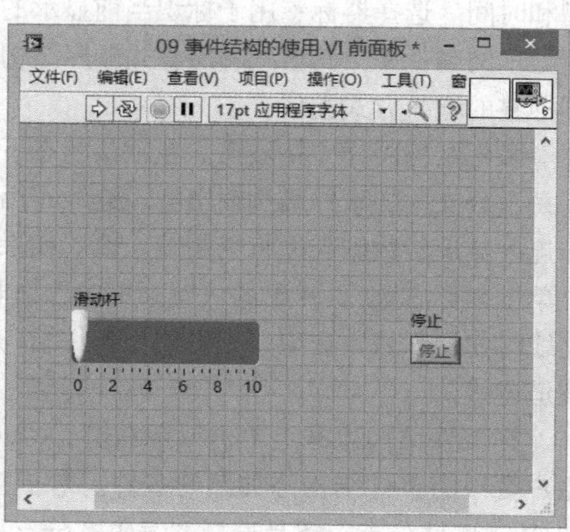

（b）

图 4-81　事件结构示例

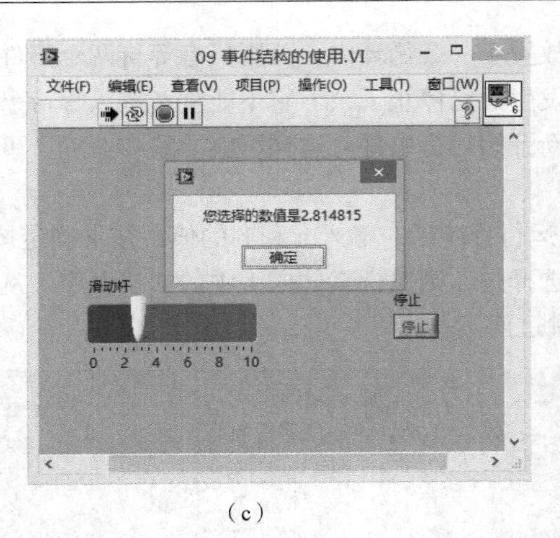

（c）

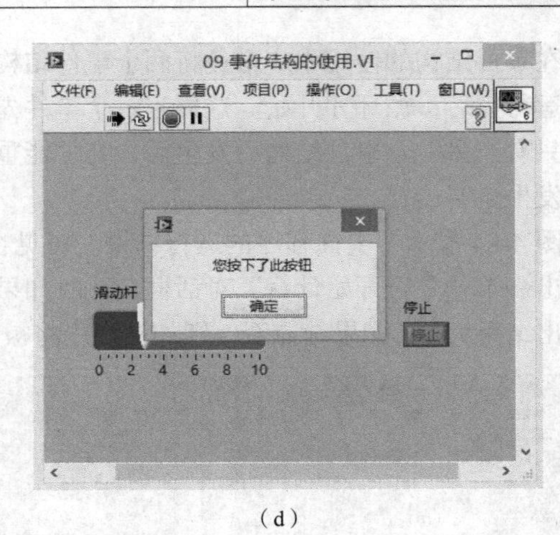

（d）

图 4-81　事件结构示例（续）

在很多情况下，要求在程序中使用事件结构等待事件发生，并且当处理完发生事件后再次开始等待事件发生而不能退出事件结构，这就需要在事件结构外添加 While 循环。实际使用时，几乎绝大多数的事件结构外都需要添加 While 循环。与条件选择分支不同的是，While 循环不再作为轮询使用，而仅在一个事件结束后刹那使用，使时间结构再次开始处于等待事件发生状态。用户也可以在运行程序时打开“高亮执行”按钮进行观察。

事件结构能够响应的事件有两种类型：过滤事件和通知事件。由如图 4-80 所示编程事件对话框中的事件列表可以看出，事件项左侧的箭头有红色和绿色两种颜色。一般来说，带红色箭头的是过滤事件，带绿色箭头的是通知事件。

过滤事件用于过滤掉该事件将触发的操作。选择为过滤事件后，其事件结构框的右端也会出现事件结构节点，节点中有一个放弃节点，如果为真，则取消事件的发生，通知事件用于通知程序代码某个用户界面事件发生了。

【例 4-1】　图 4-82 中所示的事件框 0 是一个鼠标按下过滤事件，此时鼠标按下事件还没触发。在该事件框中放置一个双按钮对话框，当程序运行时按下“加法运算开始”布尔控件，则弹出一个内容为“是否开始计算”的对话框。如果选择是，则根据逻辑判断，输入放弃节点的消息为假，说明取消放弃，鼠标按下事件得以发生；如果选择否，则鼠标按下事件被屏蔽，框 1 中的程序不运行。

所以事件框 0 中的过滤事件决定了事件框 1 事件是否可以发生，事件框 1 则为一个通知事件。若如图 4-82 所示的放弃节点输入为假，则事件框 1 运行，实现加法运算。框图中放置了加法函数，用来实现加法计算，如图 4-83 所示。

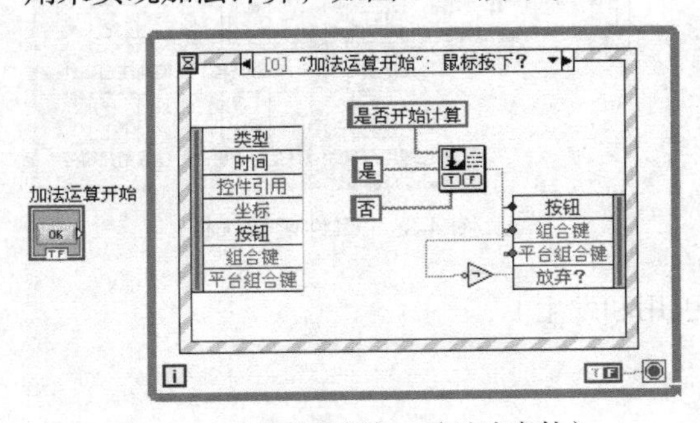

图 4-82　事件结构框架 0（过滤事件）

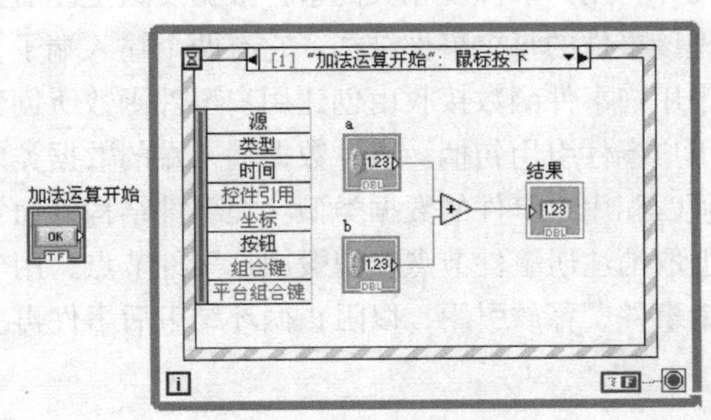

图 4-83　事件结构框架 1（通知事件）

在事件结构的使用中应避免将两个事件结构放置于一个循环内，否则只有等待两个事件都发生且运行完后，循环才开始。这样当一个事件先发生后已停止了，但它不能重新进入等待事件状态；只有当另一个事件结构后发生后，它才能重新开始等待事件。这样可能导致“遗漏”事件的错误发生。

图 4-84 显示了上面程序的运行结果。可见在运行程序后，输入 a 和 b 的值，按下确定按钮，将弹出一个“是否开始计算”对话框，此时如果选择是，则执行事件框 1 中的加法程序，从图中可看出结果为 5；如果选择否，则加法程序将被跳过而不执行。

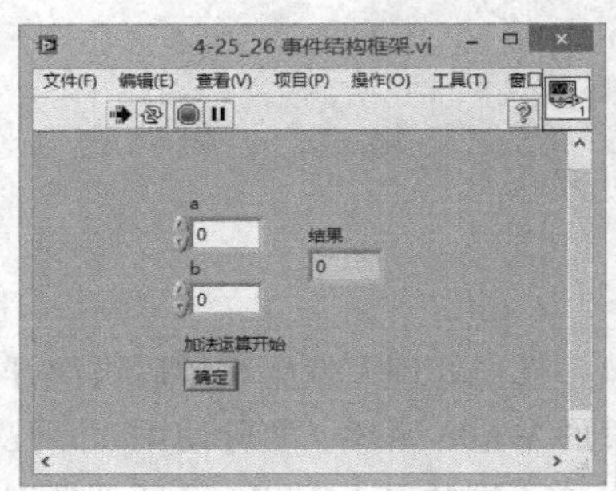

（a）“确定”按钮动作前

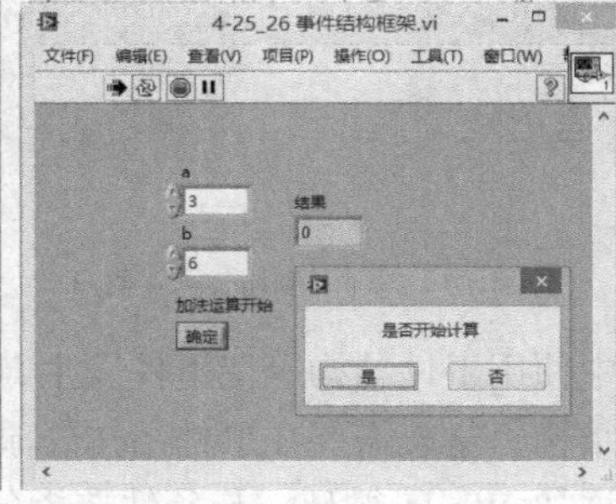

（b）选择“是”的计算结果

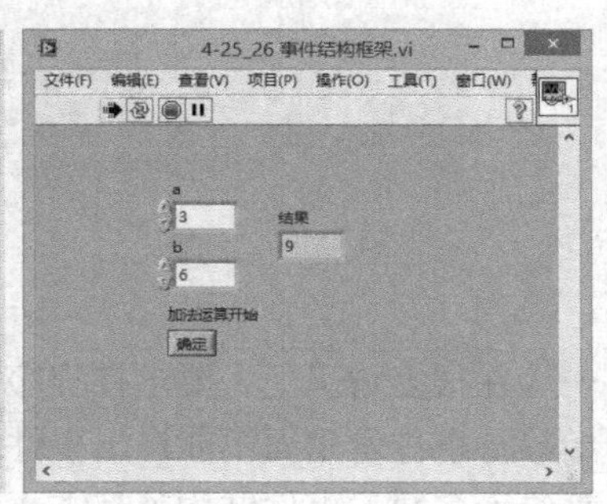

（c）选择“否”的计算结果

图 4-84　静态事件结构运行结果

事件结构分为静态和动态两种。如果只需对前面板对象进行操作判断，使用静态事件结构就完全可以实现；但如果需要实时改变注册内容或将程序中的数据作为事件的发生条件等特殊情况，就要用到动态事件结构。

动态事件结构的创建就需要使用注册事件节点注册事件（指定事件结构中事件的事件源和事件类型的过程称为注册事件），再将结果输出到事件结构动态事件注册端子上。若要创建一个事件动态注册端子，可以在事件结构框图上单击鼠标右键，在弹出的快捷菜单中选择“显示动态事件接线端”选项即可。

动态事件必须使用注册事件节点，它位于“函数选板”下的“对话框与用户界面”子选板中的“事件”子选板内，可以直接在事件动态注册端子上单击鼠标右键从弹出的快捷菜单中选择“事件选板”，则弹出如图 4-85 所示的注册事件界面。

选板中的创建用户事件函数用于返回一个事件的引用，将用户事件输出端口与注册事件函数连接可注册事件；产生用户事件函数用来广播用户事件并将用户事件及相关的事件数据发送至注册为处理该事件的每个事件结构。它有两个输入端子，其中用户事件函数接收由创建用户事件函数所创建的用户事件引用句柄。事件数据输入端的数据类型必须匹配用户事件的数据类型。在事件结构外通常加上取消注册事件节点和销毁用户事件节点，用于注销事件、释放引用，以阻止循环结束后事件再次被引用和发生。

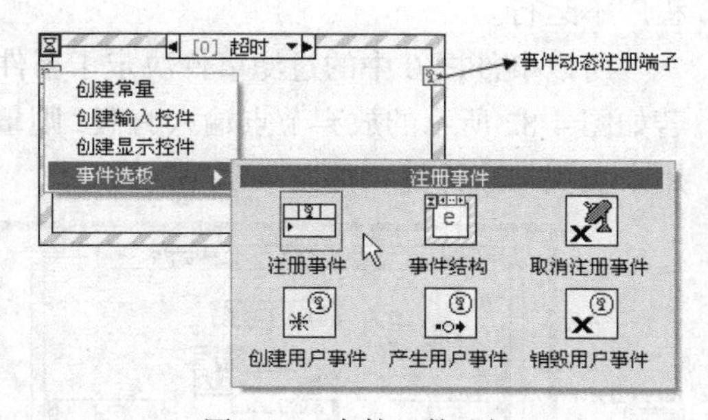

图 4-85　事件函数选板

4.3.6　自动索引、移位寄存器和反馈节点

1. 自动索引

自动索引的功能是使循环框外面的数组成员逐个进入循环框内，或使循环框内的数据累加成一个数组输出到循环框外。使用该功能时，从循环框架外连接到输入通道的二维数组将索引出一维数组，从一维数组将索引出单个成员；相反，在循环的输出边框，单个元素依次累加成一维数组，一维数组累加成二维数组等。

For 循环的索引可通过鼠标右键单击循环边框的数据通道来启动。能自动索引时，通道图标是空心框；不能自动索引时，通道图标则变成一个实心框。数据通道使用自动索引功能后，数据线型由粗线变为细线，或者由双线变为单线；而输出数据的通道上使用自动索引后，数据线由细线变为粗线，或者由单线变为双线。

尽管 For 循环和 While 循环都支持自动索引功能，但其主要区别在于：For 循环的数组默认为能自动索引，如不需要索引，可在数组进入循环的通道上单击鼠标右键弹出快捷菜单选择“禁用索引”选项；而 While 循环中的数组默认为不能自动索引，如果需要索引，可在循环的通道上单击鼠标右键弹出快捷菜单选择“启用索引”选项。另外在创建二维数组时，一般使用 For 循环而不使用 While 循环。

如图 4-86 所示的是一个自动索引示例。图左侧的程序框图中用了两个嵌套的 For 循环，内层的 For 循环将 4 次执行时的循环数累加成一个一维数组 0 ~ 3 输出。外层的 For 循环依次为该一维数组的各个成员加当前循环数，最后 6 次循环产生的 6 个一维数组累加成一个二维数组输出，如图右侧的前面板中所示。

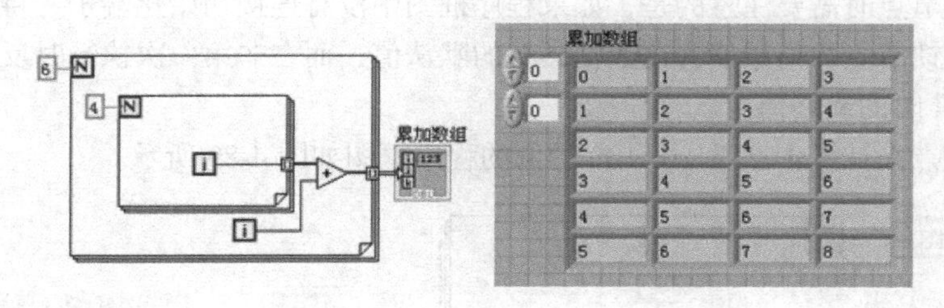

图 4-86　For 循环自动索引示例

2. 移位寄存器

移位寄存器是 LabVIEW 循环结构中的一个附加对象，其功能是将当前循环完成的某个数据传递给下一个循环开始。

移位寄存器的添加可通过在循环的左边框或右边框单击鼠标右键弹出快捷菜单选择“添加移位寄存器”打开。添加后将在循环的左右边框各出现一个方向相反的带边框的端子右端子在每完成一次循环后存储数据，移位寄存器将上次循环的存储数据在下次循环开始时移动到左端子上。

一般来说，移位寄存器可以存储任何类型的数据，但是连接在同一个寄存器两个端子上的数据必须是同一类型的。移位寄存器的类型与第一个连接到其端子之一的对象数据的类型相同。

如图 4-87 所示给出了一个在 For 循环中使用移位寄存器的示例。例中要计算的是 1+2+3+…+100 的值。由于是一个累加的结果，所以在该例中使用了移位寄存器。因 For 循环是从 0 执行到 n-1，因此在输入端的数值需要赋给 101，移位寄存器赋给的初值为 0。具体的程序框图和计算结果如图 4-87 所示。

上例中，如果不加移位寄存器，则最后结果只输出 100。此时在运算过程中没有执行累加结果的功能，如图 4-88 所示。

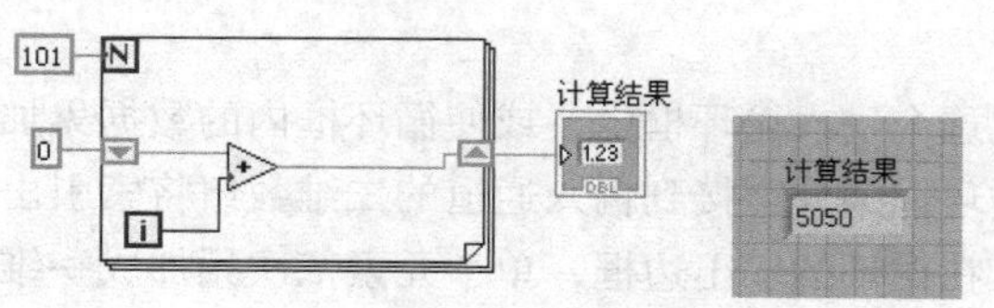

图 4-87　For 循环移位寄存器示例

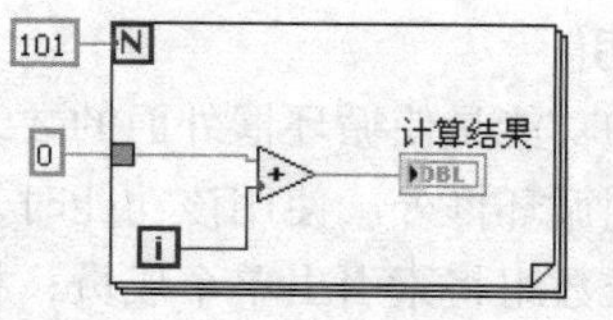

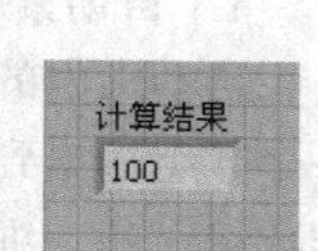

图 4-88　For 循环中不添加移位寄存器的结果

另外，在使用移位寄存器时应注意初始值问题。如果不给移位寄存器指定明确的初始值，则左端子将在对其所在循环调用之间保留数据，当多次调用包含循环结构的子 VI 时将会出现这种情况，必须特别注意。如果对此情况不加考虑，可能会引起错误的程序逻辑。

3. 反馈节点

和移位寄存器一样，反馈节点也是用来实现数据在前后两次循环中的传递。但与移位寄存器相比，使用反馈节点有时能让程序更加简洁易懂。

循环中一旦连线构成反馈，就会自动出现反馈节点的符号。反馈节点符号由两部分构成，分别为反馈节点箭头和初始化端子。

初始化端子既可位于 For 循环框图内，也可位于 For 循环框图外，默认为位于 For 循环框图内。若要把初始化接线端移动到 For 循环框图外，可在初始化端子上单击鼠标右键，从弹出的快捷菜单中选择“将初始化器移出循环”项来完成操作。反馈节点箭头表示连线上的数据流动方向，它可以是正向的，也可以是反向的。

在使用反馈节点时需要注意的是，如果程序框图中没有连接初始化端子，将导致 VI 只有在第一次执行时反馈节点的初始值为该数据类型的默认值，而在非第一次执行时反馈节点的初始值是其前次执行 VI 时的最终值。

利用反馈节点来计算 1+2+3+…+100 的值的程序框图如图 4-89 所示。

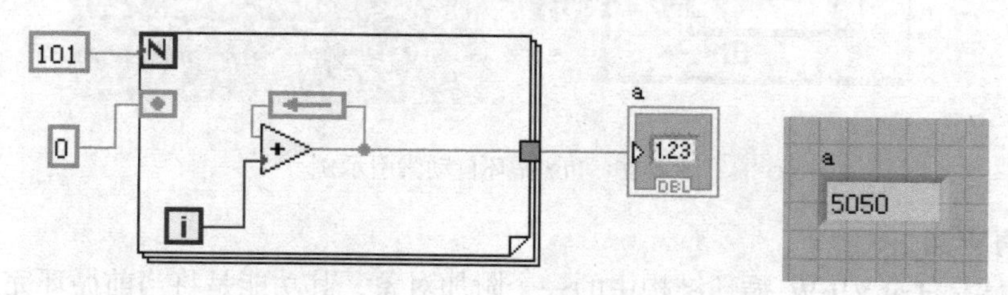

图 4-89　For 循环中使用反馈节点示例

4.3.7　局部变量与全局变量

1. 局部变量

使用局部变量可对前面板上的输入控件或显示件进行数据读写。写入一个局部变量相当于将数据传递给其他接线端。同时通过局部变量，前面板对象既可作为输入访问也可作为输出访问。局部变量可从一个 VI 的不同位置访问前面板对象，并将无法用连线连接的数据在程序框图上的节点之间传递。

局部变量的创建方式有以下两种。

（1）鼠标右键单击一个前面板中已有的对象，从弹出的快捷菜单中选择“创建”选项下的“局部变量”选项，便可创建为该对象一个局部变量，如图 4-90 所示。创建后，该对象局部变量的图标将出现在程序框图上。

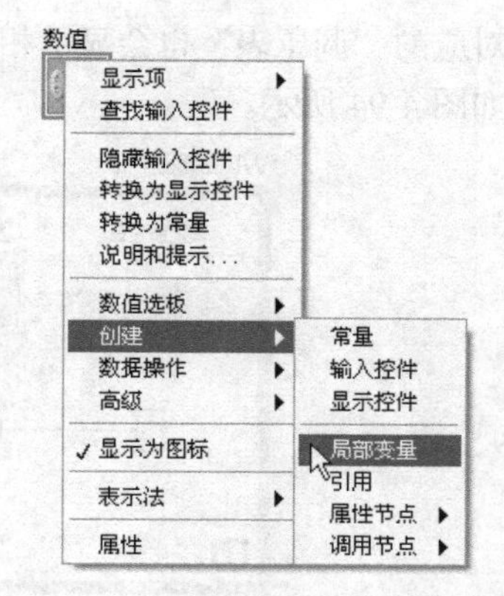

图 4-90　直接单击前面板中对象创建局部变量

（2）从如图 4-57 所示的“结构”子选板中选择“局部变量”，并将其拖放到程序框图上。用户可以看到的局部变量图标上是一个带有“？”的矩形框，说明局部变量节点尚未与一个输入控件或显示控件相关联，这时可以通过在前面板中添加控件来填充其内容。如果这时前面板上已有建立对象，则在创建的局部变量上单击鼠标右键，可从弹出的快捷菜单中的“选择项”下看见前面板中所有已经建立对象名称的菜单。用户可以选择其中一个作为该局部变量的定义，如图 4-91（a）所示。或者用户直接在创建的未定义的局部变量上单击鼠标左键，弹出一个与通过鼠标右键打开的菜单下“选择项”内容完全相同的菜单，然后可以选择其中一个作为该局部变量的定义，如图 4-91（b）所示。

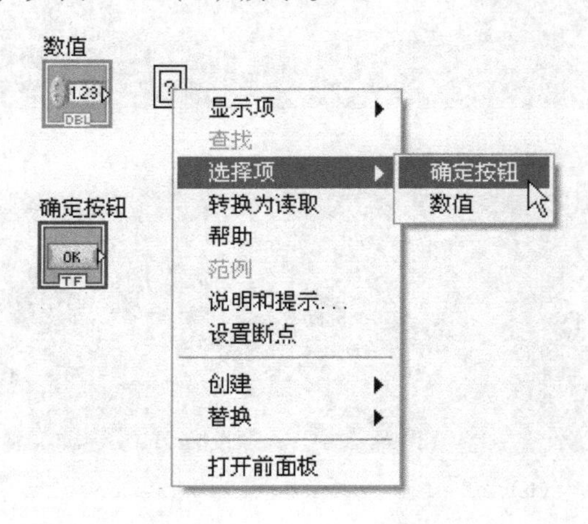

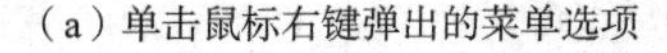
（a）单击鼠标右键弹出的菜单选项

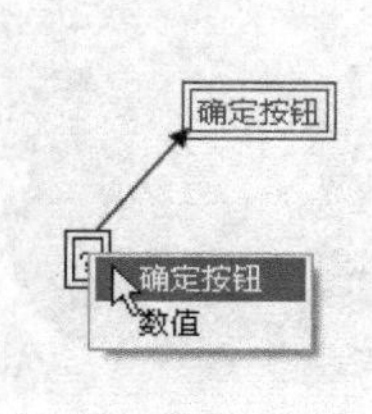

（b）单击鼠标左键弹出的菜单选项

图 4-91　通过“函数选板”创建局部变量

LabVIEW 通过自带标签将局部变量和前面板对象相关联，因此必须用描述性的自带标签对前面板控件和显示控件进行标注。

局部变量有读和写两种属性。用户可在局部变量图标上单击鼠标右键，从弹出的快捷菜单中选择“转换为读取”或“转换为写入”。当一个局部变量为读属性时，说明可以从该局部变量中读取数据；相反，当其为写属性时，则可以给该局部变量赋值，如图 4-92 所示。

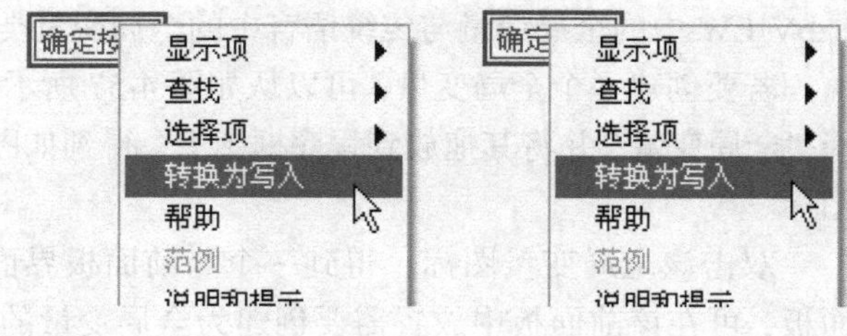

图 4-92　局部变量“读/写”属性的切换

【例 4-2】　一个使用了局部变量的示例程序框图如图 4-93 所示。程序中当调节“调压旋钮”

时，对应的“调压表”也会显示相应的数据；当数据达到规定的上限后，上限灯就会熄灭。程序结果如图 4-94 所示。

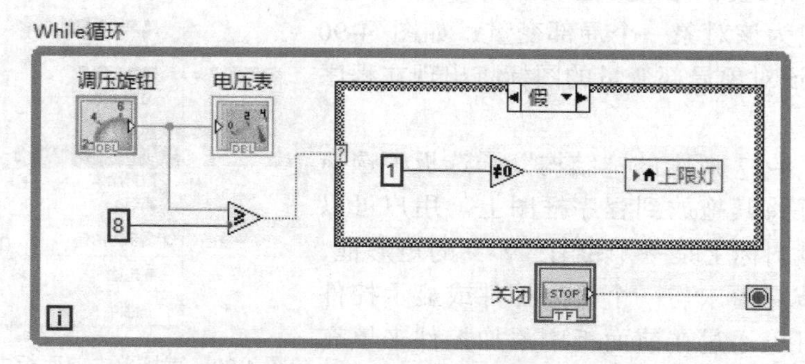

图 4-93　含有局部变量的程序框图

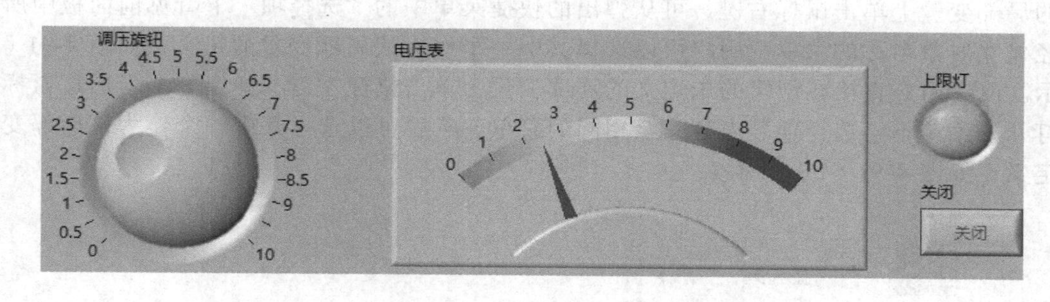

（a）

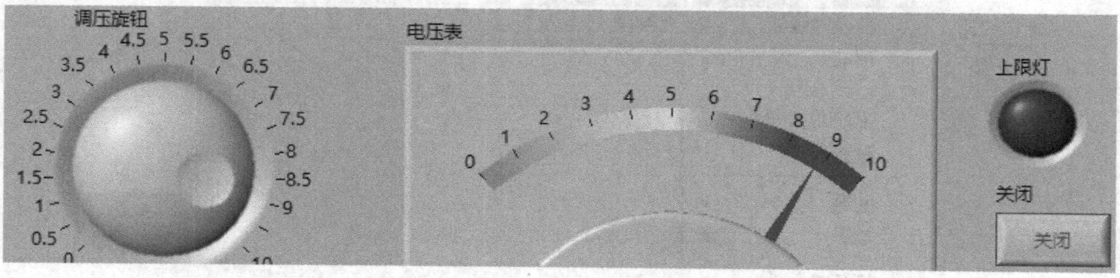

（b）

图 4-94　程序运行结果

2. 全局变量

局部变量主要用于在程序内部传递数据，但是不能实现程序之间的数据传递。局部变量的这个缺陷可以通过全局变量来实现，它可以同时在运行的多个 VI 或子 VI 之间访问和传递数据。LabVIEW 中的全局变量与传统语言中的全局变量类似。

若要创建一个全局变量，可以从如图 4-57 所示的“结构”子选板中选择“全局变量”并将其拖放到程序框图上，得到如图 4-95 所示的全局变量图标。

图 4-95　全局变量图标

双击该全局变量图标，得到一个与前面板界面相似的全局变量的前面板，可在该前面板中放置需要创建为全局变量的输入控件和显示控件。如图 4-96 所示为在全局变量界面中创建的控件。

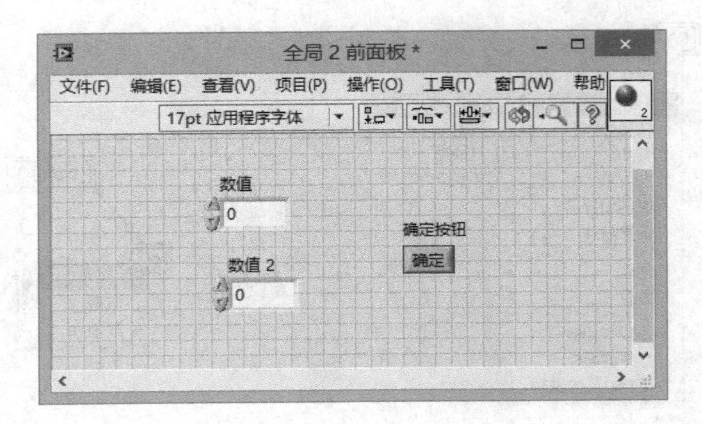

图 4-96　全局变量界面

另一种方法创建全局变量是在 LabVIEW 前面板的菜单栏中选择“文件”下拉菜单并选择“新建”选项，则将打开一个如图 4-97 所示的窗口。在窗口中选择“全局变量”并确定同样可以创建一个全局变量界面。

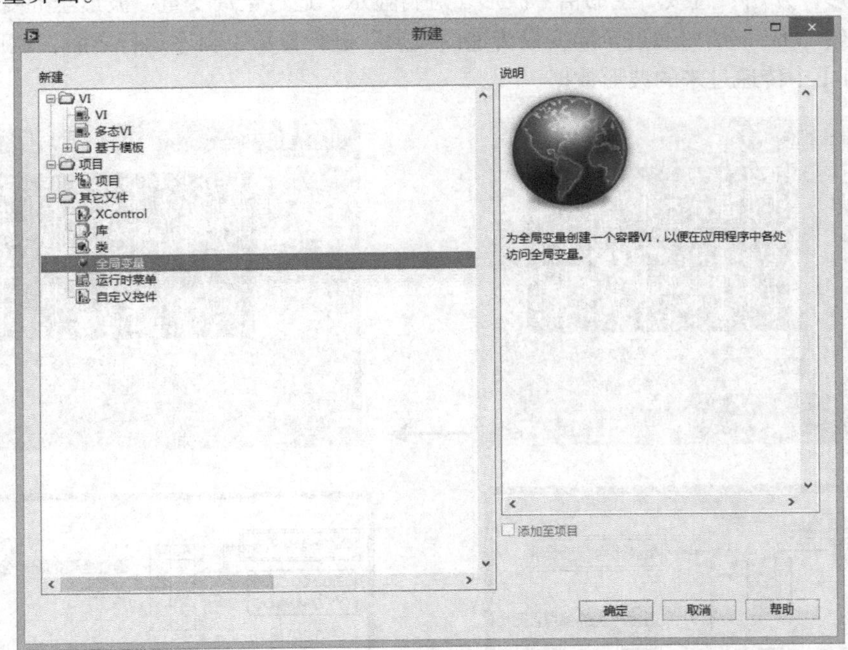

图 4-97　从“文件”下拉菜单中创建全局变量

LabVIEW 以自带标签区分全局变量，因此应当对前面板中的输入控件和显示控件使用描述性的自带标签来进行标注。用户可创建多个仅含有一个前面板对象的全局变量，也可创建一个含有多个前面板对象的全局变量，从而将相似的变量归为一组。

如果要保存全局变量并返回主程序框图，用户可通过所有对象在全局变量前面板上创建完毕后，从下拉菜单中选择“文件”中的“保存”选项来退出。若想让全局变量与前面板相应的对象关联起来，用户可用鼠标右键单击该全局变量图标，并从弹出的快捷菜单下的“选择项”中选择一个前面板对象，如图 4-98（a）所示；或者用鼠标左键单击全局变量的图标，同样可以得到可供选择的对象的下拉列表，如图 4-98（b）所示。两者的效果完全一样。

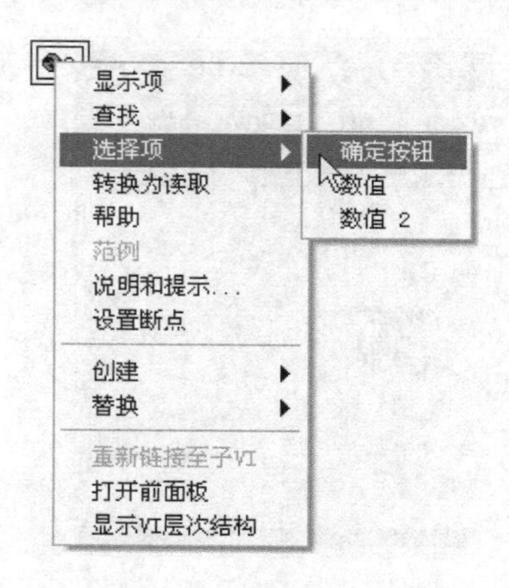

（a）通过鼠标右键关联全局变量

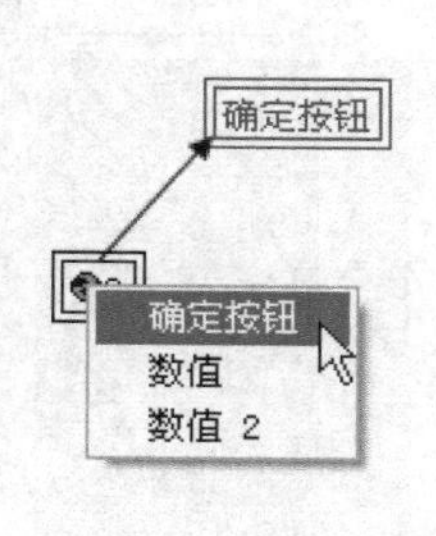

（b）通过鼠标左键关联全局变量

图 4-98 全局变量的关联方式

【例 4-3】如图 4-99 所示的是用全局变量在不同 VI 之间传递数据。在 VI-1 中产生一个信号类型可选的波形，并用“直接产生的信号波形”进行显示。通过全局变量“波形全局变量”将此波形数据传递给 VI-2，用“通过全局变量传递的波形”进行显示。程序运行之后，就可以在 VI-2 中看到从 VI-1 中传递过来的波形数据。

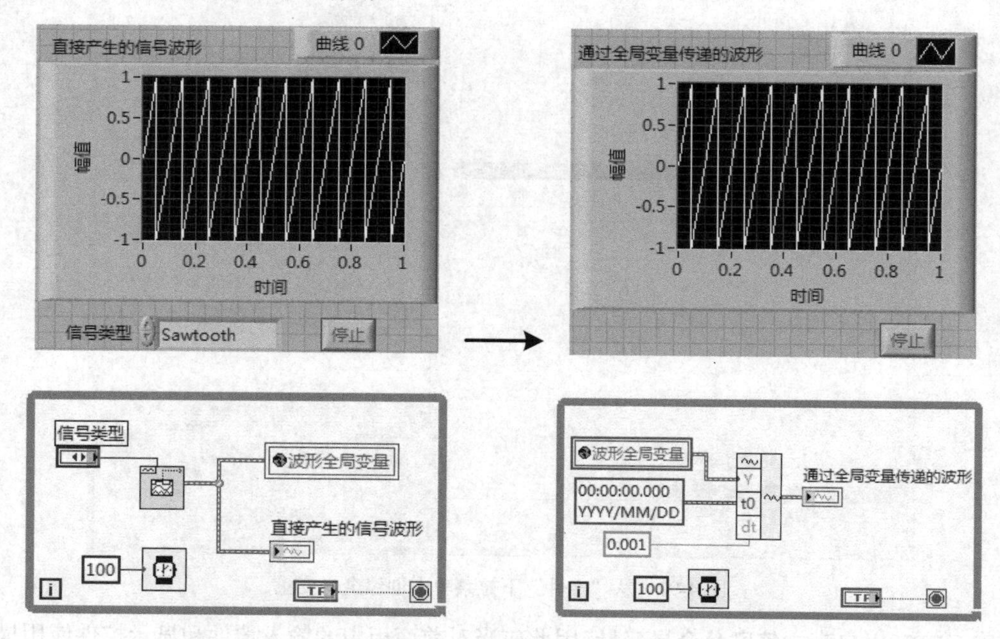

图 4-99 程序运行过程与结果

4.3.8 公式节点与脚本

1．公式节点

公式节点是一种便于在程序框图上执行数学运算的文本节点。公式节点的引入，使 LabVIEW 的编程更加灵活。用户无需使用任何外部代码或应用程序，且创建方程时无需连接任何基本算术函数，采用公式节点实现计算公式在一定程度上减少了编程的工作量。

循环、for 循环和 do 循环。需要注意的是，出现在公式节点中的所有变量必须声明为输入或输出。

在如图 4-57 所示的“结构”选板中选择公式节点选项，把鼠标移动到程序框图上，用鼠标左键单击框图空白处的任何一点，鼠标移动时框图中会出现一个矩形虚线框，其形状就是将要创建的公式节点框图的形状。调整线框到合适的大小后再单击鼠标左键，程序框图中就会出现如图 4-100 所示的公式节点框图。也可以在程序框图中单击鼠标右键选择“函数→数学→脚本与公式→公式节点”并将其拖放至程序框图中。

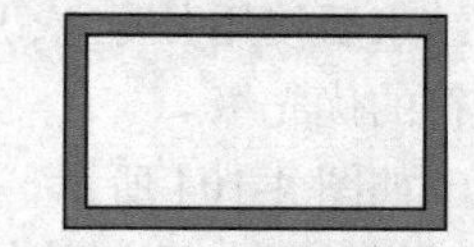
图 4-100　公式节点界面

在公式节点框图的左边或者右边的边框上单击鼠标右键，用户从弹出的快捷菜单中选择“添加输入”或者“添加输出”，就可得到如图 4-101 所示的带有输入输出变量端口的公式节点框图。

可以看出，输出变量端口的边框比输入变量端口的边框要粗；并且，如果是用鼠标右键单击公式节点框图的左边，则添加的输入/输出变量端口也在公式节点框图的左边；同样，如果用鼠标右键单击公式节点框图的右边，则添加的端口出现在公式节点框图的右边。

用户可以在公式节点中输入需要运算的公式，然后在输入端口和输出端口中输入相应的输入变量和输出变量的变量名。当把鼠标放在相应的端口上变成小箭头时，用户双击鼠标左键，就可以往端口中输入相应标签了。

为了方便地操作和显示输入变量和输出变量的值，用户可以创建数值输入控件和数值输出控件。当将鼠标移动至输入或输出端口时，鼠标箭头会变成连线工具式样，用户只要在相应端口上单击鼠标右键，从弹出的快捷菜单中选择“创建→常量/输入/显示控件”，如图 4-102 所示，就可以创建和端口相连接的常量、输入控件或者显示控件了。这种操作可以很方便地在程序框图中进行，其效果和在前面板上创建相应控件后，再切换到程序框图中连线的效果是一样的。

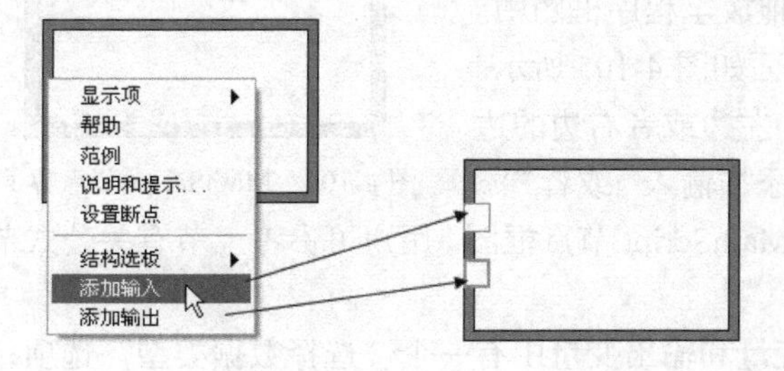

图 4-101　带有输入输出变量端口的公式节点框图

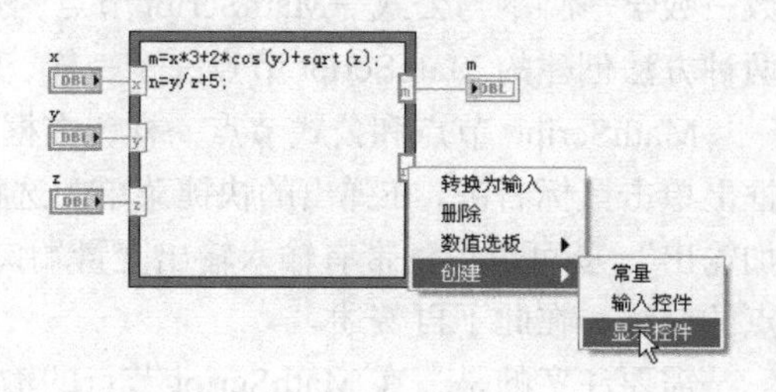

图 4-102　创建显示控件

从图 4-103 中可以看出，公式节点可以实现多个公式同时进行计算。公式节点中的公式编写与 C 语言以及其他文本编程语言基本上一样，甚至更加简单。

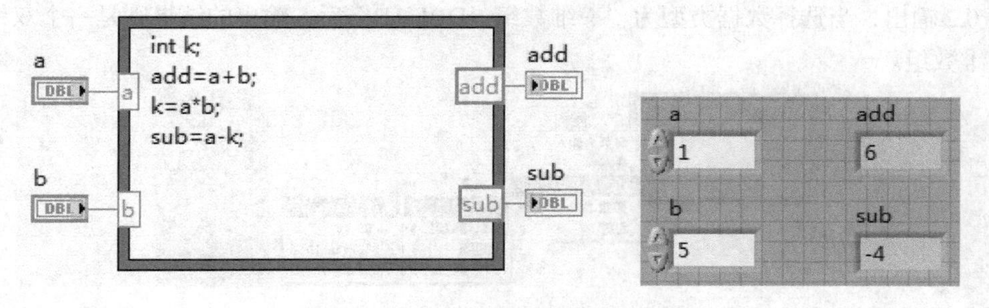

图 4-103　在公式节点中实现多个计算公式

前面我们讲述过公式节点除可以接受文本形式外，还可以接受为 C 语言编程者所熟悉的 If 语句、While 循环、For 循环和 Do 循环等形式的编程语言。这些程序的组成元素与在 C 语言程序中的元素相似，但并不完全相同。公式节点语法与文本编程语言的语法相似，与 C 语言一样，赋值结束后使用分号（;）。使用作用域规则在公式节点中声明变量，同时还需要注意公式节点中运算符的优先级。

如图 4-104 所示，我们利用公式节点实现了一个简单的 if-else 功能。需要注意的是，此程序在运行过程中每次更改数据时，*y* 和 *z* 的值不会自动清零而是一直覆盖前次的值。

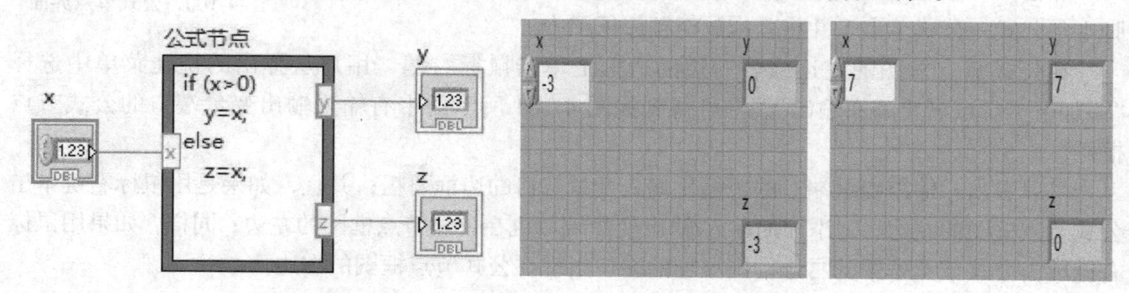

图 4-104　在公式节点中实现 if-else 功能

2. MathScript 节点

LabVIEW MathScript 是一种可以用于编写函数和脚本的文本语言。按照 MATLAB 语法编写的脚本通常可在 LabVIEW MathScript 中运行。虽然 MathScript 引擎可执行 MATLAB 脚本，但不支持某些 MATLAB 软件所支持的函数。

MathScript 节点的创建有两种方法：一是直接在如图 4-57 所示的“结构”选板中选择 MathScript 节点并拖放到程序框图中，二是在程序框图中单击鼠标右键选择“函数→数学→脚本与公式→MathScript 节点”然后拖放至程序框图中。两种方法创建的 MathScript 节点完全一样，其界面如图 4-105 所示。

图 4-105　MathScript 节点界面

MathScript 节点和公式节点一样，在框图的左边或者右边的边框上单击鼠标右键，在弹出的快捷菜单中选择“添加输入”或者“添加输出”，就可以得到带有输入输出变量端口的 MathScript 节点框图。用户可参考上节有关公式节点的介绍，在此不再赘述。

需要注意的是，在 MathScript 节点的输入变量和输出变量中有一个“选择数据类型”选项；在该选项中，用户可以对输入/输出的数据类型进行设置。如图 4-106 所示，我们看到其中可以选择的数据类型包括：标量、一维数组、二维数组和矩阵。用户在选择了所需要的数据类型后，程序会以相应的数据类型作为输出。如图 4-106 所示的程序功能是用于实现变量从初值 0 到终值 1，以步长 0.2 输出，当选择数据类型为“一维数组→DBL 1D”后，输出的结果则是一个双精度浮点型的一维数组。

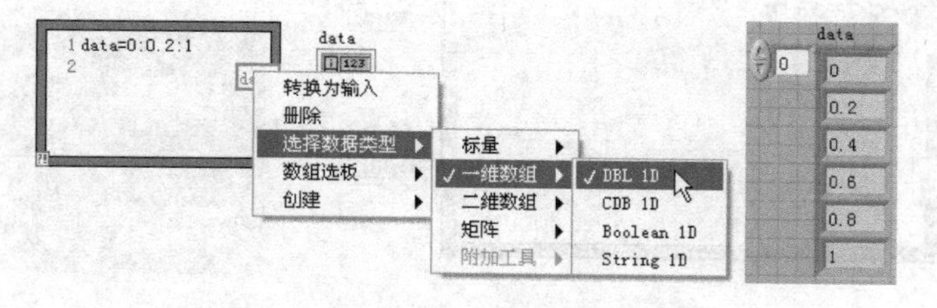

图 4-106　MathScript 节点框图程序及运行结果

【例 4-4】 下面通过使用 MathScript 节点实现绘制一个公式 4-1 所示的曲线。

$$\rho = 5\sin\left(\frac{4\theta}{3}\right) \qquad 0 \leqslant \theta \leqslant 6\pi \qquad \text{（公式 4-1）}$$

如图 4-107 所示的 MathScript 节点框图程序中变量 theta 即为公式（4-1）中的θ，从初值 0 到终值 6π，以步长 0.01 计算变量 rho 的值，rho 即为程序 1 中的幅值ρ。不需要添加输出节点，默认情况下左边为输出。程序中最后一行为 polar()函数，使用它可以绘制极坐标图。程序运行后，弹出如图 4-104 所示的图形面板。根据运行过程可知执行图 4-107 的程序时，计算机运行时间较长，图形面板显示较慢。要想在前面板显示运行结果，则可以使用如图 4-108 所示的程序。

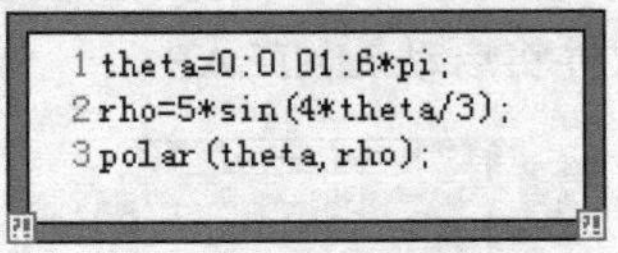

```
1 theta=0:0.01:6*pi;
2 rho=5*sin(4*theta/3);
3 polar(theta,rho);
```

图 4-107 MathScript 节点框图程序

图 4-108 所示程序使用了极坐标显示控件绘制极坐标图，极坐标显示控件位于前面板中的控件选板下的“新式→图形模板→控件”子选板中，将它拖放到前面板中会自动在框图中添加绘图区域大小属性节点和图片显示控件。极坐标显示控件的数据数组端子接收的必须为一个簇数据，是由点组成的数组，每个点是由幅度和以度为单位的相位组成的簇，用于指定标尺的格式和精度。幅度是点与圆心的直线距离，相位是 x 轴正向与圆心两点之间直线的夹角，单位是度。

由于前面提到的相位是以度为单位，因此此处需要添加一段程序，将如图 4-107 所示的弧度单位转换为角度单位。使用如图 4-106 所示的方法将输出数据类型转换为“一维数组→DBL 1D”数组的形式，使用“数组大小”函数读取 MathScript 节点运行的步数，并将这个步数作为输出数组的大小，图中“大小”显示控件值为 1885。然后程序把显示值 1885 输出给 For 循环的总线计数端子，通过“索引数组”函数按索引号索引出，输出后使用“捆绑”函数将每一组索引的幅值和角度值捆绑。最后通过 For 循环上的隧道将数组簇传递到极坐标图中的数据数组输入端子。程序运行结果如图 4-109 所示。

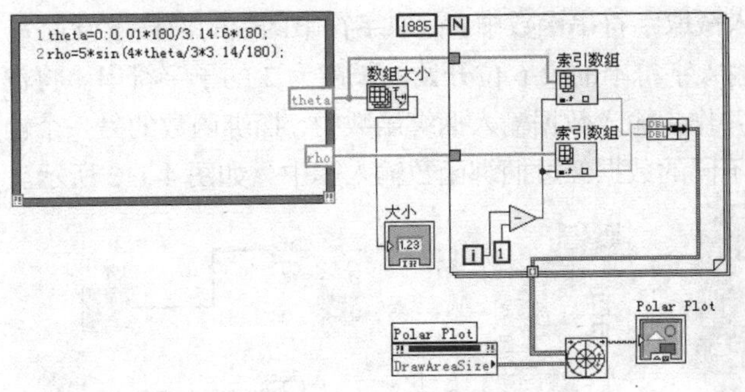

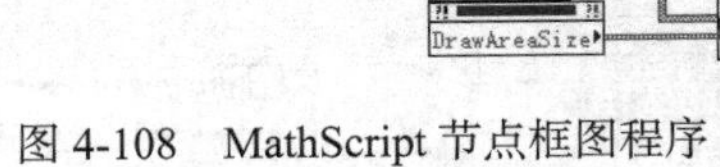

图 4-108 MathScript 节点框图程序

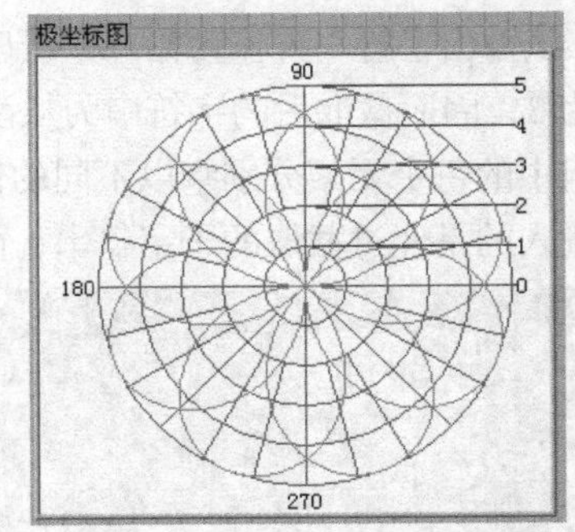

图 4-109 MathScript 节点框图程序的运行结果

3. MATLAB 脚本节点

MATLAB 节点的创建方法与 MathScript 节点的第二种创建方法相同，用户可在程序框图中单击鼠标右键选择“函数→数学→脚本与公式→脚本节点→MATLAB 脚本”然后拖放到程序框图中来创建一个 MATLAB 脚本节点。MATLAB 脚本节点和 MathScript 节点的框图与结构很相似，如图 4-110 所示。用户虽然也可以选择输出变量的数据类型，但是要注意到选项的差别。

将 MathScript 节点示例中的程序放入 MATLAB 脚本节点中，如图 4-111 所示。二者的不同之处在于 MATLAB 脚本节点程序的运行结果需要调用 MATLAB 软件来显示结果。

若已安装具有许可证的 Xmath 或 MATLAB 6.5 或其更高版本，则可在程序框图中创建、加载和编辑 MATLAB 语法编写的脚本。如果 MATLAB 软件没有打开，用户在运行相应 VI 时 LabVIEW 软件将启动 MATLAB。

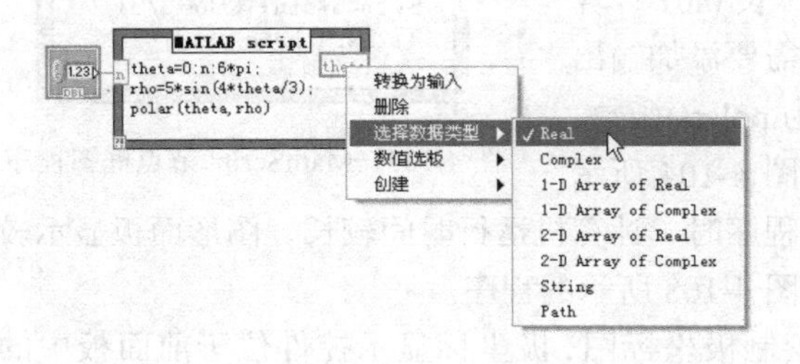

图 4-110　MATLAB 脚本节点框图

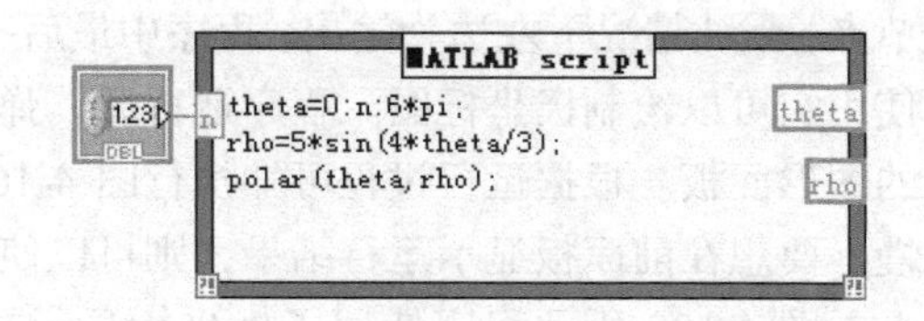

图 4-111　MATLAB 脚本节点的程序框图

4.4 不同类型函数的综合应用

为了更好地使用 LabVIEW 提供的函数，【例 4-1-1】和【例 4-4-2】所示程序中综合使用了数组函数、簇函数、字符串函数等多种类型的函数。

【例 4-4-1】　不同类型函数的综合应用示例一。

示例程序框图及运行结果如图 4-112 所示。程序中，首先使用删除数组函数并设置从第 1 行起删除 2 行元素，可以看出输出子数组中的元素为原数组的第 0 行和第 3 行，中间两行元素被删除；通过使用数组大小函数输出数组大小为 2。同时，在前面板中输入一个字符串，使用搜索替换字符串函数搜索输入字符串的特定字符并用替换字符串替换原有字符串并输出，输出字符串如图 4-112 所示。该输出字符串再作为输入字符串输入截取字符串函数中，截取字符串函数的偏移量设置为 5，长度为 3，因而截取后的字符串为从函数输入字符串的第 6 位开始的长度为 3 的子字符串。将输出子数组中的每个元素分别乘以不同的倍数并作为输入数据输入捆绑函数中，捆绑函数的另一个输入端口输入的是经过截取的子字符串，两种不同的数据经过捆绑函数输入簇中，如图 4-112 所示。

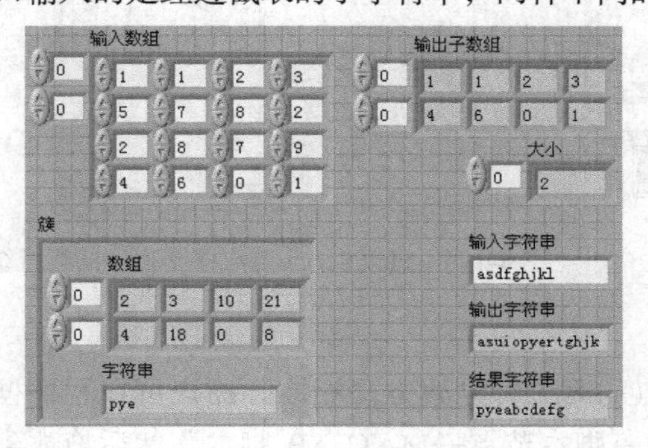

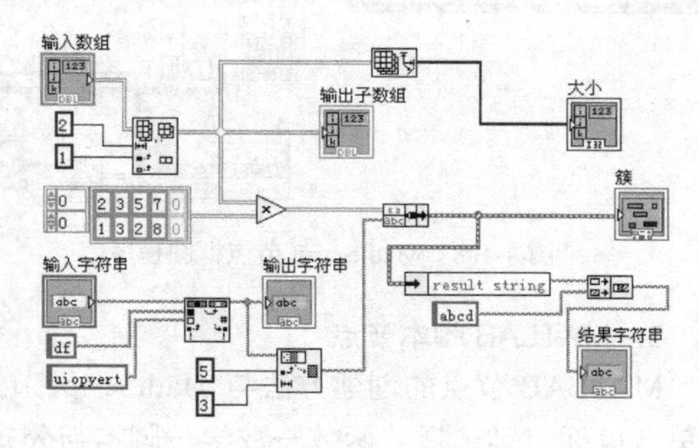

图 4-112　不同类型函数的综合应用（1）

需要注意的是，要使数组中的每个元素乘以一定的倍数，需要为每一个元素指定，即使倍数相同，也要分别指定，否则对应的元素将输出 0。这是因为输入的倍数数组中的元素默认值为 0，在不指定放大倍数的情况下即用原来数组中的元素值乘以 0 作为输入值。输出的簇中的数据再经过按名称解除捆绑函数将原来簇中的字符串数据解除出来，并作为输入数据连接至字符串函数，并将输入的字符串 abcd 接在输入字符串的后面作为结果字符串输出，如图 4-112 所示。

【例 4-4-2】　不同类型函数的综合应用示例二。

示例程序框图及运行结果如图 4-113 所示。程序中的输入数据为一个簇数据，簇中的数据包括了数值数组、字符串数组、布尔控件。在使用解除捆绑函数后，将簇中数值数组中的元素分别乘以图 4-113 所示的倍数输出至输出数组中，并使用数组最大值与最小值函数找出输出数组中元素的最大值与最小值，并输入至数值显示控件中。使用索引数组函数，并设置索引端输入值为 1。因为字符串数组为一维数组，因此在索引数组的输入端不区别索引行与索引列。当输入值为 1 时，索引出的字符串为一维字符串数组中的第 1 个元素，并使用字符串长度函数输出该字符串的长度；同时使用替换子字符串函数，设置偏移量为 2，子字符串为 test，实现对索引出的字符串从第 3 位开始，替换为子字符串，并输出至字符串中，如图 4-113 所示。

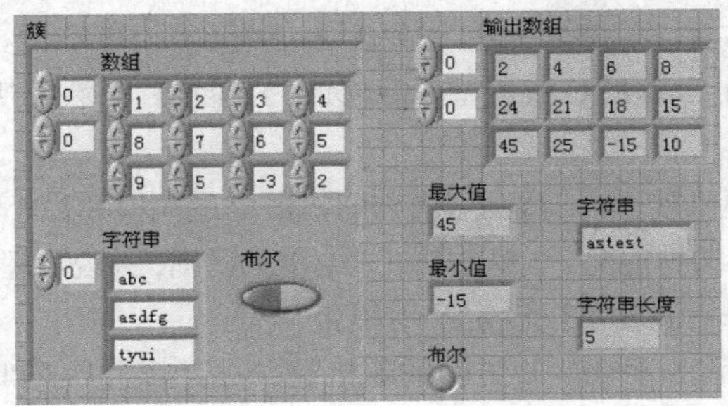

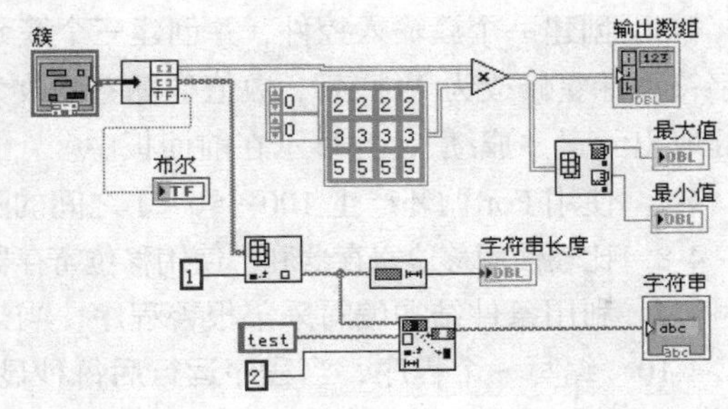

图 4-113　不同类型函数的综合应用（2）

本章小结

本章主要介绍了 LabVIEW 中数组、簇等常用数据类型的使用和 LabVIEW 的 2 循环（For 循环、While 循环）、3 结构（条件结构、顺序结构、事件结构）。数组的特点是数组中所有元素的数据类型都是相同的，LabVIEW 中提供了大量的数组函数、簇函数和字符串函数，读者可以使用这些函数来创建所需要的数据。For 循环和 While 循环主要用于重复执行位于循环内部的程序。条件结构和顺序结构主要用于控件数据流。事件结构主要用于对来自于用户界面、外部 I/O 或其他方式事件的异步通知。

本章还介绍了在程序框图中如何设置局部变量和全局变量、属性节点，如何直接使用公式节点、MathScript 节点、MATLAB 节点。通过这些循环与结构、节点的使用，在很多情况下可以大大简化程序框图。

循环与结构是 LabVIEW 的重点，是学习 LabVIEW 的基础，必须学会熟练地使用 For 循环、While 循环、事件结构等常用编程语句。

习　　题

4-1　数值型数据可以分为哪些类型？它们的取值范围分别是多少？

4-2 设计 VI，求一个一维数组中所有数的和。

4-3 创建一个 3 行 4 列的二维数组，并给数组成员赋值为

1，2，3，4

5，6，7，8

9，10，11，12

4-4 将习题 3 创建的数组转置为

1，5，9

2，6，10

3，7，11

4，8，12

4-5 从习题 3 创建的数组中索引第 2 行第 2 列元素，并将第一行元素替换为：0，2，4，6。

4-6 创建一个簇输入控件，并创建三个簇元素，其类型分别为数值型、字符串和布尔型。其中字符型标签修改为“姓名”，数值型标签修改为“成绩”，布尔型标签修改为“及格”。然后从簇中提取出元素“成绩”，并显示在前面板中。

4-7 使用 For 循环产生 100 个 0~1 之间的随机数，并同时判定当前随机数的最大值和最小值。

4-8 比较使用移位寄存器和不使用移位寄存器两种情况下，5+6+7+…+30 值的区别，并说明理由。

4-9 利用条件结构编写采集报警程序，当采集温度高于设定产生报警。

4-10 编写一个程序，当程序运行后每秒显示 5 个 0~1 之间的随机数，并计算最后产生的 10 个随机数的最大值。要求每次只有产生 10 个随机数后才显示最大值，否则显示为 0。当显示的最大值小于 0.5 时，产生蜂鸣，程序立即停止工作。

4-11 在前面板中放置 3 个 LED 灯，并编写程序。要求当程序运行后第 1 个 LED 打开并保持 3 秒，然后关闭，同时打开第 2 个 LED 并保持 5 秒后关闭，同时打开第 1 个和第 3 个 LED 保持 5 秒后，程序停止。

4-12 利用公式节点编写计算程序完成下列计算并在前面板中显示输入的 x 值和计算结果 $y1$、$y2$、$y3$。

$$y1=3x^4+2x^2+x-8$$

$$y2=\sqrt{x^2+2}$$

4-13 使用 MATLAB 脚本节点在 MATLAB 中生成正弦波形，波形频率为 10Hz。

第 5 章 创建子 VI

5.1 子 VI 的概念

LabVIEW 中的子 VI（SubVI）类似于文本编程语言中的函数。一般来说，如果在 LabVIEW 中不使用子 VI 如同在编程语言中不使用函数一样，是不可能构建大的程序的。通过构建和使用子 VI 能方便地实现 LabVIEW 的层次化和模块化编程，把复杂的编程问题划分为多个简单的任务，使程序结构变得更加清晰、层次更加分明、程序更加易读、调试更加方便。用户将常用的功能模块创建成子 VI，不仅能有效提高代码的使用效率，避免进行频繁的重复操作，也能大大节省编程时间。需要说明的是，一个子 VI 相当于一个子程序，子 VI 节点相当于子程序的调用语句，而不是子 VI 本身。子 VI 的控件和函数从调用该 VI 的程序框图中接收数据，并将数据返回至该程序框图。程序员用 LabVIEW 语言开发程序时，可以和 C 语言一样采用从顶向下的设计方法。用户每创建一个 VI 程序，都可以将其作为上一级 VI 的子 VI 节点来调用，实现其模块化编程，这是使用 G 语言编程的分层特性。一个子 VI 内可以调用多个子 VI。

5.2 连接器和图标

5.2.1 图标的创建和编辑

在调用 VI 的程序框图中，用图标来代表子 VI。另外，子 VI 必须有一个正确连接端子的连接器来实现和它上层 VI 的数据交换。

LabVIEW 为每个程序创建默认的图标，显示在前面板和程序框图窗口的右上角。默认图标是一个由 LabVIEW 徽标和数字构成的图片，如图 5-1 所示。用户可以根据自己的需要来设计单色、16 色和 256 色的图标。图标下方的数字表示自从本次 LabVIEW 启动后已经打开的新 VI 的数量。

对默认图标的编辑可通过图标编辑器来完成。鼠标右键单击图 5-1 中所示的图标，将弹出一个快捷菜单，从中选择“编辑图标”即可打开如图 5-2 所示的图标编辑窗口；也可以通过“文件”下拉菜单中的“VI 属性”选项打开一个界面，然后从中选择“编辑图标”的方法来打开图标编辑窗口。从图中可以看出，图标编辑窗口与 Windows 中的画图程序非常类似，并且 LabVIEW 默认图标的颜色属性为 256 色。用户可以使用窗口左侧的工具选项板中的工具在图像编辑区编辑图标。

关于编辑工具的用途，用户可以通过单击编辑窗口右下角的“帮助”打开 LabVIEW 帮助文件来详细了解，在此就不再赘述。如图 5-3 所示的是一个经过编辑后的图标，该图标是将原来的图标内容删除，然后在图像编辑区输入字母 abcd。

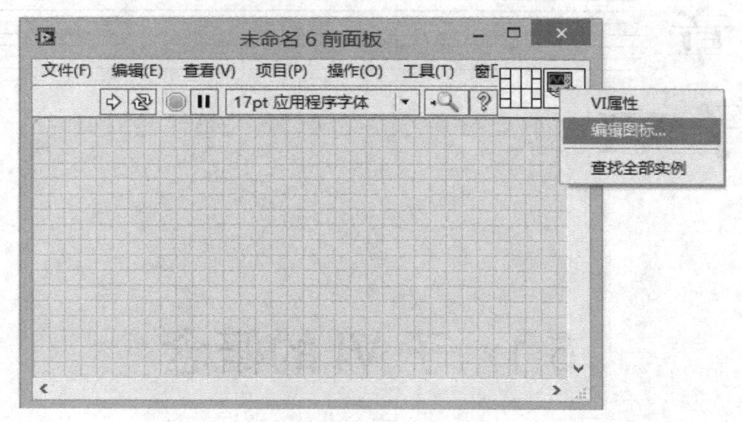

图 5-1　默认图标

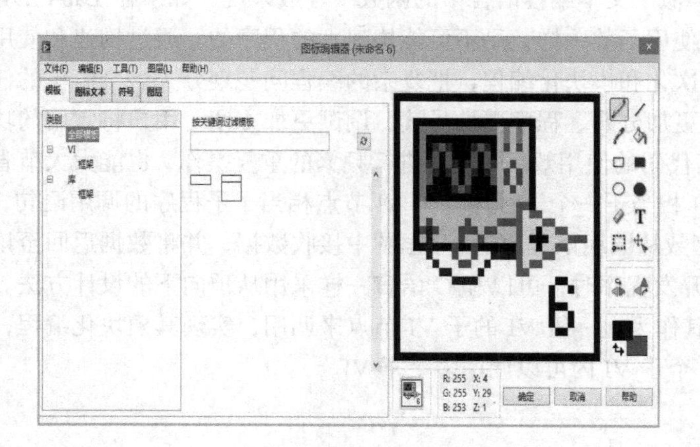

图 5-2　图标编辑窗口

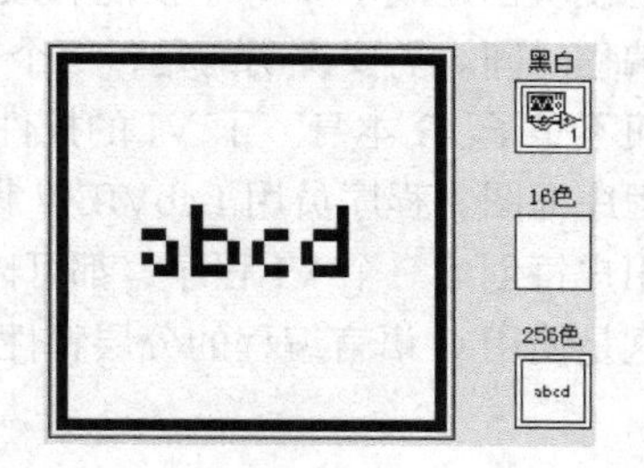

图 5-3　编辑后的图标

5.2.2　连接器端口的设置

连接器作为一个编程接口，为子 VI 定义输入、输出端口数和这些端口的接线端类型。这些输入输出端口相当于编程语言中的形式参数和结果返回语句。当调用 VI 节点时，子 VI 输入端子接收从外部控件或其他对象传输到各端子的数据，经子 VI 内部处理后又从子 VI 输出端子输出结果，传送给子 VI 外部显示控件，或作为输入数据传送给后面的程序，如图 5-4 所示为连接器。

一般情况下，VI 只有设置了连接器端口才能作为子 VI 使用，如果不对其进行设置，则调用的只是一个独立的 VI 程序，不能改变其输入参数也不能显示或传输其运行结果。

如果需要对子 VI 节点进行输入输出，那么就需要在连接器面板中有相应的连线端子。用户可以通过选择 VI 的端子数，并为每个端子指定对应的前面板控件或指示器来定义连接器。

连接器的设置分以下两个步骤。

（1）创建连接器端口，包括定义端口的数目和排列形式。

（2）定义连接器端口和控件及指示器的关联关系，包括建立连接和定义接线端类型。

下面简单介绍连接器端口的具体创建方法。与以往版本不同的是，2013 版本直接显示出来连接器，不用进行图标到连接器的切换。

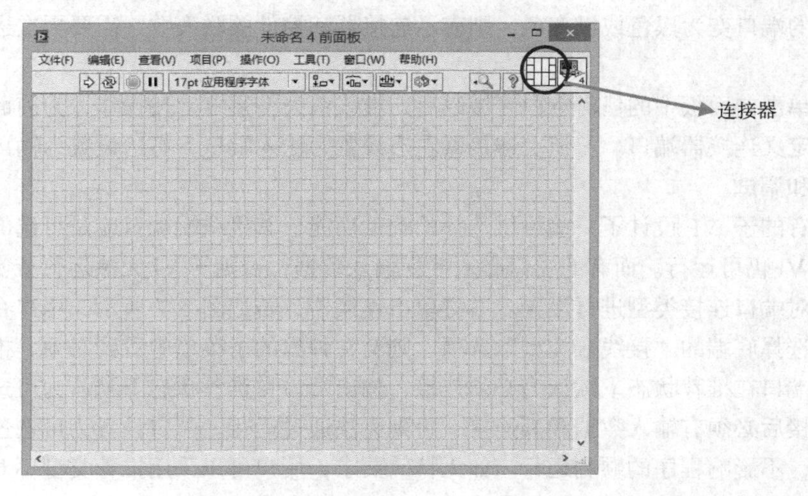

图 5-4 连接器

如图 5-5 所示，快捷菜单的模式选项板提供了 36 种预定义的连接端口布局模式可供用户选择。但很多情况下，模式选项板中的连接端口仍无法满足用户所需模式。这时用户就需要先从模式选项板选择一个和所需模式相近的模式，然后在连接器端口右键弹出菜单中选择添加接线端或删除接线端菜单选项，按需求对预定义模板进行修改。用户如果需要改变端口的排列形状，可以选择如图 5-5 所示下拉菜单中的水平翻转、垂直翻转和旋转 90° 这三个选项去改变模板的形状。另外，LabVIEW 中规定输入输出端口总数不能超过 28 个。如果超过这个极限，用户只创建一个子 VI 将不能满足需求。

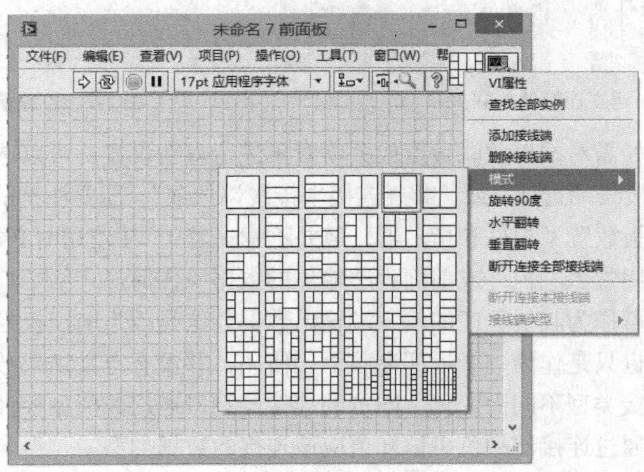

图 5-5 选择连接器的模式定义端口

如果定义的端口数超过所需端口数，用户可以不删除这些多余的端口。用户可以按需要选择端口和相应的控件或指示器建立关联，而对其他端口则不进行关联操作来使多余的端口闲置。下面就来介绍该如何定义连接器端口和控件及指示器的关联关系，以此完成连接器的设置。

首先打开工具选项板，单击选项板上的正在连线选项，鼠标转化为连线状态，如图 5-6 所示。

左键单击选中的控件，控件周围会出现虚线框，表示此控件已被选中。把鼠标移至连接器图标上，左键单击其中一个端口，此时端子由白色变为橙色，表示连接器端口与控件已建立起连接。如果白色的端口变为黑色或没变色，则表示连接器和控件关联失败，需要再次进行关联操作直至关联成功。

单击前面板中的任何空白区域以后，虚线消失。重复上述操作，为前面板上所有的控件和指示器定义连接器端口。习惯上连接器左边设置为输入端口，右边设置为输出端口，以方便使用、检查和调试。

有的子 VI 设计了一些可供选择的辅助功能，其接线端端口应是可选的，即使不给其输入数据子 VI 仍可运行。而有的端口必须接受输入数据，否则子 VI 无法运行或实现其主要功能，因此需要对端口连接类型进行设置。右键单击连接器，若如图 5-7 所示。用户在图 5-7 所示的快捷菜单中选择底端的“接线端类型”选项，则会在弹出的子菜单中看到必须、推荐、可选三个选项。输入端口在推荐状态下默认为必须连接，输出端口在推荐状态下默认为可选连接。端口设置为必须连接后必须有输入数据和其连接，否则无法通过运行。端口设置为可选连接后是否传输数据给端口，不影响程序的顺利运行。如无特殊要求，用户可以采用推荐类型不对接线端类型进行额外设置。至此，连接器端口设置完成。

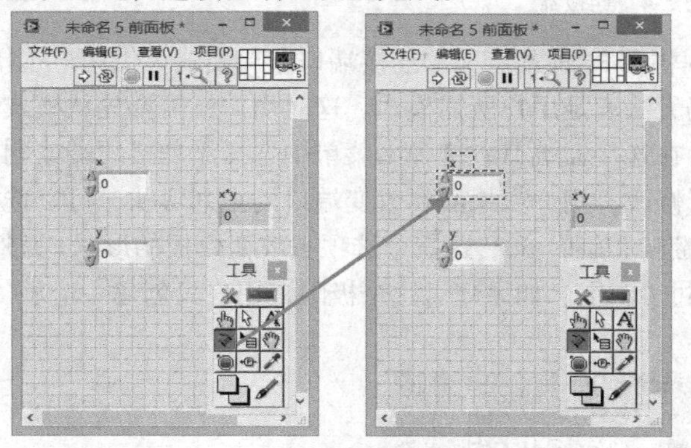

图 5-6　建立连接器关联关系

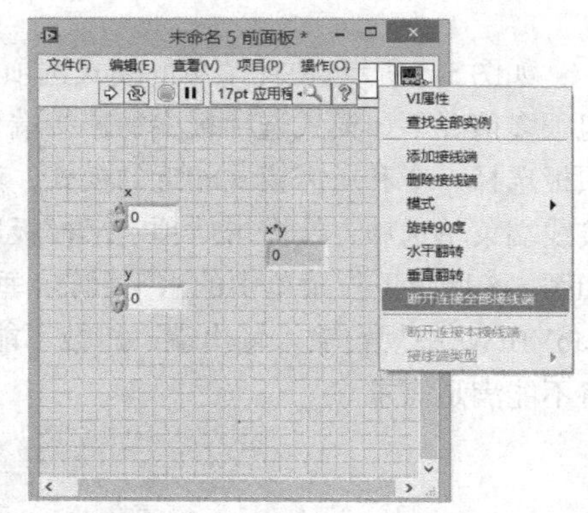

图 5-7　设置端口连接类型

在编程过程中，如需对端口关联程度或关联对象进行重新设置，可以选择如图 5-7 所示快捷菜单中的“断开全部接线端选项”或“断开连接本接线端选项”。需要注意的是，为了对连接器进行设置，系统在前面板放置了控件和指示器，但并不意味着子 VI 使用时必须连接控件和指示器。实际上，用户可以使用常数、控件或前面程序输出的数据等任何形式给端口输入数据，输出端除了可以连接指示器也可作为其他程序的输入端输出数据。这是因为前面板控件只是作为一个形式参数使用，而指示器也只是作为一个返回参数语句使用，并没有定义结果数据的传输对象。连接器端口的颜色根据连接类型不同而变化。图示的连接器端口连接数值型控件和指示器，连接器上为橙色。因此，用户通过连接器颜色可以知道应该连接的数据类型。

5.3　子 VI 的创建

LabVIEW 中子 VI 的创建有两种方法：一种是用现有 VI 创建子 VI，另一种是选定内容创建成子 VI。前一种方法把整个框图所示的程序创建成子 VI，是层次化编程的基础，后一种方法选定程序的一部分创建成子 VI，选定部分被子 VI 节点所取代，可实现程序的模块化编程并增加程序可读性，后一种方法相对前一种方法比较灵活机动。

5.3.1　现有 VI 创建成子 VI

将 VI 创建成子 VI，关键是连接器的定义。在上一节中已介绍过如何去设置连接器，当创建了图标和连接器后此 VI 就可作为子 VI 被调用。

下面就编写一个求两数较大值的程序，并将此 VI 创建成子 VI。

（1）创建一个如图 5-8 所示的 VI，此 VI 用来求两个数中的较大值。用户首先在前面板的控件面板中选择两数值输入控件，分别命名为 X、Y。

（2）在程序框图的空白处单击鼠标右键，打开函数选板，从“比较”子选板中找到“大于等于？”函数和“选择”函数，完成如图 5-8 所示的连接。在选择节点输出端口单击鼠标右键，在快捷菜单中选择创建显示控件选项，并将显示控件命名为 MAX。

“选择”函数的“？”端子连接布尔型数据，如图 5-8 所示，用于判断布尔数据。当输入为真时，选择节点输出的是 T 端子的数据；当输入为假时，选择节点输出的是 F 端子的数据。

（3）打开图标编辑器，为了显示此 VI 的功能，用户可以编辑如图 5-8 所示的图标。

（4）切换到前面板，按前一节所示的方法选择连接器端口。本例中有两个输入端口一个输出端口，因此可以选择如图 5-9 所示的连接器端口并和前面板控件及指示器建立起相应关联。

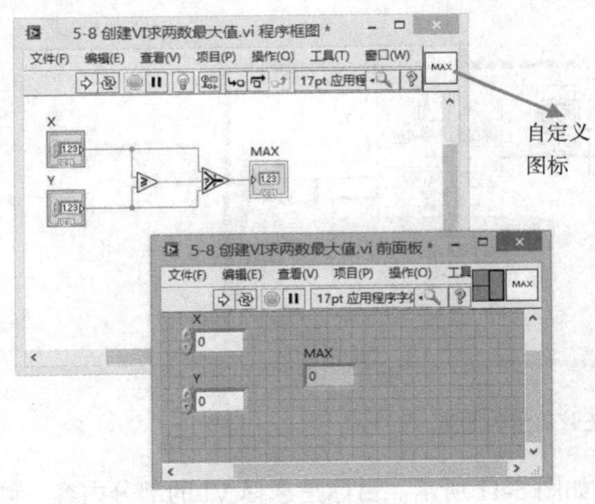

图 5-8　创建 VI 求两数较大值

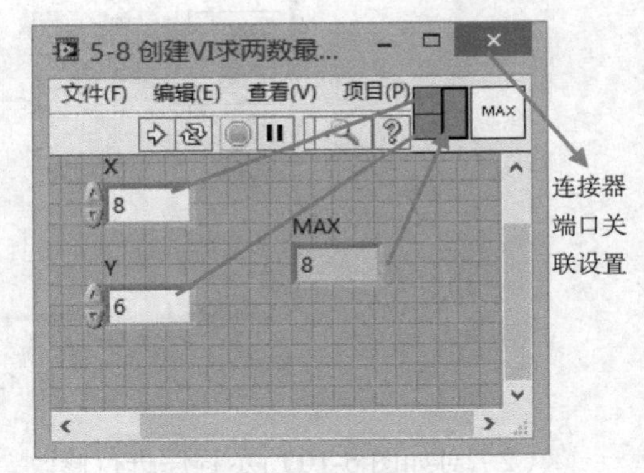

图 5-9　连接器的设置

（5）在前面板的文件菜单项中单击保存选项或另存为选项保存此 VI。在以后的应用过程中，如果需要用此 VI 作子 VI，可以选择程序框图中“函数”选板下的“选择 VI”项，从弹出的“选择需打开的 VI”对话框来选择此 VI 用作子 VI。如果此 VI 比较常用，可以保存在函数面板中的用户库中。为了便于对项目中子 VI 的管理，建议使用 LabVIEW8.5 的新特性，在初始 LabVIEW8.5 时打开项目浏览器，建立一个文件夹，把和此项目有关的所有 VI 和子 VI 保存在文件夹中。

图 5-8 所示中的选择节点有三个输入端子，依次为：T 端子、？端子、F 端子。T 端和 F 端为多态连线端，所谓多态连线端就是端口可以连接不同的数据类型。但当 T 端子接线端连线类型确定后，F 端子将失去多态性仅支持和 T 端子连线类型相同的数据类型作为输入。如果在 T 端和 F 端连接不同类型的数据，则编辑无法通过，并会出现错误提示信息。

5.3.2 选定内容创建成子 VI

当在设计程序的过程中需要模块化某段程序以使程序结构清晰或方便以后调用，用户可以使用选定内容创建成子 VI 的方法。用户可以在程序框图中操作鼠标用定位工具框定需要创建成子 VI 的程序模块，从“编辑”下拉菜单中选择“创建子 VI”选项，完成后所框定的内容成为一个子 VI，被一个显示默认图标的子 VI 节点所替换。LabVIEW 根据框定内容与外部端子的连接情况自动创建连接器端口并进行关联操作。有时子 VI 的端子默认为可选状态，如果用户忘记给其输入数据，子 VI 仍可通过运行，但会输出错误的结果，这样的情况不利于程序的调试和检查。因此如果用选定内容创建的子 VI 需要被频繁地调用，建议用户仍然要在连接器中对其端口的连接类型进行定义。

下面就在 LabVIEW 中 NI 范例的基础上修改一个程序，并选定此 VI 的部分内容创建成子 VI。步骤如下。

（1）单击启动菜单栏“创建项目”，进入后单击左侧的“查找范例”选项，在弹出的“NI 范例查找器”中双击 Basic Amplitude Measurements.vi。该 VI 位于“范例查找器”下“信号分析和处理”中的“电平测量”文件夹中。该 VI 通过垂直指针滑动杆控制正弦信号的频率和幅值，输出正弦信号到波形图中，并通过幅值和电平测量节点监测正弦信号，输出给数值显示控件。为便于观测波形数据和数值，用户在框图中添加了一个默认延时为 0.01s 的时间延时节点，如图 5-10 所示。

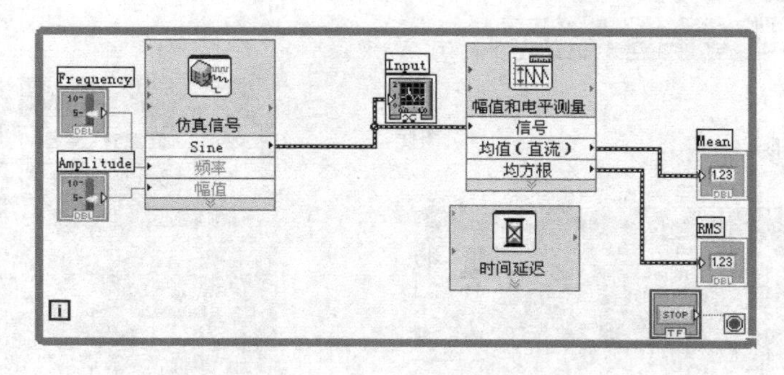

图 5-10 正弦信号的测量

（2）对如图 5-10 所示程序进行修改，结果如图 5-11 所示。目标是选择 VI 的部分内容，创建一个新的子 VI。此子 VI 可以根据仿真信号节点对仿真信号的不同选择，显示三角波、方波等信号，并能实时监测和输出信号的均值和均方根两个数据。为方便观测，用户可以给时间延迟创建一个输入控件，默认值为 0.01s。该输入控件在子 VI 中应定义为可选状态，使用此控件可以灵活地根据用户的需求控制时间延迟。需要注意的是，时间延时不应设计得太长，以免程序运行过慢。在程序运行中，仍然可以对控件值进行修改。

（3）要完成此子 VI，首先要选定程序框图中的相应部分将其创建子 VI，然后对此子 VI 的图标和连接器进行修改。根据上述功能要求，用户首先按住鼠标左键不放，框定如图 5-11 所示的虚线框内部分，选中的节点和端子连线将变成流动的虚线状态，然后从“编辑”下拉菜单中选择“创建子 VI”选项，则选定的框图内容就被一个默认图标的子 VI 节点取代。原程序节点和外部的数据连线不会被改变，如图 5-12 所示。双击该子 VI 图标，将弹出子 VI 的前面板。

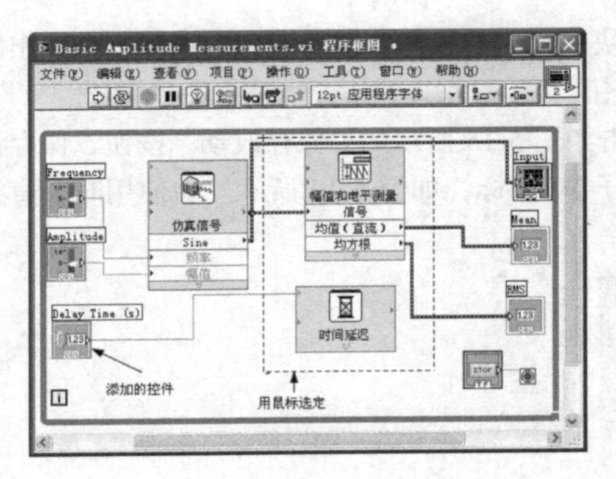

图 5-11　框定要创建成子 VI 的程序内容

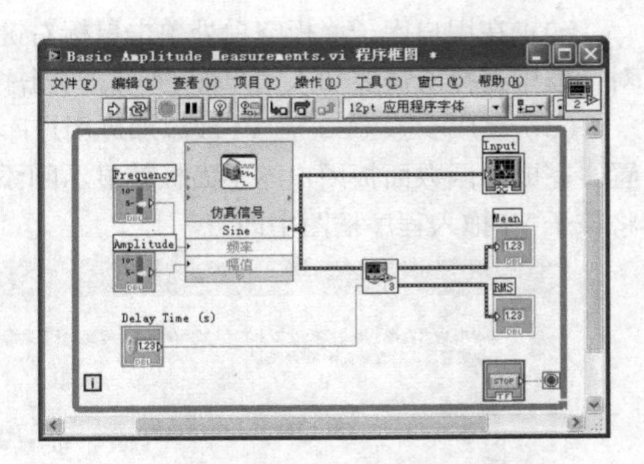

图 5-12　框选的程序被子 VI 图标取代

为了能方便地选定所需创建成子 VI 的内容，用户可以对程序框图中节点、控件和指示器的位置进行重新排列。本例就把显示器的位置移动到了框图右边的选定区域外。

（4）对默认图标进行编辑，首先用截图软件截取幅值和电平测量节点图案，保存为 BMP 图片格式。在后面板框图程序中双击子 VI 节点，打开子 VI。用户找到保存的图片，用鼠标左键单击图片，拖曳到 LabVIEW 前面板右上角图标窗口中，则默认图标被新图标覆盖，如图 5-13 所示。对 JPEG 类型的图片也可进行此类操作。

（5）在图标窗口单击鼠标右键，在快捷菜单中选择显示连线板选项，此时子 VI 默认的连线端类型为如图 5-14 所示状态。如果不修改子 VI 的端口连接类型，则调用后不连接仿真信号节点也不会提示出错信息。

（6）对子 VI 重命名并保存此子 VI。

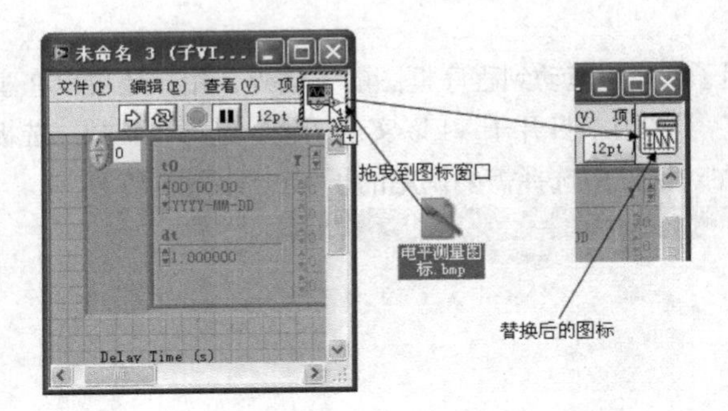

图 5-13　对图标进行编辑替换

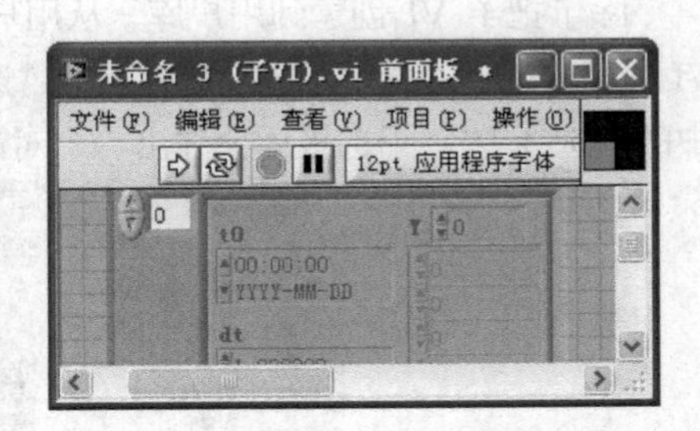

图 5-14　对连接器默认值进行修改

5.4　添加子 VI 至用户库

如果创建的子 VI 被使用的频率较高，为方便调用，用户可以把子 VI 添加进函数选板的用户库中。调用时只需从函数选板的用户库中找到所需要的子 VI，拖动至程序框图即可。将子 VI 添加进用户库的步骤如下。

（1）打开前面板中“工具”下拉菜单下“高级”选项中的“编辑选板”，单击“函数”面板中的“用户库”选项，进入用户库子选板。如图 5-15 所示，默认情况下，用户库子面板没有任何 VI 可以调用。

（2）在用户库子面板空白处单击鼠标右键，从快捷菜单中选择“插入→VI”选项，在弹出的对话框中选择所需要加入用户库的 VI，单击打开按钮。

（3）完成步骤（2）后 VI 被添加进用户库，单击如图 5-15 所示的“保存改动”按钮，保存设置。完成后函数面板用户库子面板就显示刚添加的子 VI 图标，如图 5-16 所示。在使用时，直接将该子 VI 拖入程序框图中即可。

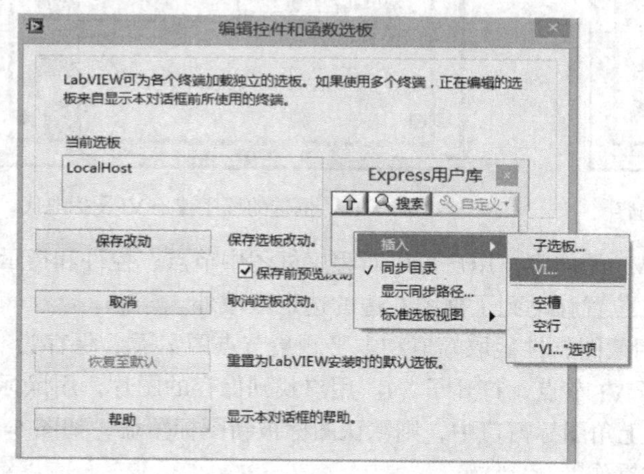

图 5-15　在用户库中插入子 VI

图 5-16　用户库面板子 VI 图标

5.5　子 VI 的调用

除了把子 VI 创建到用户库，从用户库调用子 VI 用拖动到程序框图的方法外，用户还可以在主 VI 程序框图中通过“函数”选板上的“选择 VI”子选板来打开子 VI 以实现调用。选择“函数”选板中的“选择 VI”子选板后会弹出一个对话框，在对话框中选择需要调用的子 VI，如图 5-17 所示。

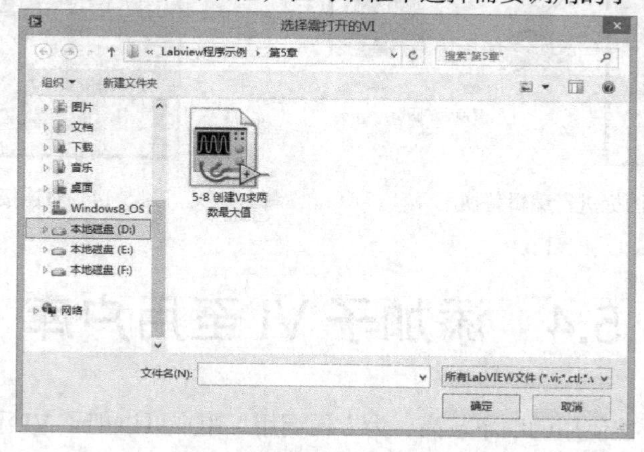

图 5-17　选择需要调用的子 VI

单击“确定”按钮后，则选中的 VI 将调入当前的框图，此时鼠标切换为滚动工具状态，并出现要调用子 VI 的图标。拖动图标到框图中，则子 VI 被调入当前 VI。此时，子 VI 还未完成数据输入连接，只有将子 VI 必须连接的端子和当前 VI 中其他节点建立起连接后才能使程序正常运行。

5.6 VI 的层次结构

在编写复杂的程序时，不应把所有功能都放在一个框图中。用户应养成习惯，在框图中编写代码前先进行规划，预先确定结构层次以简化框图节省编程时间，并有利于调试代码。通常用户用自顶向下的编程方法，这样的程序结构很像倒立的树。

通过 LabVIEW 中的层次窗口可以查看内存中所有被调入的 VI 层次结构，包括全局变量和其他自定义的类型。选择前面板“查看”下拉菜单中的“VI 层次结构”，就能打开层次窗口。VI 层次结构窗口显示的顶层节点表示内存中的各个项目，添加的所有终端均位于项目之下。如果不创建新项目，则所有 VI 都在主应用程序节点下显示。主应用程序节点正下方是当前 VI 的层次节点，侧支代表的是其他打开的 VI 程序。新建项目后层次结构会显示新的顶层节点，如图 5-18 所示。

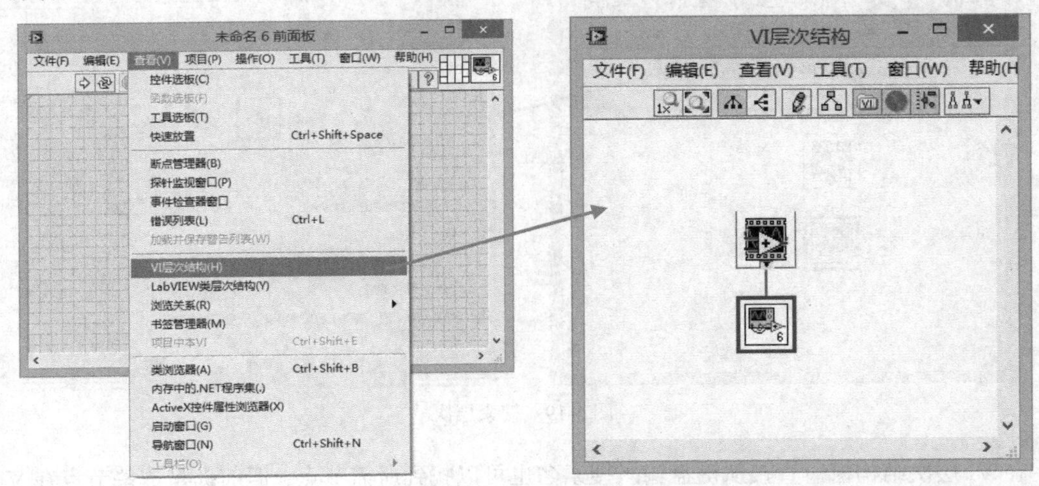

图 5-18　VI 层次结构窗口

在打开的 VI 层次结构窗口的上方有一个工具栏，用于对窗口进行布局并定义显示类型。表 5-1 对工具栏的功能进行了说明。

表 5-1　　VI 层次窗口工具条功能说明

图　标	名　称	功 能 说 明
	重做布局	重新安排层次结构节点的位置，使连线交叉情况减少，连线缩短，使层次结构更加清晰
	垂直布局	使层次结构窗口中的节点从上到下排列，根节点置于顶部，各子节点位于上一级节点下方位置
	水平布局	使层次结构窗口中的节点从左到右排列，根节点置于左边，各子节点位于上一级节点右边位置
	包括 VI 库	在层次结构窗口中显示/隐藏被 VI 使用的 VI 库中的程序
	包括全局变量	在层次结构窗口中显示/隐藏被 VI 使用的全局变量
	包括自定义类型	在层次结构窗口中显示/隐藏被 VI 使用的自定义类型

所有子 VI 的节点都有一个小的箭头，用于显示或隐藏其下属的子 VI。黑色箭头表示其下属所有子 VI 已经显示，单击它可以隐藏子 VI。红色箭头表示有子 VI 未显示，单击它可以显示隐藏的子 VI。蓝色箭头表示有调用方未显示，可用鼠标右键单击节点，从弹出的快捷菜单中选择“显示所有调用方”选项，即可查看该节点的所有调用方。在 VI 和子 VI 节点上双击，则可以打开相对应的前面板和框图。

在 VI 层次结构窗口中打开编辑菜单的查找选项，并在查找对话框中输入要搜索的词，用户就可以搜索指定节点，与输入字符相匹配的节点会在搜索结果框中显示，如图 5-19 所示。双击搜索框中的搜索结果，则层次结构中相应节点变为红色方框的高亮状态。按 Ctrl+G 组合键就可以查找下一个搜索结果。为显示隐藏的文本，与之相关的对象将暂时可见。如单击鼠标或按键，这些对象又变为隐藏状态。

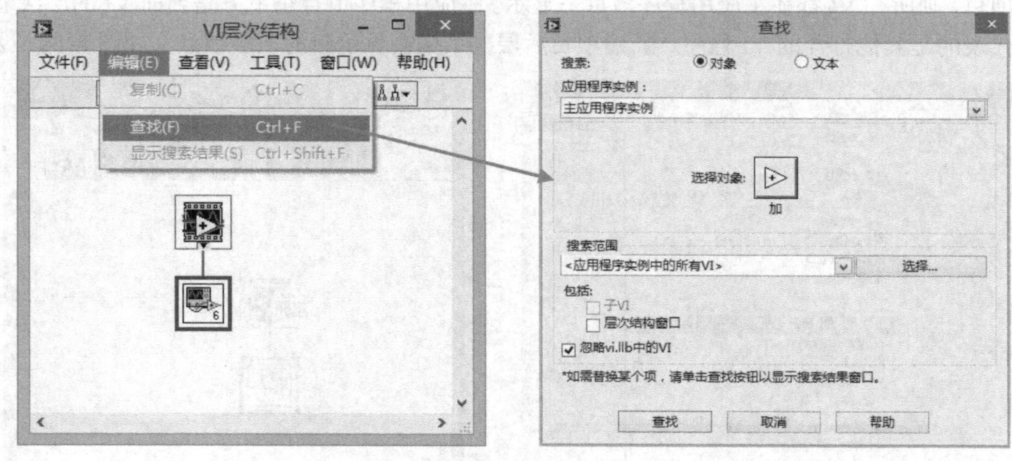

图 5-19　搜索层次

在 VI 层次结构窗口直接从键盘输入搜索名也可以找到所需节点，但前提是这些节点在 VI 层次结构窗口内都是可见的。在输入子 VI 名时，会在窗口内显示用户输入的字符串，如没有查到相匹配的节点，LabVIEW 会发出错误提示信号。如查找到与输入匹配的节点，程序会在匹配节点下方显示节点名称字符串。按 Enter 键可以继续查找下一个匹配节点，按 Shift+Enter 组合键可以查找上一个匹配节点。

本章小结

本章主要介绍了如何构建子 VI。子 VI 类似于其他文本编程语言中的子程序，是 LabVIEW 程序设计的基础。充分利用好子 VI，能够使程序框图更加简化，并且程序也易于调试和维护。掌握如何建立和使用子 VI 是成功构建 LabVIEW 程序的关键之一。本章首先介绍了如何编辑 VI 的图标和如何进行连接器端口的设置，为了区别不同的子 VI 所实现的不同功能，有时需要为不同的子 VI 创建不同的图标以便于理解；然后详细介绍了两种创建子 VI 的方法（现有 VI 创建成子 VI 和选定内容创建成子 VI），并结合具体实例进行说明；最后介绍了如何将一个子 VI 添加至用户库、如何调用子 VI 以及 VI 的层次结构。

习　　题

5-1　如何更改 VI 的图标，如何将现有图片作为 VI 的图标？

5-2　VI 的图标和连接器之间如何切换？如何根据 VI 要实现的功能设定连接器的接线端口？

5-3　创建子 VI 的方法有几种，它们各自有什么特点？

5-4　构建 VI，完成下列任务。

在前面板上取两个浮点数作为输入：X 和 Y；

从 X 中减去 Y 并在前面板上显示结果；

用 X 除以 Y 并在前面板上显示结果；

如果输入 Y=0，前面板 LED 指示灯亮指示被 0 除。

将 VI 命名为 Subtract and Divide.vi，保存在 E:\交作业\学号+姓名目录内，以供其他 VI 调用。用户可以自己创建设计一个程序，并在程序中调用保存的子 VI。

5-5　创建一个 VI，求输入三个数的平均值并延时 1 秒显示在前面板中，然后将该平均值与一个 0～1 之间的随机数相乘输出计算结果。要求将程序框图中的求平均值的部分程序创建为子 VI，并将图标修改成表示求平均值的分式。

5-6　如何将一个子 VI 添加入用户库？如何调用用户库中的子 VI？

第6章 操作界面的设计

在前面板中创建控件后，需要对控件的一些属性以及 VI 的属性进行设置来实现特定功能。本章将主要介绍有关 VI 中各项属性的选项、功能以及如何对属性进行设置，最后将简单介绍菜单的编辑方法并通过示例来具体说明控件的定制方法。

6.1 VI 属性的设置

程序编译完成后，用户可以通过 VI 属性窗口来设置和查看 VI 的属性或者对属性进行自定义。在前面板或程序框图的“文件”下拉菜单中选择“VI 属性”选项，或通过按 Ctrl + I 组合键都可以打开 VI 属性窗口，如图 6-1 所示。在 VI 属性窗口中有 12 种属性类别可以选择，通过对这些属性的设置可以对程序运行的优先级、面板的外观、程序的保密性、打印属性等进行修改。最后一项属性“C 代码生成选项”一般情况下用户无法对其进行设置，因此下面分别对前 11 种属性类别的使用进行简要说明。

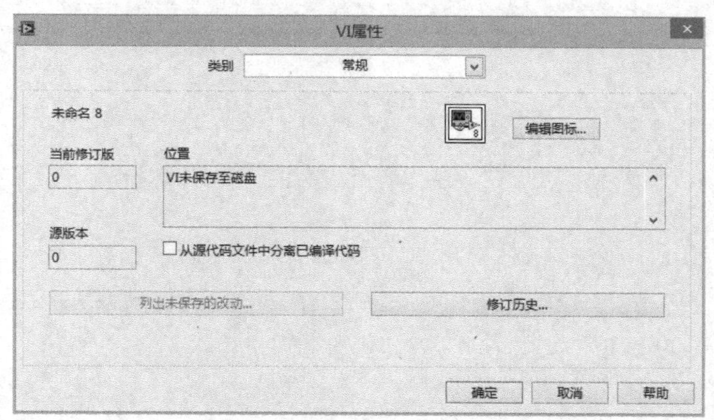

图 6-1　VI 属性窗口

6.1.1　常规属性页

在 VI 属性“类别”下拉菜单中选择“常规”选项，在 VI 属性窗口中就显示常规类别的属性设置页，如图 6-1 所示。常规属性页包括以下几个部分。

（1）编辑图标按钮：单击后显示的是图标编辑器对话框。在编辑器中对图标进行修改，完成后单击“确定”按钮修改生效。

（2）当前修订版：显示 VI 的修订号。

（3）位置：显示 VI 的保存路径。

（4）列出未保存的改动：单击弹出解释改动对话框，上面列出了 VI 每个未保存的改动和这些改动的详细信息。详细信息包括改动的内容，改动对程序结构和程序执行带来的影响两方面。

（5）修订历史：单击弹出对话框，显示当前程序的所有注释和历史。

6.1.2　内存属性页

该页用于显示 VI 使用的磁盘和系统内存。编辑和运行 VI 时，内存的使用情况各不相同。内存数据仅显示了 VI 使用的内存，而不反映子 VI 使用的内存。每个 VI 占用的内存根据程序的大小和复杂程度而不同。值得注意的是，程序框图通常占用大多数内存。因此不再编辑程序框图时，用户应保存 VI 并关闭程序框图，从而为其他 VI 释放出空间。保存并关闭子 VI 前面板同样可释放内存。内存属性页包括以下几个部分。

（1）前面板对象：显示 VI 前面板占用的内存容量，通常以字节为单位。

（2）程序框图对象：显示 VI 程序框图占用的内存容量。

（3）代码：显示 VI 已编辑代码的大小。

（4）数据：显示 VI 所占用的数据空间的大小。

（5）总计：显示 VI 所占用的内存总容量。

（6）磁盘中 VI 大小总计：显示 VI 文件占用磁盘空间的容量。

6.1.3　说明信息属性页

该页用于创建 VI 说明，以及将 VI 链接至 HTML 文件或已编译的帮助文件。说明信息属性页包括以下几个部分。

（1）VI 说明：在 VI 说明窗口输入 VI 的描述信息，完成后当鼠标移至 VI 图标后描述信息会显示在即时帮助窗口中。

（2）帮助标识符：包括可链接至已编译帮助文件（.chm 或.hlp）HTML 文件名或主题的索引关键词。

（3）帮助路径：包含从即时帮助窗口链接到 HTML 文件或已编译帮助文件的路径或符号路径。如该栏为空，即时帮助窗口中将不会出现蓝色的详细帮助信息链接，同时详细帮助信息按钮也会显示为灰色。

（4）浏览：打开选择帮助文件对话框，从中选择相应的帮助文件。

在 VI 中无法编辑子 VI 的帮助说明信息，如果要为子 VI 添加描述信息，可以打开子 VI，在子 VI 的说明信息属性页进行编辑。

6.1.4　修订历史属性页

该页用于设置当前 VI 的修订历史选项，包括以下几个部分。

1. 使用选项对话框中的默认历史设置

用户可以使用系统默认的设置查看当前 VI 修订历史。如需自定义历史设置，可以取消此选项框。若选中此项，则下面的（1）~（4）项为灰色，无法选取。

（1）每次保存 VI 时添加注释：改动 VI 后保存该 VI，在历史窗口自动产生一条注释。

（2）关闭 VI 时提示输入注释：如 VI 打开后已被修改，即使已保存这些改动，LabVIEW 也将提示在历史窗口中添加注释。如未修改 VI，LabVIEW 将不会提示在**历史**窗口中添加注释。

（3）保存 VI 时提示输入注释：如在最近一次保存后对 VI 进行任何改动，LabVIEW 将提示用户向历史窗口中添加注释。如未修改 VI，LabVIEW 将不会提示在**历史**窗口中添加注释。

（4）记录由 LabVIEW 生成的注释：如果在保存前此 VI 已被修改编辑过，则保存 VI 时在历史窗口中会自动生成注释信息。

2. 查看当前修订历史

显示与该 VI 同时保存的注释历史。

6.1.5 编辑器选项属性页

该页用于设置当前 VI 对齐网格的大小，还可在该页上改变控件的样式，方法是通过右键单击接线端，从弹出的快捷菜单中选择“创建→输入控件”或“创建→显示控件”方式创建的控件样式。编辑器选项属性页包括两个部分。

（1）对齐网格大小：指定当前 VI 对齐网格单位的大小（像素），包括前面板网格大小和程序框图网格大小。

（2）创建输入控件/显示控件的控件样式：改变 LabVIEW 中通过右键单击接线端，从快捷菜单选择“创建→输入/显示控件”创建控件的样式。该选项提供了新式、经典、系统三种样式供用户选择。关于这三种样式的具体区别可以参考前面板控件选板。

6.1.6 保护属性页

该页用于设置受密码保护的 VI 选项。通常用 LabVIEW 完成一个实际项目后，编程人员需要对 VI 的使用权限和保护性能进行设置，以避免程序被恶意修改或原代码泄密的情况发生。LabVIEW 在保护属性页中提供了三种不同的保护级别，以适应不同的使用场合。

（1）未锁定（无密码）：允许任何用户查看并编辑 VI 的前面板和程序框图。

（2）已锁定（无密码）：锁定 VI，用户必须在该页解锁后才能编辑前面板和程序框图。

（3）密码保护：设置 VI 保护密码。选中后弹出输入密码对话框提示输入新密码，以对 VI 进行保护，设定后保存并关闭 LabVIEW。当再次打开刚才保存的 VI，则用户只能运行此 VI，无法编辑 VI 或查看程序框图。若输入密码错误，用户不能编辑 VI 或查看程序框图。单击前面板窗口菜单的显示程序框图选项，会弹出如图 6-2 所示的密码输入对话框，输入正确密码解除锁定，则可以对此 VI 进行编辑。

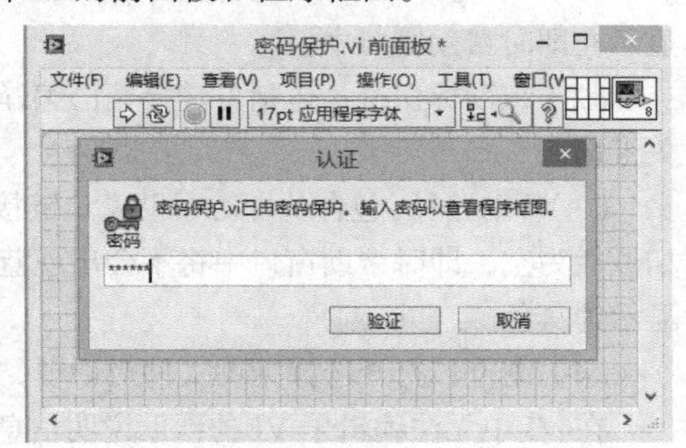

图 6-2 输入正确密码解除保护

（4）更改密码：更改该 VI 的密码。

6.1.7 窗口外观属性页

该页用于对 VI 自定义窗口外观。通过对它的设置可以隐藏前面板菜单栏和工具栏，改变窗口的动作、外观及用户与其他 LabVIEW 窗口的交互方式。窗口外观属性页的设置只在程序运行时生效，它包括以下几个部分。

1. 窗口标题

显示程序运行时窗口的标题。可以与 VI 名相同，也可以自定义命题。

2. 窗口样式

包括 3 种 LabVIEW 中设计好的窗口样式和一种可以自定义的窗口样式。3 种 LabVIEW 设计好的窗口样式效果图在窗口外观属性页面右端显示。

（1）顶层应用程序窗口：只显示程序窗口的标题栏和菜单栏，不显示滚动条和工具栏，不能调整窗口大小，只能关闭和最小化窗口，没有连续运行按钮和停止按钮。

（2）对话框：和顶层应用程序窗口样式相比，对话框样式没有菜单栏，只允许关闭窗口不能对其最小化。运行时用户不能打开和访问其他的 VI 窗口。

（3）默认：显示 LabVIEW 默认的窗口样式。此样式和编辑调试 VI 时窗口样式相同。

（4）自定义：显示用户自定义的窗口模式。选中自定义选项并单击下方的自定义按钮，系统弹出自定义窗口外观对话框，如图 6-3 所示。

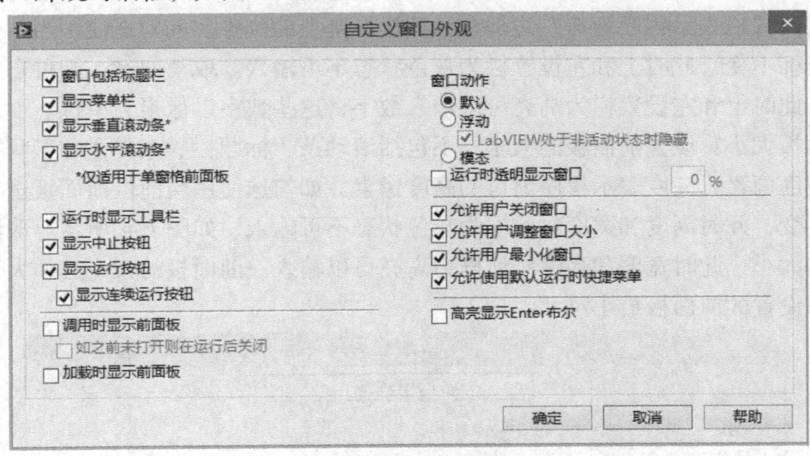

图 6-3　窗口样式自定义对话框

通过对窗口具体动作选项的勾选，可以自定义符合用户需求的窗口外观。其中窗口动作选项有默认、浮动、模式三种动作可供选择。浮动选项可以使前面板在其他非浮动的程序窗口前面显示。模式选项可以使前面板在所有程序窗口前显示。在自定义窗口外观对话框中还有一个运行时透明显示窗口选项，用户可以通过对它的设置改变窗口运行时的透明度。透明度范围在 0%～100% 间可任意改变，透明度最低为 0%，最高为 100%。当透明度太高时，窗口完全不可见。

6.1.8　窗口大小属性页

该页用于对 VI 自定义窗口的大小。窗口大小属性页包括以下几个部分。

（1）前面板最小尺寸：设置前面板的最小尺寸。窗口的长和宽均不能少于 1 像素。如窗格设置得过小，使滚动条超过内容区域最小尺寸的界限，则 LabVIEW 将隐藏滚动条。如增大窗格，则滚动条又会出现。如允许用户在窗口外观页调整窗口尺寸，用户不能将前面板调整为比该页上设置的长宽值更小。

（2）使用不同分辨率显示器时保持窗口比例：在显示器分辨率不同的计算机上打开，VI 能调整窗口比例，占用的屏幕空间基本一致。使用该选项的同时，也可缩放一个或多个前面板对象作为调整。

（3）调整窗口大小时缩放前面板上的所有对象：选中后前面板所有对象的大小随窗口尺寸的变化而自动调整。但文本和字符串除外，因为字体的大小是不变的。程序框图的对象不会随窗口大小的变化而变化。允许用户调整前面板窗口对象大小时，可使用该选项。

6.1.9 窗口运行时位置属性页

该页用于自定义运行时前面板窗口的位置和大小。属性页包括以下几个部分。

（1）位置：设置前面板运行时所在的位置。有未改变、居中、最小化、最大化、自定义五种类型可供选择。

（2）显示器：有时一台机器控制多台显示器，通过在显示器对话框进行设置可以指定前面板窗口在哪台显示器上显示。该选项仅当“位置”设为最大化、最小化或居中时有效。

（3）窗口位置：设置前面板窗口在全局屏幕坐标中的位置。全局屏幕坐标指计算机显示屏幕的坐标，而非某个打开的窗口坐标。如图 6-4 所示，上设置栏表示程序窗口上边框在计算机屏幕上的位置，左设置栏表示程序窗口左边框在计算机屏幕上的位置。如勾选使用当前位置选项，则运行时窗口坐标不变，此时上和左设置栏为灰色状态不可输入。取消勾选，则可自定义窗口在其他位置显示，此时上和左设置栏为高亮可以输入数字，这些数字以像素为单位。

（4）前面板大小：设置前面板的大小，不包括滚动条、标题栏、菜单栏和工具栏。宽度表示程序窗口的宽度像素，高度表示程序窗口的高度像素。如勾选使用当前位前面板选项，则运行时前面板大小不变，此时高度和宽度对话框为灰色状态不可输入，如图 6-4 所示。取消勾选，则可自定义窗口的大小，此时宽度和高度对话框为高亮可以输入。前面板的大小必须大于或等于窗口大小属性页中设置的前面板最小尺寸。

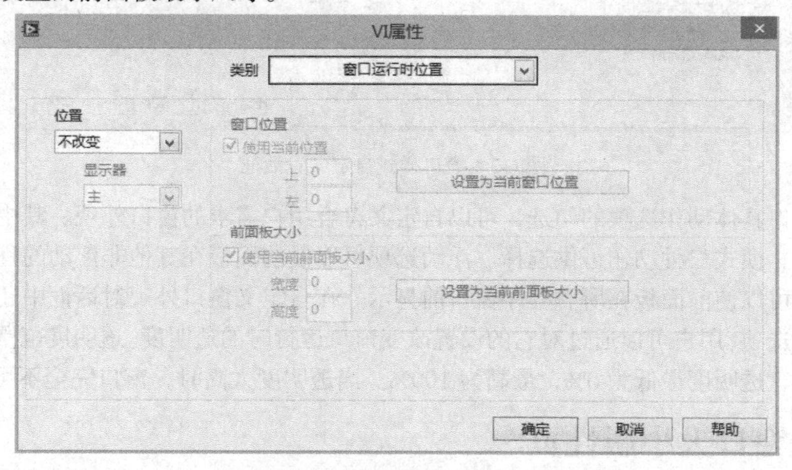

图 6-4　窗口运行位置对话框

6.1.10 执行属性页

该页用于在 LabVIEW 中设置 VI 的优先级别和为多系统结构的 VI 选择首选执行系统。执行属性页包括以下几个部分。

（1）优先级：VI 优先级设定 VI 在执行系统中的优先顺序，和线程优先级无关。在下拉列表中有 6 种优先级可供选择。在程序设计时可以把重要 VI 的优先级设置得高一些，但通常只有特殊的 VI 才使用非标准优先级。应避免设置优先级后出现优先级倒置，否则优先级高的 VI 输入依赖优先级低的 VI 输出，优先级高的 VI 只能在优先级低的 VI 运行结束后才开始运行。同时也应避免饥饿现象发生，即在并行情况下，所有优先级高的 VI 都运行完后，优先级低的 VI 才运行；在循环情况下，优先级低的 VI 永远无法运行。需要说明的是子程序优先级和其他五个优先级不同，只有当 VI 没有前面板界面、无对话框时可能把 VI 设置成子程序优先级。设置为子程序的 VI 只能调用子程序优先级的 VI，子程序优先级 VI 比标准优先级 VI 运行快。

（2）允许调试：勾选该选项允许对 VI 进行设置断点、启用高亮显示等调试。

（3）重入执行：如果一个 VI 要被两个或多个程序同时调用，需要把 VI 设置为重入执行模式，重入执行中有两种副本使用形式，使用共享副本的方式可以减少内存使用。

（4）首选执行系统：LabVIEW 支持程序的系统同时运行。在一个执行系统中运行的 VI 能够在另一个执行系统的 VI 处于运行中途时开始运行。LabVIEW 包括六个子系统：用户界面子系统、标准子系统、I/O 子系统、DAQ 子系统、Other1 子系统和 Other2 子系统。大多数情况下，用户不需要根据 VI 功能硬性分配子系统。

（5）启用自动错误处理：勾选后当程序运行错误会停止运行并弹出错误列表。

（6）打开时运行：设置后当打开 VI 时程序自动运行，不用按运行按钮。

（7）调用时挂起：当主程序调用子 VI 时，被设置为调用时挂起的子 VI 在被调用时会弹出前面板等待用户进行下一步操作。

（8）调用时清除显示控件：清除本 VI 及下属子 VI 在每次程序运行时显示控件的内容。

（9）运行时自动处理菜单：在程序运行时自动操作菜单，也可使用获取所选菜单项函数进行菜单选择。

6.1.11　打印选项属性页

该页用于对打印的页面属性进行设置。打印选项属性页包括以下几个部分。

（1）打印页眉：包括日期、页码和 VI 名称。

（2）使用边框包围前面板：打印的效果是在前面板周围加上边框。

（3）缩放要打印的前面板以匹配页面：依据打印纸张的大小自动调整前面板的大小。

（4）缩放要打印的程序框图以匹配页面：依据打印纸张的大小自动调整程序框图的大小。

（5）使用自定义页边距：自定义前面板打印的页边距，其设置的单位为英寸或厘米，可根据习惯选择。

（6）每次 VI 执行结束时自动打印前面板：程序运行结束后自动打印前面板。

6.2　用户菜单的设计

对一个良好的用户界面而言，菜单项是必不可少的组成部分。LabVIEW 提供了两种创建前面板菜单的方法：一种是在菜单编辑器中完成设计，另一种是使用菜单函数选板进行菜单设计。

6.2.1　菜单编辑器

LabVIEW 提供了菜单编辑器以供用户方便快捷地设计程序菜单。在前面板编辑选项的下拉菜单中打开“运行时菜单选项”，弹出如图 6-5 所示的菜单编辑器窗口。

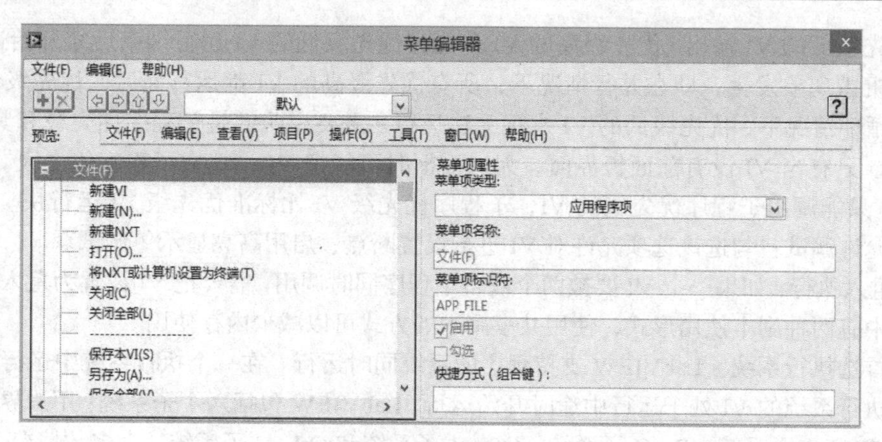

图 6-5　菜单编辑器窗口

菜单编辑器提供有三种菜单类型：默认、最小化、自定义。用户可以在菜单类型下拉栏中选择需要的类型。默认类型显示系统默认情况下的标准菜单。最小化类型显示除工具、项目等不常用菜单项外的菜单项。自定义类型允许用户自定义程序运行时的菜单界面，用户需要编写相应的框图程序来实现菜单功能。

菜单类型栏左边是工具栏按钮，用于创建菜单项并指定其顺序位置。工具栏各个按钮的功能如图 6-6 所示。

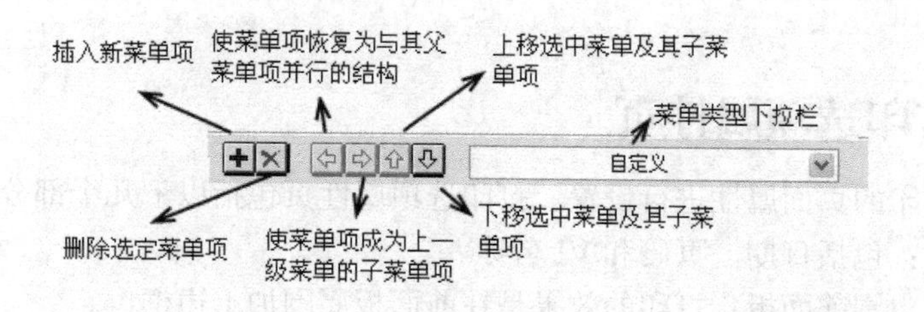

图 6-6　菜单工具栏

工具栏下方是预览窗口用来显示当前已创建的菜单项，单击这些菜单项还可以显示其相应的下拉子菜单。菜单编辑器的左下角列表框用于显示菜单项并配合菜单工具栏选定和编辑菜单项。菜单编辑器的右下角是菜单项属性设置对话框，这些可设置的属性包括以下几项。

（1）菜单项类型：在菜单项类型下拉列表中有用户项、分隔符、应用程序项三种类型可以选择。用户项用于用户创建新的菜单项，菜单名需要用户编写，用户需要在程序框图中编写相应的菜单应用程序来实现自定义菜单项的功能。分隔符用于在菜单项间创建分隔符号，用于分隔不同功能的菜单项。应用程序项用于选择系统自带的功能选项，这些选项的功能已定义好，不需要用户在框图中再编写相应程序去实现菜单项功能，但用户不可以更改其名称。

（2）菜单项名称：用于显示创建菜单的名称。

（3）菜单项标识符：用于标识菜单项，使菜单项有唯一的标识符。标识符区分大小写，默认情况下和菜单项名称相同。

（4）启用：用于设置菜单项是否可用，如取消勾选则菜单项禁用。

（5）勾选：选中则菜单项下拉列表的子菜单项有复选标记。

（6）快捷方式（组合键）：用于设置菜单项相应的快捷键。要注意不能设置相同的快捷键。

6.2.2　菜单函数选板

通过 LabVIEW 中的菜单函数选板可以对自定义的前面板菜单赋予指定操作，实现前面板菜单的功能。同时，用户使用菜单模板上的节点功能也能对前面板菜单进行自定义，实现自定义菜单的设计。菜单选板位于“函数”选板下“编程→对话框与用户界面子”选板中。常用的菜单函数如下。

（1）当前 VI 菜单栏

当前 VI 菜单栏函数的接线端子如图 6-7 所示。LabVIEW 中使用菜单引用作为某个对象的唯一标识符，它是指向某一对象的临时指针，因此仅在对象被打开时有效；一旦对象被关闭，LabVIEW 就会自动断开连接。当前 VI 菜单栏返回当前 VI 菜单引用的句柄，用于连接其他菜单操作节点。

（2）获取所选菜单项

获取所选菜单项函数的接线端子如图 6-8 所示。它通常用于设置等待时间，并获取菜单项标识以对菜单功能进行编辑。

图 6-7　当前 VI 菜单栏函数接线端子　　图 6-8　获取所选菜单项函数接线端子

菜单引用端子连接当前 VI 菜单栏或其他菜单函数节点的菜单引用输出端子，用于传递同一菜单的操作函数。毫秒超时端子用于设置等待用户操作菜单的时间，当用户在毫秒超时节点设置的时间段内未对菜单项操作，则菜单程序运行结束，函数返回。毫秒超时端子输入的数字默认为 200，以毫秒为单位。如果用户不希望使用毫秒超时功能可以把输入值设为-1，表示一直等待用户对菜单进行操作；也可以在获取所选菜单项外，放置 While 循环。禁用菜单端子输入的是布尔类型的数据，默认为 False，表示启用菜单追踪，可以对菜单项进行操作。如输入为 True，则暂时关闭菜单追踪。建议用户对输入赋值为 True，这样在追踪到菜单动作时不能再对菜单项进行操作，以避免多个菜单动作同时被选择运行。

在处理完当前菜单事件后，必须调用启用菜单追踪函数节点重新打开菜单追踪，此时用户能再次对菜单项进行操作。错误输入端子默认为无错误，当本函数前的 VI 或节点函数运行出现错误时，本函数会把错误信息从错误输入传到错误输出，本函数停止运行。只有当错误输入为无错误时程序正常运行。超时输出端子连接布尔型指示灯默认为高亮，当在毫秒超时规定的时间段内监测到菜单动作则布尔指示灯熄灭，当菜单程序运行结束后恢复为高亮状态。菜单引用输出连接的是下一函数的菜单引用输入。项标识符为字符串类型，通常连接条件结构的分支选择器端子，处理被选中菜单项的动作。项路径描述了所选菜单项在菜单中的层次位置，如果用户打开了文件菜单中的保存选项，则项路径描述为“文件：保存”。

（3）插入菜单项

插入菜单项函数的接线端子如图 6-9 所示。它通常用于在指定菜单或子菜单中插入新的菜单项。菜单标识符输入的是插入位置的上一级菜单名称字符串。如果不指定菜单标识符，则插入的菜单项为顶层菜单项。项名称端子定义了要插入菜单项的名称，输入的可以是单个字符串也可以是数组型字符串。项名称端子返回被选项目的名称字符串。

如果项标识符和项名称相同，可以只对两者中任一个进行名称定义。在字符串数组中输入 APP_SEPARATOR，可以在菜单项两项间创建分隔符。如果需要指定一个已创建的菜单项，把项名称插入指定菜单项后的位置，就需要使用项之后端子。项之后端子可以直接输入要插入菜单项的项标识符字符串，也可以是要插入菜单项的位置索引，位置索引默认从 0 开始。在项之后端子输入小于 0 的整数可以使插入的新菜单项位于菜单顶层位置；在项之后端子输入大于项目数的整数可以使插入的新菜单项位于菜单底层位置。项标识符输出端子用于返回和输出插入项的项标识，如果插入菜单项函数没有找到项标识符或项之后，则返回错误信息。

（4）删除菜单项

删除菜单项函数的接线端子如图 6-10 所示。它通常用于删除指定的菜单项，可以输入菜单标识符，也可以输入删除项的字符串或位置。如果没有指定菜单项标识符，则删除所有的菜单项。项输入端子可以是项标识字符串或字符串数组，也可以是位置索引。只有使用位置索引的方法，才可以删除分隔符。

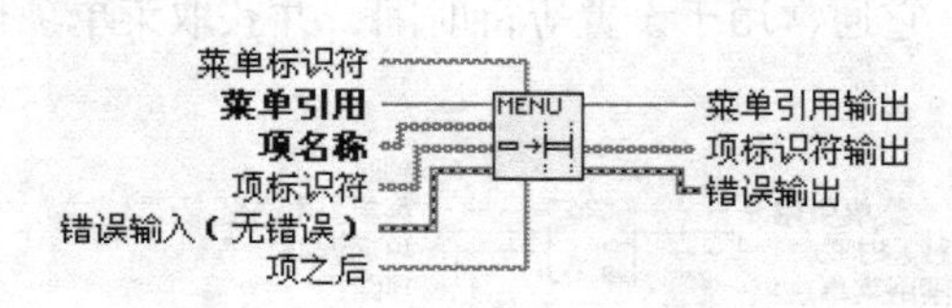

图 6-9　插入菜单项函数接线端子

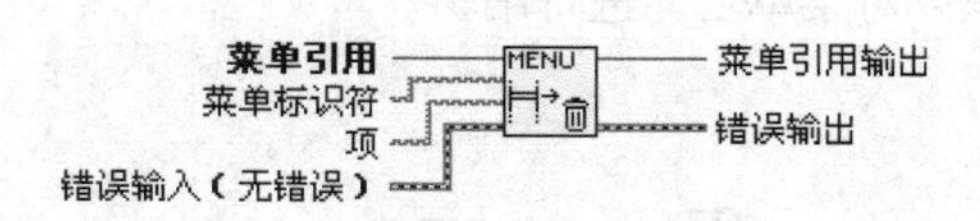

图 6-10　删除菜单项函数接线端子

（5）启用菜单追踪

启用菜单追踪函数的接线端子如图 6-11 所示。它通常和获取所选菜单项配合使用。启用端子输入的是布尔型数据。当启用端子输入为 True，则打开追踪；当启用端子输入为 False，则关闭追踪。默认情况下，端子输入为 True。

（6）获取菜单项信息

获取菜单项信息函数的接线端子如图 6-12 所示。它通常用于返回和项标识符一致的菜单项的属性。其中常用的返回属性是快捷方式。各端子含义和设置菜单选项信息函数相同。

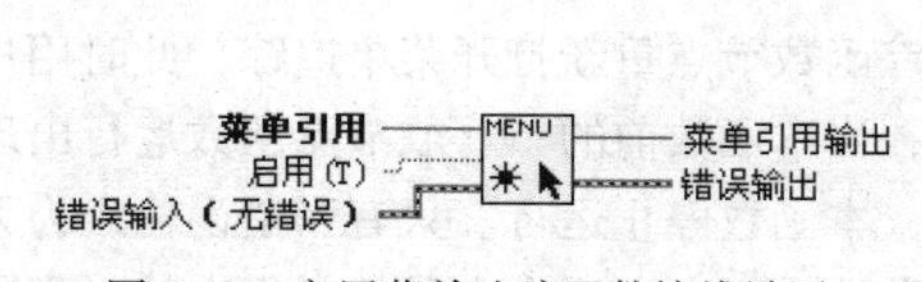

图 6-11　启用菜单追踪函数接线端子

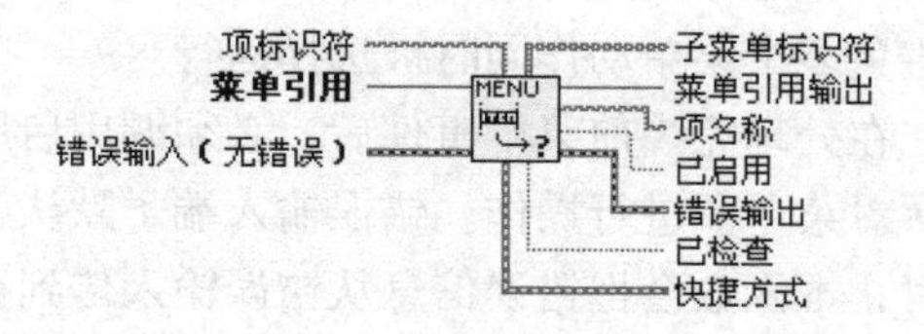

图 6-12　获取菜单项信息函数接线端子

（7）设置菜单项信息

设置菜单项信息函数的接线端子如图 6-13 所示。它通常用于设置改变菜单属性，没有重新设置的属性不会改变。项标识符指定用户想要设置属性的菜单项或菜单数组。快捷方式用于设置菜单项的快捷方式，输入的为簇类型的数据，每个菜单在簇中有两个布尔类型一个字符串。第一个布尔类型定义快捷键中是否包含 Shift 键，第二个布尔类型定义快捷键中是否包含 Ctrl 键，字符串中设置菜单快捷键，以配合 Shift 键或 Ctrl 键使用。已启用端子输入布尔型参数，默认为启用状态，当设置为 False 时菜单呈灰色禁用状态。已检查布尔按钮默认为 False，当设置为 True 则在菜单项前会显示对号标记。

（8）获取快捷菜单信息

获取快捷菜单信息函数的接线端子如图 6-14 所示。它通常用于返回与所输入的快捷方式相同的菜单项项标识符和项路径。

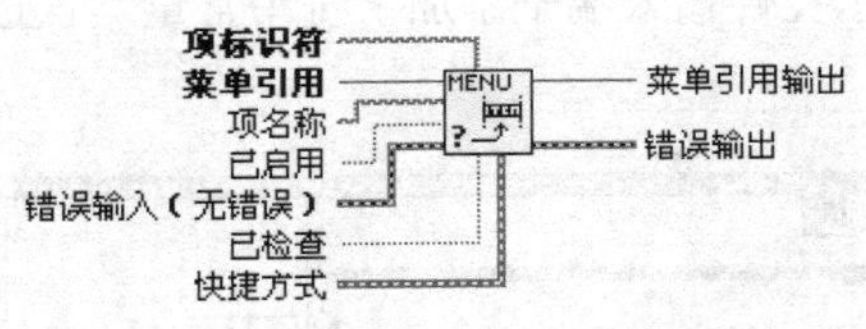

图 6-13　设置菜单项信息函数接线端子

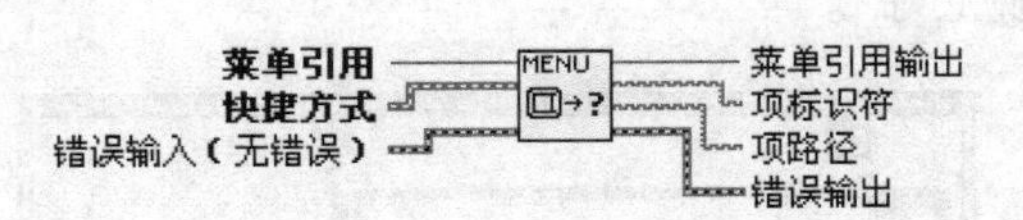

图 6-14　获取快捷菜单信息函数接线端子

6.2.3　用户菜单编程实例

【例 6-1】　使用菜单编辑器创建编辑菜单。

首先打开菜单编辑器，在菜单类型下拉栏中选择“自定义”选项，由用户自己设计菜单。在菜单项属性的菜单项类型下拉菜单中选择“用户项”，并在菜单项名称栏中填写“文件”。单击添加按钮，在菜单项类型下拉菜单中选择应用程序项→文件→关闭，以创建一个已定义好菜单动作的默认菜单项。单击菜单工具栏中的右箭头，把关闭项创建为文件菜单的子菜单。用同样的方法创建另存为默认菜单项为文件菜单的子菜单。

把菜单项类型恢复为“用户项”，创建“显示”和“弹出对话框”两个顶层菜单，并在显示菜单下添加“上午好”“下午好”两个子菜单项。单击预览窗口“上午好”子菜单项，在快捷方式中输入组合键“Ctrl+P”，为“上午好”子菜单创建快捷键。

完成后如图 6-15 所示。单击关闭按钮，弹出对话框如图 6-16 所示。单击“是”，保存菜单编辑器设置。

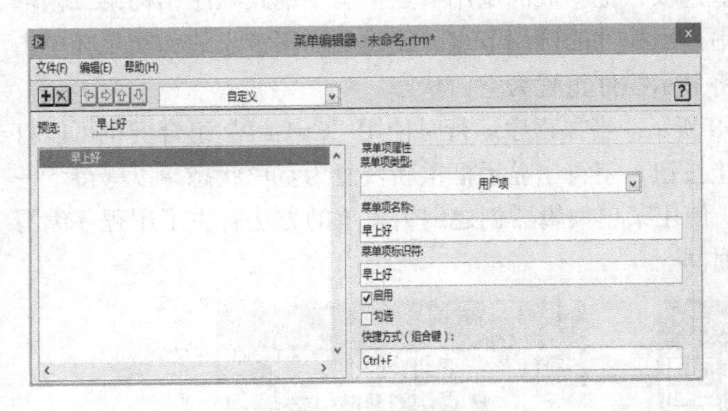

图 6-15　菜单编辑器的设置

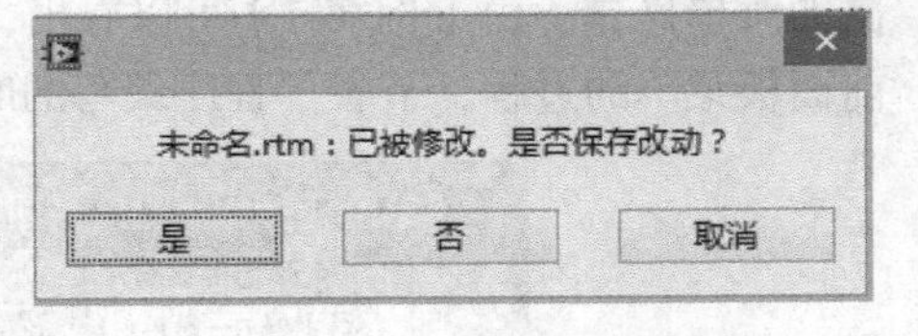

图 6-16　保存菜单编辑器设置

在完成前面板菜单项的设计后，需要在程序框图中编写程序代码完成前面板菜单项的功能操作。在菜单各项目中，文件菜单不需要编写代码，其直接调用系统菜单项，功能动作已默认实现。因此，只需对显示菜单和弹出对话框菜单进行功能代码编辑。

打开程序框图，程序代码如图 6-17 所示。首先打开函数选板→结构→While 循环，在 While 循环的条件端子处添加布尔控件。把对话框与用户界面→菜单模板上的当前 VI 菜单栏节点和获取所选菜单项节点放置到程序框图中，当前 VI 菜单栏节点放置于 While 循环外，获取所选菜单项节点放置于循环内，以避免在等待用户对菜单的操作过程中发生超时。创建一个条件结构，将条件结构选择器端子和获取所选菜单项节点的项标识符输出端子相连。分别将要定义动作的菜单项名称输入分支选择器标签中，如图 6-17（a）所示。

在前面板放置两字符串显示控件，分别添加标签：早上好、晚上好。把框图上的字符串显示控件分别放置到相应的条件结构中，并分别为字符串显示控件输入端子添加字符串常量“早上好”“晚上好”。

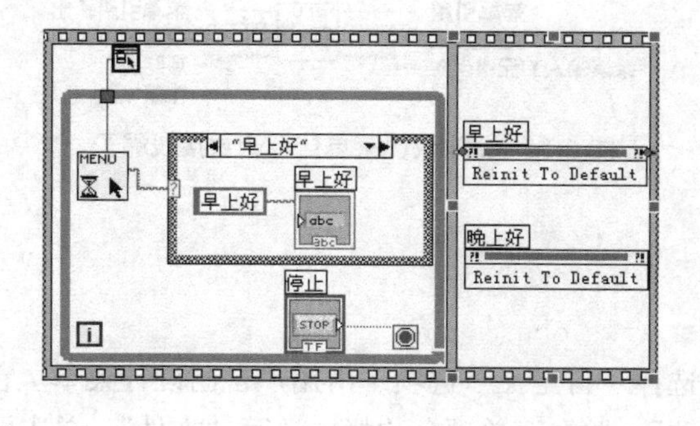

（a）

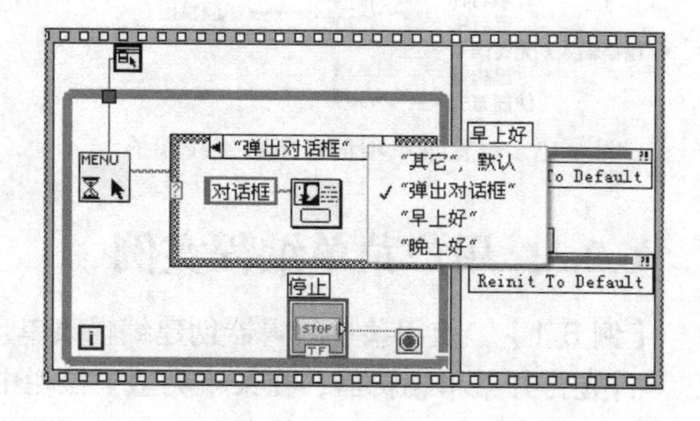

（b）

图 6-17　菜单项功能实现

同样把对话框与用户界面中的单按钮对话框节点放置于条件结构中的“弹出对话框分支中”，并为单按钮对话框节点的消息端子创建字符串输入，如图 6-17（b）所示。

要每次在程序结束后使字符串显示控件的显示内容恢复为空白状态，需要用到调用节点。首先在刚才设计的程序外创建平铺式顺序结构（位于函数选板的），在顺序结构边框上单击鼠标右键，在弹出菜单中选择“在后面添加帧”，在顺序结构第一帧完成后，即当单击 While 循环中的停止按钮时，开始运行第二帧的程序。在“早上好”字符串显示控件上单击鼠标右键，在弹出菜单中选择创建→调用节点→重新初始化为默认值选项，把生成的调用节点拖至平铺式顺序结构第二帧框表中。按同样方法创建“晚上好”字符串显示控件的调用节点。创建的调用节点的功能是在单击停止按钮后删除显示控件上的字符串，将显示控件重置为空白状态。

保存并运行程序，运行结果如图 6-18 所示。当在程序运行时使用“Ctrl + P”组合键也可以打开并运行“早上好”菜单项。当单击停止按钮，字符串显示框重新恢复为空白状态，以等待下一次的菜单操作。由【例 6-1】可以看出，使用菜单编辑器创建编辑菜单的方法省去了用程序编写前面板菜单的过程，节省了程序编写的时间。

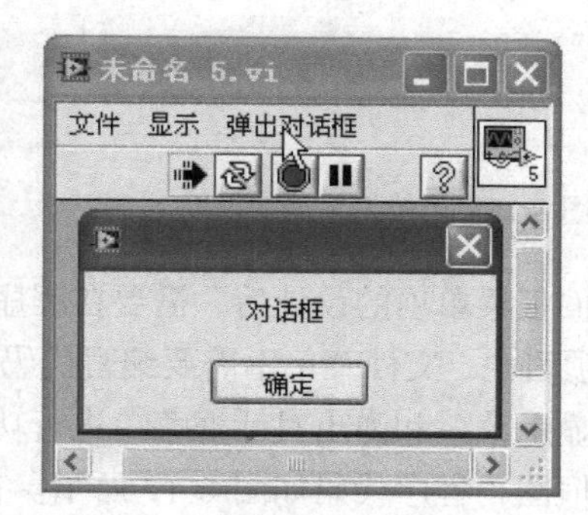

图 6-18　菜单编辑器创建编辑菜单实例运行结果

【例 6-2】　使用菜单函数模板中的函数创建编辑菜单。

使用菜单函数模板中的函数创建菜单首先需要用框图程序创建前面板菜单，如图 6-19 所示，然后在条件结构内编写与各菜单项功能相对应的程序，实现前面板菜单项功能。

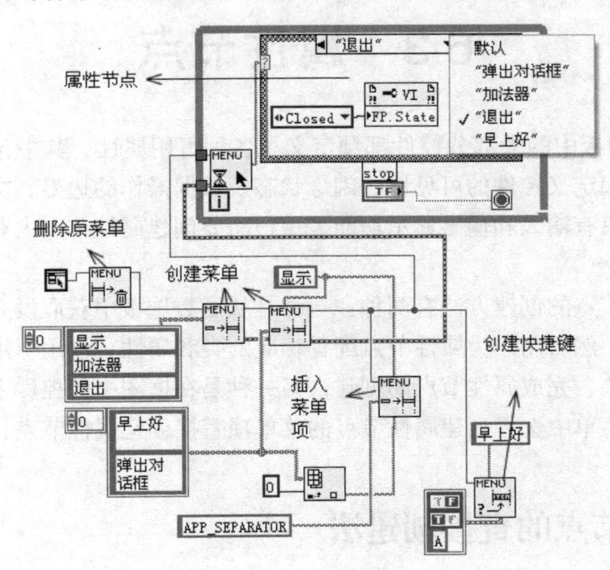

图 6-19 使用菜单函数制作自定义菜单

条件结构中的“弹出对话框”分支和“早上好”分支的程序代码可以参考【例 6-1】。“退出”分支使用了属性节点，使用属性节点可以设置前面板窗口的状态。属性节点位于函数选板的应用程序控制模板上。单击并拖动图标到条件结构“退出”分支内，在属性节点图标上单击鼠标右键，在弹出菜单中选择“转换为写入”项，在右键弹出菜单中单击“选择类→VI 服务器→VI→VI，把节点创建为 VI 的类节点。在 VI 属性节点上单击鼠标左键，在弹出菜单中选择“前面板窗口→状态”选项，状态属性用于控制前面板的动作。在属性节点输入端子，单击鼠标右键创建输入常量。左键单击输入常量，显示下拉菜单，定义了前面板的 6 种常见动作，选择其中的 Closed，这样在程序运行到条件结构的推出分支时能自动关闭前面板。关于属性节点更详细的介绍请参照本章 6.4 节。

在条件结构的“加法器”分支中放置的是一个子 VI，子 VI 实现加法器功能，在被调用到时自动运行程序，等待用户操作，单击停止按钮退出子 VI，回到主菜单界面。子 VI 的前面板和程序框图如图 6-20 所示。

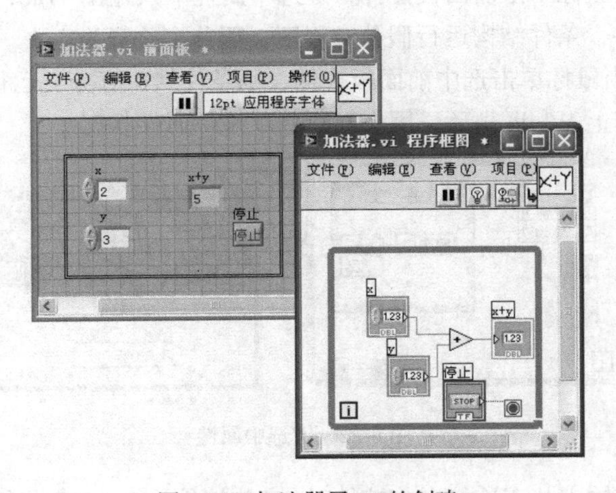

图 6-20 加法器子 VI 的创建

6.3 属性节点

LabVIEW 为前面板中的大部分控件都预定义了各种可用属性，其中包含了前面板控件的外观、值和功能行为，如定义控件的可见性、闪烁状态及数据操作的边界、文本的宽度等。但前面板的控件通常默认为只有输入和输出显示功能，用户需要创建属性节点去获取并设置控件隐含的属性。

一般来说，属性节点的创建方法有两种：一种是从函数选板中获取没有属性标识的空属性节点放置于程序框图中，然后用户为属性节点配置相应的类和属性，使用引用节点去指派需要配置属性的前面板控件对象，完成属性节点的创建；另一种是在框图中的控件上单击鼠标右键弹出快捷菜单，用户在快捷菜单中选择创建属性节点的菜单项直接创建属性节点，然后在菜单项中选择要创建的属性。

6.3.1 属性节点的直接创建法

在控件上单击鼠标右键，从弹出的快捷菜单中选择“创建→属性节点”选项，在“属性节点”选项中选择所要建立的控件属性，这就能为控件直接创建属性节点。创建后的属性节点和控件有相同的标签名，如图 6-21 所示。属性节点上部有输入/出端子，下部显示属性名称，节点默认为读取状态，节点右端显示向外的三角符号，指向输出端子，可以读出相关控件的当前数值属性（Value）。如果要设置控件的相关属性，用户可以在属性节点上单击鼠标右键，在快捷菜单上选择“转换为写入”菜单项，则属性节点变为写状态，在写入端子处有一个指向节点内部的三角符号。在写入端子处连接其他控件，用户可以通过使用这些外部控件来设置当前控件的相关属性。

图 6-21 属性节点的创建

下面介绍几种常用的属性节点及其使用方法。

（1）键选中属性

键选中属性可以连接布尔型控件或输出布尔类型数据。当键选中属性节点作为布尔型输出时，可以连接条件结构。当鼠标单击前面板控件，键选中属性节点输出 True，条件结构运行真分支程序；如果没有选中控件，条件结构运行假分支程序，假分支一般为空。

如图 6-22 所示，当鼠标单击选中前面板控件，则条件结构真分支运行，弹出单按钮对话框。在属性节点外都需要套上 While 循环，用来不断判断控件属性状态。

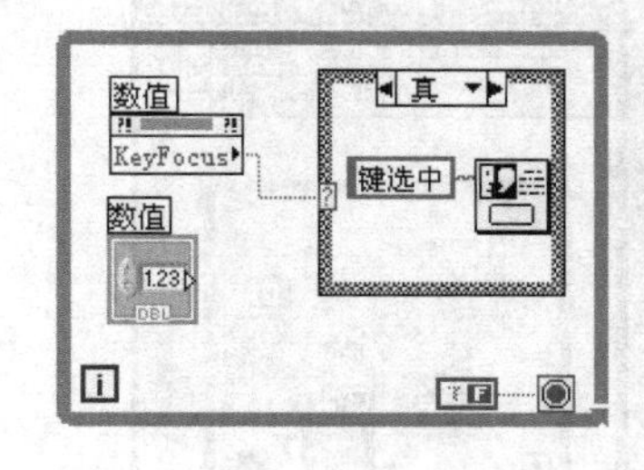

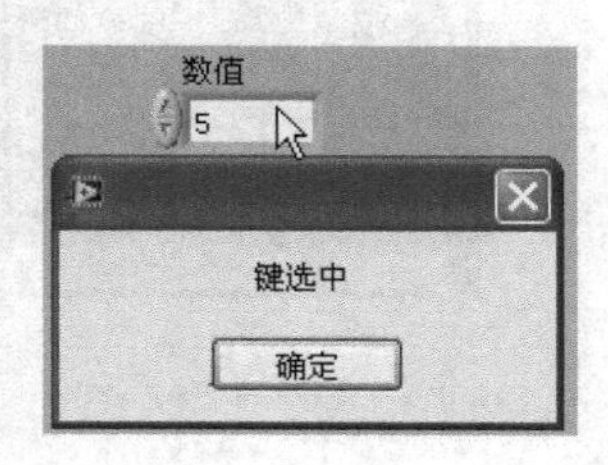

图 6-22 键选中属性

当属性节点切换为输入状态连接布尔控件时，布尔控件为 True 表示允许开启控件选中监测功能，False 表示取消按键选中监测功能。

（2）禁用属性

大多数的属性节点都可以在读写间转换，禁用属性也不例外。当读出时显示的是前面板控件的可操作程度，当写入时可设置相关控件的禁用属性。当属性端为写入状态时只能输入整数值：0、1、2，其中 0 表示控件处于使能状态可以操作，1 表示禁止对控件进行操作，2 表示禁止对控件进行操作并且使控件呈灰色不可用状态。

如果输入大于 2 则出现错误提示，当输入小于 0 时控件仍然处于使能状态。如果输入的为小数，则按四舍五入处理。如图 6-23 所示，当 While 循环超过 90 000 次时条件结构运行真分支，前面板数值控件呈灰色禁用状态。

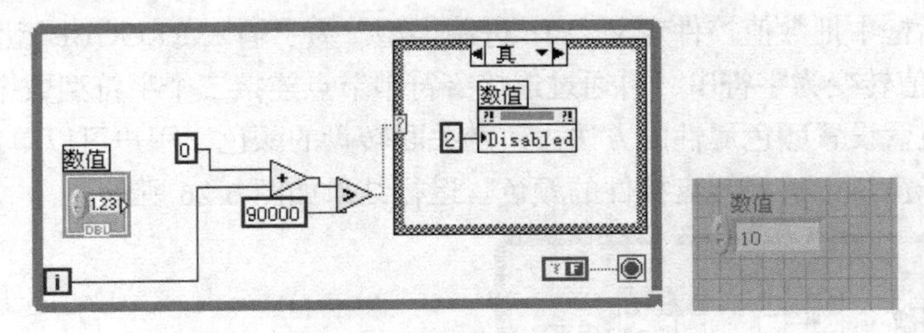

图 6-23　禁用属性

（3）可见属性

可见属性为布尔类型，当属性节点输入为 True 时显示控件，当输入为 False 时隐藏控件。

如图 6-24 所示，用读取 BMP 文件、绘制平化像素图两个 VI 节点来读取 BMP 格式的文件。注意 BMP 文件路径中的文件名一定要带上后缀“.bmp”，否则系统提示错误信息。当连接可见属性节点的布尔控件为真时显示读取的图片文件，当布尔控件为假时隐藏读取的图片文件。

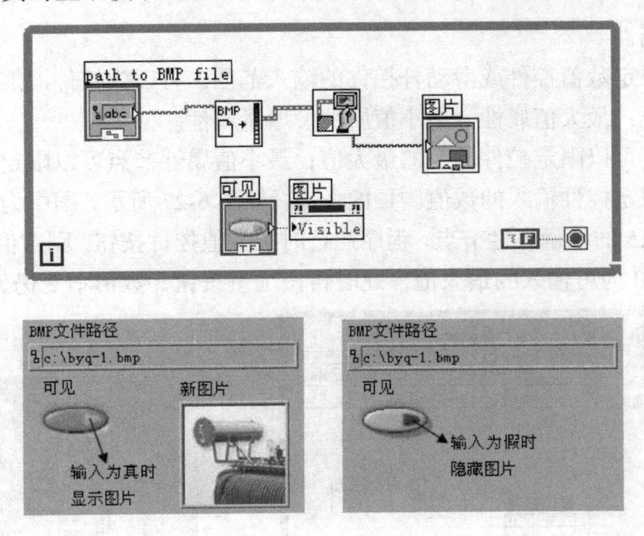

图 6-24　可见属性

（4）衬底颜色属性

使用衬底颜色属性可以改变旋钮或滑动杆的颜色。其输入源可以为颜色盒或数值控件。

当输入源为数值输入控件时，需要输入 RRGGBB 形式的 16 进制 RGB 数码。

RGB 就是三原色（Red 红，Green 绿，Blue 蓝），所有的颜色都是这三种颜色以不同的强度组成的。对于 16 进制编码的颜色，我们可以这样理解，RRGGBB 六个字符：前两个表示红色，中间的两个表示绿色，后两个表示蓝色；那么，红色（red）ff0000，同样绿色（green）00ff00，蓝色 0000ff；其他的颜色就是这几个字符（0-9，a-f）的组合。如果以 10 进制的表示方法，红色就是 266 0 0，绿色是 0 266 0，蓝色是 0 0 266。而白色就是 ffffff（也就是 266 266 266），所以白色是强度最强的颜色。

图 6-25 显示了如何使用衬底颜色属性对转盘控件的衬底颜色进行控制。衬底颜色属性分背景色和前景色，本例设置的属性节点为前景色属性节点。使用数值控件作为输入源时首先需要创建三个数值型控件，在数值控件属性窗口的数据范围对话框中把数据范围改为无符号单字节类型，在格式与精度对话框中把数值控件定义为 16 进制类型。为了输入 RRGGBB 型的数据，可按框图所示先把 16 进制值转变为字符串，再通过连接字符串节点连接三个字符型数据。图 6-25 所示框图下方是使用颜色盒设置颜色属性的方法去改变关联转盘的颜色，用户可以单击前面板颜色盒，在弹出的颜色选择窗口中选择转盘控件的颜色。运行结果如图 6-26 所示。

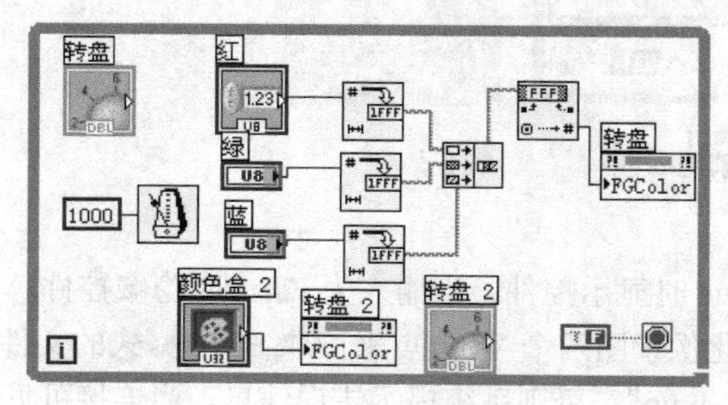

图 6-25　衬底颜色属性

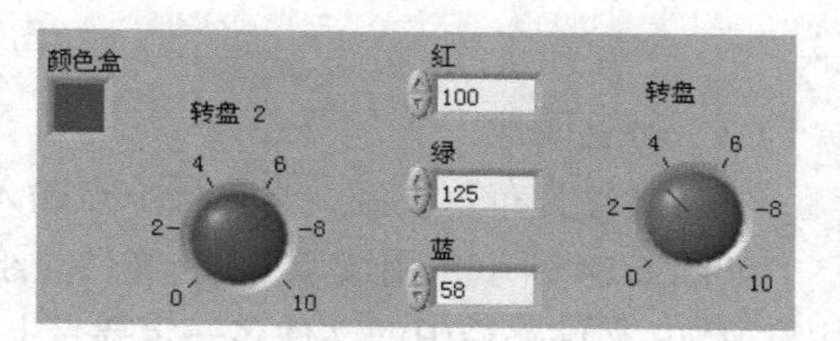

图 6-26　修改衬底颜色属性的运行结果

（5）数据范围属性

如果用户需要限定数值控件或滑动杆控件的输入范围，可以为控件添加数据范围属性节点。数据范围属性分三类：最大值属性、最小值属性、增量属性。

最大值属性节点可以限定控件输入的最大值；最小值属性节点可以限定控件输入的最小值；增量属性节点可以限定控件输入的数值增量的大小。如图 6-27 所示，图中为数值控件创建最大值属性节点和增量为 0.5 的增量属性节点。程序运行时按数值控件按钮，则数值以 0.5 为单位增加或减小，当输入到达 10 为可输入的最大值，此时再按增量按钮，数值不变仍为 10。

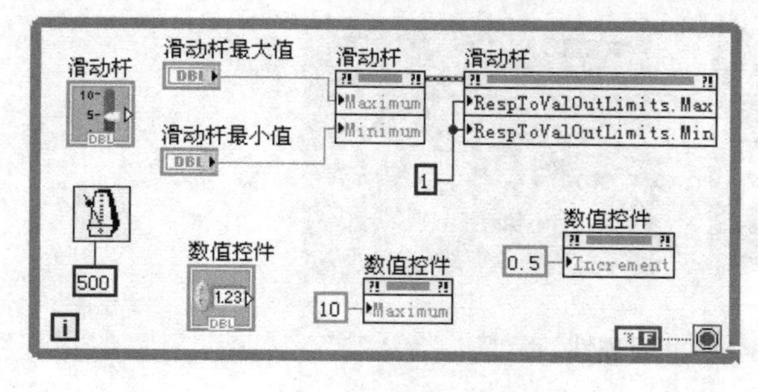

（a）数据范围属性的使用

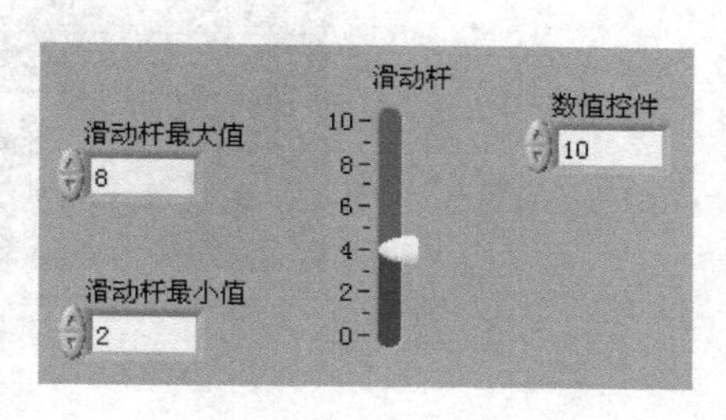

（b）程序运行结果

图 6-27　数据范围属性示例

限定滑动杆控件的最大最小值除了需要使用最大最小值属性节点外，还要设定对超出界限值的响应。对超出界限值的响应默认输入为 0，当用户输入数值超出最值时仍然允许用户动作；当给对超出界限值的响应输入整数 1，则意味着用户输入数值超出最值时禁止用户继续对滑动杆控件动作。

在同一个属性节点中可以创建多个不同的属性端子，方法是用鼠标指向属性节点下端并向下拖曳，此时会出现一个默认的属性端子。在新加属性格上单击鼠标左键，在弹出属性菜单中选择所需替换的属性就可以创建新的属性。属性端子可以任意设置为输入或输出，如图 6-28 所示。

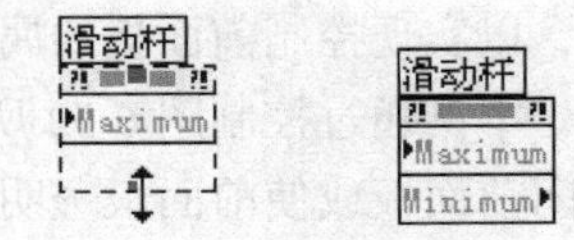

图 6-28　多属性节点端子的创建

6.3.2　属性节点的编程创建法

用编程方法创建属性节点就是先获取空属性节点，再为其配置对象并选择对象属性。空属性节点即没有连接任何对象的属性节点，其位于“函数”选板下“应用程序控制”子选板中。

如图 6-29 所示，属性节点顶端有一对引用输入和引用输出端子。引用输入端子和句柄类似，用于接入引用对象，给属性节点创建关联，以指定需设置的属性对象，并获取对象的信息。属性节点的 connection 对象可以为应用程序、VI 或控件本身。引用输出端子可以作为其他属性节点的输入端子。属性节点中的类表示的是接入对象的类型，连接对象后，类框格会自动设置为与接入引用相对应的类别。例如当引用输入的为数值控件的引用节点，则属性节点自动创建的类为数字（严格）型。通过在属性节点上单击鼠标右键，在快捷菜单的选择类选项中选择适当的类别也可以为属性节点指定类。当类为应用程序时，可以不指定引用输入，其引用输入默认的为当前应用程序的引用节点。当类为 VI 时，也可以不对引用端子指定输入，其引用输入默认的为节点所在 VI 的引用节点。在属性节点的名称属性窗格上单击鼠标左键，弹出属性列表菜单如图 6-30 所示，在快捷菜单中可以选择对象需要创建的属性。

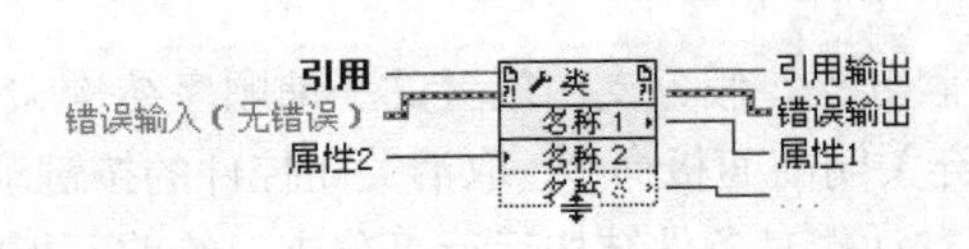

图 6-29　属性节点接线端子

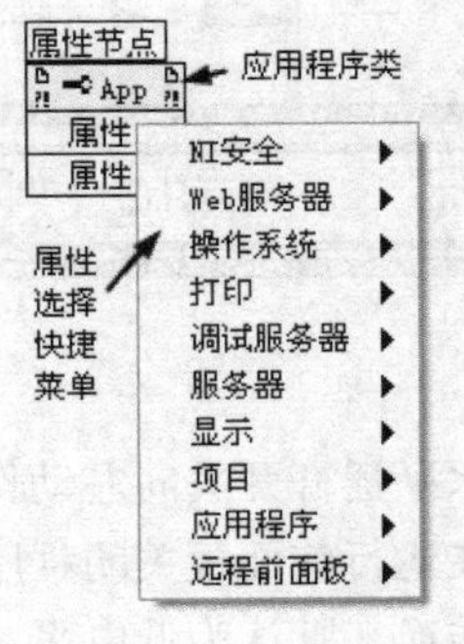

图 6-30　属性列表菜单

使用编程方法为控件添加属性时，首先要获取控件的引用节点以获取该控件的属性。创建引用节点的方法是在控件上单击鼠标右键，在快捷菜单中选择“创建→引用”菜单项，创建后的引用节点如图 6-31 所示。

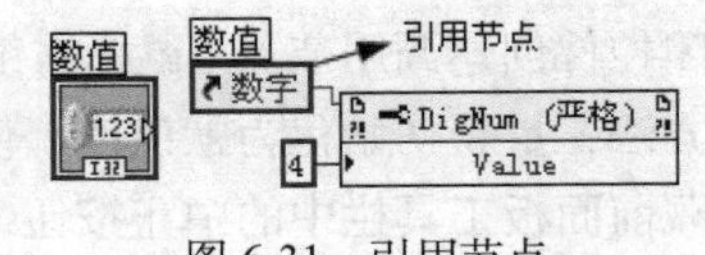

图 6-31　引用节点

如果需要在程序框图中复制属性粘贴节点，不能用按“Ctrl + C”组合键的方法复制属性节点，否则会连控件一块复制。解决的办法是鼠标左键点住属性节点，在拖动属性节点的同时按住“Ctrl”不放，把属性节点拖动到新的位置，这样在松手时就得到原有属性节点的复制，而不改变原来的属性节点。

6.3.3 属性节点使用实例

属性节点通常配合其他节点使用。下面通过一个简单的实例说明如何使用编程法配置属性节点，以实现控制前面板的属性。

本例通过控制图 6-32 所示的水平摇杆开关，选择关闭前面板或使前面板透明化。当摇杆向左动作，选择关闭前面板操作时，允许用户在 6 秒内按取消按钮取消关闭前面板操作；当摇杆向右动作，前面板透明化消失，弹出子 VI 判断用户键盘操作；如用户同时按下键盘上的 C 和 L 键，则前面板又恢复为正常状态。前面板工具栏的中止按钮在 VI 属性设置中设置为不显示，要停止程序运行必须按下前面板窗口中的停止按钮。

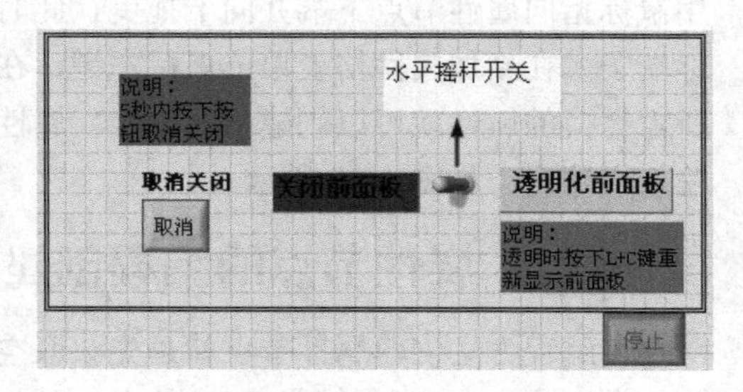

图 6-32　属性节点实例前面板

本例的程序框图如图 6-33 所示。为属性节点配置的对象为本 VI，因为 VI 属性节点输入端子有默认值，默认控制的为本程序框图所在的 VI，因此不需要再为引用输入端子添加“打开 VI 引用”节点。需要设置前面板属性，因此将属性节点的属性指定为前面板窗口状态属性。当前面板窗口状态属性端子输入为“1”时前面板显示正常状态，当输入为“2”时前面板关闭，当输入为“3”时前面板隐藏。

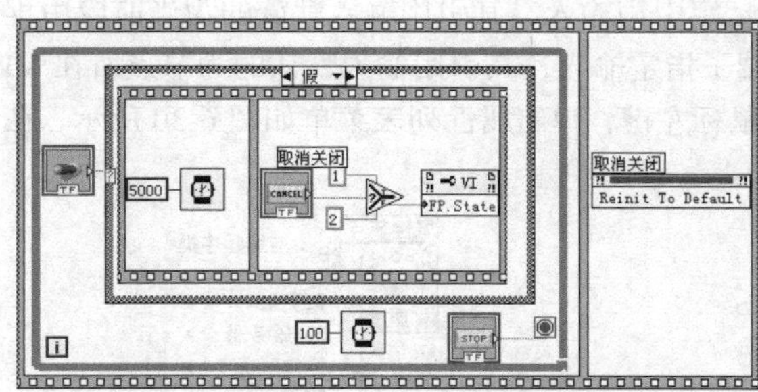

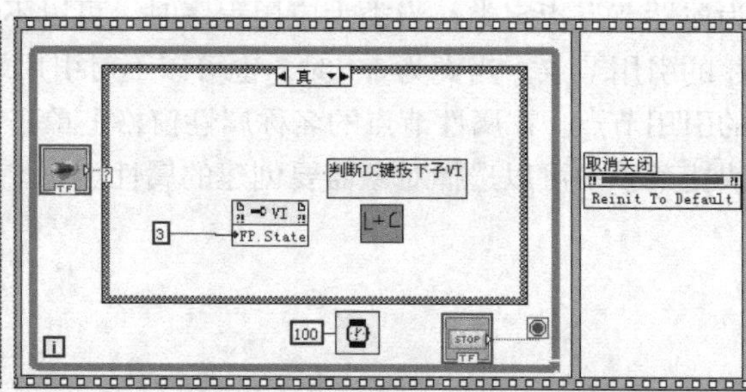

图 6-33　属性节点实例程序框图

当水平摇杆开关向左动作时，条件结构运行假分支。假分支内放置的平铺顺序结构和等待函数用于在运行前面板关闭程序前给用户时间，放弃关闭前面板命令。取消关闭控件的按键动作为：释放时转换，默认为低电平。当水平摇杆开关向右动作时条件结构运行真分支，给前面板状态属性节点输入常数“3”，以使前面板完全透明化，此时前面板消失，子 VI 被调用运行，判断用户键盘按键状况，当按键满足要求时前面板从隐藏状态切换为正常显示状态。

当按下 While 循环中止按钮，结束 While 循环。顺序结构运行第二帧，在第二帧内为取消关闭控件创建调用节点（鼠标右键单击控件，在弹出的快捷菜单中选择创建→调用节点），选择调用方法：重新初始化为默认值，恢复控件为操作前状态，使其初始机械动作恢复为低电平。因此隐藏前面板工具栏中的中止按钮，避免用户运行完 While 循环后按下中止按钮直接退出程序。

子 VI 的程序框图如图 6-34 所示。初始化键盘节点和输入数据采集节点可以在函数面板→互联接口输入设备控制中找到。输入数据采集节点用于搜寻用户键盘动作，当同时按下两个键盘按键，在输入数据采集节点“按下的按键”输出端子输出的是一个数组。使用索引数组节点分离数组并判断键盘输入，当输入同时满足和按键“C”、按键“L”一致时，与节点输出 True，运行真条件分支。需要注意的是，当按下两按键时，字母顺序小的会排在数组前面位置，字母顺序大的会排在数组后面位置，因此当同时按下“C”和“L”时，0 号索引对应字母“C”，1 号索引对应字母“L”。

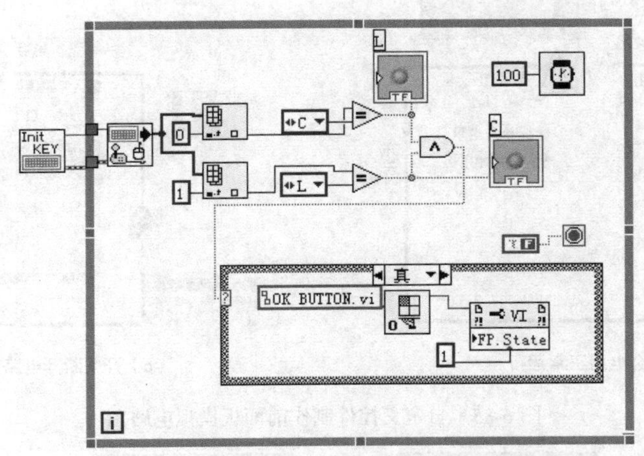

图 6-34　属性节点实例按键判断子 VI 框图

在条件结构的真分支中，要实现使主程序的前面板恢复正常状态的功能。操作对象不是子 VI 的前面板属性而是主 VI 的前面板属性，因此不能简单地使用默认参数作为属性节点的引用，而是需要在属性节点引用输入端子连接“打开 VI 引用”节点，给属性节点指定需操作的 VI 信息，包括对象、类型、路径等。

6.4　控件定制方法

LabVIEW 提供了强大的前面板控件选板，但通常只是一些简单的控件图标和功能。如果这些 LabVIEW 中自带的控件不符合用户的需求，用户可以通过使用这些原有的前面板控件自定义新控件的样式，也可以通过属性节点的设置为系统前面板控件创建新的功能。下面结合实例介绍控件的定制方法。

【例 6-3】　本例要实现在前面板创建一个简单电路图，自定义电源、电阻、开关元件。电源幅值和电阻阻值都可控。用户单击电源图标能控制电源波形图表的显示或隐藏；单击电阻图标可以显示电阻上的电压值；控制电路图上的开关控件的开合可以控制电路运行情况；当断开时弹出对话框提示用户关闭开关。电路图和其运行界面如图 6-35 所示。

（1）首先为控件定制新的图标，代替原有控件的图标。具体步骤如下。

① 在 Windows 画图板上绘制一个如图 6-35 所示的电阻图标，并将该图片复制到剪贴板上备用。

② 根据电阻控件要实现的功能选择确定按钮控件（位于控件选板→布尔子选板中），把确定按钮放置于 VI 前面板上。在按钮控件上单击鼠标右键，在快捷菜单的“显示”选项中取消布尔文本和标签。鼠标右键单击控件，从弹出的快捷菜单中选择“高级”子菜单中的自定义选项，进入如图 6-36（a）所示的控件编辑窗口。

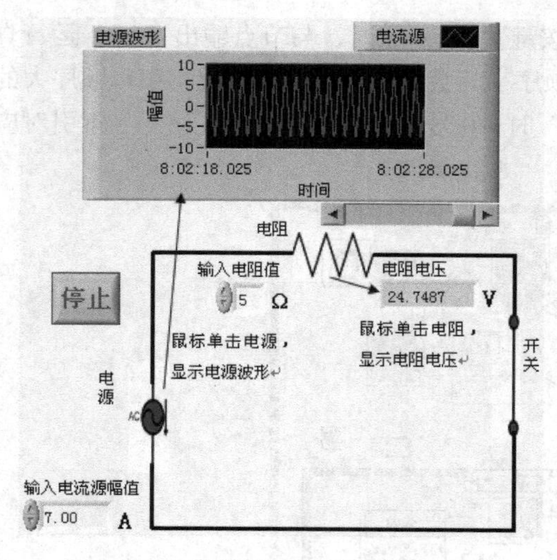

（a）开关闭合电路正常运行

（b）开关断开电路停止运行

图 6-35　自定义控件制作前面板模拟电路图

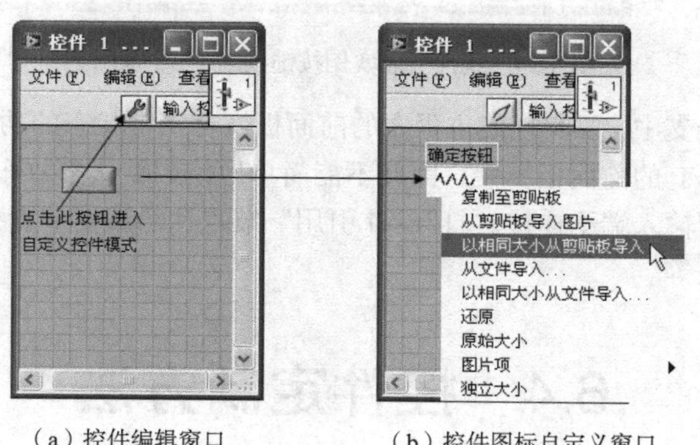

（a）控件编辑窗口　　　　（b）控件图标自定义窗口

图 6-36　自定义图标的编辑

③ 单击切换至自定义模式图标🔧，切换后进入自定义控件模式，此时图标切换为✎，用户可以对控件编辑窗口内的控件进行编辑。调整控件编辑窗口内控件的大小，在控件上单击鼠标右键，从弹出的快捷菜单中选择“以相同大小从剪切板导入”选项，之前复制在剪贴板上的图片就会按控件大小自动调整并覆盖控件原图片。完成后控件图标如图 6-36（b）所示，此时自定义的是布尔值为“假”时的控件图标。要自定义控件为“真”值时的控件图标，需单击✎图标，把界面切换回编辑模式，然后在控件上单击鼠标右键选择“数据操作→将值更改为真”选项，此时控件切换为真值时的图标，再次对控件进行操作，把图片导入真值时的控件。本例中电阻控件的作用是实现单击后显示或隐藏电阻上电压的值。要实现此功能，就要改变确定按钮的默认机械动作，使其从“释放时触发”机械状态改变为“单击时转换”机械状态。机械动作的类型可以从前面板控件的快捷菜单中的“机械动作”选项中选择。

完成后选择合适路径保存此控件，这样就完成了一个电阻控件图标的制作。按同样的方法可以自定义电源控件和电路开关控件。电源控件和电路开关控件也是在确定按钮的基础上添加图片以改变原控件的图标。电路开关控件的打开和闭合状态的图标不同，在编辑控件时需要加载不同的图片，注意图片上开关的大小和位置要保持一致。

（2）完成前面板电源、电阻、开关控件的图标制作后，还需要对前面板的属性进行设置并对前面板界面进行设计和装饰完成电路图的设计。

前面板控件修改后的背景色为白色且不带网格。为了电路图运行时的显示效果，需要在 VI 属性窗口的编辑器选项中把前面板网格单位的大小设置为最小值，完成后使用工具选板中的颜色设置工具把前面板背景色设置为白色。

用户把前面板各电路元件控件按图 6-35 所示放置到相应位置，完成后单击鼠标右键，在控件选板下“修饰”子选板中选择合适粗细的线条连接电路元件控件。

在前面板放置波形图表，调整波形图表的大小，在波形图表上单击鼠标右键，选择快捷菜单中显示项下的 X 滚动条选项，为波形图表创建水平滚动条。为便于观察波形，修改标尺属性，使波形图表分段显示。具体方法是在图表属性对话框内选择标尺属性项，取消自动调整标尺项，自定义最小值为 0，最大值为 10。完成后，波形图表以 10 秒为单位分段显示电源波形。

（3）在程序框图中编写程序代码，对前面板电路元件的功能和属性进行定义，实现为原有控件创建新的功能。

如图 6-37 所示，开关控件连接选择器端子控制条件结构。当关闭开关时，条件结构为真的分支运行，电路正常工作，如图 6-35（a）所示；当打开开关时，条件结构为假的分支运行，电路停止工作，如图 6-35（b）所示。在假分支中放置单按钮对话框，提示用户关闭开关。注意要为假分支添加一个足够长时间的延时等待（等待节点位于函数选板的定时子模板中），用户可以在延时时间段内单击开关控件关闭开关，把条件分支切换到真分支，使电路开始正常运行。如果不为假分支创建延时等待，每次单击确定按钮关闭单按钮对话框后，系统执行 While 循环，再次检测到开关打开时弹出提示用户对话框，用户没有时间去完成关闭开关的操作，假分支程序无法停止。

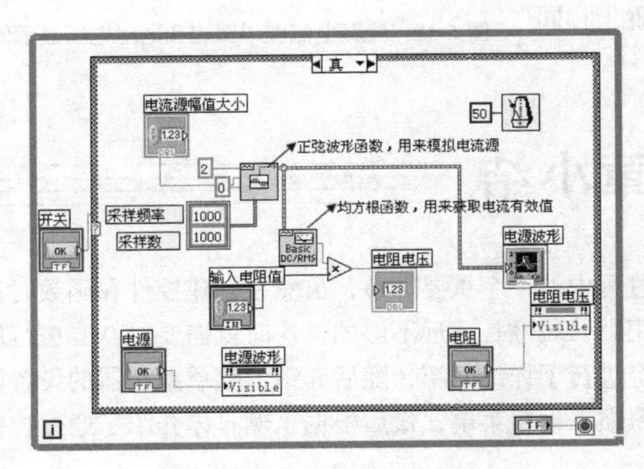

（a）条件结构为真时的程序框图

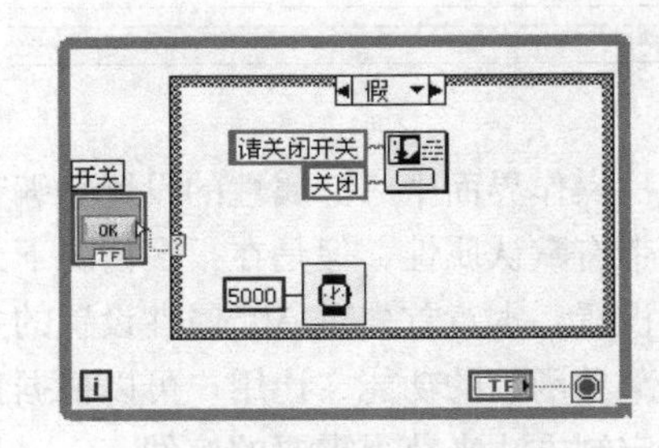

（b）条件结构为假时的程序框图

图 6-37　控件功能的自定义

当单击开关控件闭合开关时，程序转为真分支，为真分支创建正弦波形函数（位于函数选板→波形子选板→模拟波形→波形生成面板上）用于产生一个标准的正弦波，以模拟电流波形。正弦波形函数各端子的定义如图 6-38 所示。

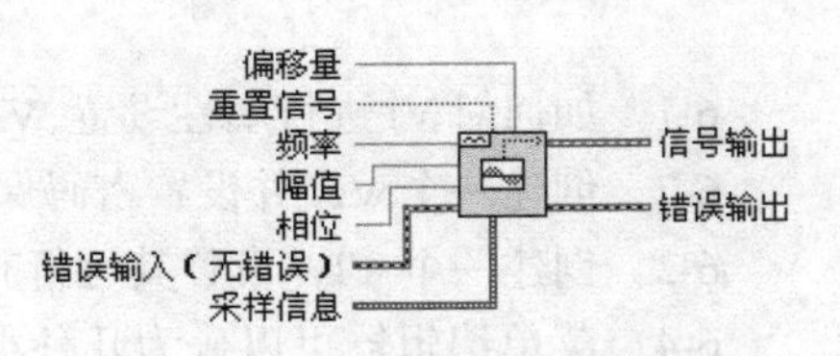

图 6-38　正弦波形函数接线端子

① 偏移量：信号的直流偏移量，默认为 0.0。

② 重置信号：默认为 False。当设置为 True 时，将波形相位重置为相位端子设置的相位初值，同时将时间

标识设置为 0。

③ 频率：波形频率，单位为 Hz，默认值为 0。

④ 幅值：波形的幅值，默认为 1.0。

⑤ 相位：波形的初始相位，以度为单位，默认为 0。只有当重置信号为真时有效。

⑥ 采样信息：以簇的形式包含了两种采样信息，即采样频率和采样数。采样频率是每秒采样的样本数，默认值为 1 000。采样数为波形样本数，默认值也为 1 000。

为了便于观察，给正弦波形函数端子添加如图 6-37（a）所示的控件和常数。在正弦波形函数输出端输出的是模拟正弦电流，为了测量电阻上的电压有效值，需要测得电流的均方根值。打开函数选板中“波形子模板→模拟波形→波形测量面板”，把基本平均直流—均方根函数的信号输入端连接正弦波形函数的信号输出端，这就是电流有效值。

要实现控制波形图表和电阻电压值的显示和隐藏，用户需要用到属性节点的相关功能。通过设置属性节点的众多属性，可以为前面板控件添加各种新的功能。本例中设置为“可见”属性，方法为右键单击如图 6-37（a）所示的电阻电压显示控件，从快捷菜单中选择“创建→属性节点→可见”菜单项为电阻电压显示控件创建属性节点。连接电阻控件和新创建的属性节点，则通过电阻控件的按键输入可以控制电阻电压显示控件的可见属性。同样，为电源波形图表创建“可见”属性节点，通过电源布尔型控件去控制波形图表的显示和隐藏。通过布尔控件把波形图表和电阻电压显示控件设置为隐藏时的前面板电路效果图如图 6-39 所示。

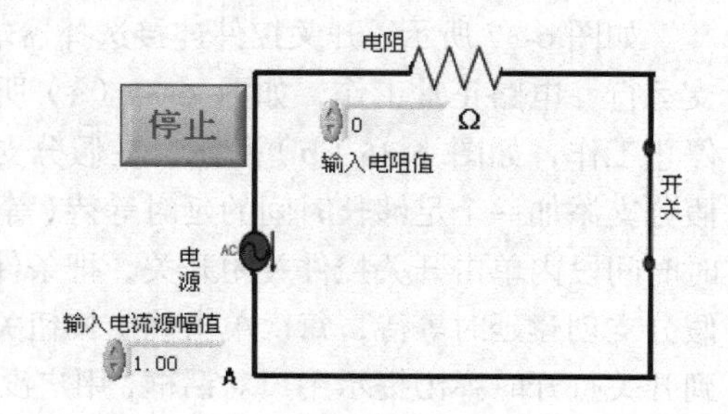

图 6-39　隐藏电流波形图表和电阻电压显示值

完成后保存此 VI，建议把控件和 VI 放置于相同的目录，以方便修改和查看。

本章小结

操作界面中 VI 属性的设置是编写程序过程中的一个重要环节，虽然在创建控件和函数时都会带有默认属性，但是在很多情况下，仅使用默认属性是远远不够的，这时就需要对 VI 进行属性设置。本章首先对 VI 属性设置的主要内容进行了详细介绍，随后介绍了菜单编程器的设置以及菜单函数的功能，让用户可以根据自己的习惯来设置菜单，最后根据示例具体介绍了通过控件的定制方法来获得需要的控件。

习　题

6-1　如何对 VI 进行属性设置，VI 属性设置内容主要可以分为几部分，它们各自有什么功能？

6-2　创建一个 VI，并设置密码保护，并比较输入密码正确与否对 VI 查看和修改的权限区别。

6-3　创建一个 VI，设置其运行时 VI 窗口在屏幕中的位置及前面板大小。

6-4　菜单编辑器可以分为几种类型？如何在已有菜单中添加新菜单项并重新对已有菜单项进行排序。

第 7 章 字符串的实现

7.1 字符串型数据

作为一个高效率的编程软件，LabVIEW 提供了多种字符串控件和字符串函数。使用这些强大的字符串功能除了可以完成文本的传送和显示外，也可以作为数值型数据的存储形式。当与仪器通信时，通常也是以字符串形式传递控制命令或操作数据。

7.1.1 字符串控件

字符串控件面板位于前面板控件选板中，其中也包括了文件路径输入与显示这类特殊功能字符串。

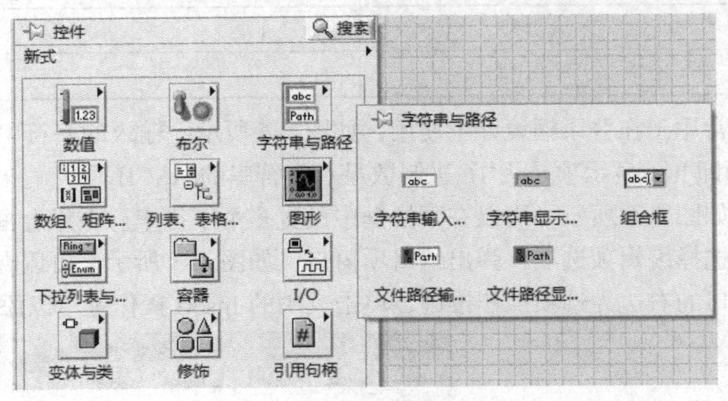

图 7-1 字符串与路径面板

在字符串面板上最常用的是字符串输入和字符串显示两个控件。如果需要为字符串添加背景颜色，可以使用工具选板中的设置颜色工具。如果需要修改字符串控件中文字的大小、颜色、字体等属性，需要先使用工具选板中的编辑文本工具选定字符串控件中的字符串，然后打开前面板工具栏中文本设置工具栏，选择符合用户需求的字体属性。

默认情况下创建的字符串输入与显示控件是单行的，长度固定。如果用户输入和显示的字符串长度较长，就需要改变字符串框格的大小或显示形式来调整字符串显示窗口，使其适合字符串的长度；如果需要调整字符串窗口的的大小，可以使用工具选板上的定位工具拖动字符串边框，如图 7-2 所示。也可以右击控件在弹出菜单中选择显示项→垂直滚动条选项在字符串窗口创建滚动条增加窗口空间，显示多行文本，如图 7-3 所示。

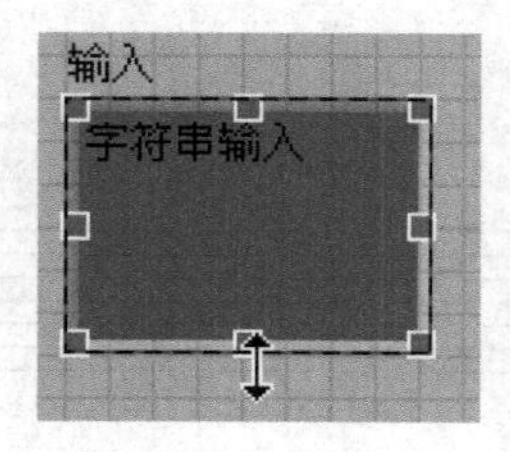

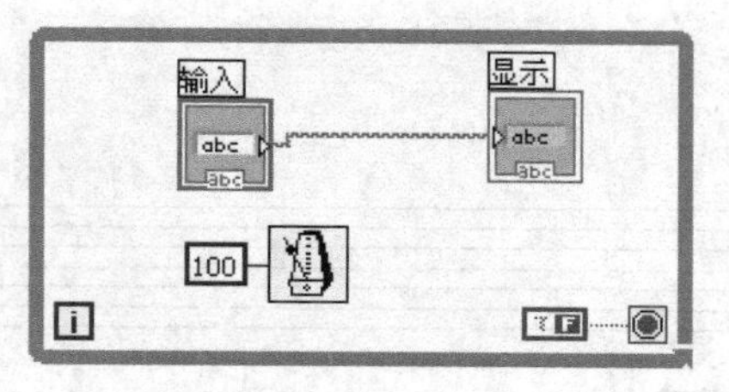

图 7-2　字符串输入与显示控件

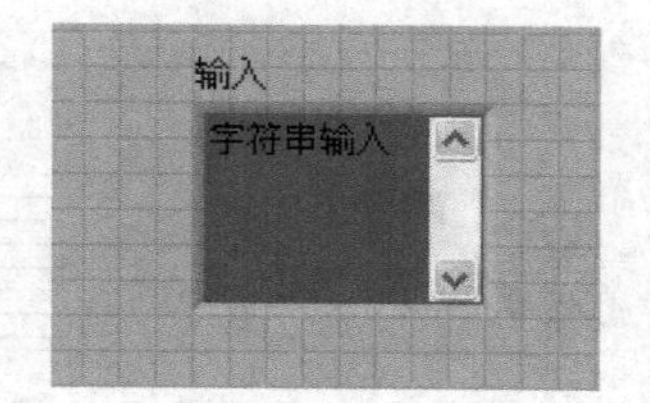

图 7-3　字符串输入控件滚动条的创建

字符串控件在默认情况下为正常显示状态，显示字符的一般形式。在字符串中可以直接输入回车或空格键，系统自动根据键盘动作为字符串创建隐藏的"\"形式的转义控制字符。右键单击控件，在弹出菜单中可以选择其他文本格式。

'\'代码显示项能显示一些特殊的转义字符，表 7-1 显示了一些常见的转义字符。

表 7-1　转义字符列表

字　符	ASCII 码值	控制字符	功能含义
\n	10	LF	换行
\b	8	BS	退格
\f	12	FF	换页
\s	20	DC4	空格
\r	13	CR	回车
\t	9	HT	制表位
\'	39		单引号字符
\"	34		双引号

密码显示项通常用于在登录框设计中使用，如图 7-4 所示，输入的字符串以*号显示。

16 进制显示项即 hex 显示项是用 16 进制数显示字符串的 ASCII 码。

字符串下拉框如图 7-6 所示，可以在下拉框中设置多个字符串。在组合框中右键单击鼠标左键，在弹出菜单中选择编辑项选项，弹出编辑项窗口，如图 7-5 所示，可以在编辑项窗口中对下拉框进行编辑。窗口的右边为选项操作按键，单击其中的 Insert 操作键可以添加下拉项。

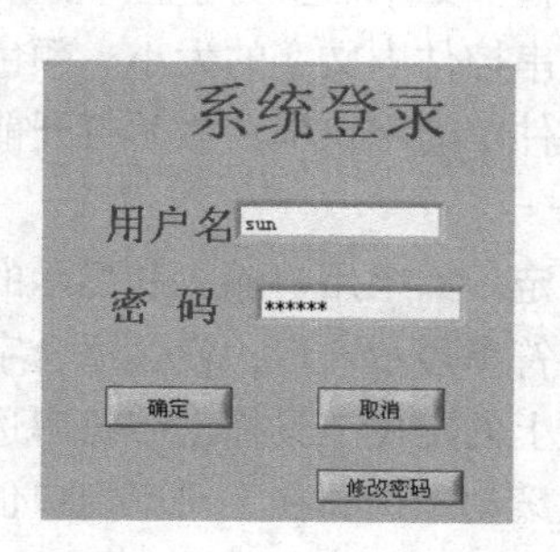

图 7-4　密码显示项的应用

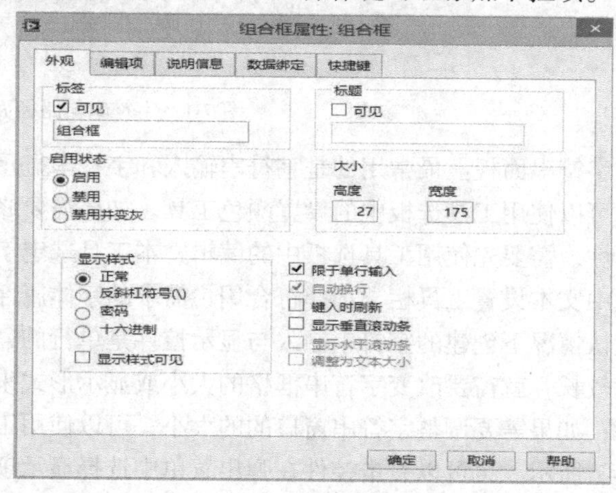

图 7-5　下拉框属性编辑窗口

默认情况下值与项值匹配，即值与项的符号名称相同。当取消匹配，可以对每个项设定相应的值，如图 7-5 所示。当完成后给组合框和字符串显示控件创建连接，当程序运行时选定相应的项，在字符串显示控件上显示与选定项对应的项值。

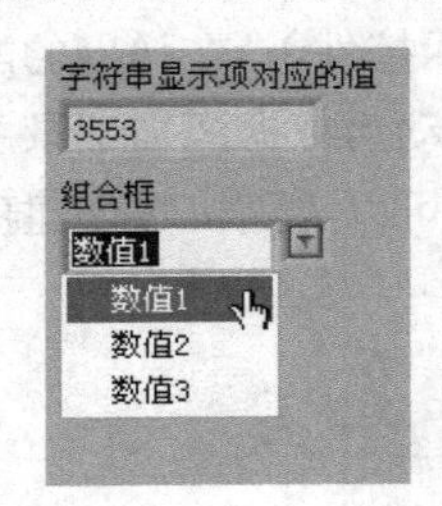

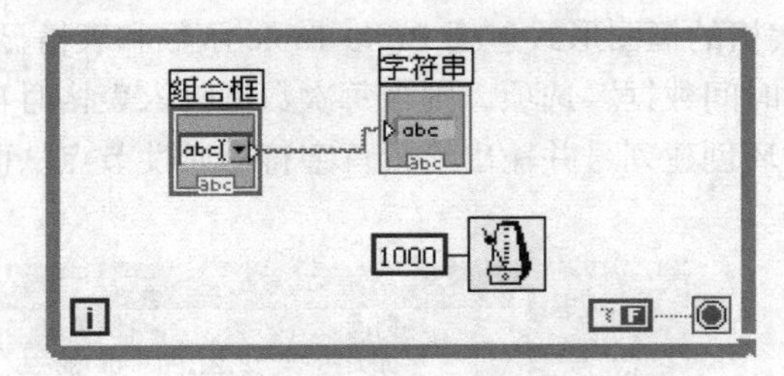

图 7-6　项值对应的设置

文件路径输入控件是一种特殊功能的字符串控件，使用它可以方便地实现文件路径的选择。图 7-7 实现了一个简单的波形文件的存储，通过文件路径输入控件给写波形文件函数指定数据保存路径。文件路径输入控件都自带一个浏览按钮，打开它能方便地选择文件路径。如果要隐藏此按钮，可以在控件弹出菜单的显示项中选择取消浏览按钮。

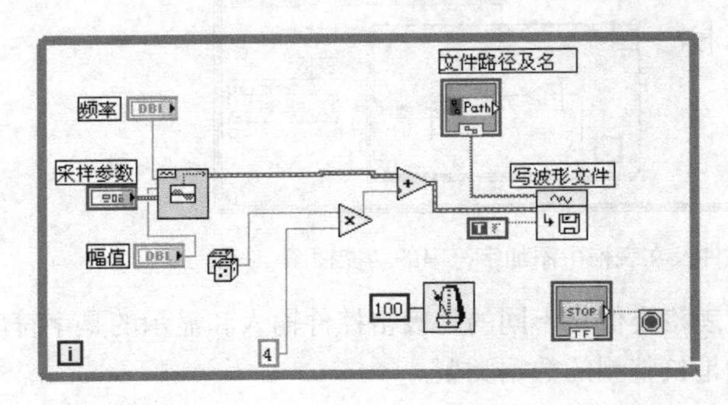

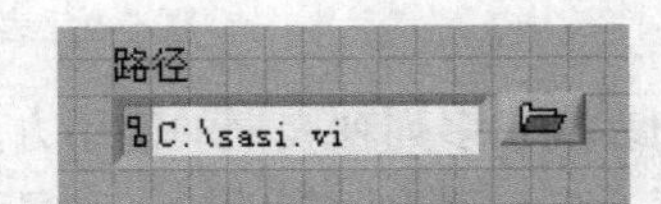

图 7-7　文件路径控件的使用

7.1.2　列表与表格控件

用户可在前面板控件选板中找到“列表与表格”子选板，该选板包括了列表、表格、树形控件这三种表单形式，如图 7-8 所示。

表格是由字符串组成的二维数组，由多个单元格组成，每个单元格可以输入一个字符串。

学会熟练使用表格是记录测量数据和生成报表的基础。双击表格控件单元格可以对其进行输入，鼠标右键单击表格控件，在弹出的快捷菜单中选择“显示项”下的“行首、列首”，可以显示行首和列首。行首和列首可以作为表格的说明性文字使用，如图 7-9 所示，行首为程序自动创建的行号，列首为双击单元格添加的说明文字。图中的左上角单元格无法通过双击控件去添加文字，用户可以使用工具选板的编辑文字工具为单元格添加文字。

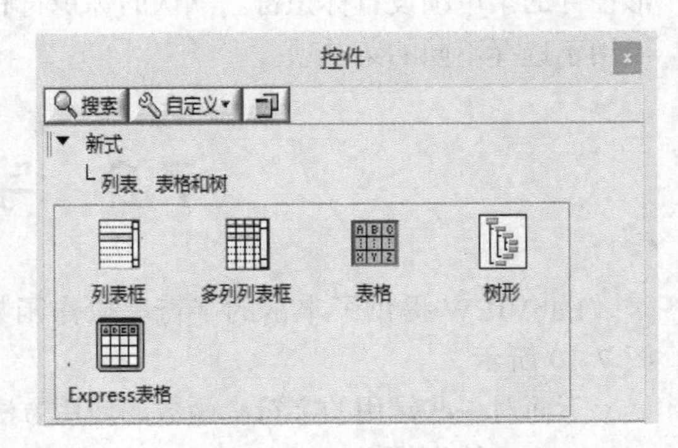

图 7-8　列表与表格

通过使用 LabVIEW 的 Express 技术中的 Express 表格可以方便地构建表格，把数据加入表格中。图 7-9 所示的是使用了 Express 表格去实现表格数据加载功能的 VI 及其程序框图。VI 实现了把一个随机数添加到表格中去，并为随机数添加记录时间和项目编号。双击框图中的 Build Table 函数（Express 表格的框图形式包括 Build Table 函数和表格显示控件），在弹出的配置创建表格窗口中选择“包含时间数据”选项，则当每次数据输入表格时自动为数据添加记录系统时间。函数通过使用 For 循环创建列号并输出给行首字符串属性节点从而可以为随机数创建项目编号，时间延迟设置为 1 秒。

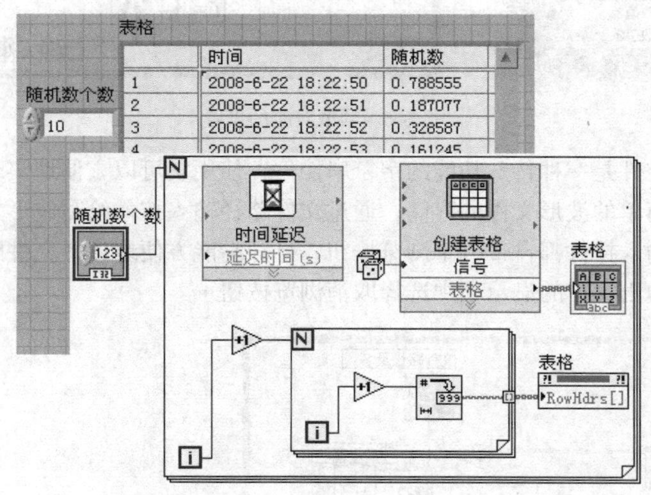

图 7-9　表格控件及在表格中添加字符串的功能框图

列表框、多列列表框的使用方法和表格类似，不同的是表格控件输入和显示的是字符串，而列表框、多列列表框控件输入和显示的是长整型的数据类型。

树形控件用于显示项目的层次结构，默认情况下有多个列首和垂直线。它通常把第一列作为树形控件的树形目录菜单，第二列作为说明项使用。用户在树形控件上单击鼠标左键就可以在非运行状态进行添加或删除菜单项，在菜单项上单击右键在弹出的快捷菜单中选择缩进项和移出项可以创建菜单项的结构层次，这点和菜单编辑器的使用方法类似。用户在树形控件空白处单击鼠标右键在弹出的快捷菜单中选择“编辑项”选项，弹出编辑树形控件项窗口，可以在窗口中为树形控件的菜单项设置标识符。默认的标识符和菜单项名称相同，标识符作为菜单项的唯一标识可以用于选择不同的菜单项。

7.2　字符串函数

LabVIEW 提供了丰富的字符串操作函数，这些函数位于函数选板下字符串子选板中，如图 7-10 所示。

下面对一些常用的字符串函数的使用方法进行简要说明。

（1）字符串长度

其功能是用于返回字符串、数组字符串、簇字符串所包含的字符个数。

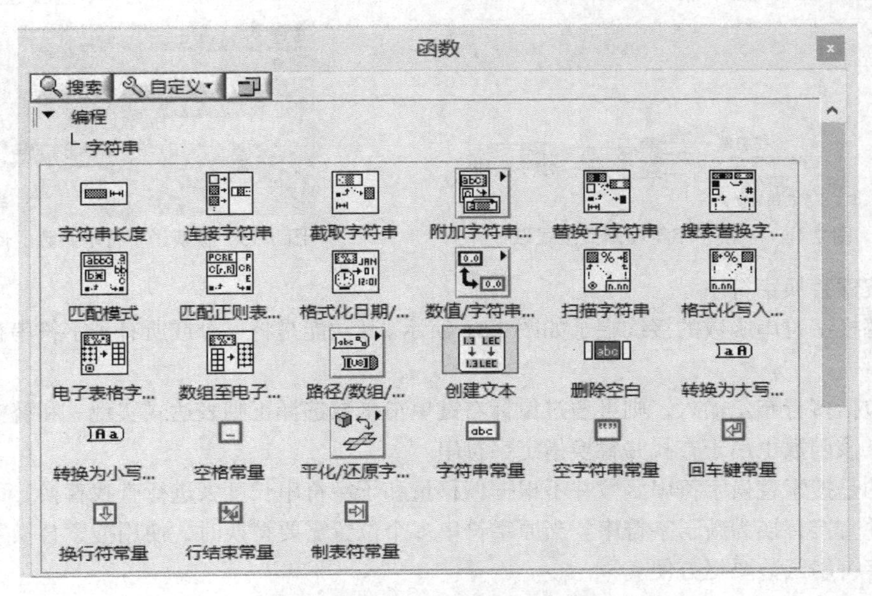

图 7-10　程序框图中的字符串函数界面

图 7-11 所示为返回一个数组字符串的长度。字符串长度函数有时也可被用于作为其他函数如 For 循环的输入条件使用。

（2）连接字符串

其功能是将两个或多个字符串连接成一个新的字符串。拖动连接字符串函数下边框可以增加或减少字符串输入端个数，如图 7-12 所示。如果连接的字符串中需要换行，则可以在函数的输入端两个需要换行的字符串之间添加一个端口接入回车键常量。

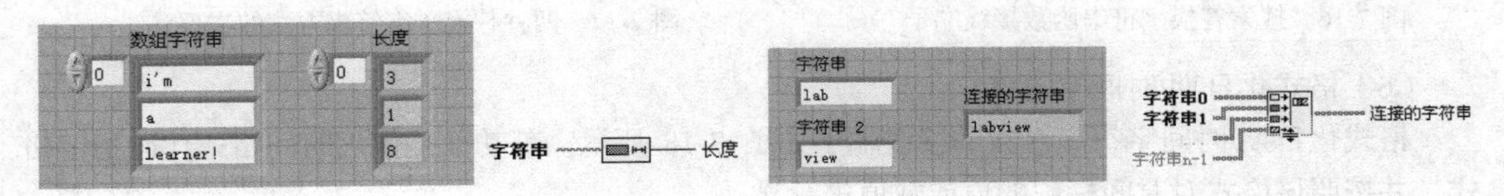

图 7-11　字符串长度函数的使用　　　　图 7-12　连接字符串函数的使用

（3）截取字符串

其功能是返回输入字符串的子字符串，从偏移量位置开始，包含长度字符，如图 7-13 所示。

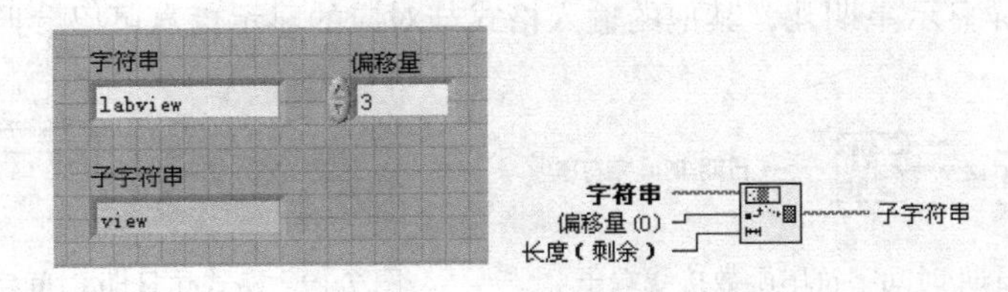

图 7-13　截取字符串函数的使用

（4）替换子字符串

替换子字符串函数的接线端子如图 7-14 所示。其功能是插入、删除或替换子字符串，偏移量在字符串中指定，如图 7-15 所示。

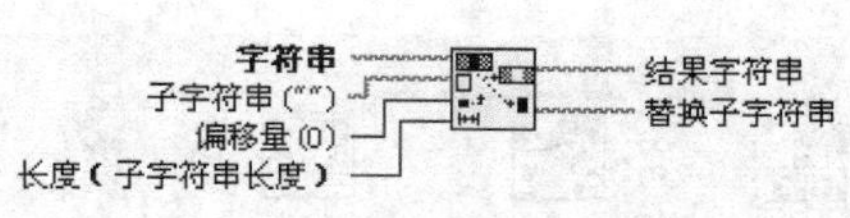

图 7-14　替换子字符串函数接线端子

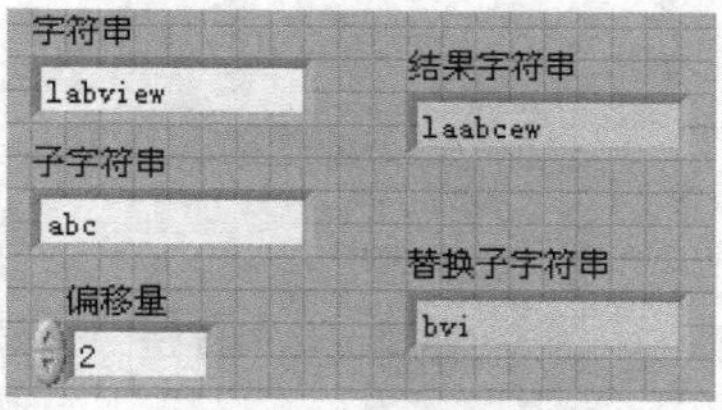

图 7-15　替换子字符串函数的使用

（5）搜索替换字符串

搜索替换字符串函数的接线端子如图 7-16 所示。其功能是将一个或所有子字符串替换为另一子字符串。

如需包括多行布尔输入，则可通过鼠标右键单击函数选择正则表达式实现。和替换子字符串函数一样，该函数也用于查找并替换指定字符串。

不同的是搜索替换字符串函数并不根据偏移量和子字符串长度去进行查找替换，而是搜索原子字符串并直接替换为新子字符串。当原字符串多个位置需要替换时，使用搜索替换字符串函数比替换子字符串函数要更方便。

图 7-17 所示使用替换子字符串函数和搜索替换字符串函数把字符串“LabVIEW match”中的子字符串“match”替换为“CPUBBS”，输出结果显示为“LabVIEW CPUBBS”。

图 7-16　搜索替换字符串函数接线端子　　图 7-17　两种替换子字符串方法的实现

（6）格式化日期/时间字符串

格式化日期/时间字符串函数的接线端子如图 7-18 所示。其功能是使用时间格式代码指定格式，并按照该格式对时间标识的值或数值进行显示。

图 7-19 所示的时间格式化字符串为空，此时系统使用默认值，输出的为系统当前的日期和时间。其时间标识输入端通常连接一个获取日期时间函数（位于函数选板下“定时”子选板上），UTC 格式可以输入一个布尔值，当输入为 True 时，输出为格林威治标准时间；默认情况输入为 False，输出为本机系统时间。通过对时间格式化字符串的不同输入可以提取时间标识部分信息，如输入字符串为 %a 显示星期几，其他的输入格式与对应的显示信息可以参照表 7-2。

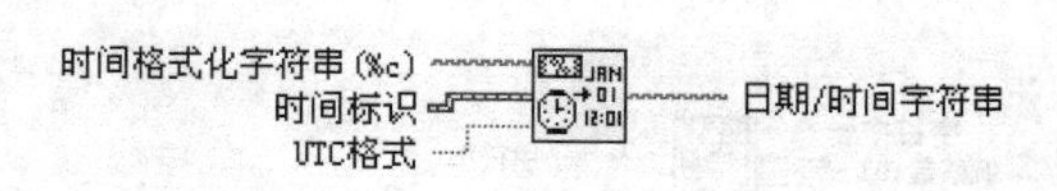

图 7-18　格式化日期/时间字符串函数接线端子

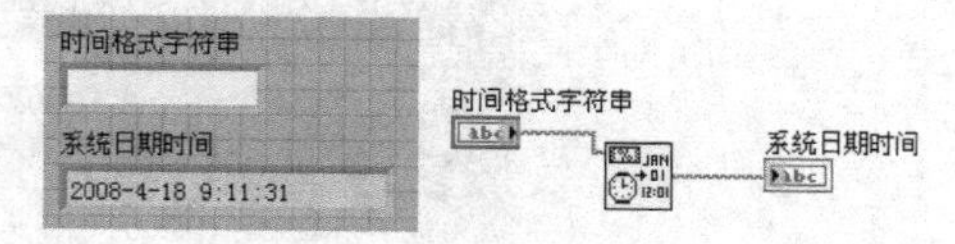

图 7-19　格式化日期/时间字符串函数的使用

表 7-2　　时间格式代码列表

输入字符	显示格式	输入字符	显示格式
%a	星期名缩写	%b	月份名缩写
%c	地区日期/时间	%d	日期

续表

输 入 字 符	显 示 格 式	输 入 字 符	显 示 格 式
%H	时，24 小时制	%I	时，12 小时制
%m	月份	%M	分钟
%p	am/pm 标识	%S	秒
%X	地区日期	%y	两位数年份
%Y	四位数年份	%<digit>u	小数秒，<digit>位精度

（7）扫描字符串

扫描字符串函数的接线端子如图 7-20 所示。其功能是扫描输入字符串，然后根据格式字符串进行转换。例如，可以将数字字符串转变为数值。格式字符串有一定的输入语法，用户可以参照帮助系统手写这些格式字符串语句，也可以双击框图中的函数选板，在弹出的窗口中进行字符串格式设置。单击添加新操作或删除新操作按钮可以增加或减少输出端子。在已选操作中可以选择扫描格式，如果对话框提供的扫描模式不符合用户需求也可以在窗口下端的“对应的扫描字符串”对话框中自行设置字符串格式。

图 7-21 所示的为截取字符串函数和扫描字符串函数的使用方法。输入字符串为“LabVIEW 1.343”，截取/部分字符串函数的偏移量为 2，子字符串的长度为 7，提取后的子字符串为“bVIEW 1”，其中空格也占一个字符串长度。

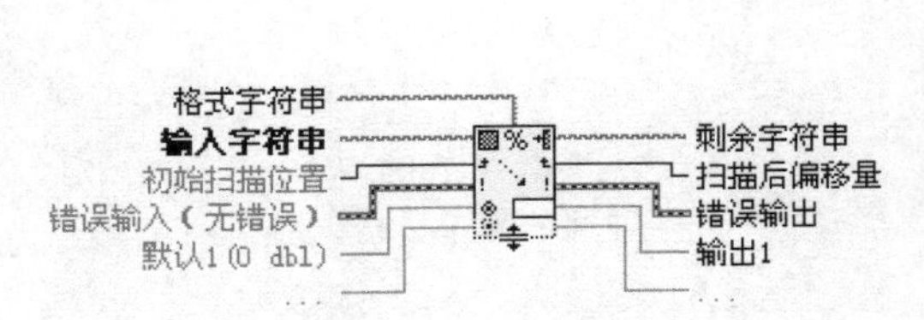

图 7-20　扫描字符串函数接线端子

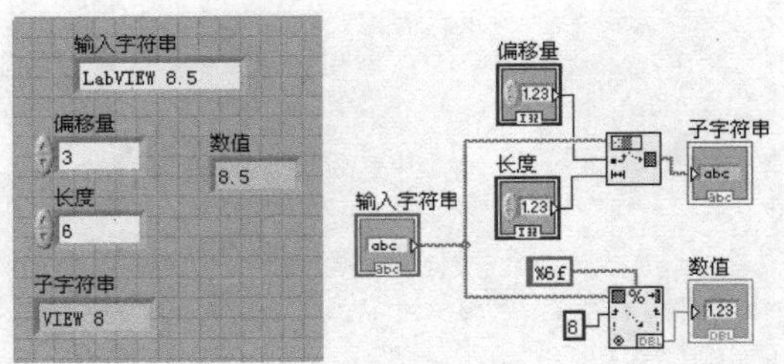

图 7-21　扫描字符串函数的使用

（8）数值至小数字符串转换

数值至小数字符串函数的接线端子如图 7-22 所示。该函数在“字符串/数值转换”子函数选板下。其功能是将数字转换为小数（分数）格式的浮点型字符串，至少为宽度个字符，如有需要可以适当加宽。图 7-23 所示的数字宽度不够，因此函数经过近似处理后在显示的数字左侧添加了 3 个空格。“字符串/数值转换”子函数选板的函数可以把字符串转换为各种数值类型，也可以把数值转换为各种形式的字符串。本节以数值至小数字符串转换函数为例说明这类函数的使用方法。

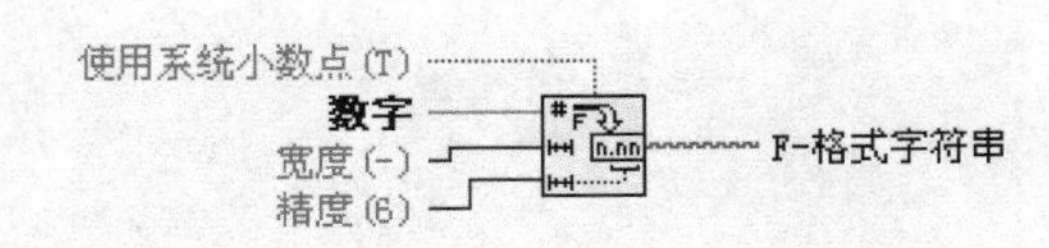

图 7-22　数值至小数字符串转换函数接线端子

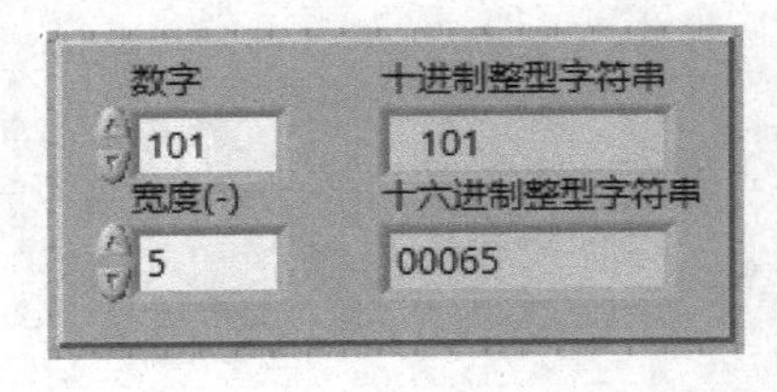

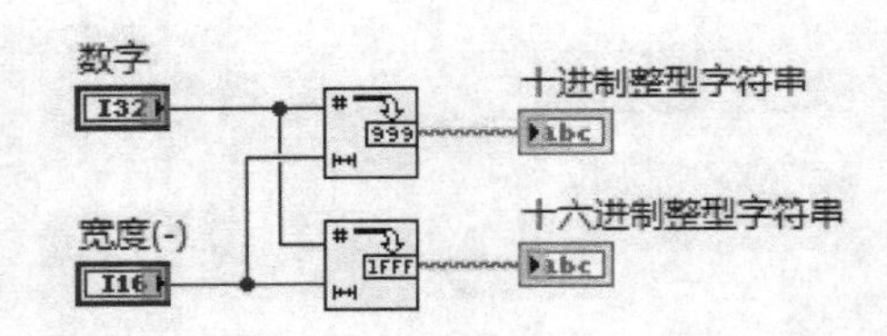

图 7-23　数值至小数字符串转换函数的使用

本章小结

本章主要介绍了字符串控件和表格与列表控件的使用方法，并介绍了字符串函数的功能和操作方法，使用这些函数可以方便地实现字符串的处理，而不需编写复杂的应用程序。使用这些强大的字符串函数还可以在仪器通信时，传递控制命令或操作数据。此外，使用字符串函数中的丰富类型转换函数，可以实现字符串与数值、数组、路径等数据类型的转换。

习　题

7-1　设计 VI，将两个字符串联结成为一个字符串。

7-2　创建两个字符串输入控件并输入字符串，将其中一个字符串连接在另外一个字符串后面，并输出连接后的字符串长度。

7-3　从 0 ~ 10 之间随意取 3 个数，然后分别转换为一个字符串显示在不同的字符串显示控件中。同时要求将这 3 个数转成字符串后显示在同一个字符串显示控件中，并在两个数之间用逗号隔开。

第 8 章 文件 I/O

在使用 LabVIEW 编写程序的过程中，经常需要存储数据或读取数据，这就需要有文件的 I/O 过程。LabVIEW 中提供了对多种文件类型格式的数据进行读/写操作的函数，用来实现数据的存储与读取。本章将主要介绍几种常用的文件 I/O 操作函数，以及不同的数据文件格式的特点及特定的应用场合。

8.1 文件的类型

当把 LabVIEW 用于测控领域时，通常需要对不同类型的测试数据进行实时存储，以供日后进行数据分析、波形回放或生成各种类型的报表。LabVIEW 提供了丰富的文件类型用于满足用户对存储格式的需求，常用的有 8 种。

1. 文本文件

文本文件是一种最通用的文件类型，它可以对多种文件类型进行格式转换，以 ASCII 码的形式存储在记事本、Word 等常用字处理软件中。大多数仪器的控制命令或其他字符串类型的数据以文本形式进行保存和读取，但当存入数据中有二进制数据、浮点型数据时使用文本文件格式进行存储会占用较大的磁盘空间，保存和读取数据较慢，极端情况时会使数据存储速度跟不上生成速度。产生这些不利现象的原因在于用这种格式进行 I/O 操作时首先要对原数据进行格式转换，转换为字符串格式才能存储。例如，一个八位二进制数 11001110，以二进制文件形式存储占一个字节；如果要以文本格式存储，就要占 8 个字节，并且需要先把二进制文件转换为 ASCII 码的文本文件，再将文本文件还原为二进制的形式进行读写，因此既减慢了读写速度，又占用了硬盘空间。以这种文件方式进行数据存储，由于存储数据字符数不同，因此所占的字节数也不同，不利于用户在指定位置进行所需数据的查找。

2. 电子表格文件

电子表格文件输入的是一维或二维的数组，这些数组首先被转换为 ASCII 码，然后存储在 Excel 等电子表格中。这些数组的内容可以是字符串类型的、整型的或浮点型的。电子表格文件内有一些特殊的表格符号，如空格符、换行符等，用于满足表格数据的填入要求。可以用电子表格制作一些简单的数据存储和显示报表，当用户需要生成功能较多的高级报表时可以使用报表生成工具包。

3. 二进制文件

二进制格式是所有文本文件格式中读写速度最快的一种文件存储格式，用这种方式存储数据不需要进行数据格式的转换，并且存储格式紧凑，占用的硬盘空间小。二进制格式的数据文件字节长度固定，与文本文件相比更容易实现数据的定位查找。但其存储数据无法被通常的字处理软件识别，当进行数据还原时必须知道输入数据类型才能恢复成原有数据。

4. 波形文件

波形文件专用于记录波形数据，这些数据输入类型可以是动态波形数据或一维、二维的波形数组。波形数据中包含有起始时间、采样间隔、波行数据记录时间等波形信息。波形文件可以以文本的格式保存，也可以以二进制的形式保存。

5. 数据记录文件

数据记录文件是一种特殊的二进制文件，它类似于数据库文件，可以以记录的形式存放各种格式的数据，例如簇这类复杂形式的数据。因此当要存储的信息中包含不同类型的数据时，常使用数据记录文件这种包容性强的文件类型。

6. 配置文件

配置文件是标准的 Windows 配置文件，用于读写一些硬件或软件的配置信息，并以 INI 配置文件的形式进行存储。一般来说，一个 INI 文件是一个 key/value 对的列表。例如，一个 key 为"A"，它相应的值为“1984”。INI 文件中的条目为 A=1984。当运行完一个用 LabVIEW 生成的 EXE 文件时，程序也会自动生成一个.INI 文件。

7. XML 文件

XML 是 Extensible Markup Language 的缩写，即可扩展标记语言，利用 XML 纯文本文件可以用来存储数据、交换数据、共享数据。大量的数据可以存储到 XML 文件中或者数据库中。LabVIEW 中的任何数据类型都可以以 XML 文件方式读写。XML 文件最大的优点是实现了数据存储和显示的分离，用户可以把数据以一种形式存储，用多种不同的方式打开，而不需改变存储格式。

8. 数据存储文件和 TDMS 文件

数据存储文件即 TDM 文件（Technical Data Management），可以将波形数据、文本数据和数值数据等数据类型存储为 TDM 格式或者从 TDM 文件中读取波形信息。使用数据存储文件格式可以为数据添加描述信息，如用户名、起始时间、注释信息等，通过这些描述信息能方便地进行数据的查找。包括 LabVIEW、LabVIEW Real-Time、LabWindows/CVI、LabWindows/CVI Real-Time 和 DIAdem 等很多 NI 公司的软件都可以进行 TDM 格式的数据读写，使动态类型的数据在这些软件中可以共享和交换。高速数据存储文件（TDM Streaming，TDMS）比 TDM 文件在存储动态类型数据时读写速度更快并且无容量限制。

8.2 文件 I/O 选板

针对多种文件类型的 I/O 操作，LabVIEW 提供了功能强大使用便捷的文件 I/O 函数。这些函数大多数位于函数选板下“编程→文件 I/O”子选板内，如图 8-1 所示。

除了该选板下的函数外，还有个别函数文件 I/O 函数位于波形子选板、字符串子选板和图形与声音子选板内。下面对文件 I/O 函数选板中常用的几个 I/O 函数进行简单介绍。

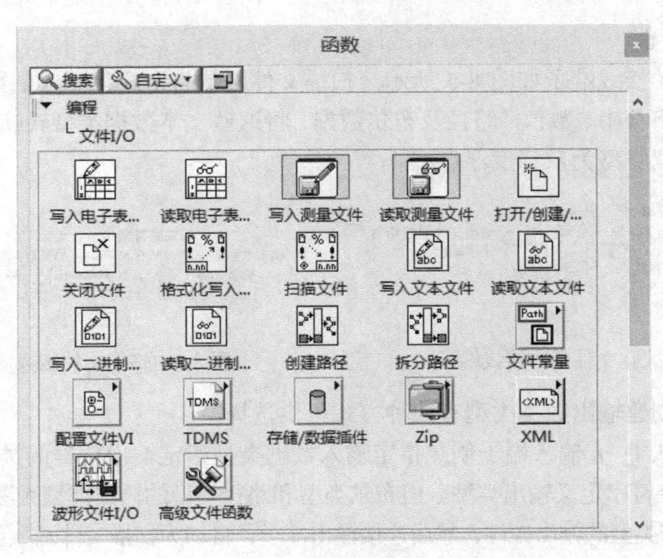

图 8-1　文件 I/O 子模板

1. 打开/创建/替换文件函数

打开/创建/替换文件函数的接线端子如图 8-2 所示。它的功能是打开或替代一个存在的文件或创建一个新文件。文件路径（使用对话框）端子输入的是文件的绝对路径。如没有连线文件路径端子，函数将显示用于选择文件的对话框。文件路径端子下方是文件操作端子，可以定义打开/创建/替换文件函数要进行的文件操作，可以输入 0－5 的整型量。输入 0 表示打开已经存在的文件，输入 1 表示替换已存在的文件，输入 2 表示创建新文件，输入 3 表示打开一个已存在的文件，若文件不存在则自动创建新文件。输入 4 表示创建新文件，若文件已存在则替换旧文件。输入 5 和输入 4 进行的操作一致，但文件存在时必须拥有权限才能替换旧文件。文件操作端子下方是权限端子，可以定义文件的操作权限，默认为可读写状态。

句柄也是一个数据类型，包含了很多文件和数据信息。在本函数中包括文件位置、大小、读写权限等信息，每当打开一个文件，就会返回一个与此文件相关的句柄；在文件关闭后，句柄与文件联系会取消。文件函数用句柄连接，用于传递文件和数据操作信息。

2. 关闭文件函数

关闭文件函数的接线端子如图 8-3 所示。在用句柄连接的函数最末端通常要添加关闭文件函数。关闭文件函数用于关闭引用句柄指定的打开文件。使用关闭文件函数后错误 I/O 只在该函数中运行，无论前面的操作是否产生错误，错误 I/O 都将关闭。从而释放引用，保证文件正常关闭。

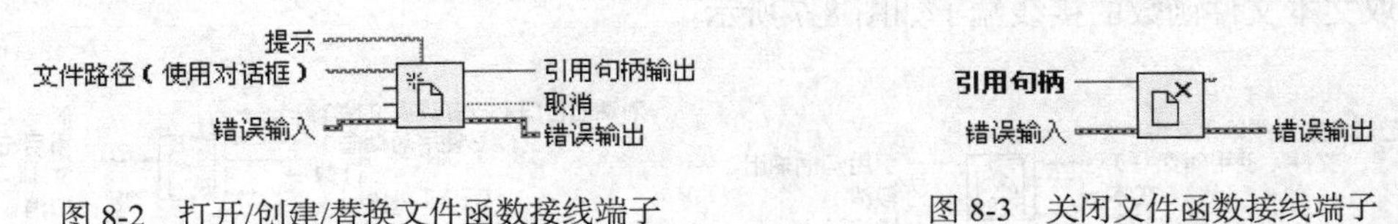

图 8-2　打开/创建/替换文件函数接线端子　　　图 8-3　关闭文件函数接线端子

3. 格式化写入文件函数

格式化写入文件函数的接线端子如图 8-4 所示。格式化写入文件函数可以将字符串、数值、路径或布尔数据格式化为文本类型并写入文件。拖动函数下边框可以为函数添加多个输入。输入端子指定要转换的输入参数。输入的可以是字符串路径、枚举型、时间标识或任意数值数据类型。格式化写入文件函数还可用于判断数据在文件中显示的先后顺序。

4. 扫描文件函数

扫描文件函数的接线端子如图 8-5 所示。扫描文件函数与格式化写入函数功能相对应，可以扫描位于文本中的字符串、数值、路径及布尔数据，将这些文本数据类型转换为指定的数据类型。输出端子的默认数据类型为双精度浮点型。

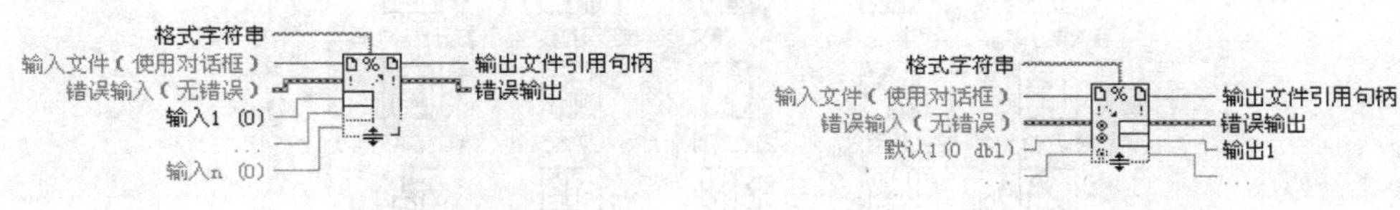

图 8-4　格式化文件函数接线端子　　　　图 8-5　扫描文件函数接线端子

要为输出端子创建输出数据类型有四种方式可供选择。

（1）通过为默认 1…*n* 输入端子创建指定输入数据类型指定输出数据的类型。

（2）通过格式字符串定义输出类型。但布尔类型和路径类型的输出类型无法用格式字符串定义。

（3）先创建所需类型的输出控件，然后连接输出端子，自动为扫描文件函数创建相应的输出类型。

（4）双击扫描文件函数，将打开一个“编辑扫描字符串”窗口，可以在该窗口进行添加删除端子和定义端子类型操作。

8.3 常用文件类型

8.3.1 文本文件

文本文件是最常用的文件类型。LabVIEW 提供了两种方式创建文本文件，一种就是使用打开/创建/替换文件函数，另一种更简便就是使用文本文件写入函数。写入/读取文本文件函数位于“文件 I/O”子选板中，其简要说明如下。

1. 写入文本文件函数

写入文本文件函数的接线端子如图 8-6 所示。文件端子可以输入引用句柄或绝对文件路径，不可以输入空路径或相对路径。写入文本文件函数根据文件路径端子打开已有文件或创建一个新文件。文本端子输入的为字符串或字符串数组类型的数据，如果数据为其他类型，必须先使用格式化写入字符串函数（位于函数面板字符串子模板）把其他类型数据转换为字符串型的数据。

2. 读取文本文件函数

读取文本文件函数的接线端子如图 8-7 所示。

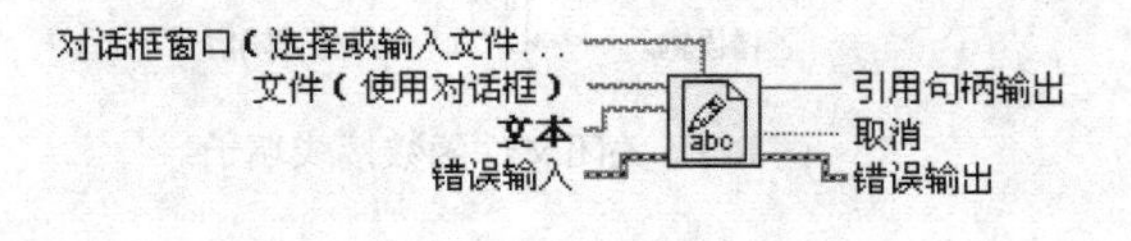

图 8-6　写入文本文件函数接线端子

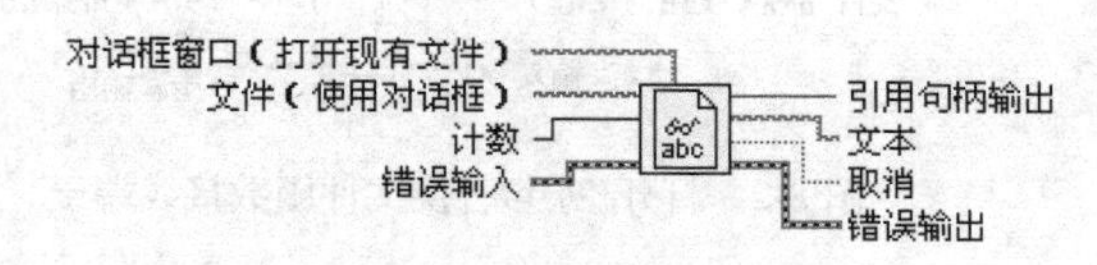

图 8-7　读取文本文件函数接线端子

计数端子可以指定函数读取的字符数或行数的最大值。如计数端子输入<0，读取文本文件函数将读取整个文件。很多函数节点都有错误输入和错误输出功能，其数据类型为簇，有三个功能。

（1）用于检查错误信息，如果一个节点发生操作错误，该节点的错误输出端就会返回一个错误信息。这个错误信息传递到下一个节点则那个节点就不运行，只是将错误信息继续传递下去。

（2）通过将一个节点的错误输出与另一个节点的错误输入连接可以指定程序执行的顺序，起到一个数据流的作用。

（3）错误输出端输出的簇信息可以作为其他事件的触发事件。

VI 多次运行时通常会把上一次运行时的数据覆盖，有时为了防止数据丢失，需要把每次运行 VI 时产生的数据资料添加到原数据资料上去。这就要使用设置文件位置函数，其接线端子如图 8-8 所示。设置文件位置函数位于“文件 I/O→高级文件函数”中，用于指定数据写入的位置。

自端子指定文件标记，即数据开始存放的位置。为自端子创建常量时，显示的是一个枚举型常量；选择 start 项时表示在文件起始处设置文件标记；选择 end 项时表示在文件末尾处设置文件标记；选择 current 项时表示在当前文件标记处设置文件标记。偏移量用于指定文件标记的位置与自指定位置的距离。

下面以两个例子来对文本文件的读/写进行说明。

【例 8-1】　图 8-9 给出了文本文件的 I/O 操作示例。用文本文件的形式存储由“正弦”函数产生的数据点，为了让文本文件读取后方便显示，所有数据值都“加 1”，写入的文本文件如图 8-10 所示。移位寄存器和“连续字符串”将 360 个离散的字符串连接到一起后，再写入文本文件中。如果不使用这种方式，直接将写入函数放入循环体中，则写入的始终是第一个值。因为文本文件是以替换的方式写入的，即后面写入的数据会从初始的位置开始依次往后替换之前所写的数据。

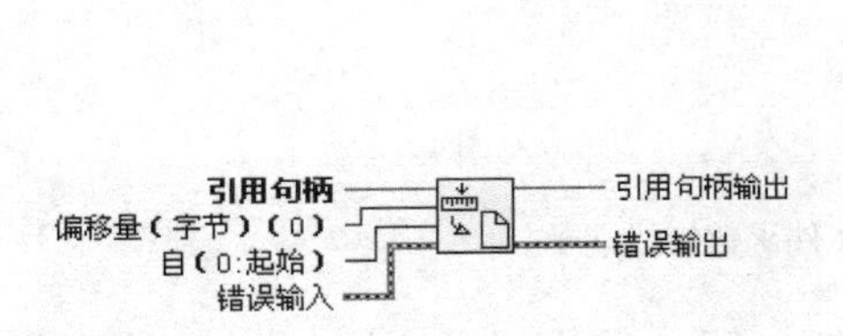

图 8-8　设置文件位置函数接线端子

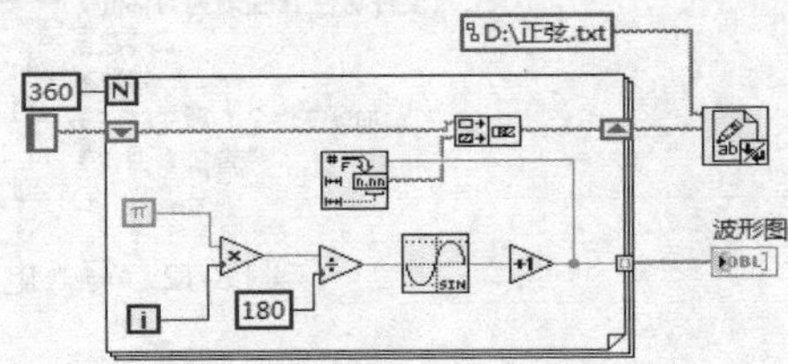

图 8-9　文本文件的写操作

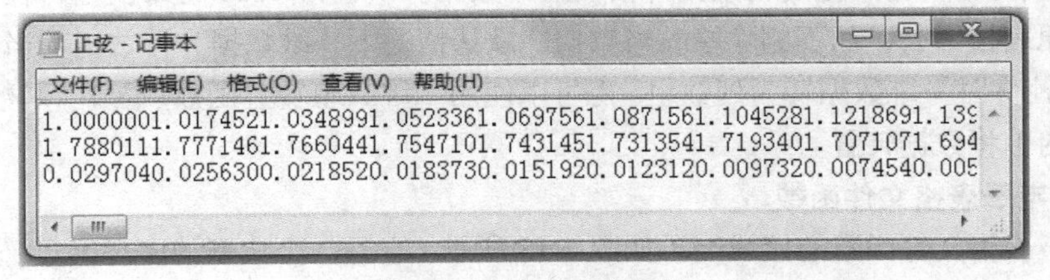

图 8-10　写入的文本文件

【例 8-2】　如图 8-11 所示使用读取文本文件函数读取上例生成的文本文件数据，并以波形图的形式读取显示文本文件中的数据。

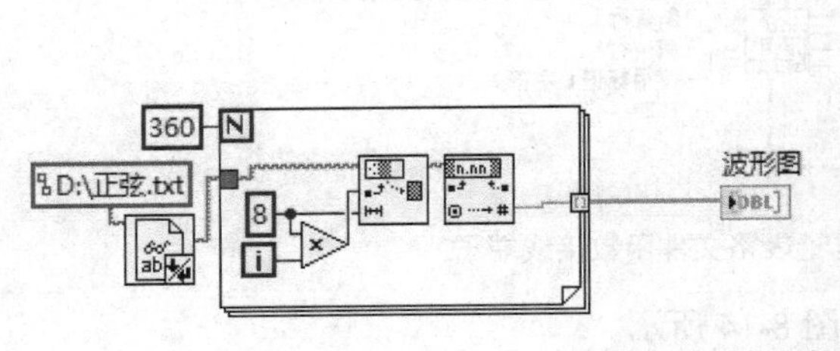

图 8-11　文本文件的读操作

从文本文件中直接读取出来的数据是字符串型的，为了使它能够在波形图中显示，需要转换成 DBL 行的数组。在写入时默认格式化精度为 6 位，加上小数点与个位，所以每个数据宽度为 8 位，即读取出来的每 8 个字符表示一个数据点的值；如果有负数，由于符号的占位会使数据位长度发生变化，这种情况下数据转换就会变得复杂。在上例中产生数据时都进行了“加 1”操作，目的就是让所产生的数据点值全为“正”，便于这里的转换操作。

在本例中，所有要读取的数据位数都是固定的，所以转换相对比较简单。如果要读取的数据位数不确定，就会在后期的转换过程中遇到许多麻烦。所以文本文件存储的方式虽然直观，但也存在这个弊端。

8.3.2 电子表格文件

电子表格文件是一种特殊的文本文件，它将文本信息格式化，并在格式中添加了空格、换行等特殊标记，以便于被 Excel 等电子表格软件读取。使用 LabVIEW 提供的电子表格函数可以方便地实现表格的生成和读写操作。电子表格函数的简要说明如下。

1. 写入电子表格文件

写入电子表格文件函数的接线端子如图 8-12 所示。格式输入端子指定数据转换格式和精度，二维数据输入端和一维数据输入端能输入字符串、带符号整数或双精度数的二维或一维数组。

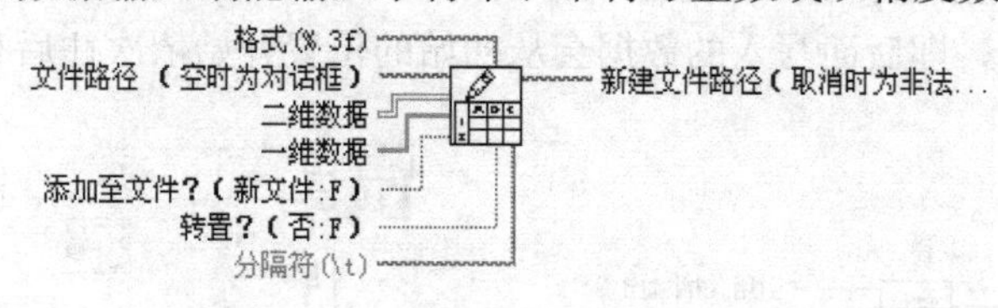

图 8-12 写入电子表格文件函数接线端子

电子表格文件将数组转换为文本字符串形式保存。添加至文件端子连接布尔型控件，默认为 False 表示每次运行程序产生的新数据都会覆盖原数据。设置为 True 时每次运行程序新创建的数据将添加到原表格中去，而不删除原表格数据。默认情况下一维数据为行数组，当在转置端子添加 True 布尔控件时一维数据转为列数组。也可以使用二维数组转置函数（位于“函数”选板的“数组”子选板内）将数据转置。

2. 读取电子表格文件函数

读取电子表格文件函数的接线端子如图 8-13 所示。它是一个典型的多态函数，通过多态选择按钮可以选择输出格式为双精度型、字符串型或整型。行数是 VI 读取行数的最大值。默认情况下为-1，代表读取所有行。读取起始偏移量指定从文件中读取数据的位置，以字符（或字节）为单位。第一行是所有行数组中的第一行，输出的为一维数组。读后标记指向文件中最后读取的字符之后的字符。

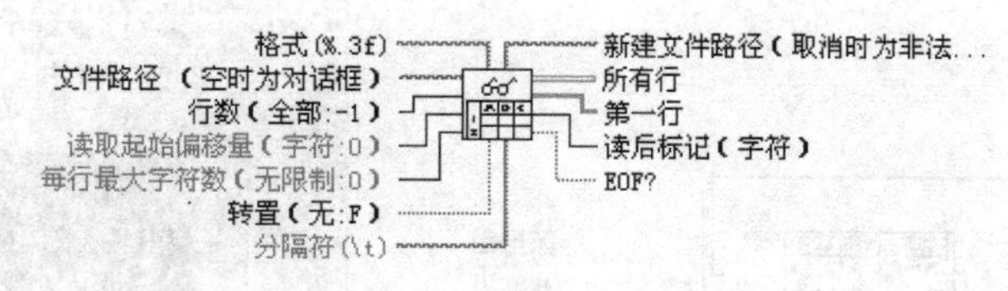

图 8-13 读取电子表格文件函数接线端子

【例 8-3】 电子表格文件的 I/O 操作如图 8-14 所示。

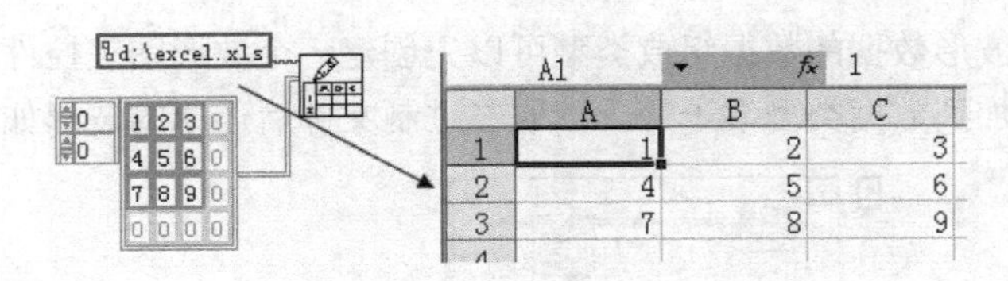

（a）电子表格文件的写操作

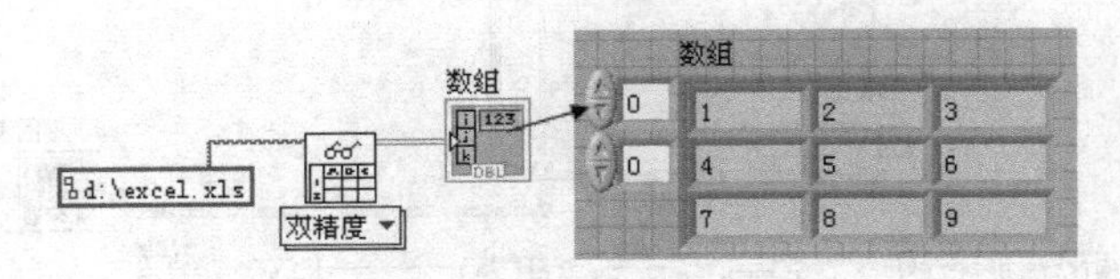

（b）电子表格文件的读操作

图 8-14　电子表格文件的 I/O 操作

8.3.3　二进制文件

在众多的文件类型中，二进制文件是存取速度最快、格式最紧凑、冗余数据最少的文件存储格式。在高速数据采集时常用二进制格式存储文件，以防止文件生成速度大于存储速度的发生。二进制文件函数的简要说明如下。

1. 写二进制文件

写二进制文件函数的接线端子如图 8-15 所示。二进制文件的文件结构与数据类型无关，因而其数据输入端子输入的可以是任意类型的数据。可选端子预置数组或字符串大小输入的是布尔类型的数据，默认为 True，表示在引用句柄输出端子添加数据大小的信息。字节顺序端子可以连接枚举常量，选择不同的枚举项可以指定数据在内存地址中的存储顺序，默认情况下最高有效字节占据最低内存地址。

2. 读取二进制文件

读取二进制文件函数的接线端子如图 8-16 所示。以二进制方式存储后，用户必须知道输入数据的类型才能准确还原数据。因此，使用该函数打开之前用写二进制文件函数存储的二进制文件时必须在数据类型端口指定数据格式，以便将输出的数据转换成与原存储数据相同的格式，否则可能会出现输出数据与原数据格式不匹配或出错。总数端子指定要读取的数据元素的数量。如总数为-1，函数将读取整个文件；但当读取文件太大或总数小于-1 时，函数将返回错误信息。

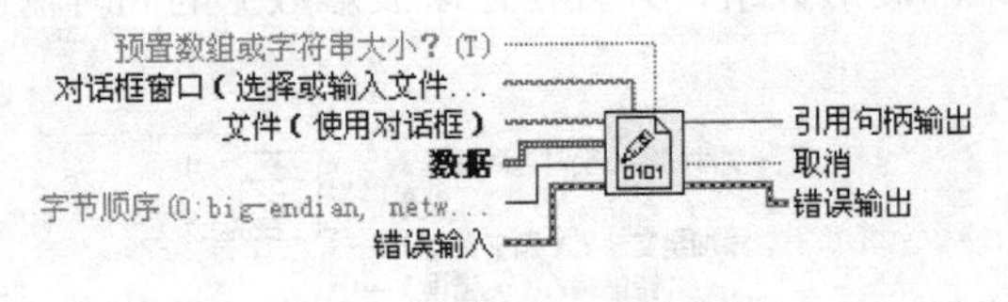

图 8-15　写二进制文件函数接线端子

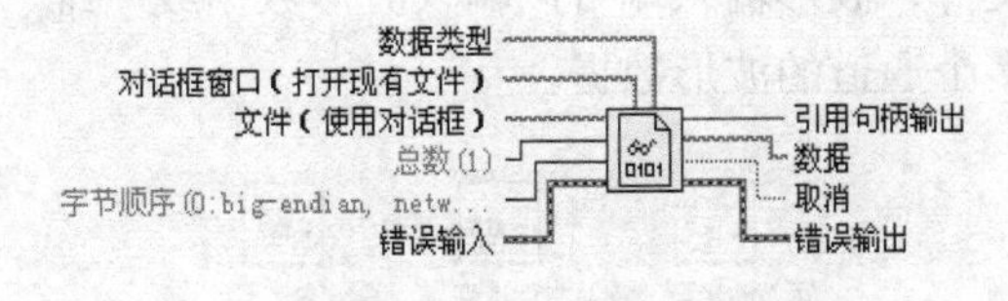

图 8-16　读取二进制文件函数接线端子

【例 8-4】　把一个混合单频与噪声波形存储为二进制文件形式的过程如图 8-17 所示。文件对话框函数用于设定文件路径选择对话框的提示框字符、默认的存储文件名和提示的文件类型。写二进制文件函数输入的为波形数组类型的数据。

图 8-18 所示的程序用于读取图 8-17 程序创建的二进制文件。为了还原波形数据，首先要为读取二进制文件函数的数据类型端子创建包含波形数据的簇信息，如图 8-18 所示。

如果用户不熟悉波形数据的数据组成类型可以先创建一个波形图表控件，然后把波形图表控件转化为常量，再添加到数据类型端子处。读取二进制文件后还原的波形如图 8-18 所示。

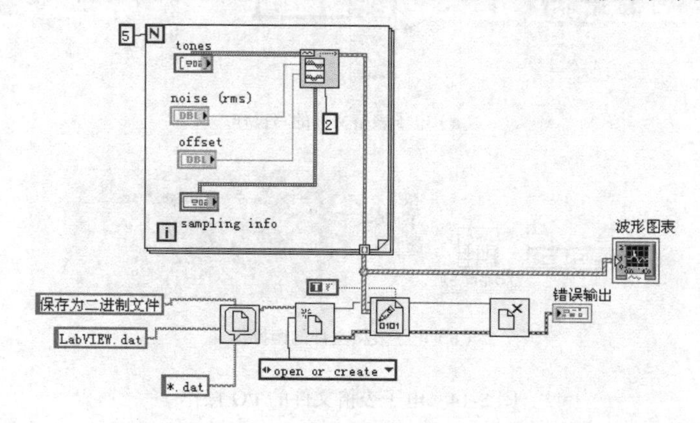

图 8-17　波形存储为二进制文件形式

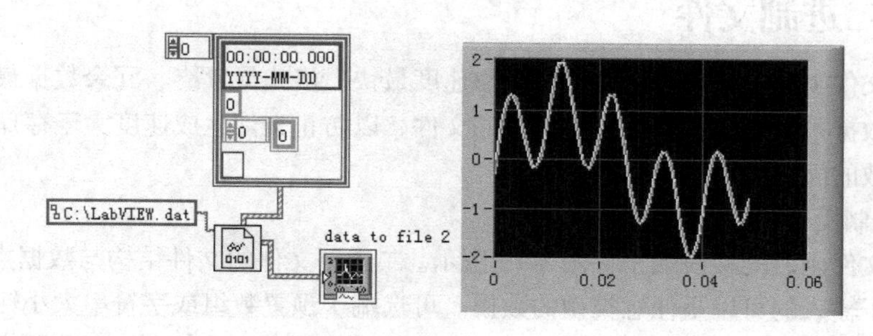

图 8-18　读取二进制文件

8.3.4　波形文件

波形文件是一种特殊的数据记录文件，专门用于记录波形数据。每个波形数据包含采样开始时间 t_0、采样间隔 dt、采样数据 y 三个部分。LabVIEW 提供了三个波形文件 I/O 函数，如图 8-19 所示，这三个函数位于函数选板→波形子模板→波形文件 I/O 二级模板中。

1. 写入波形至文件函数

写入波形至文件函数的接线端子如图 8-20 所示。它可以创建一个新文件或打开一个已存在的文件，波形输入端可以输入波形数据或一维、二维的波形数组，并且在记录波形数据的同时输入多个通道的波形数据。

图 8-19　波形文件 I/O 函数

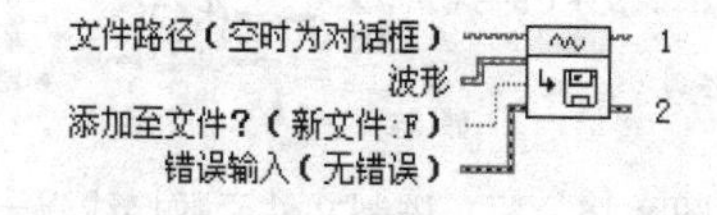

图 8-20　写入波形至文件函数接线端子

2. 导出波形至电子表格文件函数

导出波形至电子表格文件函数的接线端子如图 8-21 所示。它将一个波形转换为字符串形式，然后将字符串写入 EXCEL 等电子表格中去。其中分隔符函数用于指定表格间的分隔符号，默认情况下为制表符。多时间列端子用于规定各波形文件是否使用一个波形时间。如果要为每个波形都创建时间列，则需要在多时间列端子输入 True 的布尔值。如为标题端子输入 True 值，生成的表格文件中将包含波形通道名，t_0、dt 等信息；如输入 False 值，则表格将不显示表头信息。

分隔符(Tab)
提示
文件路径（空时为对话框）
波形
多个时间列？（单个:F）
错误输入（无错误）
添加至文件？（新文件:F）
标题？（写标题:T）
新建文件路径
错误输出

图 8-21 导出波形至电子表格文件函数接线端子

3. 从文件读取波形函数

从文件读取波形函数的接线端子如图 8-22 所示。它用于读取波形记录文件，其中偏移量端子指定要从文件中读取的记录，第一个记录是 0。

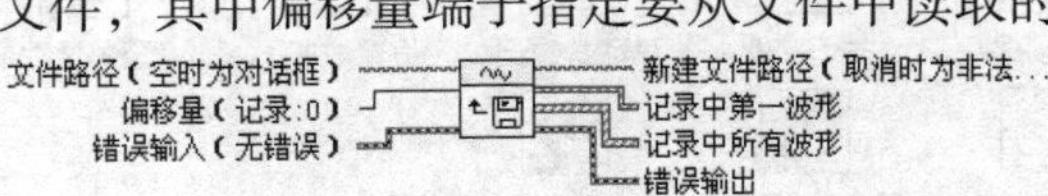

图 8-22 从文件读取波形函数接线端子

【例 8-5】 波形文件的读写操作如图 8-23 所示。图中通过模拟一个双通道波形数据的读写过程具体说明波形文件的使用方法，所示程序用于执行波形的写操作。首先使用“正弦波形”函数和“锯齿波形”函数创建了两个模拟波形，通过“获取日期/时间”函数为两个模拟波形创建了各自不同的波形生成时间。生成的两个波形数据通过创建数组函数生成一个一维波形数组，作为输入数据传递给“写入波形至文件”函数。这里把波形文件保存为二进制形式，这样既节省了数据存储空间，同时又提高了存储速度。

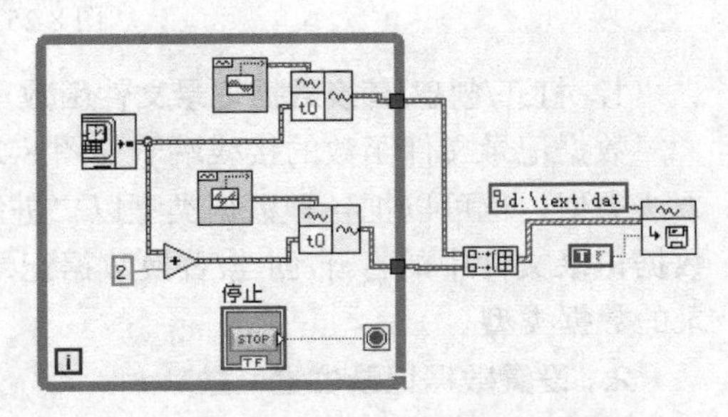

图 8-23 模拟双通道波形文件写操作

图 8-24（a）所示程序用于读取前例创建的波形文件，并通过“导出波形至电子表格文件”函数导入 EXCEL 表格中。因为本例生成的波形文件中有两个生成时间不同的模拟波形数据，因此导出波形至电子表格文件函数的多个时间列端子需要添加真值常量。程序运行后生成的 EXCEL 文件如图 8-24（b）所示。

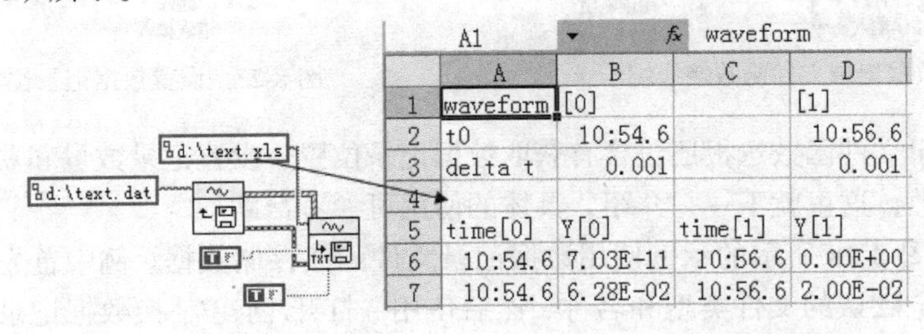

A1 | waveform

	A	B	C	D
1	waveform	[0]		[1]
2	t0	10:54.6		10:56.6
3	delta t	0.001		0.001
4				
5	time[0]	Y[0]	time[1]	Y[1]
6	10:54.6	7.03E-11	10:56.6	0.00E+00
7	10:54.6	6.28E-02	10:56.6	2.00E-02

（a）波形文件的读操作 （b）波形文件导入 EXCEL 电子表格

图 8-24 波形文件读操作并导入 EXCEL 电子表格

在如图 8-8 所示程序框图对应的前面板设计中，应该在 VI 属性窗口中自定义窗口外观，隐藏工具栏中的中止按钮。因为如果直接在程序运行时按下终止按钮，数据流将在 While 循环内终止尚未传输到写入波形至文件函数中去。

8.3.5 数据记录文件

数据记录文件函数位于文件 I/O 子选板中的“高级文件函数→数据记录”子选板中，如图 8-25 所示。

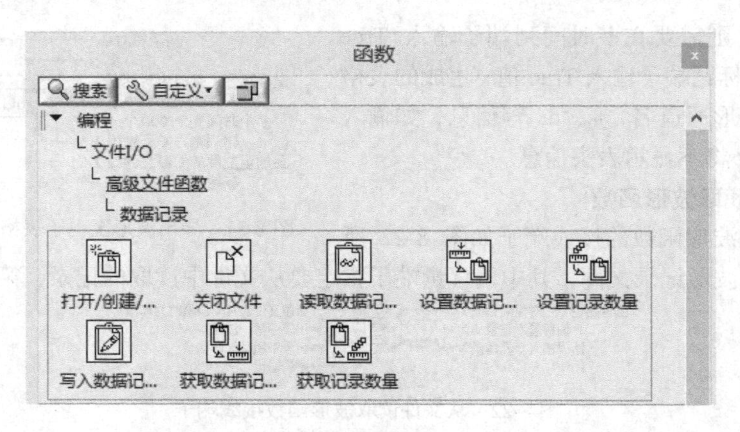

图 8-25　数据记录文件函数

1. 打开/创建/替换数据记录文件函数

数据记录文件函数的接线端子如图 8-26 所示。数据记录文件函数和二进制文件函数的使用方法类似，也可以把各种数据类型以二进制的形式存储。与二进制文件函数的使用不同的是，数据记录文件中的打开/创建/替换数据记录文件函数在使用时必须给记录类型端子添加所要记录的数据类型。

2. 设置数据记录位置函数

设置数据记录位置函数的接线端子如图 8-27 所示。它用于在文件存储时指定数据存储位置，其中自端子和偏移量端子配合使用指定数据记录起始位置。自端子为 start 时，在文件起始处设置数据记录位置偏移量，此时偏移量必须为正，偏移量指定数据记录的位置与自指定位置间的记录数。默认情况下自为 current，在文件起始处设置数据记录位置偏移量。

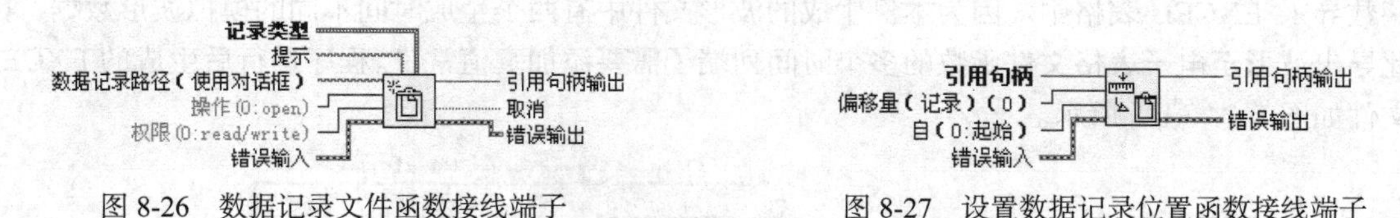

图 8-26　数据记录文件函数接线端子　　　　图 8-27　设置数据记录位置函数接线端子

此外数据记录文件函数选板还包含有获取数据记录位置、设置记录数量和获取记录数量等一系列特殊功能函数，这里就不一一介绍，具体的使用可参考帮助。

【例 8-6】　图 8-28 所示的示例使用数据记录文件函数存储数据。例中首先使用一个“文件对话框”函数指定默认的文件类型和名称，然后使用“打开/创建/替换数据记录文件”函数创建一个新文件。为方便起见，把“仿真信号”函数先连接到“打开/创建/替换数据记录文件”函数的记录类型端子，指定数据记录类型，然后作为数据输入端连接到“写入数据记录文件”函数上，把数据写入文件。例子中使用“拒绝访问”函数设定访问权限为只写，使用“设置数据记录位置”函数指定每次运行程序时数据记录位置为当前位置，使用“获取记录数量”函数获取数据记录的次数，每运行一次写入一次数据。因为“获取记录数量”函数记录的是每次写入数据后的记录次数，因此在使用“获取记录数量”函数时要注意把函数放置于“写入数据记录文件”函数后面。

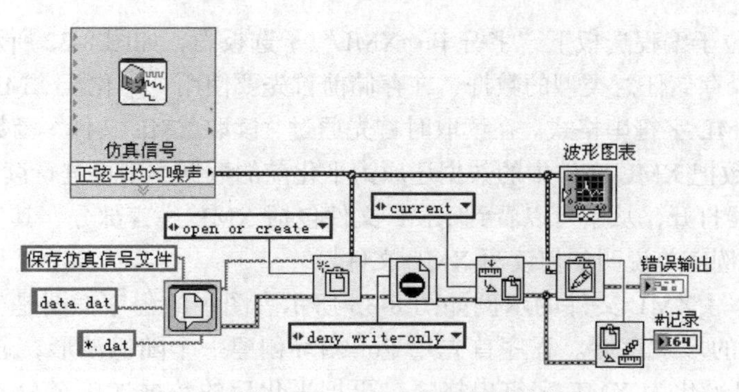

图 8-28　使用数据记录文件函数存储数据

8.3.6　配置文件

配置文件即 INI 文件通常用于记录配置信息，标准的 Windows 配置文件以特殊的文本文件形式存储。配置文件由段（Section）和键（Key）两部分组成。每个段名必须取不同的名称，每个段内的键名也应不同。键值可以为布尔型、字符串型、路径型、浮点型和整型数据。

LabVIEW 提供了丰富的配置文件 VI 函数，位于文件 I/O 子选板下的配置文件 VI 二级子选板内。如图 8-29 所示为一个简单写配置文件程序创建两个段，第一个段写入三个键，键值分别为布尔型数据、双精度浮点型数据和路径型数据。第二个段写入一个字符串型的键值。运行结果如图 8-30 所示。

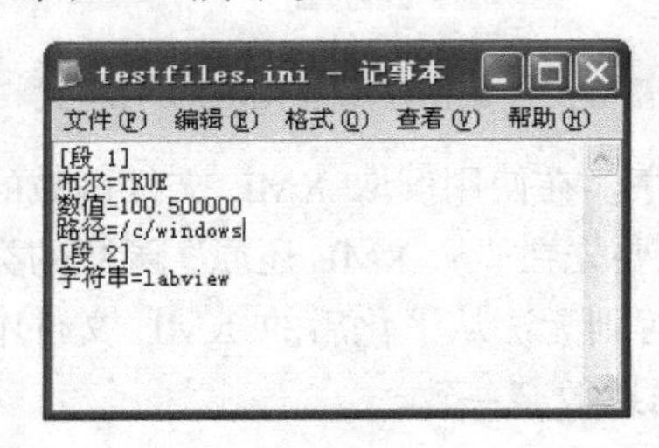

图 8-29　配置文件

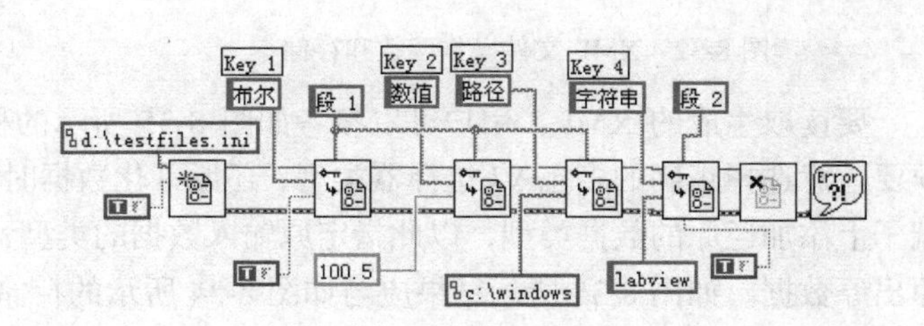

图 8-30　配置文件写操作

配置文件的读操作与写操作类似，但是读操作必须指定读出数据的类型。有两种方法来解决这个问题，一是将输出的数据类型作为默认读入；二是通过鼠标右键单击函数图标，从弹出的快捷菜单中选择“选择类型”选项来确定读入数据的显示类型。读操作的程序框图如图 8-31 所示。

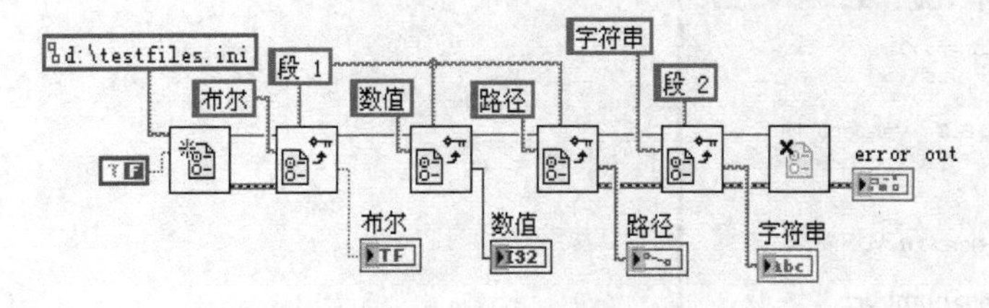

图 8-31　配置文件读操作

8.3.7　XML 文件

XML 是一种简单的数据存储语言，使用一系列简单的标记描述数据，而这些标记可以用方便的方式建立。虽然 XML 比二进制数据要占用更多的空间，但极其简单，易于掌握和使用。LabVIEW

提供的 XML 函数位于编程选板下“字符串→XML”子选板内，如图 8-32 所示。

XML 文件可以存储任意类型的数据，在存储前首先要使用“平化至 XML”函数，把任意类型的数据转换为 XML 字符串格式。在读取时首先通过“读取 XML 文件”函数读取文件，然后使用从 XML 还原函数把 XML 文件中的数据还原为平化前的数据类型再进行读取。生成的 XML 文件可以用 IE 浏览器打开，从中可以看到 XML 文件包括 XML 序言部分、其他 XML 标记和字符数据。下面通过示例简单说明如何读写 XML 文件。

【例 8-7】 读写 XML 文件的示例如图 8-33 所示。图中的程序框图是生成一个随机波形，并将数组以 XML 的形式存储。程序首先用 For 循环创建一个随机波形，通过平化至 XML 函数把双精度数数组平化为 XML 字符串格式，再把平化后的数据连接至写入 XML 文件函数的 XML 输入端子，这样就实现了 XML 文件的存储。存储的 XML 文件用 IE 浏览器打开的界面如图 8-34 所示。

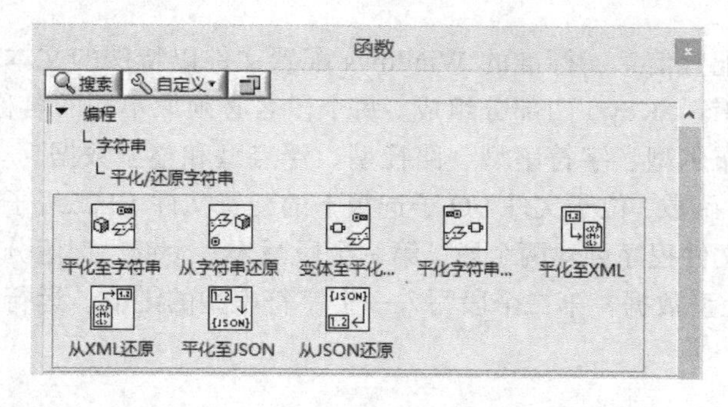

图 8-32 XML 文件操作函数和存储

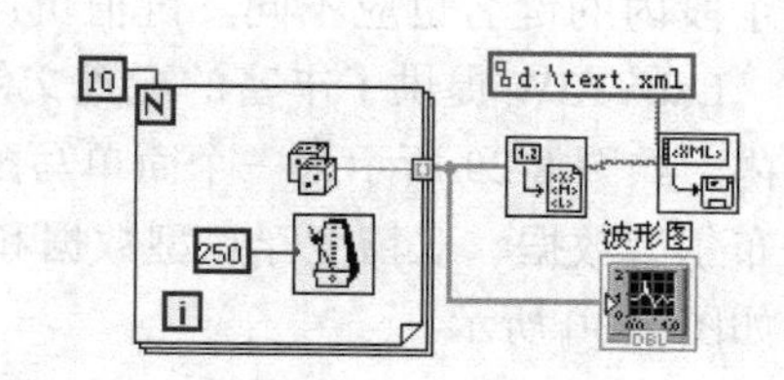

图 8-33 数据存储为 XML 文件格式

要读取生成的 XML，用户可以参考如图 8-35 所示的程序。在使用读取 XML 文件函数的时候要注意选择正确的多态 VI 选择器类型，还原平化数据时需要先在“从 XML 还原”函数的类型端子上添加还原的数据类型，以此指定原输入数据的类型，否则无法从平化后的 XML 文件中还原出原数据。如图 8-35 所示结果应与如图 8-34 所示的存储结果数字一致。

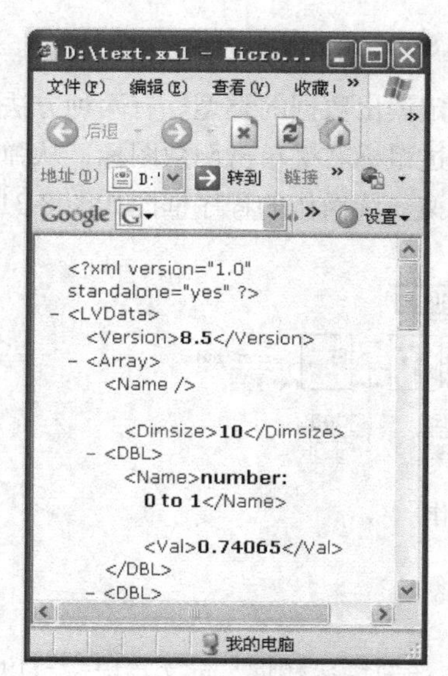

图 8-34 存储的 XML 文件用 IE 浏览器打开

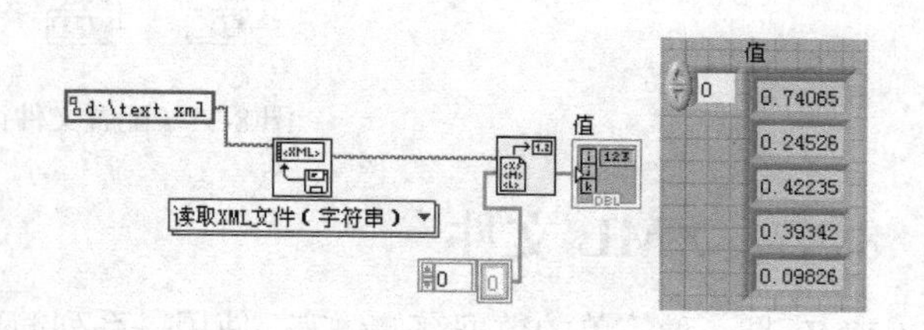

图 8-35 读取 XML 文件

8.3.8　图形文

图片数据通常以 JPEG、PNG、BMP 的图形格式进行存储。图形格式函数位于函数选板→编程→图形与声音模板→图形格式子模板内，如图 8-36 所示。

图形格式函数的使用方法简单，但在读取图片时不能直接把图片数据连接新图片显示控件，如图 8-37 所示。因为新图片显示控件的初始大小固定，不会随加载图片的大小而变化。【例 8-8】解决了图 8-37 的问题，使每次加载图片时显示控件的大小能随图片大小而改变。

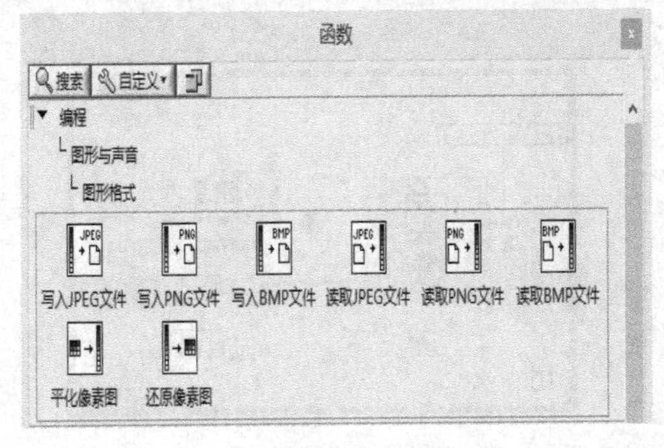

图 8-36　图形格式函数

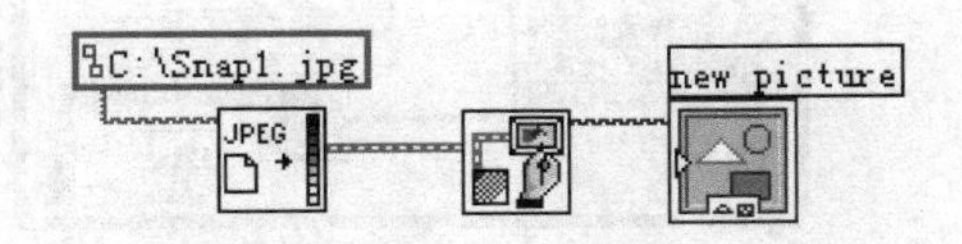

图 8-37　图形存储函数

【例 8-8】　图 8-38 和图 8-39 的程序使用读取 JPEG 文件函数读取图片后把图片数据按名称接触捆绑，取出图片上下左右边框的大小，以此确定图片原大小。完成后与设置的缩放因子相乘，把实际需显示的图片大小数据输出给图片控件属性节点的绘图区域大小端子，设定显示控件的大小。把缩放因子和图片控件属性的缩放因子端子连接，以此按需求缩放需调用的图片。

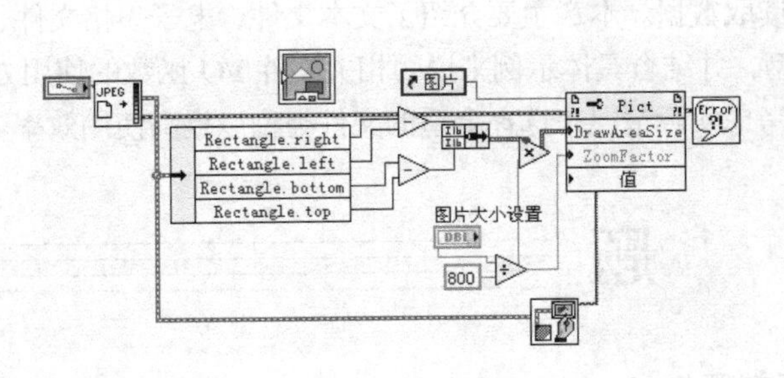

图 8-38　设置图片显示大小程序

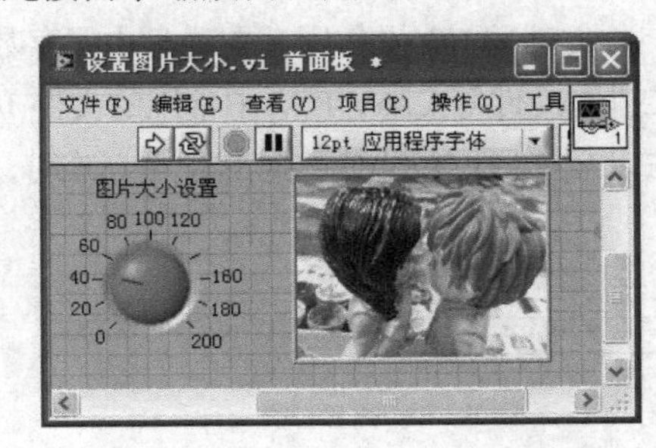

图 8-39　设置图片大小.vi 前面板

8.3.9　文件 I/O Express VI

使用文件 I/O Express VI 可以方便地实现测量文件的读写。文件 I/O Express VI 可以从编程选板→文件 I/O 模板中打开，也可以从编程选板→Express 模板→输入、输出子模板中打开。文件 I/O Express VI 包括读取测量文件函数与写入测量文件函数。

写入测量文件函数将动态类型的数据存储为文本测量文件格式（.lvm）或二进制测量文件格式(.tdm 或.tdms)。双击写入测量文件函数可以打开配置写入测量文件窗口。在窗口中可以指定默认的文件名和存储路径，选择文件保存动作、保存格式。

读取测量文件函数用于读取 LVM、TDM 或 TDMS 类型的文件。双击读取测量文件函数，可以在打开的配置读取测量文件窗口设置读取的文件格式、时间标识类型等一系列属性。读出的数据可以通过图形或表格显示在前面板中。

文件 I/O Express VI 的使用方法可以参考【例 8-9】和【例 8-10】。

【例 8-9】 以 tdms 格式写入测量文件。图 8-40 程序使用写入测量文件函数存储一个正弦与均匀噪声仿真信号。在 While 循环外连接一个 TDMS 文件查看器用于查看存储文件的属性和值。

【例 8-10】 用读取测量文件函数读取.tdms 文件。图 8-41 程序使用读取测量文件函数读取上例存储的.tdms 文件，并以表格的形式读取记录的仿真信号。在使用读取测量文件时，当读取数据到达文件尾时运行出错，因此把读取测量文件函数的 EOF？端子连接到 While 循环的 STOP 按钮，当读取数据到达文件尾时程序能自动停止运行。

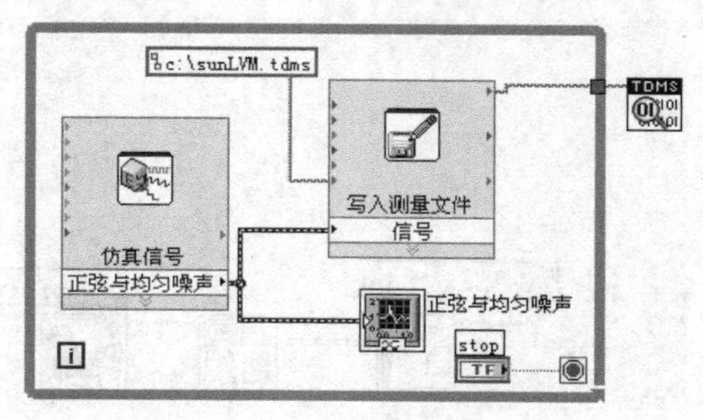

图 8-40 用写入测量文件函数存储仿真信号

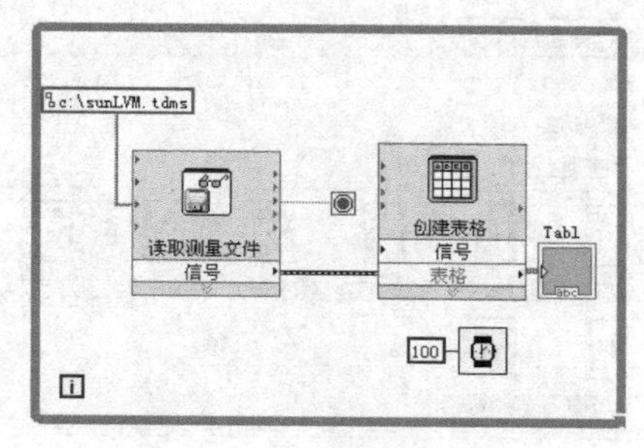

图 8-41 用读取测量文件函数读取.tdms 文件

本章小结

文件的 I/O 操作用于在磁盘中保存数据或读取数据。本章主要介绍了文本文件、电子表格文件、二进制文件等 LabVIEW 中常用的文件 I/O 类型，并结合具体示例来说明相关文件 I/O 函数的使用方法以及技巧。在选择数据的存储方式时，需要考虑实际情况来选择合适的文件类型以提高使用效率。

习　题

8-1 LabVIEW 提供的常用文件类型主要有哪些？

8-2 什么是电子表格文件？什么是二进制文件？什么是数据记录文件？

8-3 什么是文本文件？与其他格式的文件相比，文本文件具有哪些优点和缺点？

8-4 编写程序，要求将产生的 20 个 0 ~ 1 之间的随机数分别存储为文本文件、电子表格文件和二进制文件。

8-5 编写一个程序，要求将产生的正弦波形数据存储为波形文件，并要求文件中显示的存储时间为系统当前时间。

8-6 编写程序，要求将习题 8-4 中保存的文本文件、电子表格文件和二进制文件中的数据分别读出并显示在前面板中。

8-7 编写一个程序，要求将生成的由 5 个 0 ~ 1 之间的随机数组成的一维数组保存为 XML 文件。

8-8 编写一个程序，要求将习题 8-7 中保存的 XML 文件中的数据读出并显示在前面板中。

第 9 章 图形与图表

9.1 图形控件的分类

强大的数据图形化显示功能是 LabVIEW 最大的优点之一。利用图形与图表等形式来显示测试数据和分析结果，可以直观地看出被测试对象的变化趋势，从而使虚拟仪器的前面板变得更加形象和直观。LabVIEW 提供了丰富的图形显示控件，编程人员通过使用简单的属性设置和编程技巧就可以根据需求定制不同功能的“显示屏幕”。

LabVIEW 的显示控件位于前面板的控件选板下“新式→图形”选板内，如图 9-1 所示。

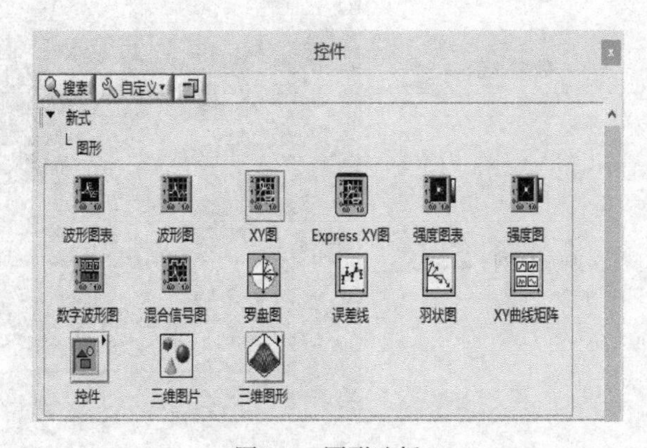

图 9-1 图形选板

如图 9-1 所示，前两行的显示控件都用于显示二维数据。从图形样式上分，图形控件可分为图表和图形两大类。一般来说，图形控件是将数据源（例如采集得到的数据）在某一坐标系中实时、逐点地显示出来，它可以反映被测物理量的变化趋势，与传统的模拟示波器、波形记录仪相同。而图表控件则对已采集数据进行事后处理，它先将被采集数据存放在一个数组之中，然后根据需要组织成所需的图形显示出来。它的缺点是没有实时显示，但是表现形式要丰富得多。例如采集了一个波形后，经处理可以显示出其频谱图。另外在输入数据类型上，图形控件无法输入簇数据，而图表控件可以输入簇数据。从功能上分，二维数据显示控件又可分为曲线图（表）、XY 图、强度图（表）、数字波形图和混合波形图 5 类。

第三行前三个控件为三维图形显示控件，它们实质上是 ActiveX 控件，用于显示三维图形。在图形选板中还有一个图形控件子选板，包含雷达图显示和极坐标图显示等一些特殊功能的图形显示控件；同时子选板内还有一个基于像素的图片控件，通过对它的使用可以绘制出各种特殊图形。本章将介绍图形与图表以及它们各自所需的数据类型和使用方法。

9.2 波形图表

波形图表是一个图形控件，可用于将新获取的数据添加到原图形中去。波形图表的坐标可以是线性或是对数分布的，其横坐标表示数据序号，纵坐标表示数据值。

9.2.1 波形图表外观与属性的设置

在波形图表控件的图形显示区单击鼠标右键，并在弹出的快捷菜单的显示项中勾选所有的显示条目，操作完成后显示所有图表标签、标尺和辅助组件，如图 9-2 所示。

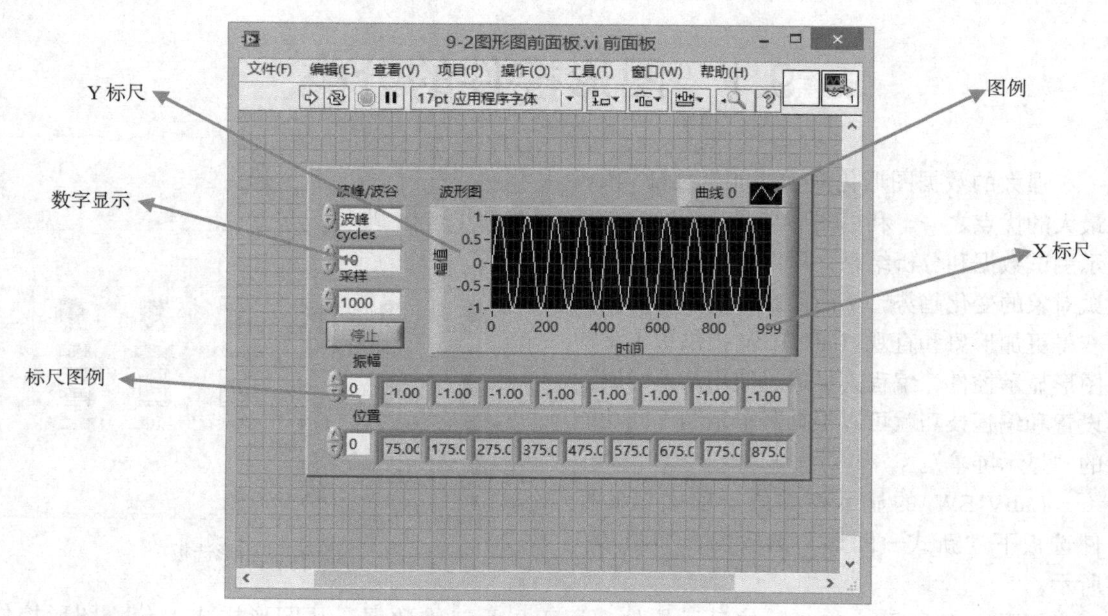

图 9-2　图表控件及其组件

波形图表面板分两部分：图形显示区和标尺区。拖动图形显示区的边框可以任意放大或缩小图形显示范围。在显示区的左边为 Y 标尺，默认标签名称为“幅值”；在显示区的下边为 X 标尺，默认标签名称为“时间”。在双击标签名称后，可以通过编辑文本工具修改默认名称。本节将对部分重要的个性化参数设置进行介绍。

1．标尺属性的设置

在波形图表上单击鼠标右键，会弹出如图 9-3 所示的快捷菜单，可以在 X/Y 标尺子菜单中对 X/Y 标尺的刻度、样式等属性进行设置。

在图 9-3 所示的刻度间隔中可以选择刻度间隔为任意或均匀，如果要指定刻度样式，需要把刻度间隔设为均匀。在样式子菜单中有 9 种刻度样式可供选择，鼠标左键单击希望选定的样式即可重新定义图表的刻度样式。

默认情况下 X 轴的数字代表输入数据的序列号，初值为 0，步长为 1。图 9-3 所示的快捷菜单中的“自动调整 X/Y 标尺”可以设置刻度的比例范围。默认情况下为固定比例范围，即可以用定位和编辑文本工具自定义坐标起始值，完成后在下次运行时显示的范围不变。如果选中“自动调整 X 标尺”则横坐标显示从起始开始的所有数据，但是使用时程序运行效率会降低；为了显示全部的图像，最大刻度方位要根据所需显示的数组长度自动调整。因此必须将 X 标尺的比例压缩，这样在显示大量波形数据时波形图会因为比例压缩过大显示不清晰。

选择“格式化...”子菜单选项，会弹出如图 9-4 所示的图标属性窗口。在该窗口中可以对波形图表的各种组件进行设置，并可以对 X 标尺或 Y 标尺的特性进行单独修改。

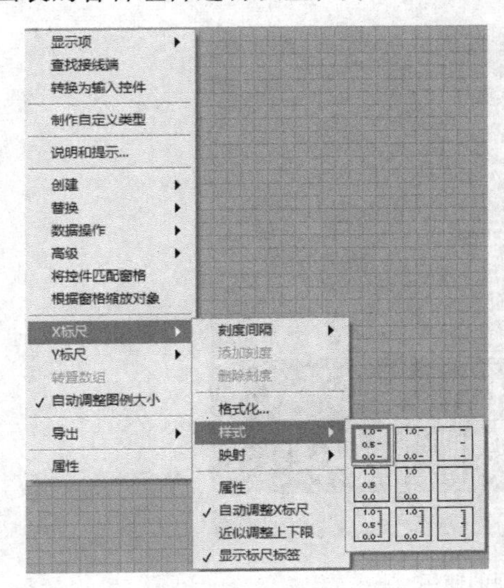

图 9-3　对 X 标尺进行设置

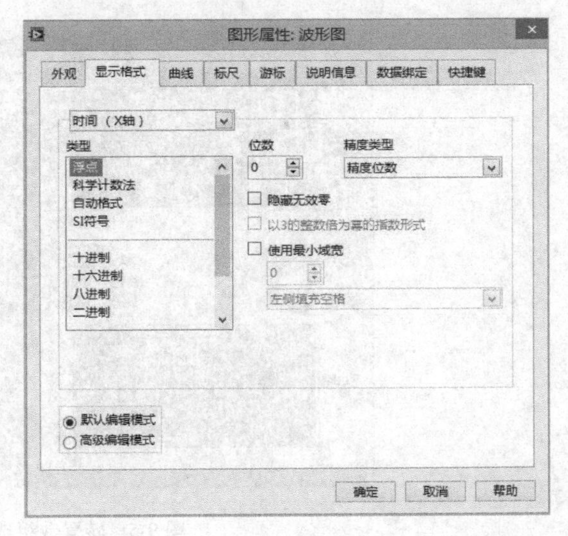

图 9-4　图表属性窗口

该窗口中主要包括以下内容。

（1）外观页：该页可以用来实现是否显示标签、是否显示图例及图表状态的选择等功能，还包括有设定图表大小、显示图形工具选板等。

（2）显示格式页：用于设置数据显示的类型以及精度。可以改变坐标轴上刻度的数字精度和坐标轴刻度的符号。

（3）曲线页：通过选择线型、点标记、颜色、刻度来设置图表中曲线的外观。

（4）标尺页：用于设置坐标轴的标尺、标尺标签是否显示、坐标轴的刻度区间及缩放因子、设置刻度样式、网格样式以及它们的颜色。

2. 转置数组

在一个波形图表中可以显示多条曲线。因波形图表显示每条波形的数据源都必须是一个一维数组，所以当要在一个波形图表中显示多条曲线时，就必须有多组数据。此时若没有特殊要求，用户只需将多组数据捆绑在一起组成一个二维数组，然后将这个二维数组送入波形显示控件即可。

对于二维数组，在波形图表中默认情况下它将输入数组转置，即在生成数组的每一列数据当作一条一维数组来生成曲线。

在图 9-5 所示的程序框图中，由前面板中的运行结果可以看出，生成的二维数组直接输出后，将生成一个 2×30 的数组。由于波形图表在默认情况下，将输入数组转置而将每一列数据当作一条一维数组来生成曲线，因此它将生成 30 条曲线，每条波形曲线有 2 个数据，如图 9-5 中波形图表 2 显示；而经过转置的数组输出的是一个 30×2 的数组，因此生成的是 2 条曲线，每条波形曲线有 30 个数据，如图 9-5 中波形图表所示。

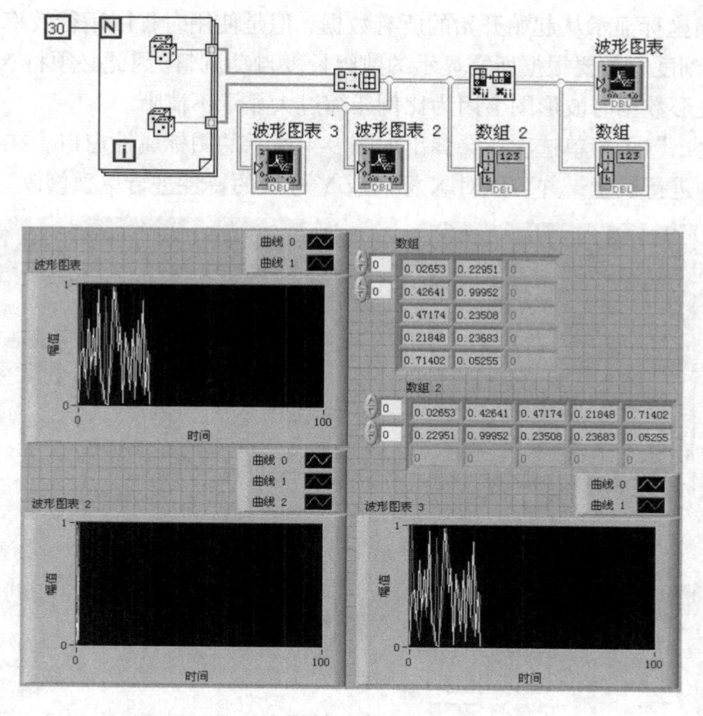

图 9-5　转置数组选项的使用

使在波形图表中显示的结果与数组经过转置后生成的波形曲线相同的另一种方法是通过单击鼠标右键，从弹出的快捷菜单中取消勾选“转置数组”选项，此时运行结果如图 9-5 中波形图表 3 显示，可看出得到的结果是 2 条曲线。

3. 分格显示曲线

图 9-5 所示的波形中，随机数曲线 1 和随机数曲线 2 在同一个显示格中显示，共用一个坐标轴。这样的显示方式有利于不同波形间的对比，但在测量数据较多时会让图表显得混乱。

如果两个测量数据的大小差异很大，那幅值大的信号通常会“吞噬”幅值小的信号，使小信号波形数据近似为直线。因此在这种情况下用户可以选择在波形图表中单击鼠标右键，从弹出的快捷菜单中选择“分格显示曲线”选项来把多个曲线分隔在不同的显示格中，如图 9-6 所示。

每个曲线波形的 Y 标尺幅度可以单独进行设置，使不同大小的曲线都能清晰地在波形图表中显示。

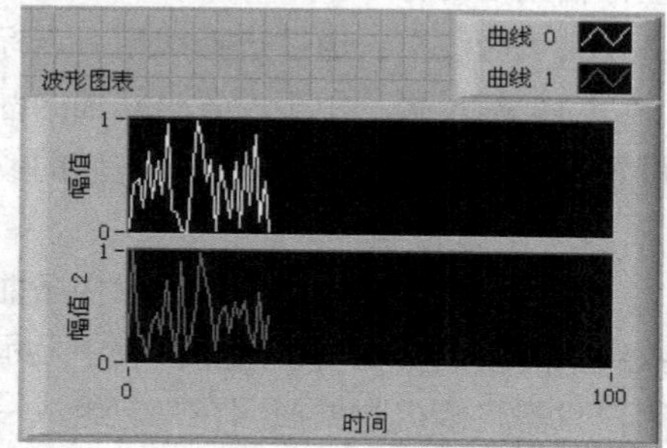

图 9-6　分格显示曲线

4. 图表历史长度

输入波形图表的数据首先被存储于缓冲区。默认情况下，缓冲大小为 1KB，即最大的数据显示长度为 1024 个，缓冲区容不下的旧数据将被舍弃。

用鼠标右键单击波形图表，从弹出的快捷菜单中选择“图表历史长度”选项，将弹出一个小对话框，在对话框中可以修改缓冲区大小。缓冲区大小和滚动条可以显示的历史数据大小有关，缓冲区越大可以保留的历史数据越多。但是与此相应的是，程序的运行速度和系统的性能可能因此而降低。

5. 高级功能的设置

鼠标右键单击波形图表，在波形图表弹出菜单中有一个“高级”选项，该选项的下一级子菜单如图 9-7 所示。其中隐藏显示控件用于设置波形图表默认的显示状态为隐藏，刷新模式提供了带状图表、示波器图表、扫描图三种波形显示方式，缺省的刷新模式是带状图表。

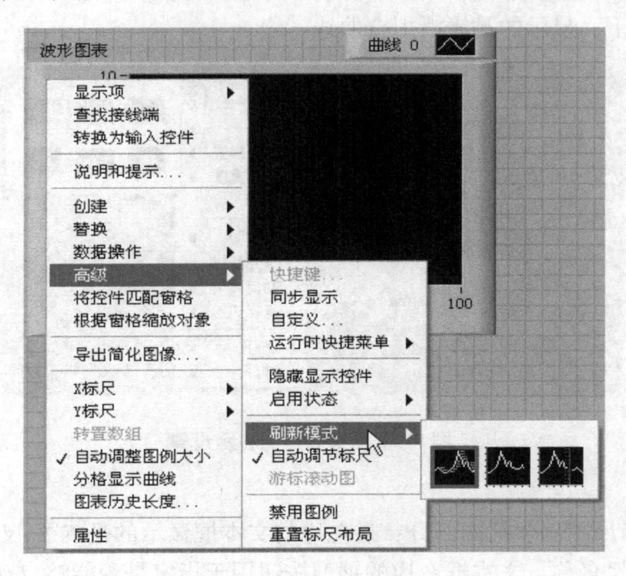

图 9-7　高级功能的设置

三种数据刷新模式在处理输入数据时略有不同。带状图表有一个滚动的显示屏，当新的数据点到达时，整个曲线将向左移动，最原始的数据点移出视野，而最新的数据则会添加到曲线的最右端。该过程与现实中常见的纸带记录仪的运行方式非常相似。

示波器图表、扫描图这两种刷新模式则与示波器的工作方式十分相似。当数据点多到足以使曲线到达示波器图表绘图区域的右边界时，将首先擦除整个曲线，然后从绘图区左侧开始重新绘制。扫描图与示波器图表非常类似，其不同之处在于当曲线到达绘图区的右边界时，不是将旧曲线擦除，而是用一条移动的红色竖线来标记新曲线的开始，并随着新数据的不断添加在绘图区中逐渐左移，如图 9-8 所示。与带状图表相比，示波器图表和扫描图运行得要更快一些。

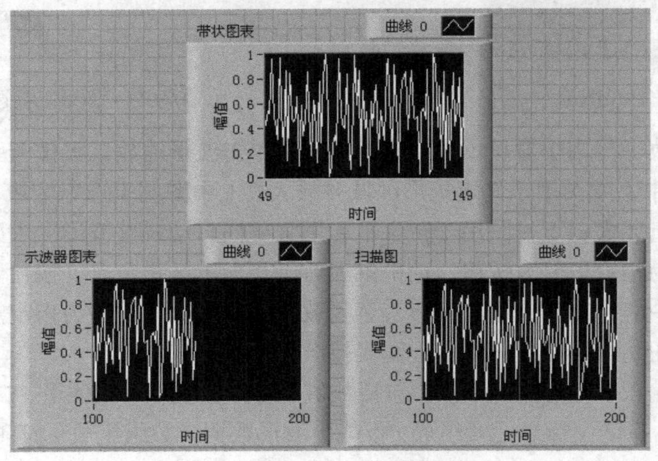

图 9-8　三种波形显示方式的比较

6. 图例

图例除了用于显示波形的名称和颜色外，还配备了各种丰富的图形显示样式供用户自定义。用户使用定位工具拖动图例的边框可以增加或减少图例。单击图 9-9 中的图例图标，程序会弹出图例快捷菜单，在快捷菜单中可以设置曲线的显示方式、线条属性、插值方式和点样式等一系列曲线样式。默认情况下，显示的是光滑拟合曲线。

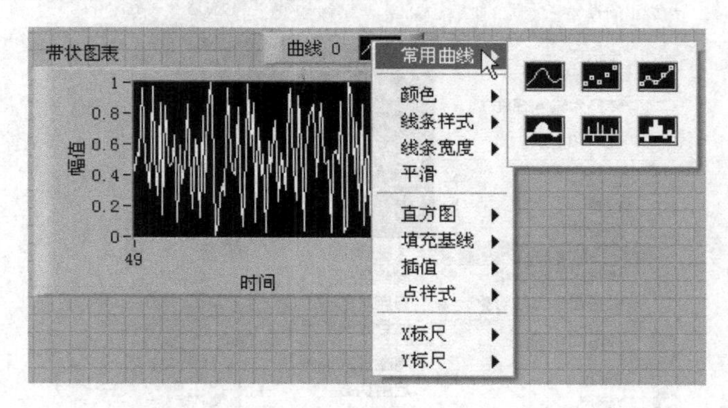

图 9-9　测量数据的显示设置

7. 标尺图例

图 9-10 所示的标尺图例包括四部分：最左边的文本框显示的是 X 标尺和 Y 标尺的名称，可以在文本框中修改标尺名称。文本框右边的锁型按钮用于指定是否能够自动调整标尺，如果锁定状态则自动调整标尺，且右边的指示灯高亮显示；如果打开状态则取消自动调整标尺，且右边的指示灯熄灭。左键单击标尺图例最右边的图标弹出快捷菜单，可以在菜单中设置标尺的格式、精度和网格颜色。

8. 图形工具选板

图形工具选板由三个按钮组成，如图 9-11 所示。选择最左侧的带有十字光标的按钮表示处于通常情况下的操作模式，此时可以在波形图表区域来回移动光标；当选择最右侧的平移按钮时，则可以用光标单击并拖动图表中的某一部分可见数据移动。

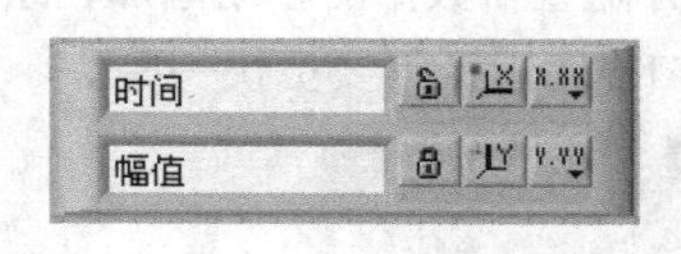

图 9-10　标尺图例

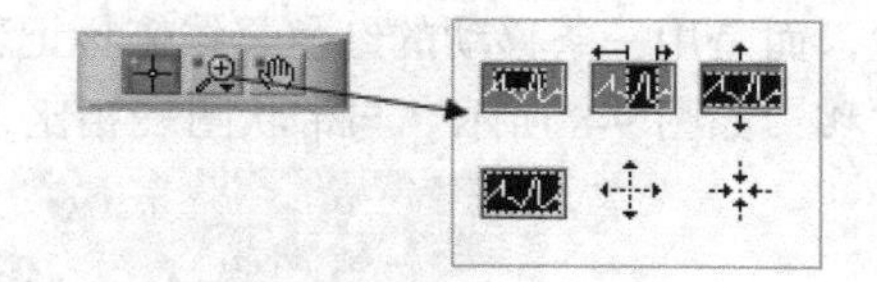

图 9-11　图形工具选板

中间的波形缩放工具用于对显示波形进行缩放，单击波形缩放工具按钮弹出缩放选择窗口。如图 9-11 所示，其中上左图用于选定矩形区域并放大；上中图用于选定区域并水平放大；上右图用于选定区域并垂直放大；下左图用于在水平和垂直方向自动调整波形图表以显示所有的坐标轴刻度区间；下中图为指定点放大按钮，选中该项后，在显示区指定点处按住鼠标左键，显示区波形将以该指定点为中心持续放大整个波形直至释放鼠标为止；下右图为指定点缩小按钮，该项功能与指定点放大按钮功能类似，只是波形图表持续缩小。

波形图表可以输入多种类型的数据，包括数值型标量数据、一维数组、二维数组、波形数据、动态数据和簇数据（只能由标量元素组成，不能由波形数据或数组组成）。其中标量数据最简单的例子是在 While 循环内放置一个随机数函数直接连接波形图表。二维数组波形图表如图 9-5 所示。

下面结合实例说明波形数据、动态数据和簇数据的波形图表输入方法。

9.2.2　单曲线波形图表

当输入数据为数值型标量数据，波形图表将直接把数据添加在曲线的末端。在图 9-12 所示的程序中，每运行一次程序就会产生一个随机数，在波形图表中就会相应地绘出一点，多次运行后将绘制出一条曲线。

当输入数据为一维数组时，波形图表则一次性将一维数组的数据添加在曲线末端。图 9-13 所示的程序用了一个简单的 For 循环结构，计数端口设置为 50，每执行一次程序将产生 50 个随机数，然后一次性将这 50 个数作为一个数组传递给波形图表，从而绘制出一条曲线。

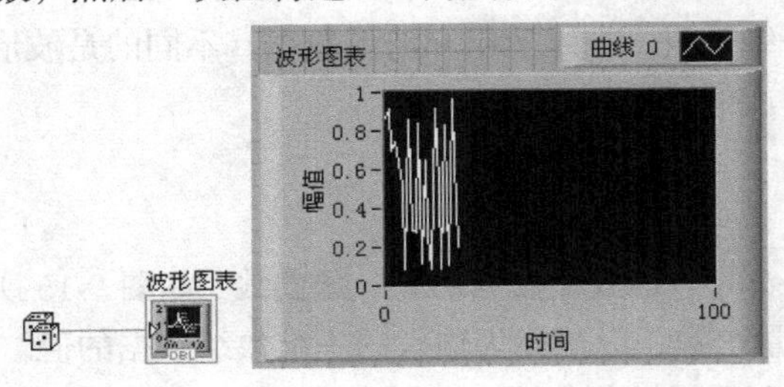

图 9-12　数值型标量数据作为输入数据时的波形图表

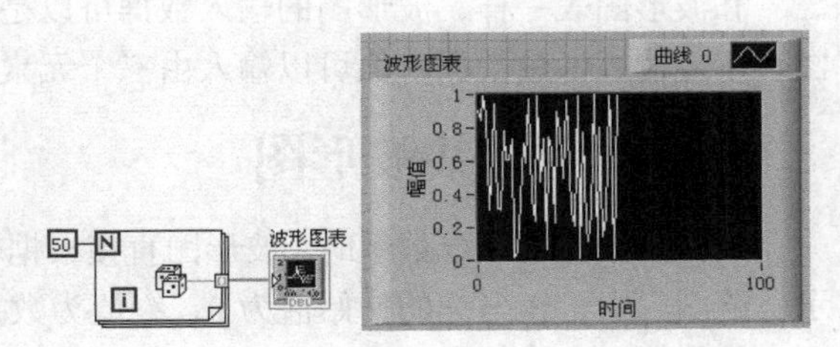

图 9-13　一维数组作为输入数据时的波形图表

9.2.3　多曲线波形图表

如果要在一个波形图表绘制多条曲线，则需要用捆绑函数将两个数据捆绑成一个簇，然后连接到波形图表中。以绘制两条曲线为例，在图 9-14 所示程序中，每运行一次程序则产生两个随机数，波形图表则在两条曲线上各绘制一点，多次运行后即绘制出两条曲线。

当输入数据为二维数组时，波形图表直接根据输入的数组情况生成曲线。本节开始已经介绍了波形图表在默认情况下生成曲线时先将输入的数组转置了，因此对于根据二维数组的具体情况以及希望生成曲线的条数，用户需要考虑取消波形图表的“转置数组”选项，或者在将数组输入波形图表之前先利用“二维数组转置”函数使数组先转置一次。这样在输入波形图表中生成曲线时数组经过了两次转置，从而保持与生成的数组相同。具体示例如图 9-15 所示。

当输入数据为波形数据时，由图 9-15 所示的程序可知其与输入一个二维数组类似。不同的是波形图表中只能显示当前的输入数据而不能将新输入的数据添加到曲线末端，这是由于波形数据包含有横坐标的数据，因而每次运行程序后画出的曲线都与程序前一次运行结果无关。图 9-15 所示的程序中，在创建波形时使用了“获取系统日期/时间”函数来获取系统当前时间以作为波形图表中的横坐标；否则，生成的曲线的横坐标将使用 LabVIEW 默认的初始时间 1904.1.1。

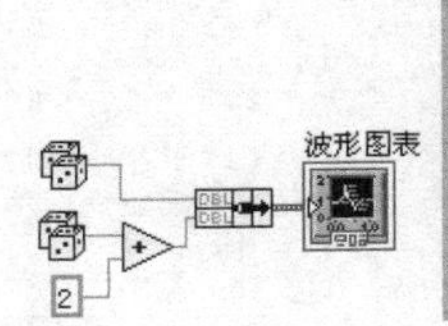

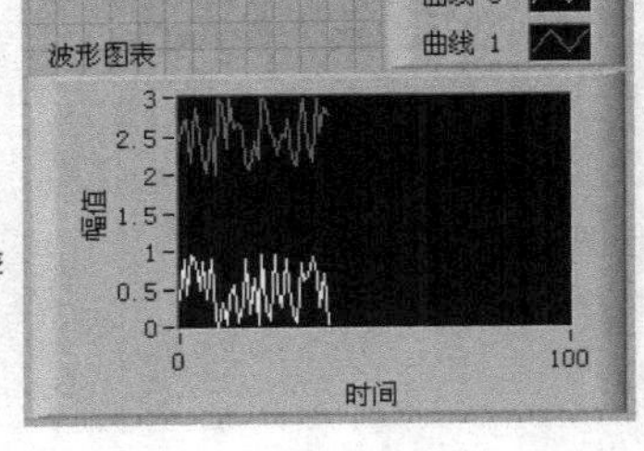

图 9-14　绘制多条曲线的波形图表

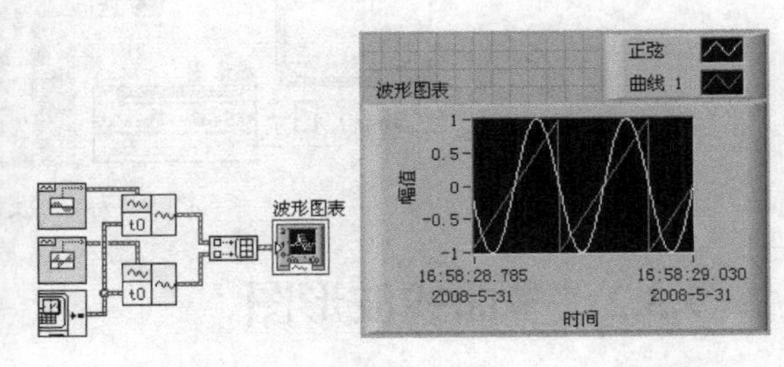

图 9-15　波形数据作为输入数据时的波形图表

9.3 波 形 图

尽管波形图和波形图表在外观及很多附件功能上相似，但相较于波形图表，波形图不能输入标量数据，也不具备数字显示和历史数据查看功能。波形图在显示时先清空历史数据，然后将传递给它的数据一次绘制成曲线显示出来。在自动刻度下，它的横坐标初始值恒为 0，终值等于数据量；在固定刻度下，横坐标在程序运行时保持固定。用户可以根据要求设置横坐标的初始值和终值。此外，波形图控件的游标图例功能可以在波形记录后方便地查询曲线上任意曲线点的坐标值或采样点值。

和波形图表一样，波形图的输入数据可以是一维数组、二维数组和波形数据。不同的是波形图表不能输入标量数据，但可以输入由三个元素组成的簇数组。

9.3.1 单曲线波形图

当输入数据为一维数组时，波形图直接根据输入的一维数组数据绘制一条曲线，如图 9-16 所示。绘图区中，横坐标的初始值为 0，终值为数据量个数；纵坐标为输入的一维数组数据的值。

如果要为波形图添加时间，可以通过为波形图配置属性节点给 X 标尺（横坐标）添加时间标识，如图 9-17 所示。其中 Xscale.Format 指定标尺数值增量的格式，数字 7 表示添加的是时间和日期。使用转换为双精度浮点数函数，把获取日期/时间函数的时间标识转换为浮点数输入给 Xscale.Offset 输入端子用于指定起始的偏移时间。当使用属性节点为 X 标尺添加时间标识后，原捆绑函数中定义的 x_0、dx 无效。

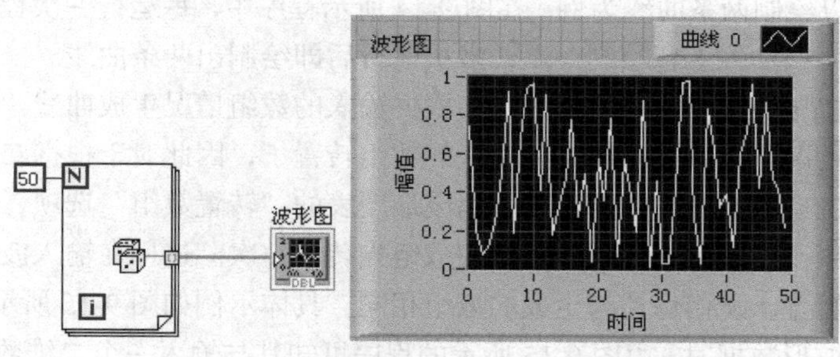

图 9-16 一维数组作为输入数据时的波形图

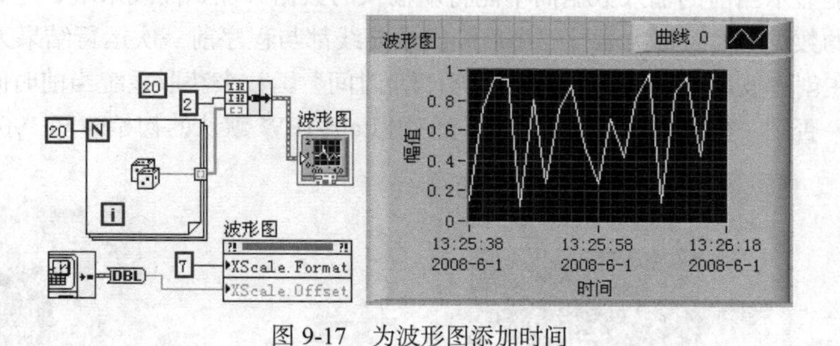

图 9-17 为波形图添加时间

9.3.2 多曲线波形图

当输入数据为二维数组时，用户需要注意，因为波形图表在默认情况下先将输入数组转置后再绘制曲线，因此它相当于把输入数组的每一列数据绘制成一条曲线。如果需要将输入数组的每一行数据绘制成一条曲线需要取消“默认数组转置”或在绘制曲线前添加“转置二维数组”函数先数组转置一次，具体可见上节的介绍；而在波形图中，默认情况下不转置数组，正好与波形图表中的情况相反，直接将输入数组的每一行数据绘制成一条曲线，曲线的数等于输入数组的行数，如图 9-18 所示。如果需要将输入数组中的每一列数据绘制成一条曲线，则需要勾选“转置数组”选项或在绘制曲线前添加“转置二维数组”函数，这与波形图表的操作类似。

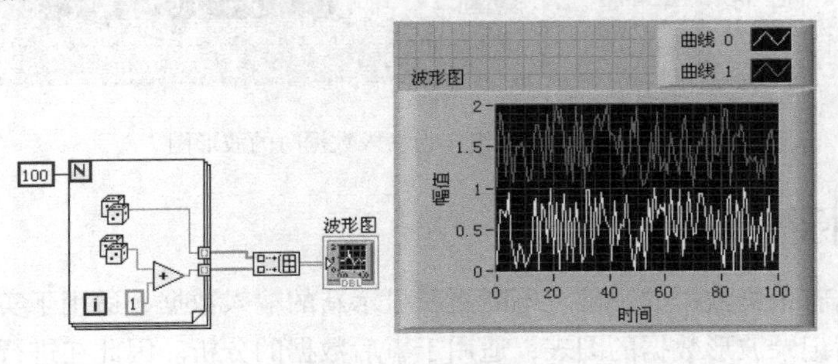

图 9-18　二维数组作为输入数据时的波形图

输入数据为簇数据时，用户除了需要输入数组数据外，还必须输入另外两个元素。按从上到下的顺序，第一个数为 x_0，表示起始位置；第二个数为 dx，表示数据点间的间隔；第三个数是输入的数组数据。这是簇作为输入数据的一个特点，因此绘图区横轴的坐标值将根据设定的起始位置和间隔量不同而变化；并且数组数据可以为一维数组、二维数组或一维簇数组。图 9-19 和图 9-20 所示的分别是输入数据为二维数组和一维簇数组的程序框图和运行曲线。

当输入数据为簇数组时，图 9-20 所示的程序中一维簇数组可以直接作为波形图的输入，此时曲线将按默认的 x_0 为 0、dx 为 1 来绘制，如图 9-21 所示。

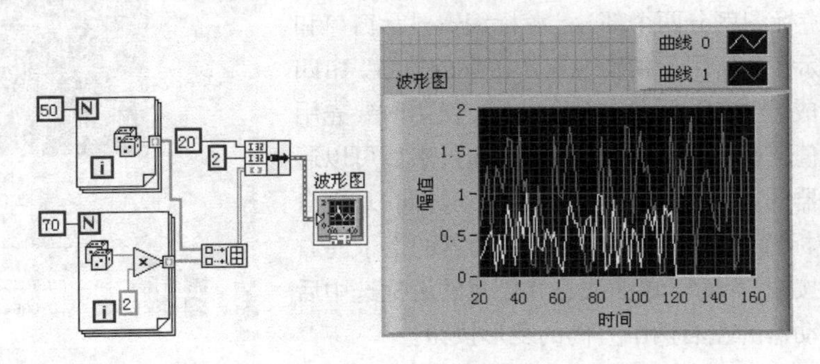

图 9-19　二维数组作为簇输入时的波形图

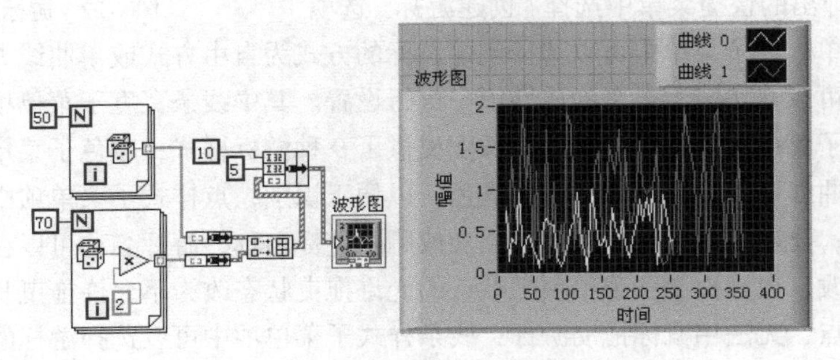

图 9-20　一维簇数组作为簇输入时的波形图

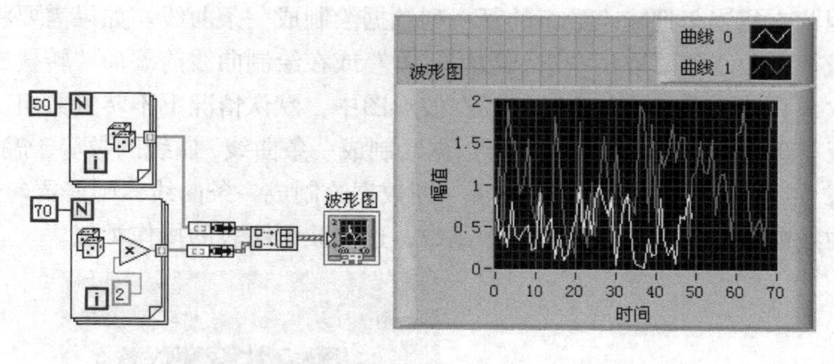

图 9-21　簇数组作为输入数据时的波形图

9.3.3　游标图例的设置

波形图表在已有采集数据的基础上不断更新显示新的输入数据，适用于实时检测数据波形。而波形图属于事后记录波形数据的图表，适用于事后数据的分析。因此在进行数据分析时，可能需要对波形上各点尤其是特征点的值进行精确显示。使用波形图的游标图例，用户可以在图形显示区添加游标。通过拖动游标，可以方便地读取波形图上当前游标所在点的数值。

图 9-22 所示为曲线建立了两个游标，拖动游标中心点可以在波形图上移动游标，通过游标编辑显示窗口可以读出游标对应点的 X、Y 值。游标通常有两种创建方式：自由方式和单曲线方式。自由方式创建的游标可以在波形图上任意位置移动，显示相应位置的坐标数据；而单曲线方式创建的游标只能在一条或多条波形曲线或数据点上移动，不能在波形图空白处移动。

在波形图上单击鼠标右键，从弹出的快捷菜单的“显示项”中选择游标图例菜单项，完成后就会出现图 9-22 所示的游标图例。游标图例分两个部分，游标编辑显示窗口和游标移动器。游标移动器用于精确地定位游标的位置，由四个菱形的方框组成，对应上下左右四个方位。使用时要先用工具选板的操作值工具选中要操作的游标中心，然后可以通过单击游标移动器的菱形按钮控制游标的移动方向。对于自由方式创建的游标选中后可以操作游标移动器的上下左右四个方向的菱形按钮，而对于单曲线方式创建的游标选中后只能操作游标移动器的左右两个方向的菱形按钮。

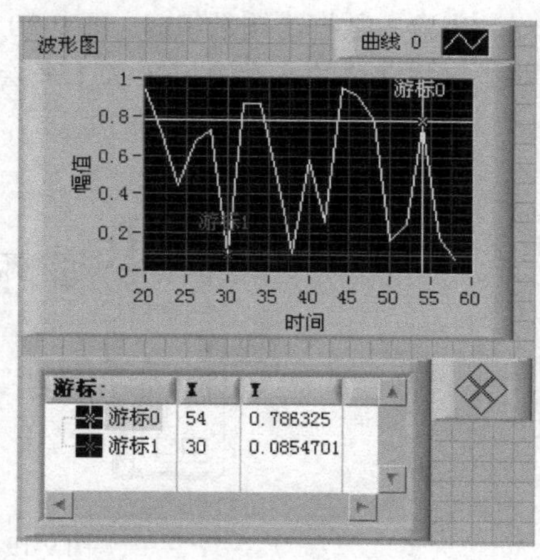

图 9-22　游标图例的使用

要为曲线创建一个游标可以在游标编辑显示窗口中单击鼠标右键，从弹出的快捷菜单中选择“创建游标”选项，进入下一级子菜单，在子菜单中可以选择创建游标的方式为自由方式或单曲线方式。

游标的属性可以在快捷菜单中的属性项中进行设置。其中线条宽度子菜单项用于设置游标的线宽；游标样式子菜单项根据游标轴线的长度提供了 9 种游标样式；颜色子菜单项用于选择游标的颜色，不同的曲线可以设置不同的游标颜色，以便于识别；点样式子菜单项中可以设置游标中心点的风格样式；显示名称子菜单项可以添加或删除游标名称，游标名称可以在游标编辑显示窗口的游标列中修改；允许拖曳子菜单项把默认的允许拖曳状态改为不允许拖曳状态，则游标固定在波形图上某一点，无法用鼠标拖动游标；线条样式子菜单项中可以选择游标的线样式，如虚线或点划线。

当初始创建游标或游标移出图形外时可以单击快捷菜单中的置于中间子菜单项，游标将自动移动到当前显示区域的中心位置。单击快捷菜单中的转到游标子菜单项，可以自动搜寻显示区域外的游标。

9.4 XY 图

在显示均匀波形数据时通常使用波形图，其 x 轴默认为采样点序号，y 轴默认为测量数值，这是一种理想情况。但在大多数情况下，绘制非均匀采样数据或封闭曲线图时无法使用波形图。因此，当数据以不规则的时间间隔出现或当要根据两个相互依赖的变量（如 y/x）时，就需要使用 XY 图，即笛卡儿图。它可以绘制多值函数曲线，如圆、双曲线等。

XY 图也是波形图的一种，需要同时输入 x 轴和 y 轴的数据，x、y 之间相互联系，不要求 x 坐标等间距，且通过编程能方便地绘制任意曲线。

9.4.1 XY 图绘制曲线

与波形图类似，XY 图也是一次性完成波形的显示刷新。但 XY 图的输入数据类型相对来说比较简单。一般有两种：一是将生成的 x、y 两组数据用“捆绑”函数打包成簇，然后将簇送入 XY 图，这样簇中的每一对数据都对应了一个数据点的 x、y 坐标值。二是先将生成的每个点的 x、y 坐标值打包成簇，然后将簇组成一个簇数组送入 XY 图中。

当用 XY 图绘制单条曲线时，有两种方法，如图 9-23 所示。图中的两个程序框图分别用了前面介绍的两种方法。上面的程序框图中先生成两组数据，然后打包送入 XY 图，此时两个数据数组中具有相同序号的两个数据组成一个点的坐标，而且“捆绑”函数的第一行对应 x 轴，第二行对应 y 轴。下面的程序框图则是先将生成的两个随机数打包成簇作为一个点的坐标，然后组成一个簇数组送入 XY 图。

与绘制单条曲线类似，绘制多条曲线时也同样有两种方法：一是先各自利用 For 循环生成两个一维数组后捆绑成簇，然后将两个簇组成一个二维数组，送入 XY 图；二是先各自将生成的数据点坐标打包成簇，然后各自利用 For 循环生成一维数组后再组成二维数组，送入 XY 图。其程序框图如图 9-24 所示。

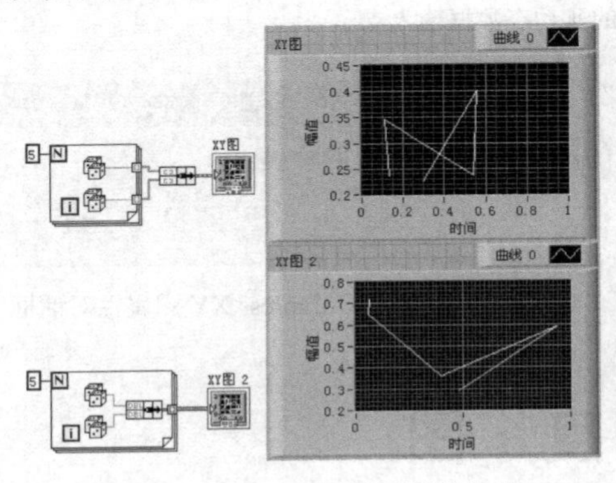

图 9-23　使用 XY 图绘制单条曲线

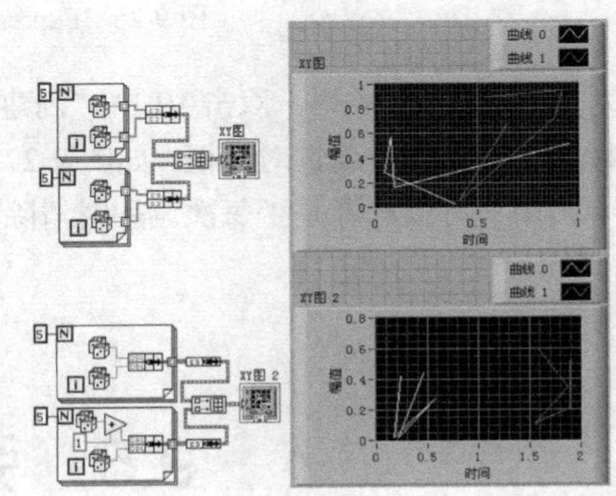

图 9-24　使用 XY 图绘制多条曲线

当 x 数组、y 数组的长度不一致时，在 XY 图中将以长度较短的数据组为参考，而长度较长的数据组多出来的数据将在图中无法显示。

在使用 XY 图来绘制曲线时，需要注意数据类型的转换。在如图 9-25 所示的程序中，需要先将输入的数据转换成弧度值后才可以进行三角函数计算。此图中需要指定 a、b 的值来作为横、纵轴的半径长，当 a、b 相等时，绘制的曲线为圆；当 a、b 不等时，绘制的是椭圆。

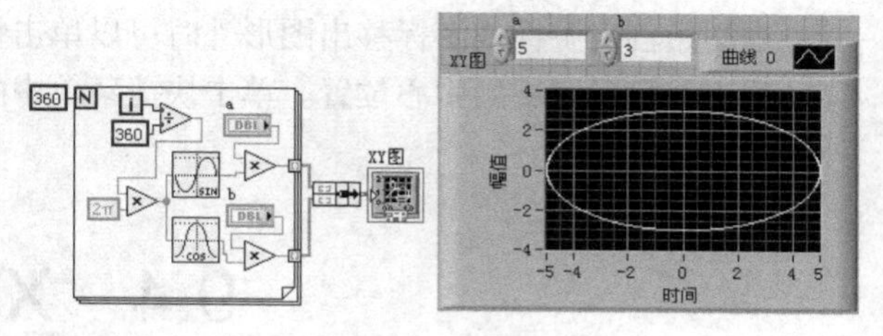

图 9-25　使用 XY 图绘制椭圆

9.4.2　Express XY 图

将 Express XY 图形显示控件放置到前面板上的同时，在程序框图中会自动添加一个 VI。由于它的 x 轴和 y 轴接受的都是动态数据，因此在绘制曲线时只要将 x、y 组数据与之相连，它将自动添加一个转换函数来将输入数据转换成动态数据类型。它无需像普通的 XY 图一样要先对 x 轴和 y 轴坐标数据进行捆绑才能输入 XY 图进行曲线绘制，这使程序编写更加简单。

李萨如图形是一个质点的运行轨迹，该质点在两个垂直方向的分运动都是简谐运动。李萨如图形是物理学的重要内容之一，在工程技术领域也有很重要的应用。利用李萨如图形可以测量未知震动的频率和初相位。

假设形成李萨如图形的两个简谐振动，一个在 x 轴，另一个在 y 轴，分别用如下两个式子来表示

$$x = A\cos\left(mat+\varphi_1\right)$$

$$y = A\cos\left(mat+\varphi_2\right)$$

它们的合运动轨迹就是李萨如图形。运行结果和程序框图如图 9-26 所示。读者可以通过改变信号的频率、相位等参数来观察波形的变化。

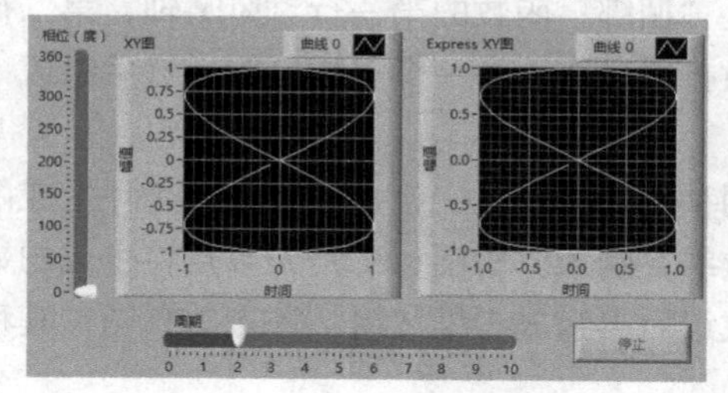

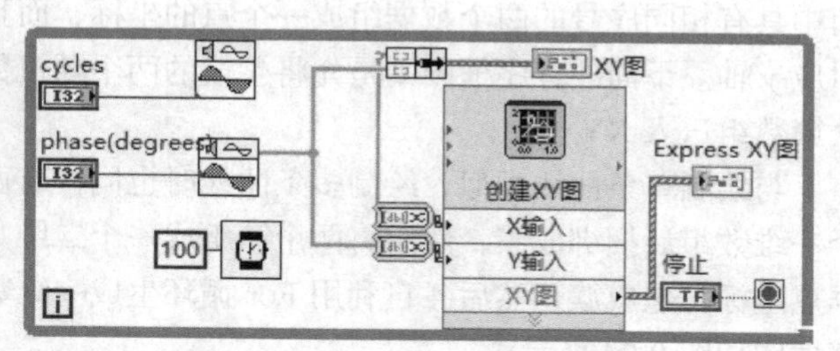

图 9-26　Express XY 图的非动态数据输入

对于 Express XY 图，双击 VI 中“创建 XY 图”下面的图标将会弹出一个属性对话框，如图 9-27 所示。在该对话框中，用户可以选择是否每次调用时清除数据。

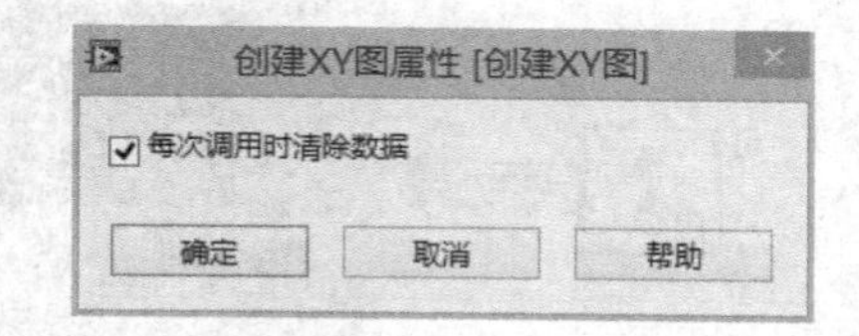

图 9-27　Express XY 图属性对话框

9.5　强　度　图

强度图形控件提供了一种在二维平面上表现三维数据的方法，常用于显示温度、地形、磁场

等数据变化的情况。强度图界面如图 9-28 所示。

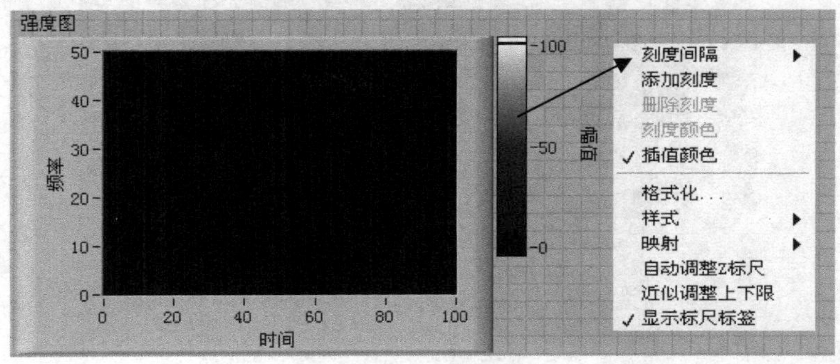

图 9-28　强度图界面

与普通波形图不同的是，强度图除了有 x 轴坐标和 y 轴坐标外，在图表右侧还有一个标签为幅值的 z 轴坐标。强度图输入的是一个二维数组，默认情况下数组的行索引对应为强度图上的 y 轴坐标，列索引对应为强度图上的 x 轴坐标，数组中的数据对应于 z 轴刻度，以不同的颜色表示。

强度图中 x、y 轴的设置和图形图表相似，在这里只介绍 z 轴属性的设置。z 轴的颜色条映射了输入数据大小与显示颜色的对应关系，在颜色条上单击鼠标右键，弹出如图所示的快捷菜单，菜单中的插值颜色选项用于利用插值方式平滑颜色过渡。添加刻度可以改变新刻度对应的颜色，这样就能为刻度梯度增加一个数值颜色对。删除刻度和刻度颜色选项呈灰色不可操作状态，其中删除刻度选项用于删除 z 轴指定的刻度，刻度颜色选项可以选择与刻度对应数据的颜色。要使用这两个选项，不能在颜色条上单击鼠标右键，而要在颜色条右侧的刻度上右击鼠标。颜色条中可以设置上限和下限，超过上下限则为溢出，溢出时的颜色都和上限或下限的颜色一致。

当强度图形控件接收到输入数据时，则通过该输入数据的值能够在颜色条找到相应的刻度并对应某一颜色，而对应的颜色将显示在强度图中来表示输入数据的值或所属区间。实际上，颜色梯度只包含有 5 个颜色值：0 对应为黑色，50 对应为蓝色，100 对应为白色；而处于 0 ~ 50 和 50 ~ 100 之间的颜色都是利用插值方式平滑颜色过渡的结果。若输入值不在颜色条边的刻度值范围之内，则当输入值超过 100 时，显示颜色为颜色条中 100 刻度上方的小矩形框内的颜色；同样，当输入值低于刻度的下限时，显示颜色为颜色条中 0 刻度下方小矩形框内的颜色。在程序的编写和运行中，用户可以通过鼠标单击颜色条中上、下方的小矩形框调出颜色拾取器来定义超界输入值的颜色。

在使用强度图时，要注意输入数组的排列顺序。输入数组的数据与对应的显示位置的关系如图 9-29 所示。默认情况下，原数组的第一行对应于强度图的第一列，依此类推，第 n 行对应于强度图的第 n 列。并且，数组第一行的元素在强度图中的颜色块是按从下到上的顺序排列的，也就是说第一行中第一个元素对应强度图中第一列的最下方，第一行的最后一个元素对应于强度图中第一列的最上方。如果想让数组中第一行数据对应于强度图的一行，则可用鼠标右键单击强度图，从弹出的快捷菜单中选择“转置数组”来实现。但是经过转置后，虽然输入数组中的一行元素对应于强度图中的一行，但是每一行数据依然按照从下往上的顺序排列，即第一行元素依然位于强度图中的最后一行，输入数组的最后一行元素依然位于强度图中的第一行。输入数组不经转置与经过转置两种情况下在强度图中的对比显示如图 9-29 所示。

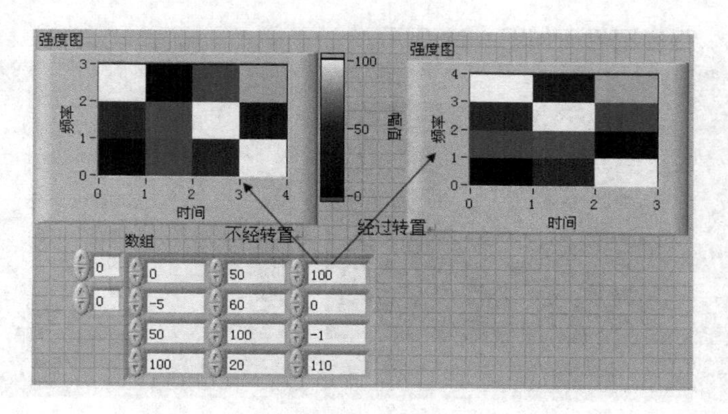

图 9-29　强度图对应数组顺序

改变 z 轴对应颜色的另一种方法是创建一个名为色码表（ColorTbl）的属性节点，通过对其输入来改变对应数值的颜色。属性节点输入的是一个大小为 256 的整数数组，数组中的元素和 z 轴刻度值决定了对应数值的颜色。该数组中，序号为 0 的数据对于为颜色条中低于下限的颜色，序号为 255 的数据对应于颜色条中超出上限的颜色，序号为 1 ~ 254 的数据按插值方式对应于颜色条中界于上、下限之间的颜色。

强度图表和强度图相似，不同之处在于其刷新数据方式的不同。强度图在接收到新数据时会自动清除旧数据的显示；而强度图表显示数据时需要使用缓冲区，当有新的数据到达时，原有的数据将向左移动，新数据的颜色显示接在原有数据的后面。这与波形图表与波形图的区别相同，对于强度图表与强度图的区别用户可以完全参照波形图表与波形图，这里就不赘述了。默认的缓冲区能够存储 128 个数据点，用户可以通过鼠标右键单击强度图表从弹出的快捷菜单中选择“图表历史长度”来设置缓冲区的数据点数量。

9.6　数字波形图

数字波形图多用于时序波形的显示，典型的数字波形图如图 9-30 所示。它的显示项中最不同于其他波形图的地方是其树型视图图例。图例中波形标志的名称和颜色都与数字波形图中相对应，这样的图例更加清晰和直观。用户也可以在数字波形图中单击鼠标右键，从弹出的快捷菜单中选择“高级→更改图例至高级视图选项”将图例恢复成普通样式。

在图例图标中单击鼠标左键或右键，弹出属性设置快捷菜单；在该菜单中，用户可以对线条的颜色、标签格式、过渡类型、线条样式等属性进行选择和设置。

使用数字波形图时需要用到数字数据控件，数字数据控件位于控件选板下“新式→I/O”子选板内，将其拖放至前面板中的界面类似于一张真值表。用户可以在表中随意添加和修改数据，插入和删除行/列可以通过在真值表中想添加或删除的行/列的位置单击鼠标右键从弹出的快捷菜单中选择相应的选项。

如图 9-31 所示左上角的真值表左侧为采样序列，即采样点编号；右侧共有 6 列数据，最上面的 0 和 4 表示第 0 列数据和第 4 列数据，该编号与数字波形图中的图例序号相同。当直接将数字数据作为数据输入数字波形图中时，每条数字信号曲线代表一个信号，对应数字数据控件的一列，数字波形图的横轴代表采样点序号。将数字数据直接输入数字波形图时，运行结果如图 9-31 所示。

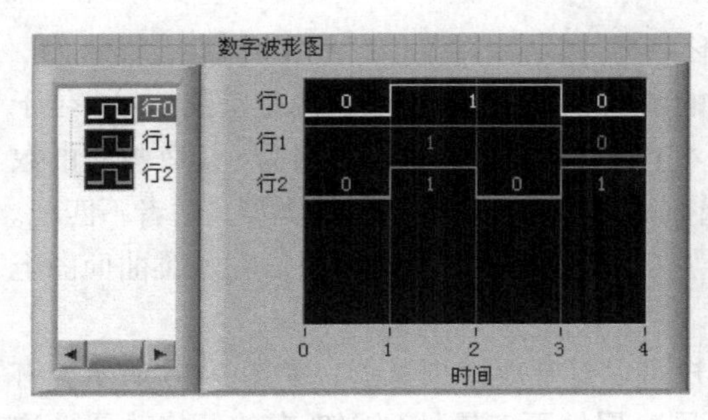

图 9-30　数字波形图界面

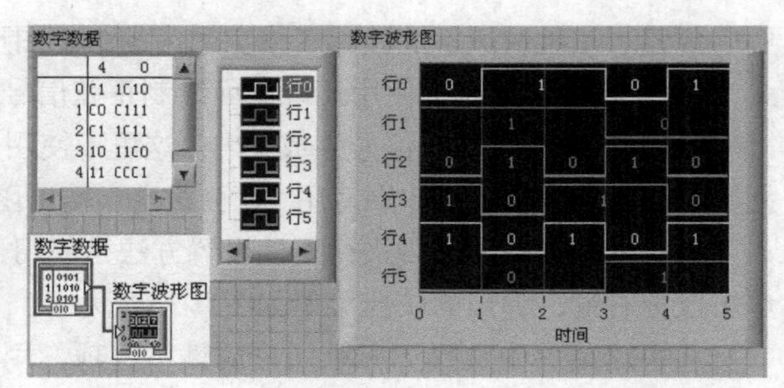

图 9-31　将数字数据直接输入数字波形图

如果需要将系统当前时间信息作为数字波形图的横坐标，数字数据在数字波形图中的显示如图 9-32 所示。此时需要调用“获取日期/时间”函数，来获取系统当前日期和时间作为起始时间输入数字波形图。如果要以指定时间为起始时间输入，则在“创建波形”函数的 t_0 端输入期望的起始时间。

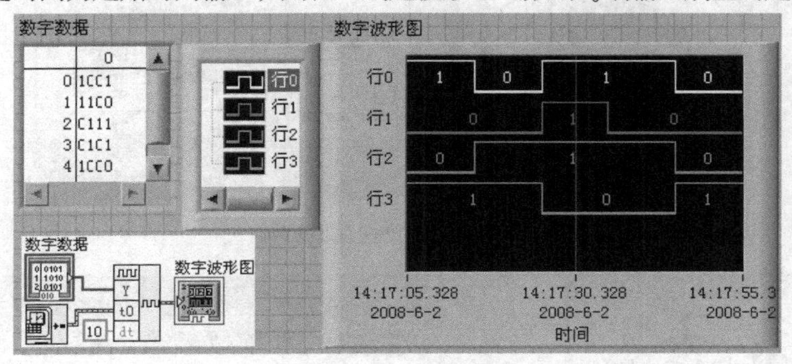

图 9-32　以时间信息为数字波形图横坐标

9.7　三 维 图 形

LabVIEW 提供了三个三维数据显示图控件：三维曲面图、三维参数图、三维曲线图，分别用于显示三维空间的曲面、封闭三维空间图形和三维空间曲线。这三个控件实质上是 Active X 控件。下面就分别介绍三维数据显示控件的使用方式。

9.7.1　三维曲面图

当把三维曲面图放置于前面板时，在程序框图中会同时出现两个图标：3D Surface 和三维曲面图标。其中 3D Surface 只是用作图形显示无其他功能，作图功能则由三维曲面图标来完成，如图 9-33 所示。

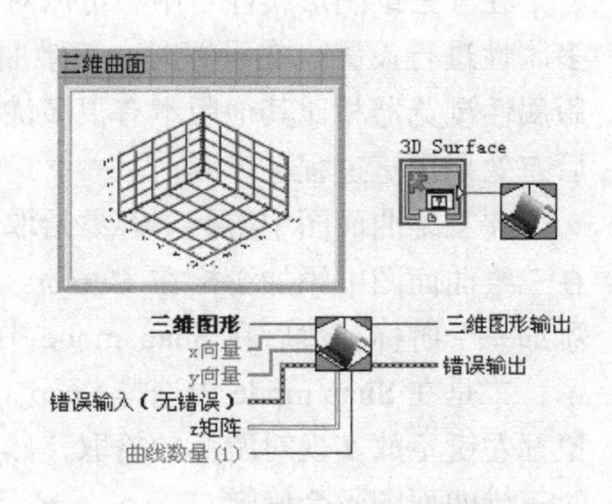

图 9-33　三维曲面图界面及其接线端口

三维曲面图标的接线端口如图 9-33 所示，其 x 向量端子、y 向量端子输入类型为一维数组，对应的值表示曲面中某点的 x、y 坐标值；z 矩阵端子输入的是二维数组，用于确定对应的横、纵坐标（x、y）的点的 z 轴坐标。在绘制曲面时，程序根据点的 xyz 的坐标来确定点在三维空间中的位置。三维曲面不能显示三维空间内的封闭图形。

图 9-34 给出了一个使用三维曲面绘制正弦信号的示例。图中使用的数据源是正弦信号，位于“信号处理”子选板下“信号生成”内。这里不使用“正弦波形”输出函数是因为 z 矩阵接收的数据类型是二维数组，而如果使用“正弦波形”输出函数则输出的数据类型是簇类型，两者不匹配。

对三维曲面图的外观进行属性设置方法是使用“三维图形属性”进行修改，在三维曲面图上单击鼠标右键，弹出的快捷菜单如图 9-35 所示。

从快捷菜单中选择“三维图形属性”选项，用户可以打开属性浏览器，如图 9-36 所示。有六个属性页，用户可以针对不同的属性修改单击不同的属性页对属性列中现有的可修改属性进行修改。

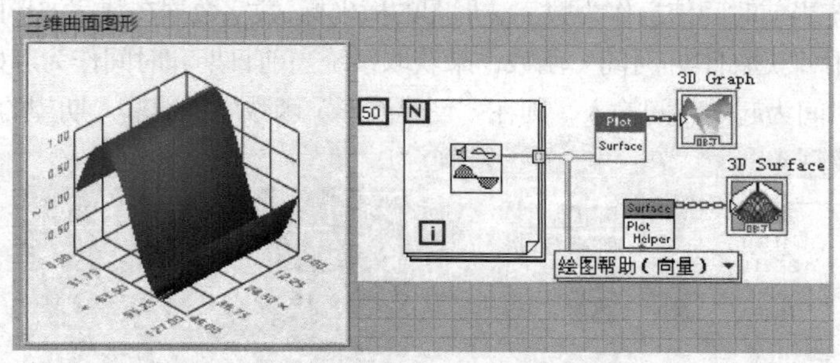

图 9-34　三维曲面图示例

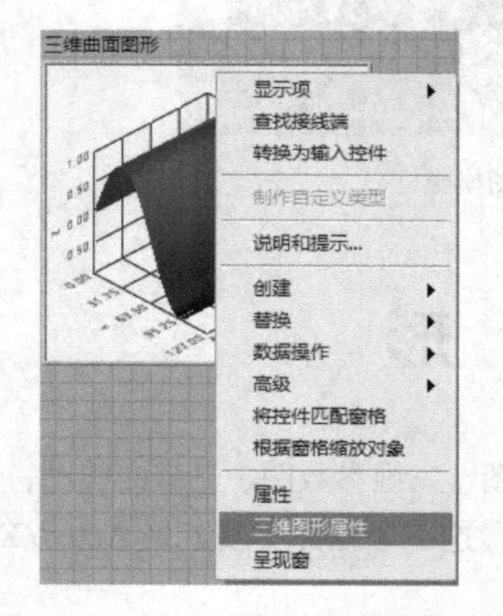

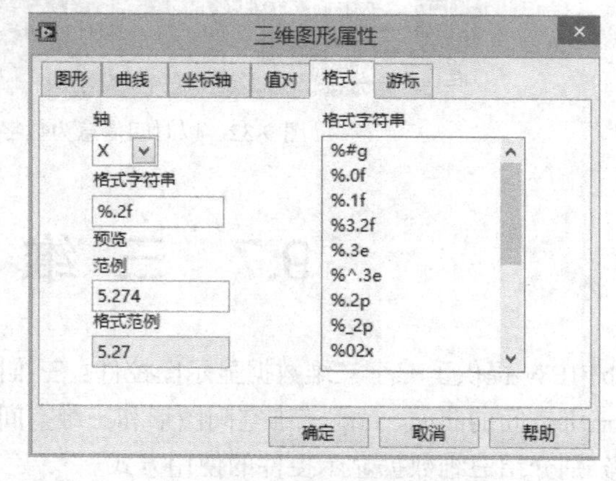

图 9-35　三维曲面图的快捷菜单项　　　图 9-36　使用属性浏览器设置三维曲面图外观

在“三维图形属性”中，可以对前面板背景颜色、观察距离、观察模式、原点坐标位置等很多属性进行设置。在设置时，三维曲线图会随着属性的变化而即时更改属性样式。最新的 2013 版属性浏览器相比其他版本有很多优点：属性分类清析，便于查找所需修改的属性，且属性修改后有效果预览过程。

在三维曲面图中游标不容易拾取，当在图形上单击并移动鼠标时常常会执行旋转图形操作。在三维曲面图中添加游标在 Cursors 属性页中进行，一般有两种方法：一是打开单击左侧的 Add 添加一个游标，然后在 Snap mode 中选择 Fixed，输入期望的 x、y、z 坐标值，如图 9-37（a）所示；二是在 Snap mode 中选择 Snap To Plot，当鼠标图形变为如图 9-37（b）所示的形状时，按住鼠标左键不放实现对游标的拾取，然后拖动鼠标实现游标的移动，游标旁显示所指点的坐标，此时三维曲面图不会旋转。

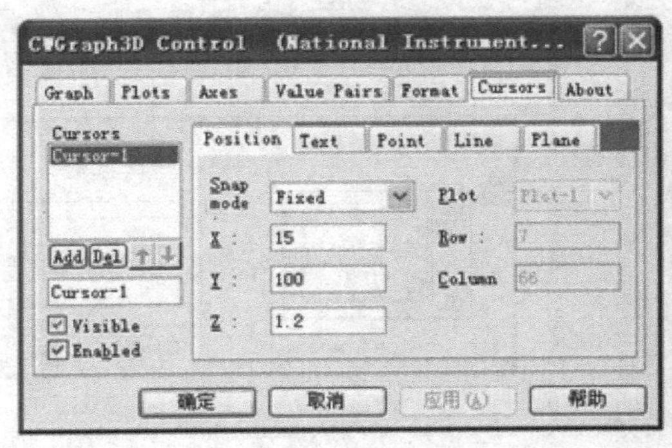

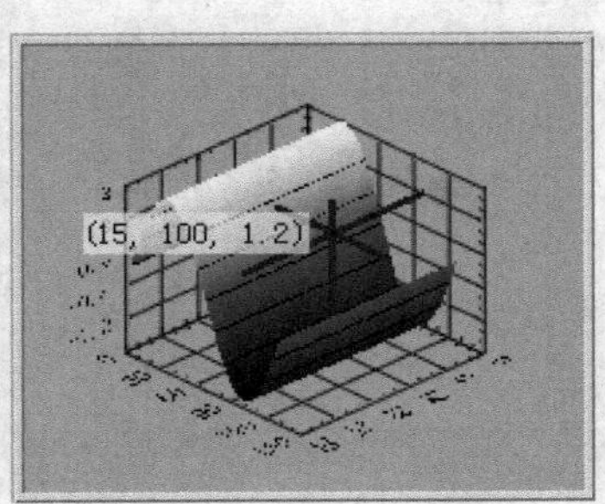

（a）在 Snap mode 中选择 Fixed 方式

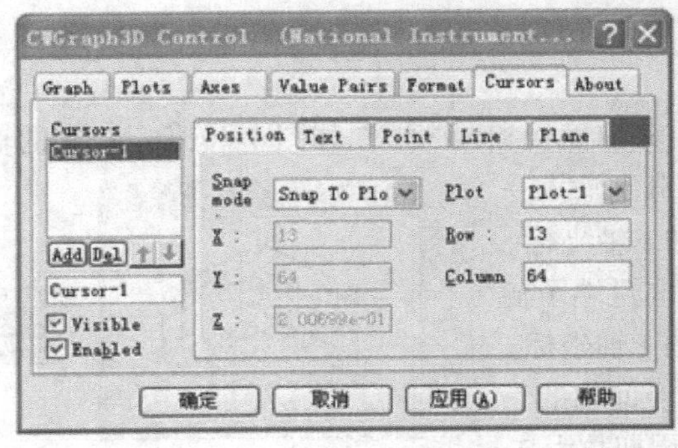

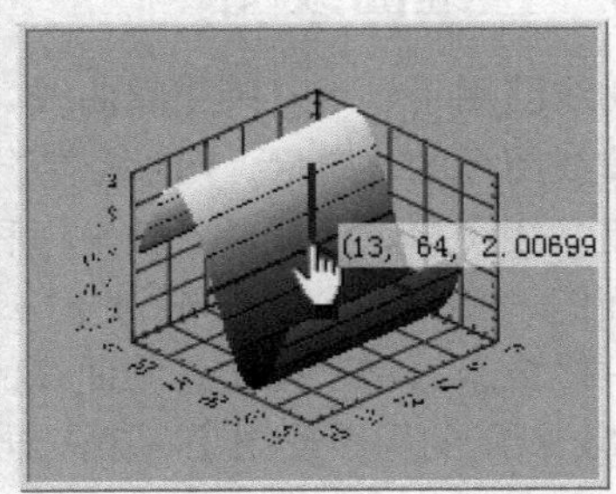

（b）在 Snap mode 中选择 Snap To Plot 方式

图 9-37　三维曲面图中游标的添加

9.7.2　三维参数图

一般情况下，绘制非封闭的三维曲面时要用到上一小节介绍的三维曲面图。但是如果要绘制一个三维空间内的封闭曲面，则三维曲面图就无能为力了，这时就需要三维参数图。

与三维曲面图类似，将该控件放置在前面板后，程序框图中也会自动添加相应的图标。三维参数图标的接线端子如图 9-38 所示。与三维曲面图不同，它需要输入 x 矩阵、y 矩阵、z 矩阵，并且三个端子输入的数据类型均为二维数组，分别决定了相对于 x 平面、y 平面和 z 平面的封闭曲面。x 矩阵表示参数变化时 x 坐标所形成的二维数组；y 矩阵、z 矩阵的意义可参照 x 矩阵。

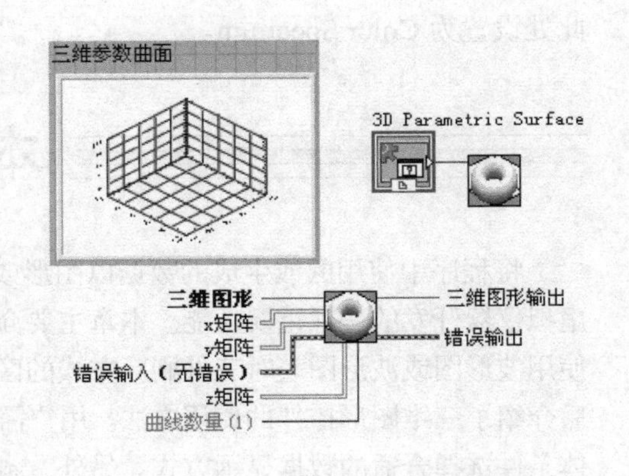

图 9-38　三维参数图界面及其接线端口

水面波纹的算法用 $z=\sin\left(sqrt\left(x^2+y^2\right)\right)/sqrt\left(x^2+y^2\right)$ 实现，用户可以改变不同的参数来观察波形的变化，显示效果和程序框图如图 9-39 所示。

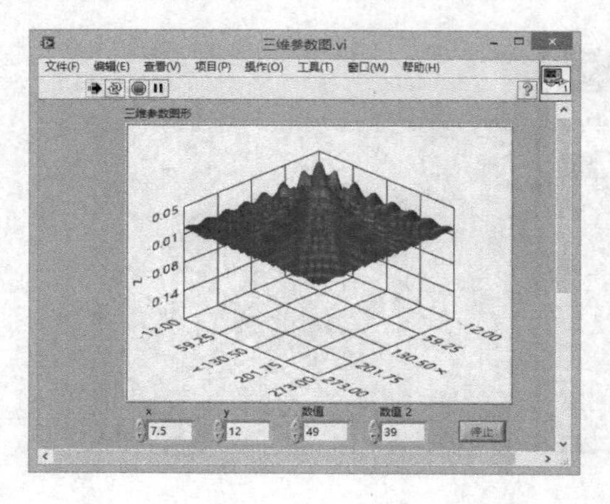

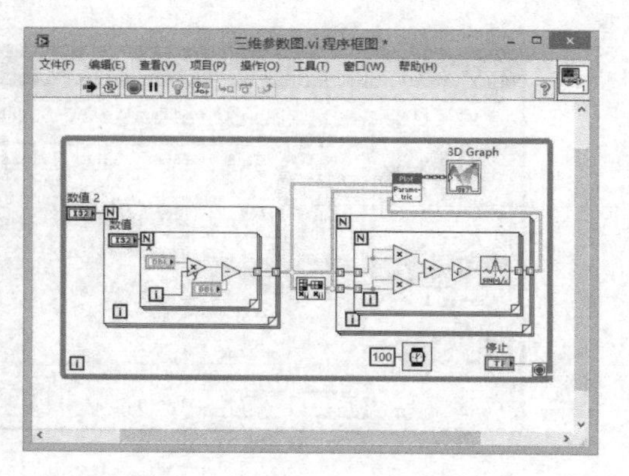

图 9-39 三维参数图示例

9.7.3 三维曲线图

三维曲线图用于显示三维空间曲线，其前面板和程序框图如图 9-40 所示。它的输入相对简单，三维曲线图标的 *x* 向量、*y* 向量端子分别输入一个一维数组，用于指定曲线的 *x* 轴坐标和 *y* 轴坐标。与三维曲面图、三维参数图不同，此时 *z* 向量端子输入的仍为一维数组，用于指定三维曲线的 *z* 轴坐标。

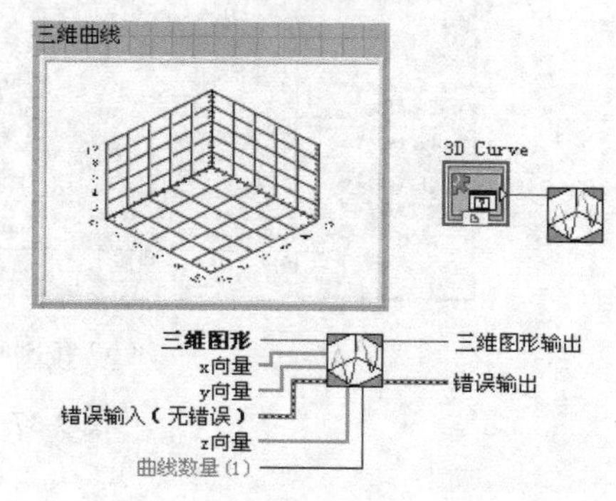

图 9-40 三维曲线图界面及其连接端口

图 9-40 所示的程序绘制了一条三维空间内的正弦曲线。“正弦信号”函数设置幅值为 2，周期数为 2，采样区间为 200。可以看出，该三维空间曲线在 *x* 平面、*y* 平面内的投影均为一条正弦曲线，在 *z* 平面内的投影为一条直线。所绘制的三维空间曲线的颜色在“特性”编辑器下“Plot→Color map style”进行设置，此处设置为 Color Spectrum。

本章小结

将程序中使用的或生成的数据以图形或图表的形式显示或实时显示出来是利用 LabVIEW 进行虚拟仪器开发的一项重要功能。本章主要介绍了 LabVIEW 中图形与图表的显示方式，并介绍了在使用波形图或波形图表时三种刷新方式的区别以及 XY 坐标图、强度图等数据显示方式的应用，最后介绍了三维图形控件的使用方法。用户需要注意每种图形与图表显示方式间的区别，能够根据具体条件选择合适的数据显示方式。另外，本章还介绍了如何在图形与图表中设置某些属性。

习 题

9-1 LabVIEW 8.5 中用于二维图形显示的控件有哪些？

9-2 试简述波形图表与波形图的区别。

9-3　试分别说明 LabVIEW 8.5 中波形图表控件的 3 种刷新模式各自的含义以及它们之间的区别。

9-4　在一个波形图表中显示 3 条曲线，分别用红、蓝、黄 3 种颜色表示范围在 0 ~ 1、5 ~ 6、2 ~ 3 的随机数。

9-5　在一个波形图中用两种不同的线宽和颜色来分别显示一条正弦曲线和锯齿波曲线。设置曲线长度为 256 个点，x0=10，Δx=2。

9-6　使用 For 循环生成一个二维数组，并在波形图显示该二维数组。要求将二维数组的每一列生成一条曲线。

9-7　使用习题 9-6 中生成的二维数组，要求在波形图中以二维数组的每行数据生成一条曲线。

9-8　使用 XY 图生成一个长轴为 5、短轴为 4 的椭圆。

9-9　使用 For 循环生成一个 5 行 5 列的二维数组，数组元素由范围为 0 ~ 120 的随机数组成。要求在强度图中用不同的颜色表示数组元素的值所处范围。

9-10　三维曲面图与三维参数图的主要区别是什么？

9-11　使用三维参数图显示一个单位圆。

第 10 章 访问数据库

10.1 LabVIEW 访问数据库的途径

当编写记录采集数据、存储文件信息、回放存储波形等应用程序功能模块时，通常需要使用数据库访问技术。相对于文件系统，使用数据库可以方便地实现大量数据的存储、管理和条件查询。

LabVIEW 本身不能直接访问数据库，但是可以通过使用以下方法来实现 LabVIEW 对数据库的访问。

（1）利用 LabVIEW 的 ActiveX 功能调用 ADO 控件，使用 SQL 语言访问数据库：这是一种接近底层的编程方法，因此需要对 ADO 控件和 SQL 语言有较深入的了解，开发过程相对比较复杂。

（2）利用免费数据库工具包 LabSQL 实现对数据库的访问：这也是一种基于 ADO 技术的数据库访问方式，但使用 LabSQL 工具包用户不需要再从底层编程，通过调用已封装好的子 VI 即可以方便地实现数据库的访问。用户可以从 NI 的网站上下载免费的 LabSQL 工具包，这样就节省了系统的开发成本。

（3）利用 LabVIEW 中的 DLL 接口间接访问数据库：使用这种方法需要通过使用动态链接库实现对数据库的调用，开发过程比较复杂，不适于没有使用过 DLL 调用数据库的用户。

（4）利用 NI 提供的专门的数据库访问工具包 Database Connectivity Toolkit 实现对数据库的访问：工具包集成了一系列高级功能模块，除了提供基本的数据库操作还提供了很多高级的数据库访问功能，但是价格比较贵，一般的用户不会使用它。

本章我们将主要介绍 Microsoft ADO 和 SQL 的一些基础知识及其使用方法。

10.2 SQL 数据库语言

结构查询语言（Structured Query Language，SQL）是一个功能强大的数据库语言，集数据查询（Data Query）、数据操作（Data Manipulation）、数据定义（Data Definition）和数据控制（Data Control）于一体，常用于数据库的通讯。ANSI（美国国家标准学会）声称，SQL 是关系数据库管理系统的标准语言。SQL 语句通常用于完成一些数据库的操作任务，如在数据库中更新数据，或者从数据库中检索数据。使用 SQL 的常见关系数据库管理系统有：Oracle、Sybase、Microsoft SQL Server、Access 等。虽然绝大多数的数据库系统都使用 SQL，但是也各自开发了专有扩展功能用于各自的系统。标准的 SQL 命令，如"Select""Insert""Update""Delete""Create"和"Drop"

能够完成绝大多数数据库的操作。

与 C、Pascal 等语言不同，SQL 没有循环结构（如 if-then-else、do-while）以及函数定义等的功能。而且 SQL 只有一个数据类型的固定设置，即用户不能在使用其他编程语言的时候创建自己的数据类型。

10.2.1　SQL 基础知识

SQL 语言支持关系数据库三级模式结构，如图 10-1 所示。其中外模式对应于视图和部分基本表，模式对应于基本表，内模式对应于存储文件。

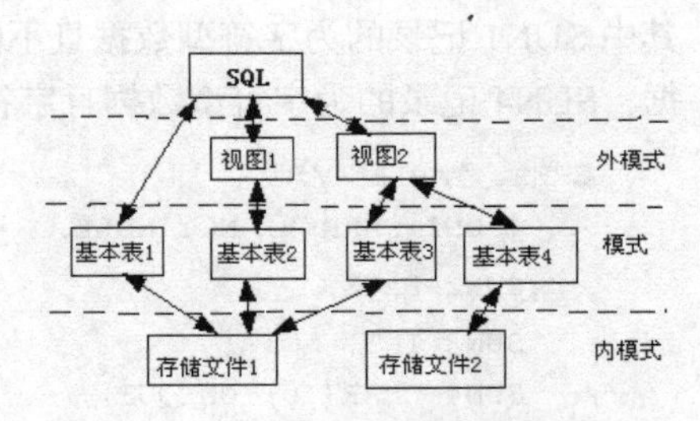

图 10-1　SQL 对关系数据库模式的支持

用户可以用 SQL 对基本表和视图进行查询或其他操作。基本表是独立的表，一个基本表对应一个存储文件，但可以带多个索引，索引也存放在存储文件中。存储文件的逻辑结构组成了关系数据库的内模式。视图是从一个或几个基本表导出的表，本身不独立存储在数据库中，即数据库中只存放视图的定义而不存储视图对应的数据，这些数据仍存放在导出视图的基本表中，因此视图是个虚表。

基本表和视图的操作都通过 SQL 语言实现。SQL 语言集 DDL、DML、DCL 三种语言的功能于一体，语言风格统一，为数据库的开发提供了良好的环境。

（1）数据操作语言（Data Manipulation Language，DML）：用于检索或修改数据。DML 可以细分为以下几个语句。

```
SELECT：用于检索数据
INSERT：用于增加数据到数据库
UPDATE：用于从数据库中修改现存的数
DELETE：用于从数据库中删除数据
```

（2）数据定义语言（Data Definition Language，DDL）：用于定义数据的结构，比如创建、修改或者删除数据库对象；DDL 语句可以用于创建用户和重建数据库对象。DDL 命令主要如下。

```
CREATE TABLE：建立关系模式
ALTER TABLE：修改关系模式
DROP TABLE：删除关系模式
CREATE INDEX：建立索引
DROP INDEX：删除索引
```

（3）数据控制语言（Data Control Language，DCL）用于设置或者更改数据库用户权限的语句。下面是几个 DCL 命令。

```
ALTER PASSWORD：修改密码
GRANT：授予访问权限
REVOKE：解除访问权限
```

在应用数据库时，大多进行的是一些查询、修改、删除等操作，因此用户需要知道如何使用数据操作语言。

10.2.2　常用 SQL 编程语句

1. 创建表

CREAT TABLE 语句用于创建和定义新的基本表。其语法格式为：

```
CREAT TABLE<表名>（<列名><数据类型>[列级完整性约束条件] [,<列名><数据类型>[列级完整性约束条件]]... [,<表级完整性约束条件>]）；
```

其中<表名>是所要定义的基本表名，可以由一个或多个属性（列）组成。建表时通常还定义与表有关的完整性约束条件，当操作表中数据时 DBMS 自动检查该操作是否违背这些约束条件。

【例 10-1】　建立一个名为 TAB1 的表，它由 SUN1、SUN2、SUN3、SUN4 四个属性组成，其中 SUN1 记录的为字符型数据且不能为空，SUN2 记录的为日期型数据，SUN3 记录的为整型数据，SUN4 记录的为字符型数据且字符唯一。

```
CREAT TABLE TAB1
   (SUN1 CHAR(9) NOT NULL,
   SUN2 DATE,
   SUN3 INT,
   SUN4 CHAR(10) UNIQUE);
```

2. 修改基本表

ALTER TABLE 语句用于在一个关系模式中增加、删除或修改基本表属性。其语法格式为：

```
ALTER TABLE<表名>
[ADD<新列名><数据类型>[完整性约束]]
[DROP<完整性约束名>]
[MODIFY<列名><数据类型>]；
```

【例 10-2】　为表 STAR 添加一个新列，列名为 SUN，数据类型为日期型。

```
ALTER TABLE STARA SUN Scome DATE
```

3. 删除表

DROP TABLE 语句用于删除一个基本表。其语法格式为：

```
DROP TABLE<表名>
```

【例 10-3】　删除表 STAR。

```
DROP TABLE STAR
```

基本表删除后，表中的数据、表上的索引和视图都会被删除。

4. 插入数据行

INSERT 语句用于向数据库表中添加新的行数据。其语法格式为：

```
INSERT INTO<表名>[(<属性列 1>，<属性列 2>...)] VALUES（常量 1，常量 2，...）；
```

如果 INSERT INTO 语句没有指定任何列名，则必须为每个属性列赋值，且排列顺序必须和数据库表中的属性列一致；如果只有部分属性列没指定，则新记录在这些指定列中取空值。

【例 10-4】　将一个新的个人体温信息插入表 TEMP 中，这个信息包括姓名 SUN、学号 0601562、温度 39、年龄 27。

```
INSERT INTO TEMP VALUES('SUN', '0601562', 39, 27);
```

而如果仅把姓名 SUN 和温度 39 插入表 TEMP 中，则插入语句为：

```
INSERT INTO TEMP（name, temperature）VALUES（'SUN', '39'）；
```

5. 查询

SELECT 语句是数据库操作中使用最多的语句，掌握 SELECT 语句是熟练应用数据库的基础。SELECT 语句的语法格式为：

```
SELECT[ALL|DISTINCT]<目标列表达式>[,<目标列表达式>]...
FROM<表名或视图名> [,<表名或视图名>]...
[WHERE<条件表达式>]
[GROUP BY<列名 1> [HAVING<条件表达式>]]
[ORDER BY<列名 2> [ASC|DESC]];
```

ALL、DISTINCT 选项用于显示表中符合条件的所有行或删除其中重复行。使用 DISTINCT 选项时，所有重复的数据行在返回结果时只显示一行。FROM 子句用于指定 SELECT 语句查询的表或视图的名称。WHERE 子句用于限定查询条件，过滤掉不需要的数据。GROUP BY 子句用于指定查询结果及按特定列分成不同组，将结果按<列名 1>的值进行分组，该属性列值相等的元组为一组。如果 GROUP BY 子句带 HAVING 子句，则只有满足指定条件的组才能输出。ORDER BY 从句用于指定查询结果按照<列名 2>的值升序排列或降序排列。

在使用查询语句时通常会用到 SQL 运算符，表 10-1 列出了一些常见的运算符。

表 10-1 常见运算符

运 算 符	描 述	使 用 方 法
	数值常量	1234
‘’ “”	字符（串）常量	‘abcd’ “abcd”
{}	日期常量	{3/12/7} {12：11：17}
.T.，.F.	逻辑常量	.T. ，.F.
( )	优先运算符	（A+B）*（C – D）
+ –	加减	A+B ，C – D
* /	乘/除	A*B ，C/D
+ –	正负	– A
+	字符串连接符	‘txta’ + ‘txtb’
=	等于	Where a = b
<>	大于 小于	WHERE a>b
>= <=	大于等于 小于等于	WHERE a> = b
IN，NOT IN	判断表达式是否包含列表中指定项	WHERE a IN（‘apple’，‘egg’）
ANY ALL	某个值 所有值	WHERE a> = ANY 大于等于子查询中的某个值
BETWEEN	指定值的范围	WHERE c BETWEEN a AND b （c 在 a 和 b 之间）
EXISTS NOT EXISTS	存在判断	WHERE EXISTS（SELECT*FROM…WHERE…）
LINK /NOT LINK	模糊查询，常用于字符串匹配	WHERE name LINK ‘SUN’
NULL/NOT NULL	判断表达式是否为空	WHERE grade IS NULL WHERE grade NOT NULL
+	连接运算符	<表达式 1>+<表达式 2>
NOT AND OR	非与或	WHERE a = 1 AND b<=100
*	所有列	SELECT *FROM table1

【例 10-5】 下面是一些常用的查询语句。

（1）查询 TABLE1 表中的姓名

```
SELECT name FROM TABLE1;
```

（2）查询 TABLE1 表中的所有详细记录

```
SELECT * FROM TABLE1;
```

（3）查询 TABLE1 表中所有年龄在 20 以下的年龄和姓名

```
SELECT age, name  FROM TABLE1 WHERE NOT age>=20;
```

（4）查询 TABLE1 表中所有年龄在 19～34 间的年龄和姓名

```
SELECT age, name FROM TABLE1 WHERE age BETWEEN 19 AND 34;
```

（5）查询 TABLE1 表中号码为 0601562 学生的详细信息

```
SELECT * FROM TABLE1 WHERE number LINK'0601562';
```

（6）查询 TABLE1 表中所有选修数学课学生的姓名和成绩，查询结果按成绩降序排列

```
SELECT grade, name FROM TABLE1 WHERE course='math' ORDER BY grade DESC;
```

（7）查询学修数学课成绩最高的学生的成绩

```
SELECT MAX(grade) FROM TABLE1 WHERE course='math';
```

6. 修改数据

UPDATE 语句用于修改数据库中的数据。其语法如下：

```
UPDATE <表名>
SET<列名>=<表达式>[,<列名>=<表达式>]...
[WHERE<条件>];
```

其中 SET 子句用于把满足 WHERE 条件的值替换为新的<表达式>的值。如果没有 WHERE，则修改所有的元组。

【例 10-6】 将 TABLE1 表中号码为 0601562 学生的年龄改为 23

```
UPDATE TABLE1 SET age=23 WHERE number='0601562';
```

7. 删除数据

DELETE 语句用于从指定表中删除满足条件的元组。其语法如下：

```
DELETE
FROM<表名>
[WHERE<条件>];
```

【例 10-7】 删除 TABLE1 表中学号为 0601562 的学生记录

```
DELETE FROM TABLE1 WHERE number='0601562';
10.3 Microsoft ADO
```

10.3 Microsoft ADO

10.3.1 Microsoft ADO 基础知识

ActiveX 数据对象（ActiveX Data Objects，ADO）是 Microsoft 提出的应用程序接口（API）

用以实现访问关系或非关系数据库中的数据。

与 Microsoft 的其他系统接口一样，ADO 是面向对象的。它是 Microsoft 全局数据访问（UDA）的一部分，Microsoft 认为与其自己创建一个数据库，不如利用 UDA 访问已有的数据库。为达到这一目的，Microsoft 和其他数据库公司在它们的数据库和 Microsoft 的 OLE 数据库之间提供了一个“桥”程序。

ADO 从原来的 Microsoft 数据接口远程数据对象（RDO）而来。RDO 与开放数据互连（Open Database Connectivity，ODBC）一起工作访问关系数据库，但不能访问如 ISAM 和 VSAM 的非关系数据库。

ADO 是对当前微软所支持的数据库进行操作的最有效和最简单直接的方法，是一种功能强大的数据访问编程模式，从而使得大部分数据源可编程的属性得以直接扩展到用户的 Active Server 页面上。可以使用 ADO 去编写紧凑简明的脚本以便连接到 ODBC 兼容的数据库和 OLE DB 兼容的数据源，这样程序员就可以访问任何与 ODBC 兼容的数据库，包括 MS SQL SERVER、Access 和 Oracle 等。

微软在数据库和微软的 OLE DB 中提供的“桥”程序能够提供对数据库的连接。OLE DB 是一个低层的数据访问接口，为任何数据源都提供了高性能的访问，其中包括关系型数据库、非关系型数据库、电子邮件、文件系统、文本和图形以及自定义业务对象等。开发人员在使用 ADO 时，其实就是在使用 OLE DB。对于熟悉 RDO 的程序员来说，可以把 OLE DB 比作是 ODBC 驱动程序。如同 RDO 的对象是 ODBC 驱动程序接口一样，ADO 的对象是 OLE DB 的接口；与不同的数据库系统需要它们自己的 ODBC 驱动程序一样，不同的数据源也要求有它们自己的 OLE DB 提供者（OLE DB provider）。

ADO 访问数据源的特点可以概括如下。

（1）易于使用，可以说这是 ADO 最重要的特点之一。ADO 是高层数据库访问技术，相对于 ODBC 来说，具有面向对象的特点。同时在 ADO 对象结构中，对象与对象之间的层次结构不是非常明显，这会给编写数据库程序带来更多的便利。比如，在应用程序中如果要使用 recordset 对象，不一定要先建立连接、会话对象，如果需要就可以直接构造 recordset 对象。总是，已经没有必要去关心对象的构造层次和构造顺序了。

（2）可以访问多种数据源，使应用程序具有很好的通用性和灵活性。

（3）访问数据源效率高，速度高，内存低，占磁盘空间小。

（4）有远程数据服务功能，方便的 Web 应用。ADO 可以以 ActiveX 控件的形式出现，这就大大方便了 Web 应用程序的编制。

（5）只需创建一个 Connection 对象就可以有多个独立的 Recordset 对象使用它。

10.3.2 Microsoft ADO 的对象模型

以前的对象模型，如 DAO 和 RDO 是层次型的。ADO 却不同，它定义了一组平面型顶级对象。ADO 通过编程模型实现对数据库的操作。编程模型是访问和更新数据源所必需的操作顺序，它概括了 ADO 的全部功能。编程模型意味着对象模型，即响应并执行编程模型的“对象”组。对象包含的参数类型有：方法、属性和事件。方法执行对数据的操作；属性显示数据的特性或控制某些对象方法的行为；事件则是某些操作已经发生或将要发生的通知。

ADO 的目的是访问、编辑和更新数据源，提供执行以下操作方式。

（1）建立与数据源的连接（Connection），可选。

（2）创建表示命令（如 SQL 命令）的对象（Command），可选。

（3）在 SQL 命令中指定列、表和值作为变量参数（Parameter），可选。

（4）执行命令（Command、Connection 或 Recordset）。

（5）如果命令以行返回，则将行存储在缓存中（Recordset）。

（6）创建缓存视图以便对数据进行排序、过滤和定位（Recordset），可选。

（7）通过添加、删除或更改行和列来编辑数据（Recordset）。

（8）适当情况下，用缓存中的更改内容来更新数据源（Recordset）。

（9）在使用事务之后，可以接受或拒绝在事务中所做的更改，结束事务（Connection）。

ADO 对象模型所包含有 9 个对。

（1）连接对象：Connection 对象。用于创建数据源连接。使用其他对象之前必须先建立连接，然后在 connection 对象上创建和使用其他对象。

（2）命令对象：Command 对象。用于执行动作查询，如创建/删除数据库、执行查询返回记录集、删除记录。

（3）记录集对象：Recordset 对象。保存基本表或命令对象返回的结果。使用 Recordset 对象几乎可以完成所有的数据操作。

（4）记录对象：Record 对象。表示一个单行的数据，可以来自于 Recordset 或 Provider。

（5）数据流对象：Stream 对象。代表一个二进制或文本数据流。

（6）字段对象：Field 对象。依赖 Recordset 对象的使用，主要是获得记录集中每个字段的信息。

（7）参数对象：Parameter 对象。依赖于命令对象使用，用于为参数查询提供数据。

（8）属性对象：Property 对象。每个 Connection 对象、命令对象、Recordset 对象以及 field 对象都有一个属性对象集合，使用属性对象可访问特定对象的主要信息。

（9）错误对象：Error 对象。依赖 Connection 对象使用。如在访问数据库的过程中发生错误，该错误的信息将保存到 Connection 对象的 Error 集合中，可避免程序在执行过程中意外终止。

下面对其中部分对象模型及其特性进行简单介绍。

1．连接对象

对象模型用 Connection 对象来体现连接的概念。通过连接（Connection）可从应用程序访问数据源，连接是交换数据所必需的环境。通过如 Microsoft Internet Information Services （IIS）等媒介，应用程序可直接（有时称为双层系统）或间接（有时称为三层系统）访问数据源。Connection 对象表示数据源的唯一会话。在使用客户端/服务器数据库系统的情况下，该对象可以等价于到服务器的实际网络连接。Connection 对象的某些集合、方法或属性可能无效，这取决于提供者支持的功能。

Connection
Errors
Properties

用 Connection 对象的集合、方法和属性可以执行下列操作。

（1）在打开连接前用 ConnectionString、ConnectionTimeout 和 Mode 属性配置连接。ConnectionString 是 Connection 对象的默认属性。

（2）设置 CursorLocation 属性以调用支持更新的 Cursor Service for OLE DB。

（3）用 DefaultDatabase 属性设置连接的默认数据库。

（4）用 IsolationLevel 属性为在连接上打开的事务设置隔离级别。

（5）用 Provider 属性指定 OLE DB 提供者。

（6）用 Open 方法建立到数据源的物理连接，然后用 Close 方法断开连接。

（7）用 Execute 方法在连接上执行命令，用 CommandTimeout 属性配置命令的执行。但是用户需要注意，要在不使用 Command 对象的情况下执行查询，请将查询字符串传递给 Connection 对象的 Execute 方法。但是，当要持久保留并重新执行命令文本，或者要使用查询参数时，需要使用 Command 对象。

（8）用 BeginTrans、CommitTrans 和 RollbackTrans 方法和 Attributes 属性在打开的连接上管理事务，包括嵌套的事务（如果提供者支持的话）。

（9）用 Errors 集合检查从数据源返回的错误。

用户可以使用独立于先前定义的任何其他对象来创建，也可以将命令或存储过程作为 Connection 对象的原生方法来执行。

2. 命令对象

对象模型用 Command 对象来体现参数的概念。“命令”通过已建立的连接发出，能以某种方式操作数据源。命令通常可以在数据源中添加、删除或更新数据，或者以表中行的格式检索数据。

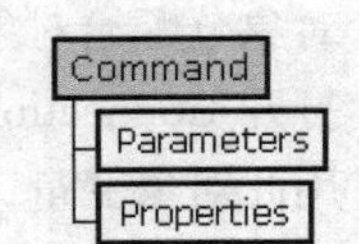

通常，命令需要的变量部分（即“参数”）可以在命令发出之前进行更改。例如，可重复发出相同的数据检索命令，每一次都指定检索不同的信息。参数对执行其行为类似函数的命令尤其有用。在这种情况下，只需知道命令是做什么的，而不必知道它如何工作。

使用 Command 对象查询数据库并返回 Recordset 对象中的记录，以便执行大量操作或对数据库结构进行操作。在引用某些 Command 集合、方法或属性时可能会产生错误，这取决于提供者的功能。

用 Command 对象的集合、方法和属性可以执行下列操作。

（1）用 CommandText 属性定义命令（例如 SQL 语句）的可执行文本。

（2）用 Parameter 对象和 Parameters 集合定义参数化查询或存储过程参数。

（3）在适当时候，用 Execute 方法执行命令并返回 Recordset 对象。

（4）执行前用 CommandType 属性指定命令类型以优化性能。

（5）用 Prepared 属性控制执行前提供者是否保存准备好（或编译过）的命令版本。

（6）用 CommandTimeout 属性设置提供者等待命令执行的秒数。

（7）通过设置 ActiveConnection 属性使打开的连接与 Command 对象相关联。

（8）设置 Name 属性以将 Command 对象标识为与之关联的 Connection 对象的方法。

（9）将 Command 对象传递给 Recordset 的 Source 属性以获取数据。

需要注意的是，要在不使用 Command 对象的情况下执行查询，请将查询字符串传递给 Connection 对象的 Execute 方法，或者传递给 Recordset 对象的 Open 方法。但是，当要持久保留并重新执行命令文本，或者要使用查询参数时，需要使用 Command 对象。

若要为先前定义的 Connection 对象单独创建一个 Command 对象，可以将其 ActiveConnection 属性设置为有效的连接字符串。此时，ADO 仍然创建 Connection 对象，但并不将该对象分配给对象变量。但是，如果正在将多个 Command 对象与同一个连接相关联，则应显式地创建和打开 Connection 对象，这样就将 Connection 对象分配给一个对象变量。

如果未将 Command 对象的 ActiveConnection 属性设置为此对象变量，即使使用同一个连接字符串，ADO 也将为每个 Command 对象创建一个新的 Connection 对象。

如果在同一个连接上执行两个或多个 Command 对象，并且每个 Command 对象都是一个带输出参数的存储过程，将产生错误。若要执行每个 Command 对象，请使用单独连接或断开所有其他 Command 对象的连接。

3. 记录集对象

对象模型用 Recordset 对象对来自提供者的数据进行操作。使用 ADO 时，将几乎全部使用Recordset对象来对数据进行操作。所有Recordset对象均由记录（行）和字段（列）组成。某些 Recordset 方法或属性可能不可用，这取决于提供者支持的功能。

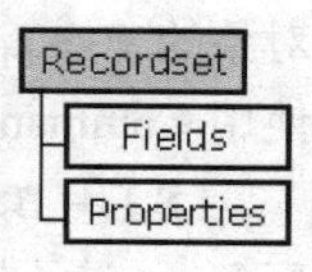

如果将 CursorLocation 属性设置为 adUseClient 以打开 Recordset，则 Field 对象的 UnderlyingValue 属性在返回的 Recordset 对象中将不可用。如果与某些提供者（如 Microsoft ODBC Provider for OLE DB 和 Microsoft SQL Server）配合使用，便可用 Open 方法传递连接字符串来单独创建先前定义的 Connection 对象的 Recordset 对象。ADO 仍然创建 Connection 对象，但不将该对象分配给对象变量。但是，如果正在通过同一个连接打开多个 Recordset 对象，应显式地创建和打开 Connection 对象，由此将 Connection 对象分配给对象变量。如果打开 Recordset 对象时未使用此对象变量，那么即使传递同一个连接字符串，ADO 也将为每个新的 Recordset 创建一个新的 Connection 对象。可以根据需要创建任意多个 Recordset 对象。

如果命令是按表中的信息行返回数据的查询（即行返回查询），这些行将存储在本地。

对象模型用 Recordset 对象来体现存储。Recordset 对象是在行中检查和修改数据的主要方法，主要用于以下几方面。

（1）指定可以检查的行。

（2）遍历行。

（3）指定遍历行的顺序。

（4）添加、更改或删除行。

（5）用更改的行更新数据源。

（6）管理 Recordset 的总体状态。

4. 字段对象

对象模型用 Field 对象来体现字段。Recordset 的一行由一个或多个“字段”组成。如果把 Recordset 看作二维网格，排成行的字段将构成“列”。每一字段（列）都分别具有名称、数据类型和值等属性，正是在这个值中包含了来自数据源的实际数据。

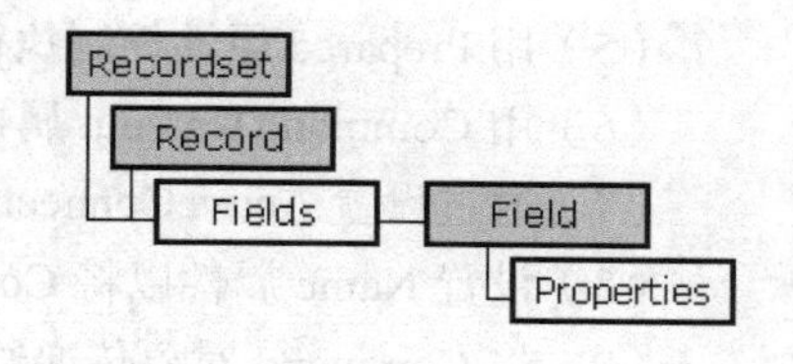

每个 Field 对象都对应于 Recordset 中的一列。使用 Field 对象的 Value 属性来设置或返回当前记录的数据。Field 对象的某些集合、方法或属性可能不可用，这取决于提供者提供的功能。

用 Field 对象的集合、方法和属性可以执行下列操作。

（1）用 Name 属性返回字段名。

（2）用 Value 属性查看或更改字段中的数据。Value 为 Field 对象的默认属性。

（3）用 Type、Precision 和 NumericScale 属性返回字段的基本特性。

（4）用 DefinedSize 属性返回已声明的字段大小。

（5）用 ActualSize 属性返回给定字段中数据的实际大小。

（6）用 Attributes 属性和 Properties 集合确定给定字段支持的功能类型。

（7）用 AppendChunk 和 GetChunk 方法对包含长二进制或长字符数据的字段值进行操作。

要修改数据源中的数据，可以修改 Recordset 行中 Field 对象的值。最终，对 Recordset 的更改被传播到数据源。作为一种选择，Connection 对象的事务管理方法能够保证更改要么全部成功，要么全部失败。

除了包含有 9 个对象外，ADO 对象模型还包含有 4 个集合。集合也是一种对象，可方便地包含其他特定类型的对象。使用集合属性可按名称（文本字符串）或序号（整数）对集合中的对象进行检索。

（1）Errors 集合：Connection 对象具有该集合。它包含为响应与数据源有关的单个错误而创建的所有 Error 对象。任何涉及 ADO 对象的操作都可能产生一个或多个提供者错误。在每个错误发生时，一个或多个 Error 对象将被放到连接对象的 Errors 集合中。当另一个 ADO 操作产生错误时，Errors 集合被清空，Error 对象的新集合被放到 Errors 集合中。

（2）Parameters 集合：Command 对象具有该集合。它包含应用于该 Command 对象的所有 Parameter 对象。使用 Command 对象的 Parameters 集合的 Refresh 方法检索存储过程的提供者参数信息，或者检索 Command 对象中指定的参数化查询。

（3）Fields 集合：Recordset 和 Record 对象具有该集合。它包含定义该 Recordset 对象列的所有 Field 对象。

Recordset 对象包含一个由 Field 对象组成的 Fields 集合。每个 Field 对象对应于 Recordset 中的一列。在打开 Recordset 之前可以调用 Fields 集合的 Refresh 方法来预置该集合。Fields 集合包含 Append 方法和 Update 方法，Append 方法在集合中临时创建和添加 Field 对象，而 Update 方法完成所有的添加和删除。

某些提供者（如 Microsoft OLE DB Provider for Internet Publishing）可能会用 Record 或 Recordset 的可用字段的子集来预置 Fields 集合。其他字段只能在按名称引用或按代码索引以后才添加到集合中。

（4）Properties 集合：连接、Command、Recordset 和 Field 对象都具有该集合。它包含应用于所属对象的所有 Property 对象。

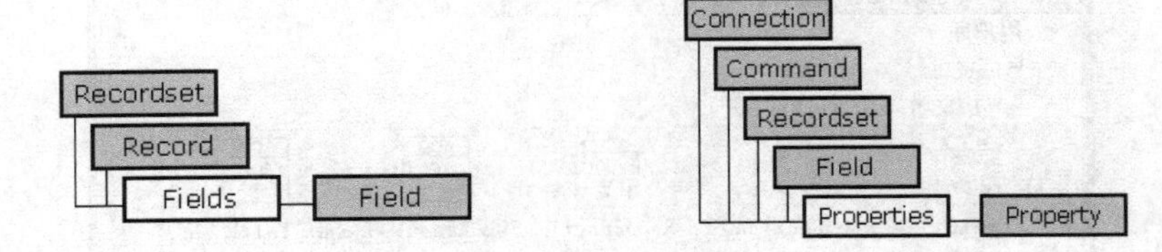

ADO 对象包含属性，可通过 INTEGER、CHARACTER 或 BOOLEAN 等公用数据类型在其中设置或检索值。然而，有必要将某些属性看作数据类型为“COLLECTION OBJECT”的返回值。相应的，集合对象包含存储和检索适合该集合其他对象的方法。例如，可以认为 Recordset 对象具有能够返回集合对象的 Properties 属性。该集合对象包含可以存储和检索描述该 Recordset 属性的 Property 对象的方法。

“事件”则是有关某些操作即将发生或已经发生的通知。可以用事件有效地改写包含几个异步任务的应用程序。

对象模型不直接体现事件，而是通过调用事件处理程序例程来表示。在操作开始之前调用的事件处理程序使用户可以对操作参数进行检查或修改，然后取消操作或允许完成操作。

操作完成之后调用的事件处理程序通知用户异步操作已经完成。多个操作已经增强，可以异步执行。

10.4 通过 LabSQL 访问数据库

10.4.1 LabSQL 工具包概述

LabSQL 是一个免费开源的数据库访问工具包，是第三方公司的产品。通过它可以访问和操作任何基于 ODBC 的数据库，包括 SQL Server、Access 以及 Oracle 等。LabSQL 内包含很多 VI，通过调用这些特殊功能的 VI 可以方便地实现数据库的访问。

使用 LabSQL 访问数据库实质是通过使用 Microsoft ADO 及 SQL 语言实现数据库的访问。LabSQL 把底层的 ADO 操作模块化封装，主要分为三大模块，即命令模块、连接模块、记录集模块，如图 10-2 所示。

不同的模块对应不同的功能。Command 模块用于完成创建或删除一个命令之类的基本 ADO 操作；连接模块用于管理 LabVIEW 与数据库的连接；Recordset 模块用于对数据库中的记录进行操作。其他三个 VI 将底层 VI 封装起来形成顶层 VI，其中 SQL Execute.vi 用于直接执行 SQL 命令，SQL Fetch.vi 用于获取数据库中的组元信息。

LabSQL 工具包的下载网址是 http://jeffreytravis.com/lost/labsql.html。用户可以将下载的压缩文件 LabSQL-1.1a.zip 解压，解压后的文件包括 LabSQL ADO functions 和 Examples 两个文件夹。LabSQL ADO functions 就是 LabSQL 工具包，Examples 是 LabSQL 的使用举例。用户只要在 LabVIEW 安装目录的 user.lib 文件夹内新建一个名为 LabSQL 的文件夹，把解压得到的所有文件复制到 LabSQL 的文件夹中，重启 LabVIEW 后就可以在函数选板的“用户库”选板中看到 LabSQL 工具包。

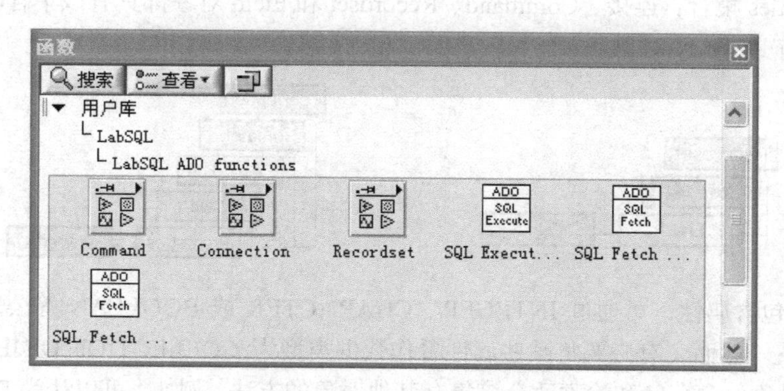

图 10-2 LabSQL ADO 函数选板

10.4.2 数据源的两种创建方法

在使用 LabSQL 前，需要创建一个数据源并建立数据库的连接。在实际工程中会经常使用 SQL Server 数据库和 Access 数据库。下面讲解如何利用这两种数据库来新建一个名为 liu 的数据库，并在数据库中新建一个名为 ziliao 的表。

1. 在 SQL Server 中创建数据库的步骤

（1）在电脑上安装 Microsoft SQL Server 软件。

（2）打开 Microsoft SQL Server 中的企业管理器，右键单击数据库，在快捷菜单中选择“新建数据库”，如图 10-3 所示。确认后弹出数据库属性设置窗口，在窗口中输入数据库名称“liu”，完成后单击“确定”按钮。

（3）打开新建的名为“liu”的数据库，双击表子目录，在右边的窗口空白处单击鼠标右键，在快捷菜单中选择“新建表”选项，新建一个表格并进入表设计器窗口，如图 10-4 所示。

（4）在表设计器中为表加入 4 个列：Name、Sex、Age、Tel。其数据类型和长度如图 10-4 所示，完成后关闭窗口，并把表命名为 ziliao。

如果需要在企业管理器中查询表中数据，则要展开 liu 数据库，在 ziliao 表上右键单击鼠标，在弹出的菜单中单击“打开表”命令下的“返回所有行”可以查看表中的所有数据行。

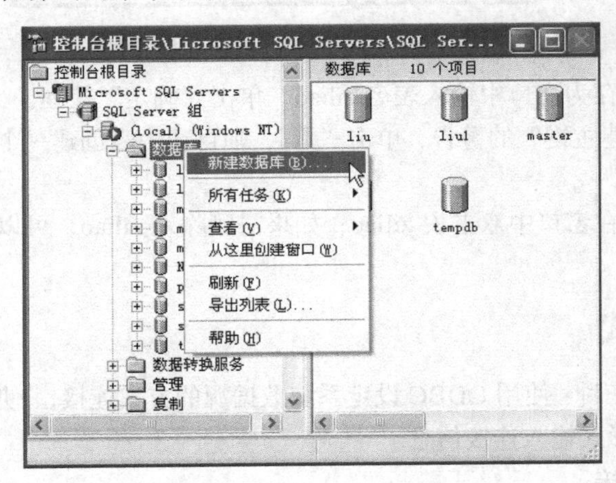

图 10-3　新建数据库

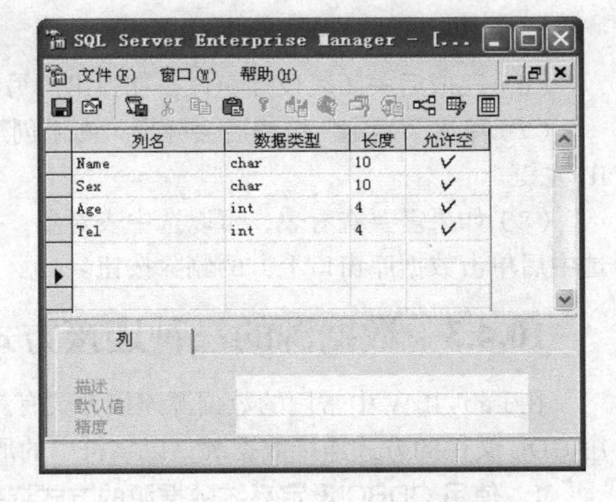

图 10-4　表格设置窗口

2. 在 Access 中创建数据库的步骤

（1）安装带 Access 的 Microsoft Office 工具包。

（2）启动 Microsoft Access 数据库。单击“新建”后在 Access 窗口右侧的新建文件中选择“空数据库”，弹出“文件新建数据库”对话框。

（3）在弹出的“文件新建数据库”对话框中选定数据库的存放位置，保存类型（一般就取默认值）和输入数据库文件名，这里数据库名为 liu。完成后单击创建按钮，进入“数据库”窗口。

（4）在“数据库”窗口选中表对象，再单击窗口中工具栏中的“新建”按钮打开“新建表”对话框，如图 10-5 所示。该窗口提供了创建表的 5 种方法：数据表视图、设计视图、表向导、导入表和链接表。

（5）若选择设计视图的方法去定义表，则弹出如图 10-6 所示的表。设计视图就是表结构的设计窗口。该窗口分上下两部分，上面是字段编辑区，下面是字段属性窗口。在字段编辑区可以设定字段名称、数据类型并添加说明信息。在字段属性窗口可以详细地定义数据类型和其他信息。

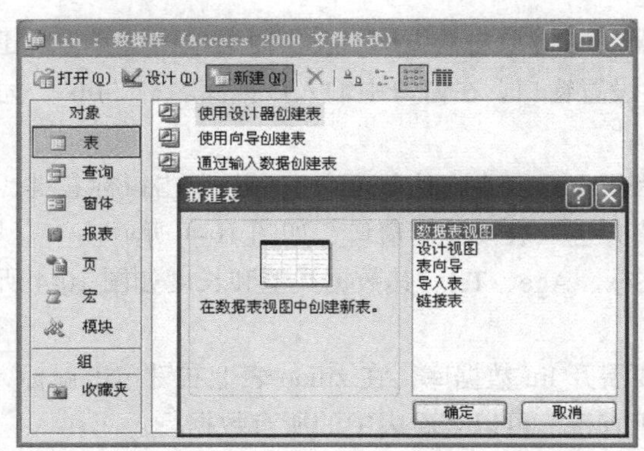

图 10-5　新建表对话框

图 10-6　设计视图方法创建的表界面

（6）完成后关闭表设计窗口，在弹出的另存为窗口中输入表名 ziliao，单击“确定”按钮。

（7）单击“确定”按钮后会弹出“尚未创建主键”的警告，单击“是”，则自动为表创建一个 ID 主键。

（8）如果需要查看表，可以选中表对象，在窗口中双击表 ziliao；如果需删除表 ziliao，可以选中后单击数据库窗口上方的删除按钮。

10.4.3　数据源的三种连接方式

在 LabVIEW 中常用的数据源连接方式有三种：使用 ODBC 设定系统数据源的方式连接；使用 UDL 文件的方式连接数据源；以字符串的形式输入连接信息。

1. 使用 ODBC 设定系统数据源的方式连接

当前我们使用的所有数据库管理系统 DBMS 实际上都可以通过 ODBC 进行互访，这是因为 ODBC 提供了各类数据源的驱动。然而 ADO 访问数据源的统一界面是 OLE DB 接口，尽管有越来越多数据库厂商开始提供 OLE DB 接口，如 SQL Server、Oracle 以及 Microsoft Access（Microsoft Jet 数据库引擎）等，但仍有一些数据源无法以这种方式提供，仍然需要借助于 ODBC 驱动向 OLE DB 提供。因此，OLE DB 便定义了一个嵌入使用 ODBC 驱动的接口，像其他数据库驱动的提供者一样可以插在 OLE DB 型号的接口上。提供这个接口的便是 Microsoft OLE DB Provider for ODBC drivers，是 ADO 默认的提供者。

ODBC 中提供三种 DSN：用户 DSN、系统 DSN 和文件 DSN。用户 DSN 只能用于本用户，系统 DSN 和文件 DSN 的区别只在于连接信息的存放位置不同：系统 DSN 存放在 ODBC 储存区里，而文件 DSN 则放在一个文本文件中。使用系统 DSN 则系统中任何用户都可以访问连接的数据库，因此远程的数据库通常使用系统 DSN 进行连接配置。

ADO 是通过 DSN（数据源名）来访问数据库的。DSN 是应用程序用以请求一个到 ODBC 数据源的连接（CONNECTION）名字，它隐藏了诸如数据库文件名、所在目录、数据库驱动程序、用户 ID 和密码等细节。当建立一个连接时，不用去考虑数据库文件名、路径等，只要给出它在 ODBC 中的 DSN 即可。因此在使用 ADO 访问数据库前，先要配置 ODBC 数据源，即建立 DSN 与数据库文件名、所在目录、数据库驱动程序、用户 ID 以及密码之间的对应关系。在一般情况下，可以用 Windows 系统下 ODBC 数据源管理器手动完成 ODBC 数据源的配置。

下面讲解具体如何使用 ODBC 设定系统数据源的方式连接一个 Access 数据库。

（1）首先建立一个 Access 数据库，并将其命名为 sun.mdb。

（2）双击打开 ODBC 管理器（ODBC 管理器位于“Windows 控制面板”中的“管理工具”中），将弹出“ODBC 数据资源管理器”对话框，如图 10-7 所示。

（3）选择“系统 DSN”选项后，单击“添加”按钮，将弹出如图 10-8 所示的“创建新数据源”对话框，对话框中显示当前 ODBC 中所有已经安装了的数据库驱动类型，此处选择的是 Microsoft Access Driver（*.mdb）。

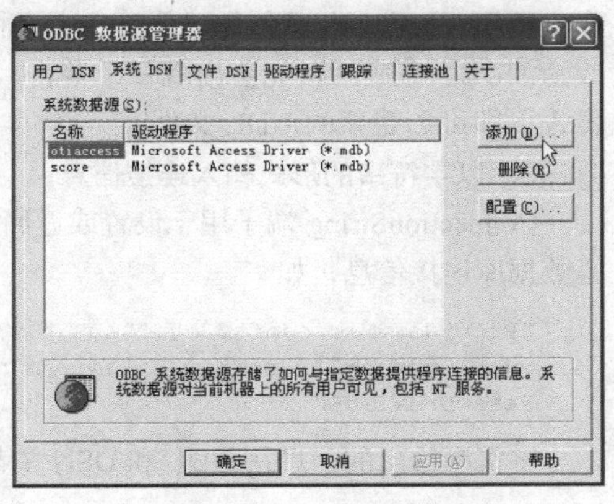

图 10-7　ODBC 管理器

（4）单击“完成”按钮，则弹出如图 10-9 所示的“ODBC Microsoft Access 安装”对话框。由于该对话框是由具体数据库的驱动提供，因此选择不同类型的数据库将会弹出不同的对话框界面，但是不论什么样的对话框，其功能都是用来配置 DSN 及其相应的数据库以及一些相关参数的。此处设置数据源名为 score，在“数据库”栏中“选择”前面已经创建好的 Access 数据库 sun.mdb，其他参数使用默认值，单击“确定”按钮完成参数设置。

（5）完成参数设置后回到“系统 DSN”选项界面后就可以看到新建的 DSN 了，单击“确定”按钮即完成了该 DSN 的创建。

图 10-8　“创建新数据源”对话框

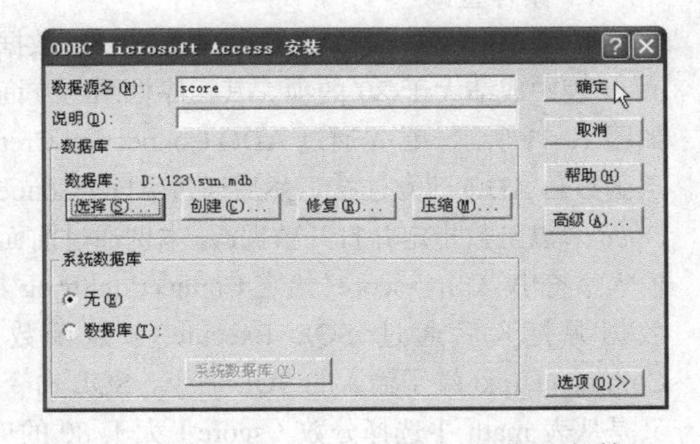

图 10-9　“ODBC Microsoft Access 安装”对话框

2. 使用 UDL 文件的方式连接数据源

UDL 文件是指通用数据连接文件，用于保存连接字符串。使用 UDL 文件存储数据库连接的方式和使用 ODBC 数据源名称（DSN）非常相似。但是 UDL 是针对 OLE DB（直接的和面向 ODBC 的）的。UDL 文件存储 OLE DB 连接信息，如提供程序、用户名、密码和其他选项。用存储在该 UDL 文件中的信息可以打开 ADO 连接，从而允许管理员在需要的情况下更改它，并且可避免打开注册表或者使用 ODBC。通俗地说，不管数据库的名称、用户名，也不用修改代码，只要在安装的时候改一下连接文件就行了。

如果运行的是 Windows 98 和 Windows NT 系统并且安装了 Microsoft 数据访问组件（MDAC），可以打开要在其中存储 UDL 文件的文件夹，在空白处选择“新建”，然后选择“Microsoft 数据链接”，完成后在文件夹中出现名为“新建 Microsoft 数据链接.UDL”的新文件，可重命名此文件。

如果运行的是 Windows 2000 或更高版本，则在“文件”菜单中选择“新建”，然后选择“文本文档”。目录中出现名为“新建文本文档.txt”的新文件，重命名此文件并将其文件扩展名更改为.UDL。完成后可能会出现一个警告，指出更改文件扩展名会导致文件变得不可用。忽略此警告，即可创建新的.UDL 文件。

3．以字符串的形式输入连接信息

ConnectionString 端子用于设置或返回建立连接数据源的细节信息。实质上 UDL 中包含的就是数据库连接信息，如

```
"Provider=Microsoft.Jet.OLEDB.4.0;
Data Source=D:\Program Files\ km.mdb;User ID =admin;
Password=1984"
```

字符串给出的信息在 UDL 和 DSN 中都能设置。

10.4.4 LabSQL 中的数据操作

下面通过一组例子来介绍一些基础的数据库操作编程方法。读者可通过对数据库查询、插入、修改、删除等操作，对 LabSQL 工具包的使用有一个更深入的了解。

【例 10-8】 数据库的基本操作技巧

首先创建一个名为 sun.mdb 的 Access 数据库，在数据库中创建如图 10-10 所示的表 math。完成后使用 ODBC 设定系统数据源的方式和数据库 sun.mdb 建立连接，在 ODBC 中定义 DSN 名：score，并完成其他 ODBC 配置。值得注意的是在配置 ODBC 时需要关闭 sun.mdb 数据库，否则无法完成配置。

1．条件查询

本例讲解通过 SQL 语句查询 sun.mdb 数据库的 math 表中成绩大于 80 的项。其程序框图与查询结果如图 10-11 所示。首先通过 ADO Connection Create 节点函数与 ADO 建立连接，然后通过 ADO Connection Open 节点函数指定并打开数据源。本例通过前面板中输入字符串“DSN=score”给定 ConnectionString 数据。数据源打开后通过 SQL Execute 节点函数执行 Command Text 端子输入的 SQL 命令，SQL 命令“SELECT * FROM math WHERE score >80;”含义是从表 math 中选择分数（score）大于 80 的项并按 ID 顺序排列返回至一个二维字符串数组。最后使用 ADO Connection Close 节点关闭与数据库的连接。

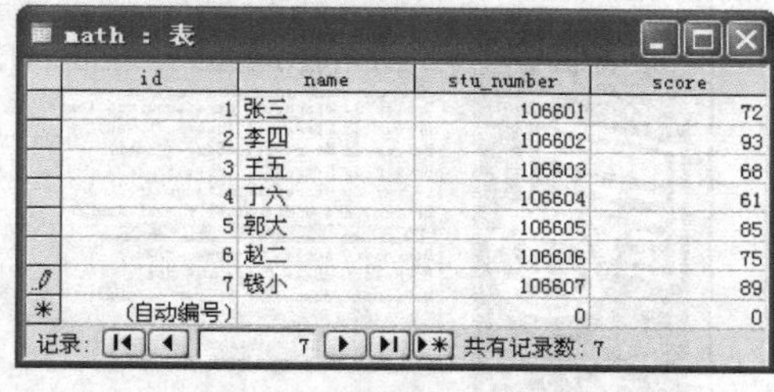
math : 表

id	name	stu_number	score
1	张三	106601	72
2	李四	106602	93
3	王五	106603	68
4	丁六	106604	61
5	郭大	106605	85
6	赵二	106606	75
7	钱小	106607	89
(自动编号)		0	0

记录：7 共有记录数：7

图 10-10 表 math

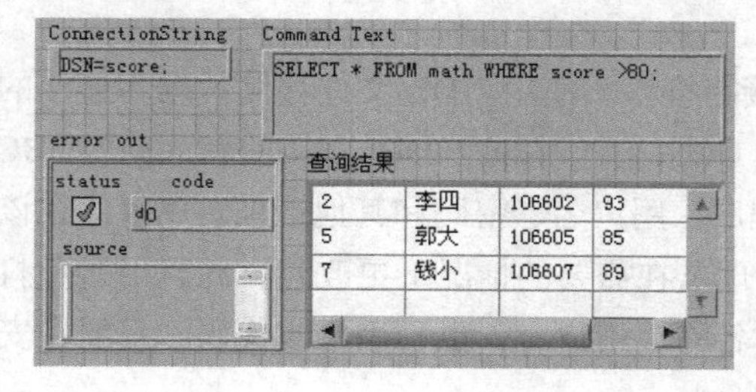

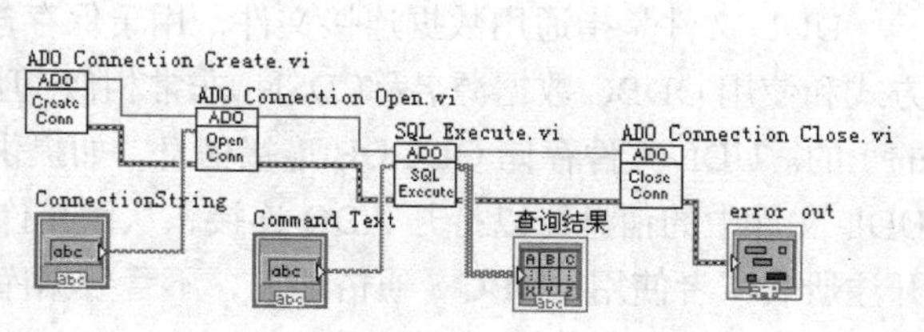

图 10-11 条件查询

2．插入数据

本例通过 SQL 语句 INSERT INTO math(name, stu_number, score)VALUES('张九', 106608,

75）向表 math 中插入一组数据，程序框图和执行结果如图 10-12 所示。该语句不返回数据，因此在 SQL Execute 节点函数的 Return Data 端子设定为 False。执行完后可以打开 sun.mdb 数据库的 math 表查看执行结果。在输入 SQL 语句时用户须注意不要在紫光、五笔等中文语言输入状态下输入 SQL 语句中的逗号，否则 SQL 语句可能无法被识别。

math : 表

id	name	stu_number	score
1	张三	106601	72
2	李四	106602	93
3	王五	106603	68
4	丁六	106604	61
5	郭大	106605	85
6	赵二	106606	75
7	钱小	106607	89
8	张九	106608	75
(自动编号)		0	0

记录: 8 共有记录数: 8

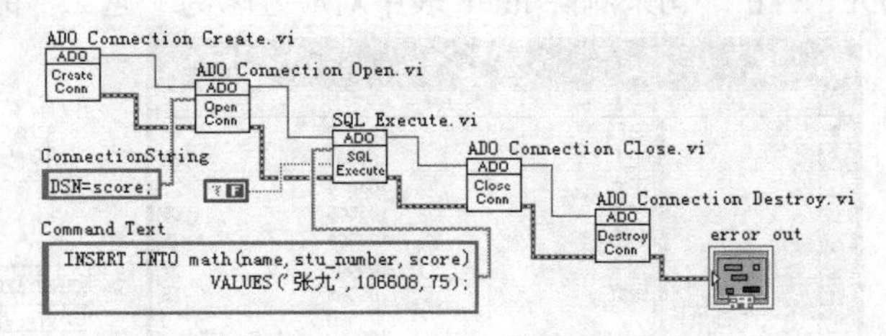

图 10-12　插入数据

3. 修改数据

本例把 sun.mdb 数据库的表 math 中"丁六"的分数从 61 分改为 90 分，程序框图和执行结果如图 10-13 所示。

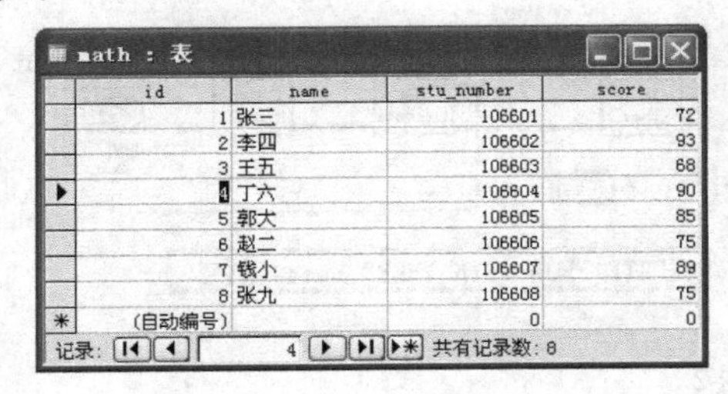
math : 表

id	name	stu_number	score
1	张三	106601	72
2	李四	106602	93
3	王五	106603	68
4	丁六	106604	90
5	郭大	106605	85
6	赵二	106606	75
7	钱小	106607	89
8	张九	106608	75
(自动编号)		0	0

记录: 4 共有记录数: 8

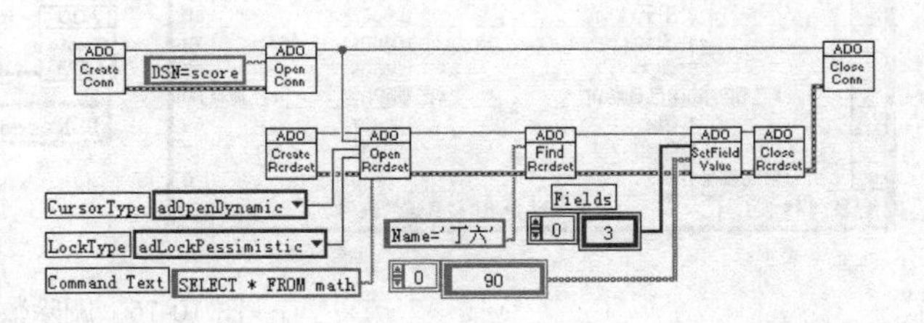

图 10-13　修改数据 1

首先创建一个 ADO Command，然后使用 ADO Connection Open VI 打开 connection 对象，ADO Recordset Open 节点函数用于打开 recordset 对象，在其中的 Command Text 端子输入 SQL 命令 SELECT * FROM math 指定修改数据所在表的名称。ADO Recordset Find 节点函数用于指定修改数据所在的行。

ADO Set Field Values 节点函数用于修改 name = 丁六所在行的值，在 Fields 端子给出 Score 所在的索引位置，在 Values 端子给出修改后的新值：90。设定完成后，关闭 Connection 对象和 Recordset 对象。

或者直接应用 ADO SQL Execute 节点来修改数据库的记录数据，如图 10-14 所示的程序则将柳伟青的成绩再次由 90 分改成 70 分。程序框图的作用效果与上图的程序框图一样，但是流程则更简单。

math : 表

id	name	stu_number	score
1	张三	106601	72
2	李四	106602	93
3	王五	106603	68
4	丁六	106604	70
5	郭大	106605	85
6	赵二	106606	75
7	钱小	106607	89
8	张九	106608	75
(自动编号)		0	0

记录: 4 共有记录数: 8

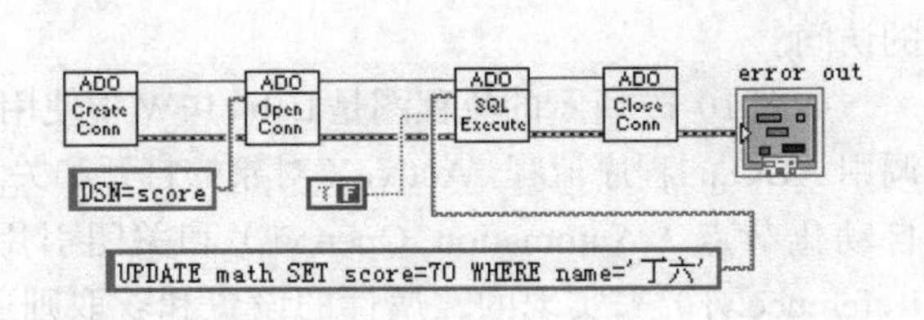

图 10-14　修改数据 2

4. 删除数据

本例把 sun.mdb 数据库的表 math 中某一行的所有信息删除。如图 10-15 和图 10-16 所示分别给出了利用两种不同方法来删除某一行信息的两种程序框图和执行结果。其中图 10-15 使用了 ADO Recordset MoveFirst 节点函数来实现删除 math 表中第一行数据的功能，图 10-16 使用了 DELETE 语句来删除 math 表中对应姓名为“赵二”的所有信息。

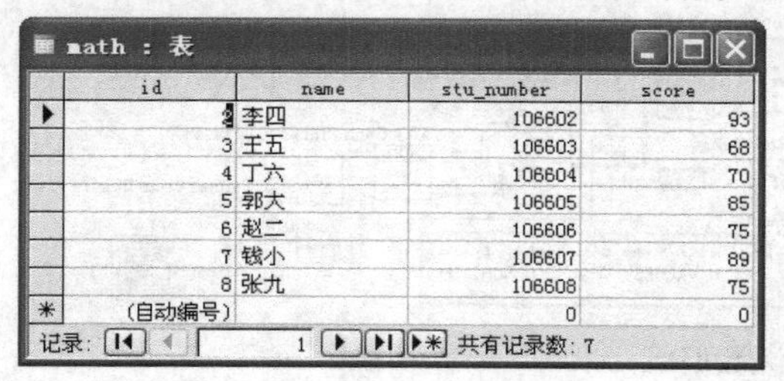

math : 表

id	name	stu_number	score
2	李四	106602	93
3	王五	106603	68
4	丁六	106604	70
5	郭大	106605	85
6	赵二	106606	75
7	钱小	106607	89
8	张九	106608	75
(自动编号)		0	0

记录：1 共有记录数：7

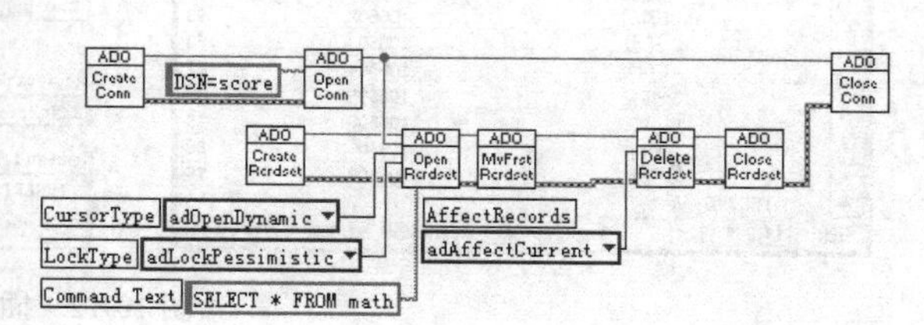

图 10-15　删除数据 1

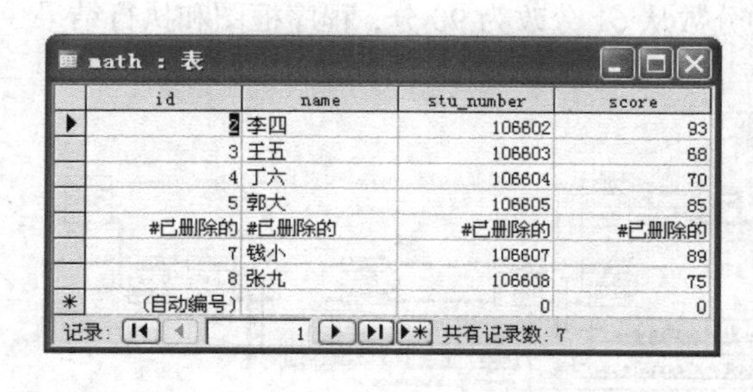

math : 表

id	name	stu_number	score
2	李四	106602	93
3	王五	106603	68
4	丁六	106604	70
5	郭大	106605	85
#已删除的	#已删除的	#已删除的	#已删除的
7	钱小	106607	89
8	张九	106608	75
(自动编号)		0	0

记录：1 共有记录数：7

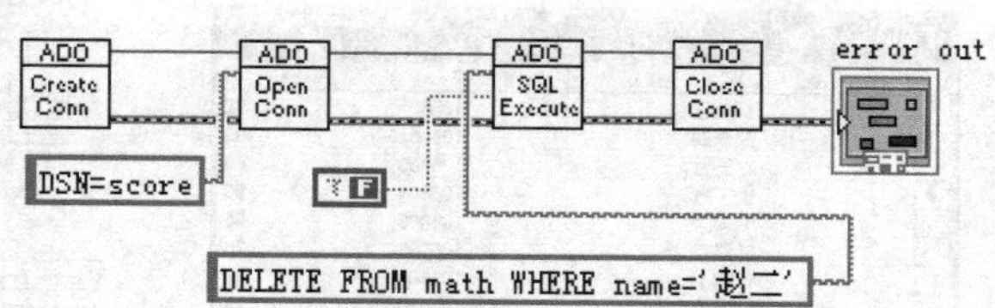

图 10-16　删除数据 2

10.5　通过 ADO 控件访问数据库

ADO 对象在 LabVIEW 中是以 ActiveX 对象的形式提供的。LabVIEW 自 4.1 版本就引入了支持 ActiveX 自动控制的功能模块，在 5.1 版本之后支持客户和服务器双方，即尽管程序是各自独立存在的，但它们的信息是共享的。这种信息共享是通过客户端使用由服务器端发布的 ActiveX 控件来实现的。

调用 ADO 控件的方法不如 LabSQL 工具包使用简便，但打开 LabSQL 工具包中函数的程序框图，可以发现这些程序中都含有 ADO 控件的调用部分。为了进一步了解 LabVIEW 的编程思想，我们简单地介绍一下如何调用 ADO 控件进行数据库的访问。

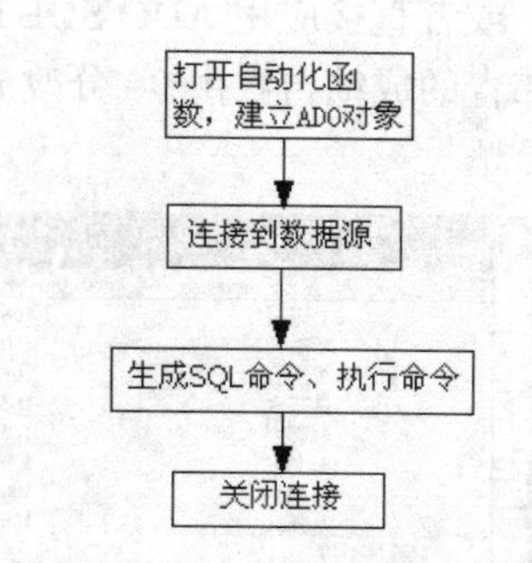

图 10-17　LabVIEW 中调用 ADO 访问数据库的程序流程

如图 10-17 所示的流程图是 LabVIEW 中使用 ActiveX 控件调用 ADO 的程序流程。ActiveX 对象的打开和关闭是通过打开自动化节点（Automation Open.vi）和关闭引用节点（Close Reference.vi）来实现的，属性的设置和获取则通过属性节点（Property Node.vi）进行，而调用节点（Invoke Node.vi）用于对象方法的调用。

下面我们就通过一个实例说明如何调用 ADO 访问数据库，同时用户也可以通过查看 LabSQL 函数程序框图了解更多的数据库操作功能的编程方法。

【例 10-9】　在前面使用数据库中 sun.mdb 的表 math 中插入一组数据。

（1）建立 ADO 对象

打开函数选板中互联接口选板下的 ActiveX 子选板，找到子选板内的“打开自动化”函数放置于程序框图中。在函数上单击鼠标右键，在快捷菜单中选择“选择 ActiveX 类→浏览”选项，从弹出的类型库中选择对象对话框中库类型和创建的对象。如图 10-18 所示，在类型库下拉列表中选择“Microsoft ActiveX Data Objects 2.7 Library Version 2.7”，下面的“对象”列表栏中将出现这个库对 LabVIEW 可用的对象，选中“连接”对象，“确定”后，可以发现“打开自动化”函数的自动化引用句柄端子自动创建了一个名为“ADODB._Connection”的句柄。使用同样的方法，可以建立 Command、Recordset 等对象。

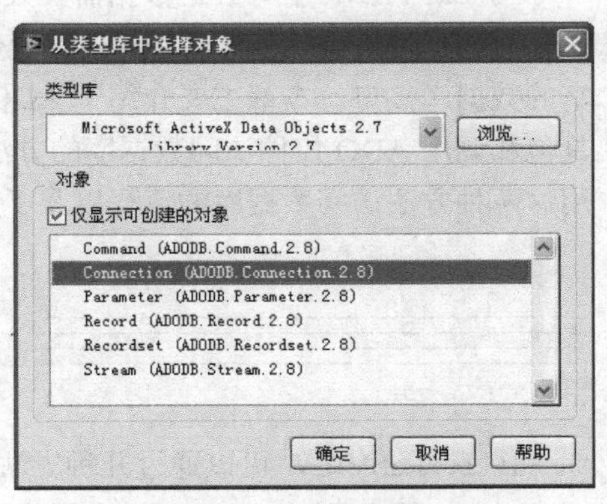

图 10-18　选择 ADO 对象

（2）连接数据源

从 ActiveX 子选板中选择“调用节点”函数并与“打开自动化”函数相连，在“调用节点“函数图标的“方法”窗格上单击鼠标左键选择“Open”选项，即出现如图 10-19 所示的节点。其中“ConnectionSring”是连接到数据源的字符串，“UserID”和“PassWord”是连接到数据源的用户名和密码，正确设置这些参数后便可连接到数据源。本例中 Provider=Microsoft.Jet.OLEDB.4.0;Data Source = D:\123\sun.mdb; Persist Security Info=False，给出了数据库类型、数据源位置、数据源名等信息。

math : 表

id	name	stu_number	score
2	李四	106602	93
3	王五	106603	68
4	丁六	106604	70
5	郭大	106605	85
7	钱小	106607	89
8	张九	106608	75
9	marry	0	50
(自动编号)		0	0

记录: 7　共有记录数: 7

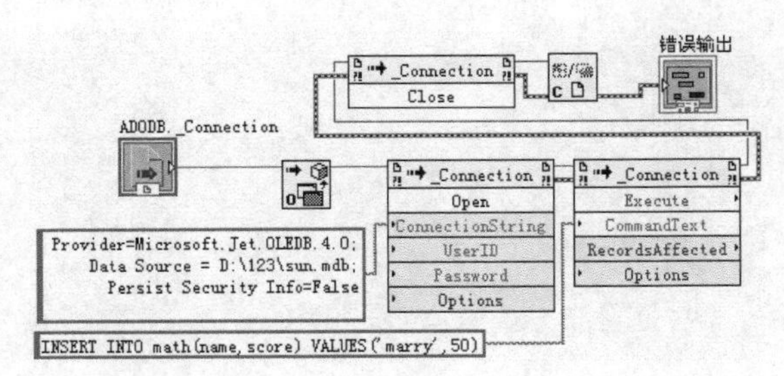

图 10-19　调用 ADO 在数据库表中插入数据

（3）执行 SQL 命令

与上一步相同，用“调用节点”函数调用 Connection 对象的 Execute 方法执行所要的操作。Execute 方法所必需的参数为 CommandText，这里为所要执行的 SQL 语句。例如可以使用 Create 命令创建表，用 Drop 命令删除表，用 Insert 命令向表中插入数据，用 Select 命令进行查询并返回操作结果等。本例使用 Insert 命令把姓名“marry”分数“50”添加到表 tab 中。

（4）关闭连接

对数据库访问操作完毕后，要及时关闭 Connection 对象以释放内存和所用的系统资源。首先使用 Connection 对象的 Close 方法关闭数据库连接，然后使用关闭引用节点关闭 ActiveX 自动化参数号。

本章小结

当 LabVIEW 中有大量数据需要处理时，仅仅通过读写文件是不够的，这时通常要用到数据库来对数据进行查询、存储和管理等操作。LabVIEW 本身不能直接访问数据库，但是它提供了丰富的数据库接口。本章主要介绍了 ADO 和 SQL 的一些基础知识，并结合示例对使用 LabSQL 工具包和调用 ADO 控件访问数据库的方法和步骤进行了详细的说明，让读者熟悉在 LabVIEW 中使用这两种方法访问数据库的流程以及了解使用过程中一些需要注意的问题。

习　题

10-1　LabVIEW 可以通过几种方法访问数据库？

10-2　什么是 ADO？ADO 有哪些特点？

10-3　LabVIEW 中连接数据源的方法有哪些？它们之间有什么区别？

10-4　编写程序，要求在事先建好的数据库中实现数据的查询、添加和修改等基本操作。

10-5　编写程序，要求调用 ADO 来实现在事先建好的数据库中修改数据。

第 11 章 数据采集

数据采集是 LabVIEW 的一项重要功能。NI 公司为 LabVIEW 的用户提供了丰富的数据采集设备，以最大限度地满足各个领域的需要。本章主要介绍了数据采集的基础知识以及 DAQ Assistant 的使用方法。

11.1 DAQ 系统概述

11.1.1 DAQ 系统的构成

在计算机广泛应用的今天，数据采集的重要性是十分显著的。它是计算机与外部物理世界连接的桥梁。随着计算机和总线技术的发展，基于 PC 的数据采集（Data Acquisition，DAQ）板卡产品得到了广泛应用。许多应用使用插入式设备采集数据并把数据直接传送到计算机内存中，而在一些其他应用中数据采集硬件，通过并行或串行接口和 PC 相连。基于 PC 数据采集系统的组成可分 PC、传感器、信号调整、数据采集硬件、软件五个部分，典型的 DAQ 系统如图 11-1 所示。

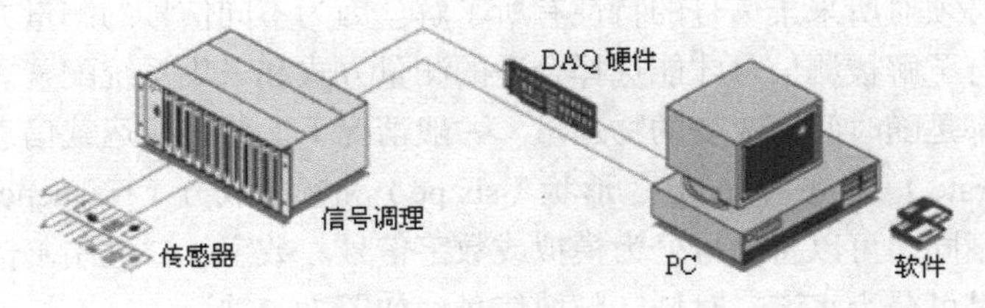

图 11-1　典型的基于 PC 的 DAQ 系统

DAQ 的任务就是测量或生成物理信号。一个 DAQ 系统通常具有（除了插入式 DAQ 之外）一套用于获取、处理原始数据，分析传感器和转换器，信号调节以及显示、存储数据的软件。

如图 11-2 所示给出了数据采集系统的结构。在数据采集之前，程序将对 DAQ 板卡初始化，板卡上和内存中的 Buffer 是数据采集存储的中间环节。

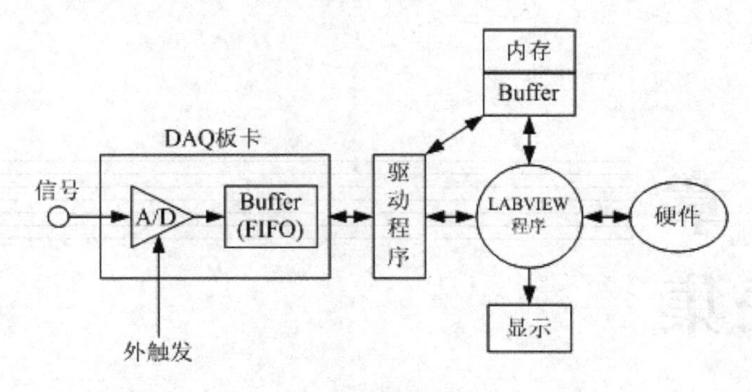

图 11-2　数据采集系统结构

在基于计算机的系统测量到物理信号之前，需要通过传感器（或转换器）将物理信号转换为电信号。为了更精确地测量信号，信号调理部分能放大低电压信号，并对信号进行隔离和滤波。此外，某些传感器需要有电压或电流激励源来生成电压输出。DAQ 系统由软件控制，获取数据行、分析数据并得出结论。

11.1.2　DAQ 系统的功能

1. 数字信号

第一类数字信号是开/关信号。一个开/关信号运载的信息与信号的瞬间状态有关。TTL 信号就是一个开/关信号，一个 TTL 信号如果在 2.0～5.0V 之间，就定义它为逻辑高电平；如果在 0～0.8V 之间，就定义为逻辑低电平。

第二类数字信号是脉冲信号。这种信号包括一系列的状态转换，信息就包含在状态转换发生的数目、转换速率、一个转换间隔或多个转换间隔的时间里。安装在马达轴上的光学编码器的输出就是脉冲信号。有些装置（如一个步进式马达）就需要一系列的数字脉冲作为输入来控制位置和速度。

2. 模拟信号

数据采集前，必须对所采集信号的特性有所了解。因为不同信号的测量方式和对采集系统的要求是不同的，只有了解被测信号才能选择合适的测量方式和采集系统配置。

任意一个信号都是随时间而改变的物理量。一般情况下，信号所运载信息是很广泛的，如状态（state）、速率（rate）、电平（level）、形状（shape）和频率成分（frequency content）。根据信号运载信息方式的不同，可以将信号分为模拟或数字信号。数字（二进制）信号分为开关信号和脉冲信号。模拟信号可分为直流、时域、频域信号，如图 11-3 所示。

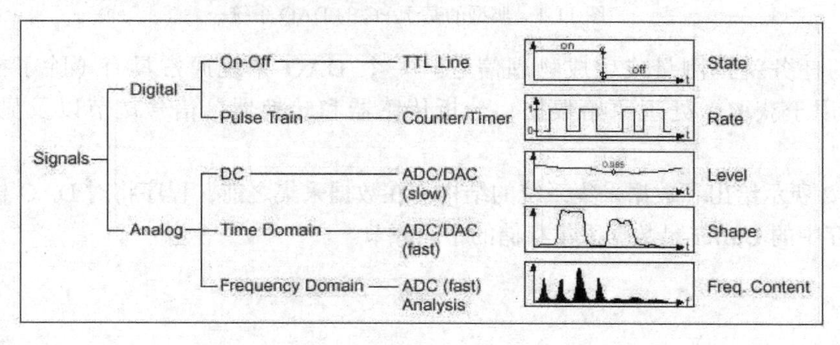

图 11-3　模拟信号分类

（1）模拟直流信号。模拟直流信号是静止的或变化非常缓慢的模拟信号。直流信号最重要的信息是它在给定区间内运载信息的幅度。常见的直流信号有温度、流速、压力、应变等。采集系统在采集模拟直流信号时，需要有足够的精度以正确测量信号电平。由于直流信号变化缓慢，用软件计时就够了，不需要使用硬件计时。

（2）模拟时域信号。模拟时域信号与其他信号不同之处在于，它在运载信息时不仅有信号的电平，还有电平随时间的变化。在测量一个时域信号（或一个波形）时，需要关注一些波形形状的特性，如斜度、峰值等。为了测量一个时域信号，必须有一个精确的时间序列，序列的时间间隔也应该合适，以保证信号的有用部分被采集到。系统要以一定的速率进行测量，这个速率要能跟上波形的变化。用于测量时域信号的采集系统包括一个 A/D 转换器、一个采样时钟和一个触发器。A/D 转换器的分辨率要足够高，保证采集数据的精度、带宽要足够大，以用于高速率采样；精确的采样时钟用于以精确的时间间隔采样；触发器使测量在恰当的时间开始。在我们的日常生活中存在许多不同形式的时域信号，如心脏跳动信号、视频信号等。

（3）模拟频域信号。模拟频域信号与时域信号类似。但是从频域信号中提取的信息是基于信号的频域内容，而不是波形的形状，也不是随时间变化的特性。用于测量频域信号的系统必须有一个 A/D 转换器、一个简单时钟和一个用于精确捕捉波形的触发器。系统必须有必要的分析功能，用于从信号中提取频域信息。为了实现这样的数字信号处理，系统可以使用应用软件或特殊的 DSP 硬件来迅速而有效地分析信号。模拟频域信号也很多，如声音信号、地球物理信号、传输信号等。

上述信号分类不是互相排斥的。一个特定的信号可能包含多种信息，因此有时可以用几种方式来定义并测量信号。用户可以用不同类型的系统来测试同一个信号，并从信号中提取出需要的信息。

3. 信号调理

从传感器得到的信号大多要经过处理才能进入数据采集设备，信号处理功能包括放大、隔离、滤波、激励和线性化等。由于不同传感器有不同的特性，因此除了这些通用功能，还要根据具体传感器的特性和要求来设计特殊的信号调理功能。下面介绍信号调理的部分通用功能。

（1）放大。微弱信号都要进行放大以提高分辨率和降低噪声，使调理后信号的电压范围和 A/D 的电压范围相匹配。信号调理模块应尽可能靠近信号源或传感器，使得信号在受到传输信号的环境噪声影响之前已被放大，使信噪比得到改善。

（2）隔离。隔离是指使用变压器、光或电容耦合等方法在被测系统和测试系统之间传递信号，避免直接的电连接。使用隔离的原因有两个：一是从安全的角度考虑；二是隔离从数据采集卡读出来的数据不受地电位和输入模式的影响。如果数据采集卡的地与信号地之间有电位差，而又不进行隔离，那么就有可能形成接地回路，引起误差。

（3）滤波。滤波的目的是从所测量的信号中除去不需要的成分。大多数信号调理模块都有低通滤波器，用来滤除噪声。通常还需要抗混叠滤波器，滤除信号中感兴趣的最高频率以上的所有频率的信号。某些高性能的数据采集卡自身带有抗混叠滤波器。

（4）激励。信号调理也能够为某些传感器提供所需的激励信号，如应变传感器、热敏电阻等需要外界电源或电流激励信号。很多信号调理模块都提供电流源和电压源，以便给传感器提供激励。

（5）线性化。许多传感器对被测量的响应是非线性的，因而需要对其输出信号进行线性化，以补偿传感器带来的误差。目前数据采集系统可以利用软件来解决这一问题。

（6）数字信号调理。即使传感器直接输出数字信号，有时也有进行处理的必要。其作用是对传感器输出的数字信号进行必要的整形或电平调整。大多数数字信号处理模块还提供其他一些电路模块，使得用户可以通过数据采集卡的数字 I/O 直接控制电磁阀、电灯、电动机等外部设备。

4. A/D 转换与 D/A 转换

为了提高系统的性能指标，数字计算机技术广泛应用于现代控制、通信及检测等领域。系统的实际对象往往都是一些模拟量（如温度、压力、图像等），要使计算机或数字仪表能识别、处理这些信号，必须首先将这些模拟信号转换成数字信号；而经计算机分析、处理后输出的数字量也往往需要将其转换为相应模拟信号才能为执行机构所接受。模数和数模转换器就是能在模拟信号与数字信号之间起桥梁作用的电路。

将模拟信号转换成数字信号的电路，称为模数转换器（简称 A/D 转换器）。A/D 转换器按分辨率的不同可分为 4 位、6 位、8 位、10 位、14 位、16 位和 BCD 码的 31/2 位、51/2 位等；按照转换速度可分为超高速（转换时间≤330ns）、次超高速（转换时间 330ns ~ 3.3μs）、高速（转换时间 3.3μs ~ 333μs）、低速（转换时间 > 330μs）等；按转换原理分可分为直接 A/D 转换器和间接 A/D 转换器。有些转换器还将多路开关、基准电压源、时钟电路、译码器和转换电路集成在一个芯片内，已超出了单纯的 A/D 转换功能。

如图 9-4 所示给出了几种类型的 A/D 转换器结构图。

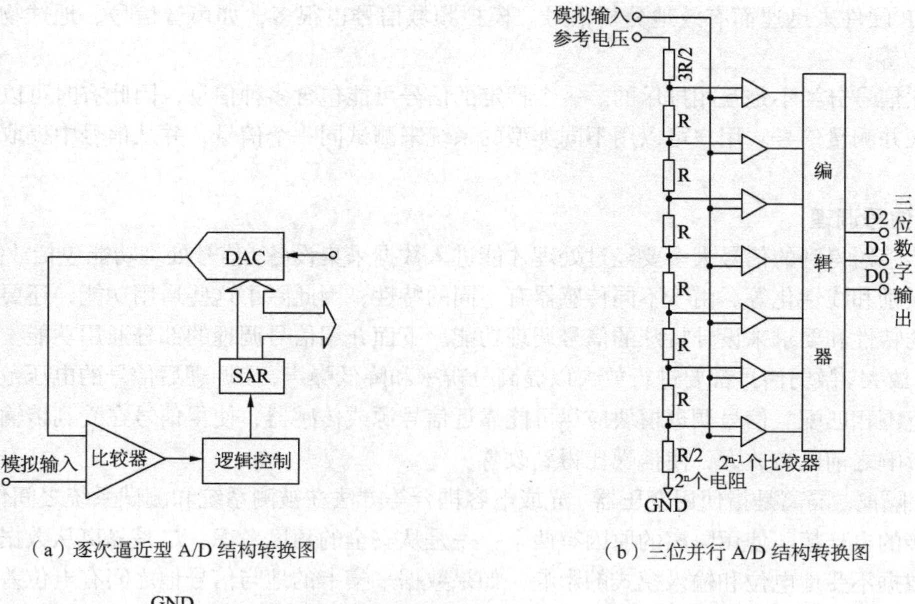

（a）逐次逼近型 A/D 结构转换图　　（b）三位并行 A/D 结构转换图

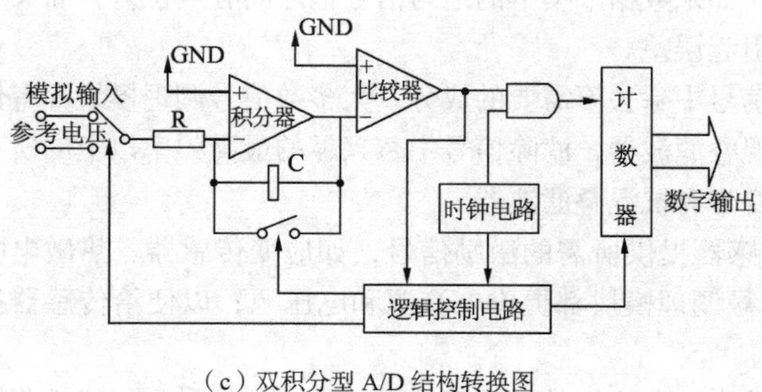

（c）双积分型 A/D 结构转换图　　（d）∑△A/D 转换结构图

图 11-4　转换结构图

与 A/D 转换器相对应，将数字信号转换为模拟信号的电路称为数模转换器（简称 D/A 转换器）。

为确保系统处理结果的精确度，A/D 转换器和 D/A 转换器必须具有足够的转换精度；如果要实现快速变化信号的实时控制与检测，A/D 与 D/A 转换器还要求具有较高的转换速度。转换精度与转换速度是衡量 A/D 与 D/A 转换器的重要技术指标。其中 D/A 分辨率是指 D/A 转换器能够转换的二进制数的位数，位数越多分辨率也就越高。D/A 转换时间指数字量从输入到完成转换并输出达到最终稳定值所需的时间。D/A 转换精度指 D/A 转换器实际输出电压与理论值之间的误差，一般采用数字量的最低有效位作为衡量单位。D/A 转换器的另外一个重要参数是线性度，它的含义是当数字量变化时，D/A 转换器输出的模拟量按比例关系变化的程度。理想的 D/A 转换器是线性的，实际上是有误差的，模拟输出偏离理想输出的最大值称为线性误差。

随着集成技术的发展，现已研制和生产出许多单片的和混合集成型的 A/D 和 D/A 转换器，并且具有越来越先进的技术指标。

5. 数字 I/O（DIO）

DAQ 设备中的数字 I/O 由生成或接收二进制通断信号的部分构成，通常用于过程控制、生成测试样式及与外围设备进行通信。数字连线通常分组为若干个端口，每个端口由四条或八条连线构成。同一端口中的所有连线必须同时是输入连线或输出连线。由于一个端口中包含多条数字连线，可以通过端口写入或端口读入同时设置或提取多条连线的状态。

数字连线的数量当然应该与需要被控制的过程数目相匹配。通过应用恰当的数字信号调理配件，用户可以使用进/出数据采集硬件的低电流 TTL 信号来监测/控制工业硬件产生的高电压和电流信号。

一个常见的 DIO 应用是传送计算机和设备之间的数据，这些设备包括数据记录器、数据处理器以及打印机。因为上述设备常以 1 个字节（8 位）来传送数据，插入式 DIO 设备的数字线常排列为 8 位一组，许多具有数字能力的板卡都有带同步通信功能的握手电路。通道数、数据速率和握手能力都是很重要的技术指标，因此用户需要了解这些指标并且要与应用的要求相匹配。

6. 计数器/定时器

计数器/定时器在许多应用中具有很重要的作用，包括对数字事件产生次数的计数、数字脉冲计时，以及产生方波和脉冲。

应用一个计数器/计时器时最重要的指标是分辨率和时钟频率。分辨率是计数器所应用的位数。简单地说，高分辨率意味着计数器可以计数的位数高。时钟频率决定了您可以翻转数字输入源的速度有多快。频率越高计数器递增得也越快，因此对于输入可探测的信号频率越高，对于输出则可产生更高频率的脉冲和方形波。

11.2 数据采集卡的安装

PCI-6221 是一块高性能的 NI-DAQmx 设备，它的引脚定义如图 11-5 所示。安装时直接将其插入 PC 机主板上的插槽内即可，如图 11-6 所示。下面以 PCI-6221 为例对数据采集卡的安装流程进行简单介绍。

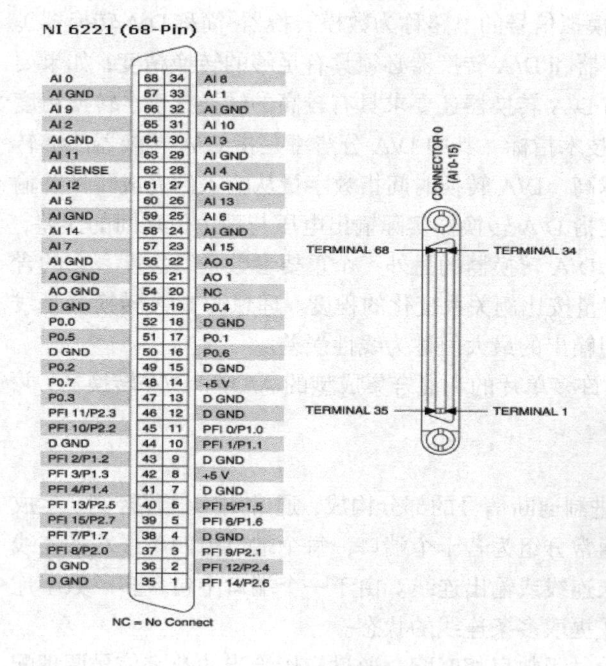

图 11-5　PCI-6221 引脚图

图 11-6　PCI-6221 的安装

插好 PCI-6221 后开始安装 NI 设备驱动光盘，光盘中除了有 NI-DAQmx 外，还有传统的 NI-DAQ 及仪器 I/O 助手、NI-VISA 等常用硬件配置工具。使用这些驱动就不再需要像传统语言一样要对驱动进行编程了，只要专注于功能的实现即可，大大缩短了项目编写的时间，同时提高了程序的可靠性、易读性。NI 设备驱动光盘的安装界面如图 11-7 所示。

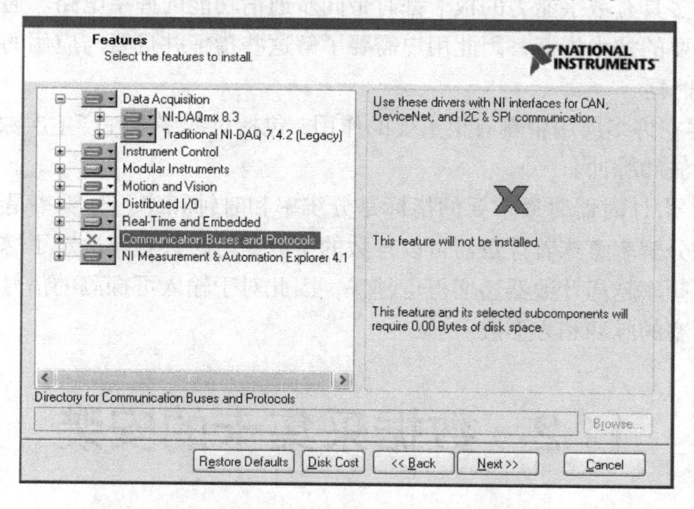

图 11-7　NI 设备驱动光盘的安装界面

安装驱动的最后一项 NI Measurement&Automation Explorer 4.1（即 MAX）后可以对安装的硬件进行配置和管理。单击如图 11-8 所示左边的 Devices and Interfaces 项左边的“+”按钮，打开下拉框，在下拉框中找到并单击 NI-DAQmx Devices 左侧的“+”按钮，从其子项中可以看到已安装的 PCI-6221 板卡。单击对话框下方的三个按钮就可以查看相关的硬件信息（分别是属性信息、设备内部信息、校准信息）。

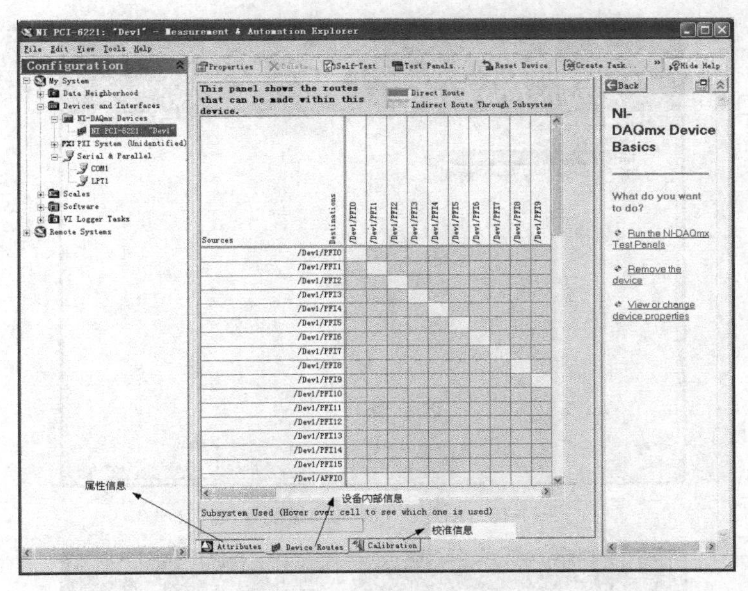

图 11-8 MAX 配置与管理对话框

若选择如图 11-8 所示左侧的“Data Neighborhood”图标，则对话框界面如图 11-9 所示。在“Data Neighborhood”图标上单击鼠标右键，选择“Creat New”，将打开如图 11-10 所示的对话框，选择如图 11-10 所示的任务，单击“NEXT”按钮，可以创建一个新的虚拟通道并进行配置。

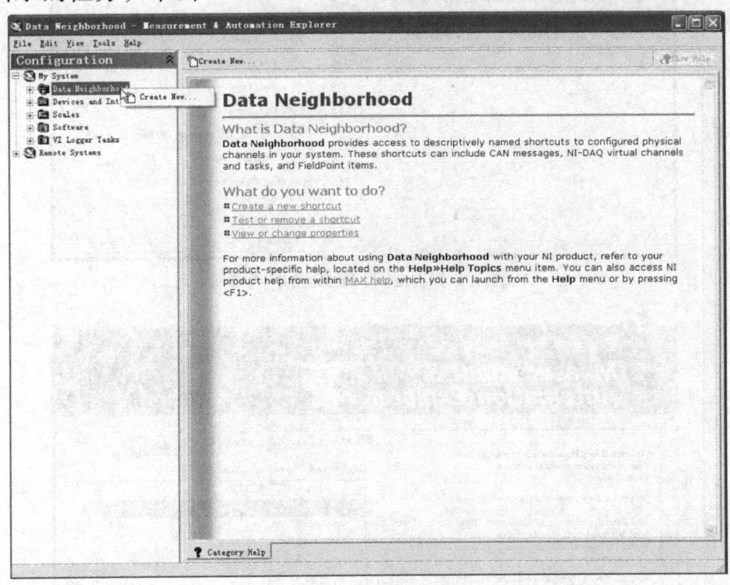

图 11-9 创建一个新的通道配置文件 1

单击“NEXT”按钮后将进入如图 11-11 所示的界面。首先要选择一个通道类型和信号类型，在如图 11-11 所示选择通道类型为电压信号的模拟输入，完成后单击“NEXT”按钮进入通道选择对话框。

如图 11-12 所示创建一个新的本地通道，完成后进入下一个界面，输入任务名，并单击“Finish”按钮完成设置。

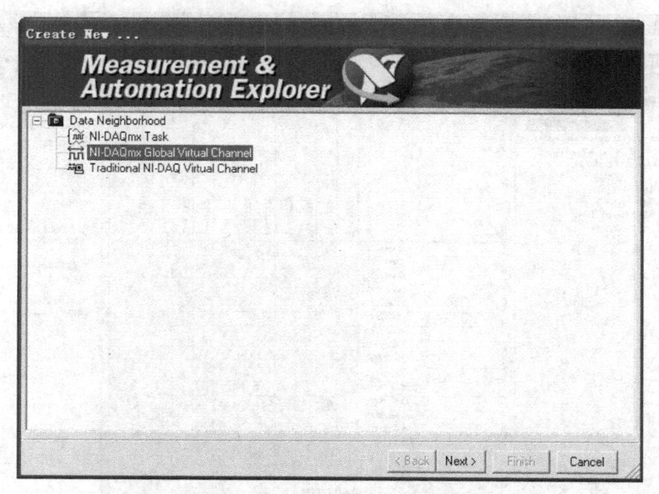

图 11-10　创建一个新的通道配置文件 2

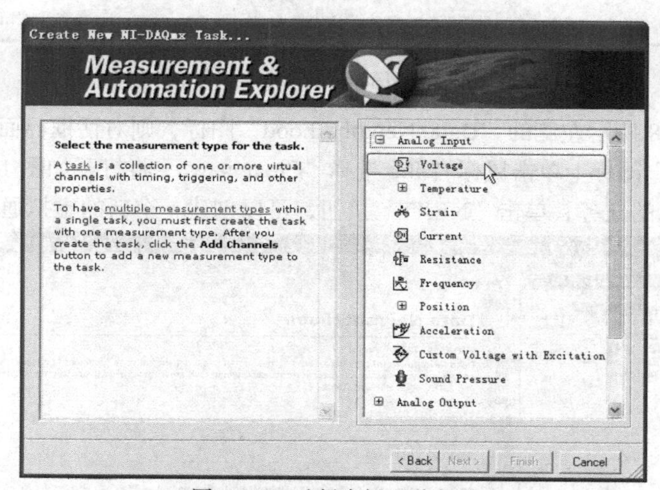

图 11-11　选择虚拟通道类型

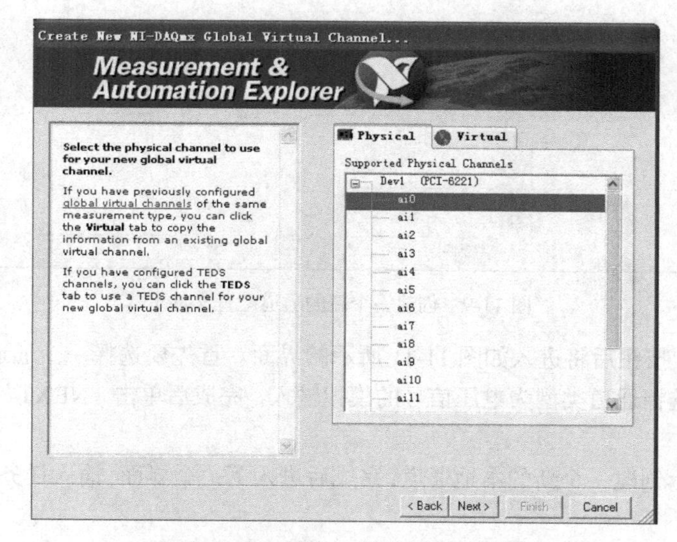

图 11-12　创建一个新的本地通道

此时可以在如图 11-13 所示的 MAX 配置通道设置和测试界面配置通道属性，并对其进行设置，如可以设置电压最大最小值等。单击“TEXT”按钮，还可以对 DAQmx 任务进行测试。

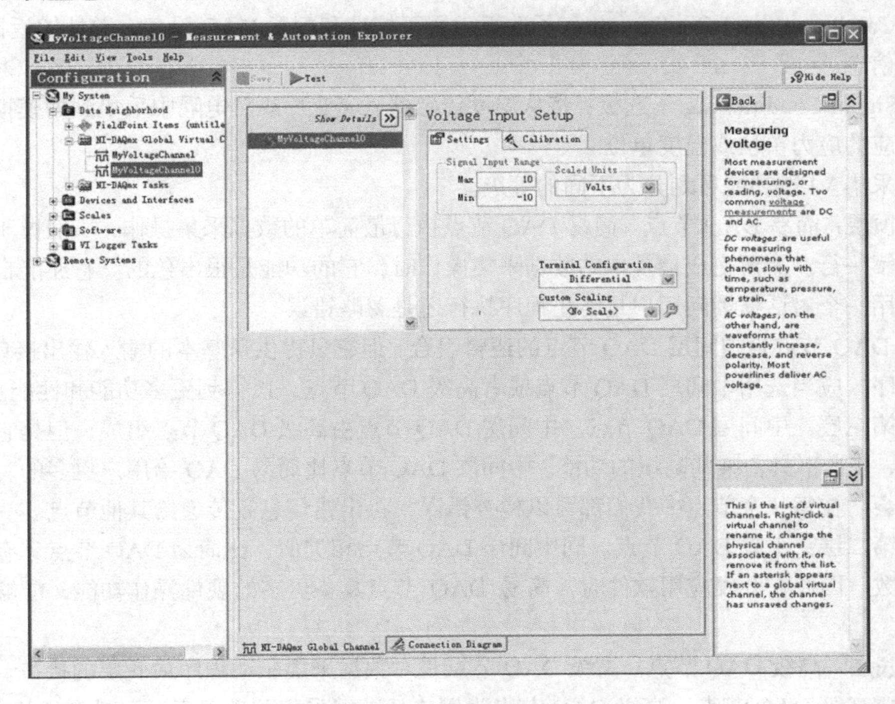

图 11-13　配置通道的设置和测试

11.3　DAQ VI 的组织结构

LabVIEW DAQ VI 组织有两个选项板：一个用于传统 NI-DAQ，另一个用于 NI-DAQmx。NI 公司的 DAQ 硬件连线有两种不同的设备驱动器。NI-DAQmx 是驱动器，无论在性能还是在使用简易性方面都优于传统 NI-DAQ。借助于 DAQ 助手，会使编写 VI 采集数据的工作明显简化。

NI-DAQmx VI 是一种称为多态 VI 的特殊 VI，是能够适应不同 DAQ 功能的一组核心 VI，如模拟输入、模拟输出和数字 I/O 等。选择“函数”选板下的“测量 I/O→Data Acquisition”子选板即可访问 DAQmx 选项板。

Data Acquisition 子选板共包含 6 个子选板和一个常量，如图 11-14 所示。每个子选板分别完成不同的数据采集任务。

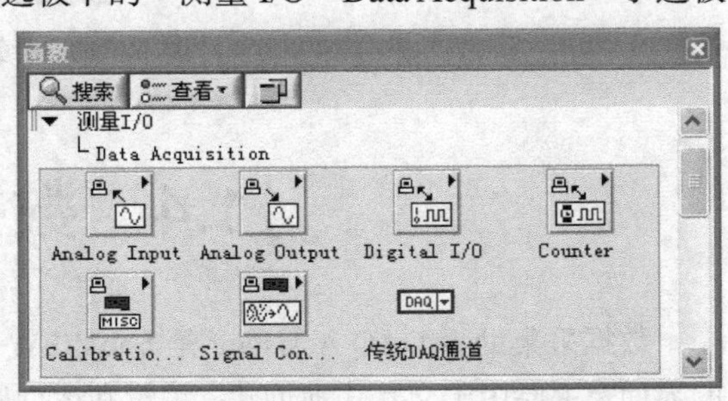

图 11-14　传统 DAQ 函数节点

各个子选板的主要功能如下。

（1）Analog Input 子选板：完成模拟信号的数据采集，将外部模拟信号通过 DAQ 设备的 A/D 功能转化为数字信号，并采集到计算机中。

（2）Analog Output 子选板：完成模拟信号的输出，将计算机所产生的数字信号通过 DAQ 设备的 D/A 功能转换为模拟信号然后输出。

（3）Digital I/O 子选板：用于控制 DAQ 设备的计数器功能。

（4）Counter 子选板：用于提供计时器/计数器的信息。

（5）Calobration and Configuration 子选板：用于校准和配置 DAQ 设备，并能够返回 DAQ 设备的配置信息。

（6）Signal Conditioning 子选板：将从温度传感器、应变片或热电偶中采集到的模拟电压信号转换为相应的应力单位或温度单位。

数据采集 VI 按功能可划分为不同的等级。

（1）顶层：简易 DAQ 节点。简易 DAQ 节点执行最简单的数据采集操作，一般位于数据采集子选板的第一行。需要完成最基本的数据采集操作时，它的功能是很出色的。它还能自动进行出错提示，用一个对话框询问用户是终止程序执行还是忽略错误。

简易 DAQ 节点是中间层 DAQ 节点的逻辑组合，但它只提供最基本的输入输出接口。对复杂的应用程序，应当选用中间层 DAQ 节点或者高级 DAQ 节点，以得到更多功能和性能。

（2）第三层：中间层 DAQ 节点。中间层 DAQ 节点由高级 DAQ 节点组成，但是它们使用较少的参数，并且不具备某些高级的功能。中间层 DAQ 节点比简易 DAQ 给用户更多的对错误进行处理的机会。在每一个节点中我们都可以检查错误，将出错信息簇传递给其他节点。

（3）第二层：工具 DAQ 节点。同中间层 DAQ 节点相类似，比简易 DAQ 节点具有更多的输入输出参数。因此在开发应用软件时，简易 DAQ 节点具备更多的硬件操作功能，能够更有效地控制硬件。

（4）底层：高级 DAQ 节点。高级 DAQ 节点是对数据采集驱动程序最底层的接口。很少有应用软件需要高级 DAQ 节点。高级 DAQ 节点为用户从数据采集驱动程序返回最多的状态信息。

DAQ 函数使用简单，只要对其各端口给定必要的配置信息即可，如图 11-15 所示。

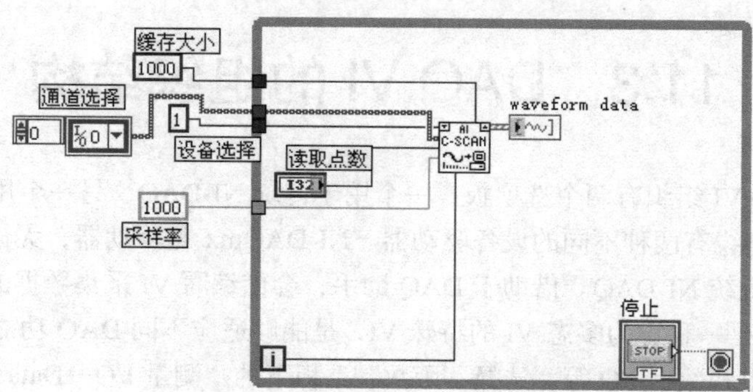

图 11-15　连续数据采集程序框图

11.4　数据采集助手

数据采集助手 DAQ Assistant 是 LabVIEW 7 以后版本新增的一个重要工具。它是一个图形化的界面，主要用于交互式地创建、编辑和运行 NI-DAQmx 虚拟通道和任务。这个工具通过一个图形化接口来配置简单和复杂的数据采集任务，从而帮助用户无需编程即可创建应用程序。DAQ Assistant 是一个基于步骤的向导，它可以使用户无需编程即可配置数据采集任务、虚拟通道以及实现缩放操作。用户可以从 NI 应用软件中启动 DAQ Assistant，如 LabVIEW、LabWindows/CVI、

Measurement Studio 或 MAX。它提供了一个面板，用户可在上面轻松配置常用的 DAQ 参数，而无需任何编程工作。用户还可以在任何 NI ADE 中使用由它生成的 DAQ 任务。易于使用的 Assistant 和强大编程环境的结合提供了快速的开发和可满足广泛应用需求的能力。利用 DAQ Assistant，用户可以图形化地选择他们希望进行测量的类型，保存配置以供以后使用，而且生成代码以包含在应用程序中。一个 NI-DAQmx 虚拟通道包括一个 DAQ 设备上的物理通道和对这个物理通道的配置信息，如输入范围和自定义缩放比例。一个 NI-DAQmx 任务是虚拟通道、定时和触发信息以及其他与采集或生成相关属性的组合。

需要注意的是，用户必须使用 LabVIEW、LabWindows/CVI 和 Measurement Studio 的 7.X 及以上版本，或 VI Logger 的 2.X 版本才能使用 DAQ Assistant。用户也可以使用 DAQ Assistant 来生成 NI-DAQmx 代码，运行任务和全局虚拟通道，或者把它们转移到其他的系统。

利用 DAQ Assistant，用户可以执行以下任务。

（1）创建和编辑任务和虚拟通道。

（2）添加虚拟通道至任务。

（3）创建并编辑量程。

（4）测试用户的配置。

（5）保存用户的配置。

（6）在用户的 NI 应用软件中生成代码以在用户的应用程序中使用。

（7）观察用户传感器的连接图。

使用 DAQ Assistant 而不使用 NI-DAQmx API 的理由主要是 DAQ Assistant 建立在 NI-DAQmx API 之上，并且可以作为一个配置和学习工具来加快用户在新的 NI-DAQmx API 上的学习速度。

在配置之后，LabVIEW 里的 DAQ Assistant Express VI 包含了所有必需的 API 代码来运行用户的配置任务，但是它隐藏于程序框图之中。用户可以在配置中观察或修改 API 功能，而不是使用 DAQ Assistant 对话框。DAQ Assistant 提供有代码生成功能，可以用于 LabVIEW、LabWindows/CVI 和 Measurement Studio 应用程序。

下面简单介绍一下 DAQ Assistant Express VI。将 DAQ Assistant Express VI 置入框图中时，DAQ Assistant 将自动调出。DAQ Assistant 是一个可以用来配置测量任务及通道的图形接口。DAQ Assistant 位于“函数”选板下的“Express→输入”子选板和“NI→DAQmx Data Acquisition”子选板中，如图 11-16 所示。

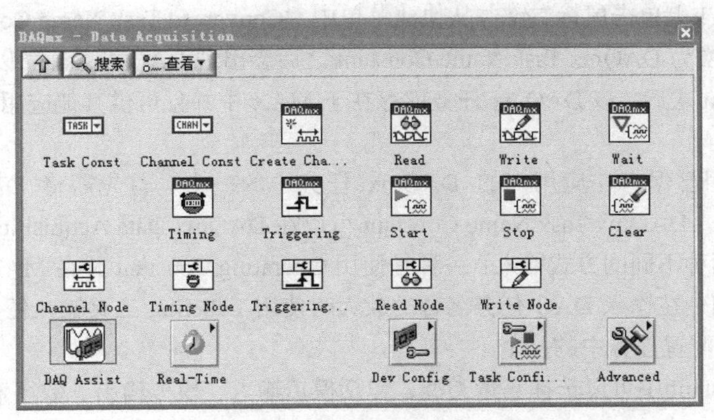

图 11-16　DAQ Assistant 选板

将 DAQ Assistant Express VI 置入框图，就可以弹出 DAQ Assistant。当 DAQ Assistant Express VI 置入框图中时，DAQ Assistant 将会自动调用，同时调出 MAX 中的设备配置框，如图 11-17 所示，其配置完成后界面如图 11-18 所示。具体的 MAX 配置过程可参考前一节。

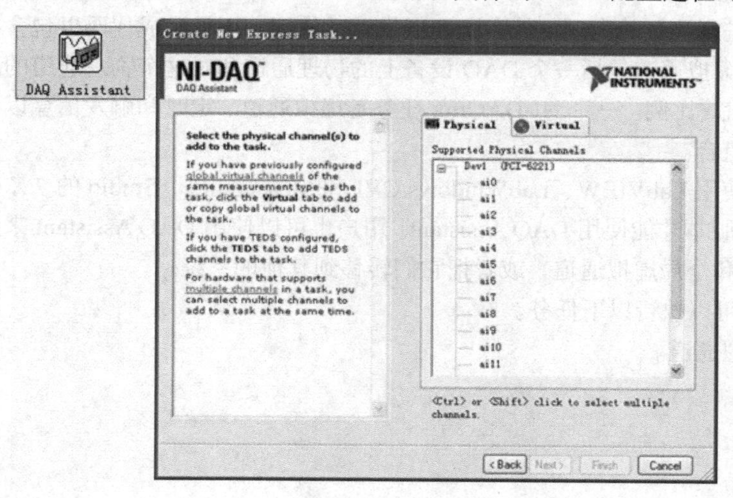

图 11-17　放置 DAQ 助手将自动进入 MAX 界面

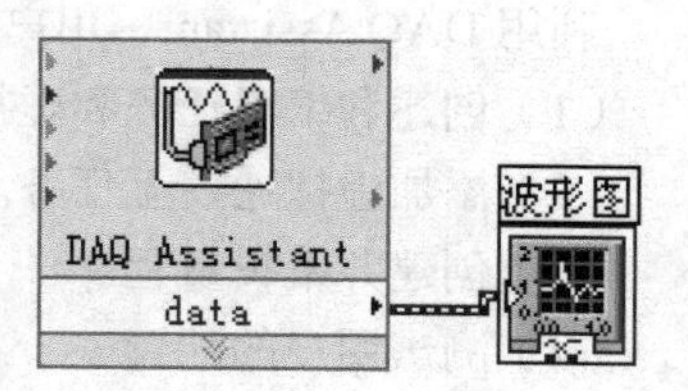

图 11-18　配置完成后的 DAQ 助手界面

使用 DAQ Assistant Express VI 构建数据采集 VI 的通用过程如下：

（1）打开一个新的 VI；

（2）在框图中置 DAQ Assistant Express VI；

（3）出现 DAQ Assistant 以配置测量任务；

（4）配置、命名及测试 NI-DAQmx 任务；

（5）单击 OK 按钮以返回框图；

（6）编辑前面板和框图完成 VI；

（7）如果需要的话，生成 NI-DAQmx Task Name 控件以便在其他应用中使用该任务。

如果使用 DAQ Assistant 配置了 NI-DAQmx 任务，则该任务为本地任务，因此它不能保存到 MAX 中被其他应用使用。如果想要使任务对于其他应用是可用的，用户可以使用 DAQ Assistant 生成的 NI- DAQmx Task Name 控件将其保存到 MAX 中并在其他应用中使用。通过在框图中 DAQ Assistant Express VI 上单击鼠标右键并从快捷菜单中“Convert to Task Name Control”可以很容易地实现这一点，转换为 DAQmx Task Name Constant 之后会出现 DAQ Assistant 以便重新配置任务。退出 DAQ Assistant 之后，该 DAQmx 任务就存在于 MAX 中并且可供其他应用使用，用户还可以为任务重新命名。

如果希望调用已保存在应用中的 DAQmx 任务中的一个，首先需将 DAQmx Task Name Constant 置入框图。DAQmx Task Name Constant 可以在 DAQmx Data Acquisition 选板中找到。任务名称可以通过两种不同的方式输入：一种是使用 Operating Constant 并在 MAX 中选择所需的任务名称；另一种则是在输入 DAQ 任务名称的放大时使用 Labeling 工具输入任务通道号。任务名称必须引用 MAX 配置任务中的一个。

在 DAQ Assistant 中可以选择测量类型，包括模拟输入、模拟输出、数字输入/输出、计数器输入/输出。

1. 模拟输入

模拟输入用于实施模数转换。在 DAQ Assistant 中单击 Analog Input 进入下一级子选板，该选板中列举了模拟输入可能的测量类型窗口：电压、温度、压力、电流、阻抗、频率以及自定义的激励电压。

一旦将所选的虚拟通道添加到用户任务中就会打开 DAQ Assistant 设置及测试屏。DAQ Assistant 的较低部分有两个标签：Task Timing（任务定时）和 Task Triggering（任务触发）。配置定时和触发是配置 DAQmx 任务的一个重要步骤。

（1）任务定时

进行模拟输入时，用户可以将任务定时以采集单个采样、*n* 个采样或连续采集数据。采集单点就是按需操作。选择 Acquire 1 Sample 后，NI-DAQmx 会从输入通道中采集一个值并立即返回该值。这一操作无需任何缓冲或硬件定时。

可以通过重复单点采样的方式来采集一个或多个通道的多个采样点，然而这一过程的效率很低并且很耗时间。此外，在每个采样点之间无法精确控制定时。采集多个采样的较好方法是使用硬件定时，这种方法使用计算机存储器中的缓存来更有效地采集数据。对于这类应用，将采用模式设置为 Acquire N Samples。使用 NI-DAQmx 可以采集单通道或多通道中的多个采样。

如果想要在采集样点时观察、处理或记录其中一部分采样子集，则需要连续采样。对于此类应用，将采样模式设置为 Acquire Continuously。

（2）任务触发

当由 NI-DAQmx 控制的设备运行时，它将执行一个行为，如生成一个采样或启动波形图采样。每个 NI-DAQmx 行为都需要激励，激励发生时执行该行为。启动行为的激励称为触发，Start 触发用于启动数据采集。DAQ Assistant 提供了三种启动触发器：模拟边缘、模拟窗和数字边缘。参考触发器为一系列采样输入建立了一个参考点。DAQ Assistant 提供了三种参考触发器：模拟边缘、模拟窗和数字边缘。在参考点之前采集的数据称为预触发数据，在参考点之后采集的数据称为后触发数据。上述内容都是硬件触发器的实力。如果不想配置硬件触发器，运行时就会启动 DAQ 任务。这就是所谓的软件触发器。

2. 模拟输出

模拟输出用于实现数模转换。

实现模拟输出 DAQmx 任务配置的基本步骤与模拟输入相同。在 DAQ Assistant 中单击 Analog Output，打开显示模拟输出可用类型的屏幕：电压和电流。模拟输出同样需要配置任务定时和触发。

（1）任务定时

模拟输出任务可以定时为生成单个采样、*n* 个采样和连续采样。用户如何决定何时使用单个采样定时呢？如果信号电平对于采样生成的速度来说更为重要，则选择 General 1 Sample。如果用户需要产生常量信号，就应该每次生成一个采样。生成单个采样无需任何缓存或硬件定时。

如果想要生成有限的时变信号，应该使用 General 1 Sample。一种生成一个或多个通道的多个采样的方法是重复性生成单个采样。这种生成 *n* 个采样的方法效率低下并且很耗时间。产生多个采样最好的方法是使用硬件定时，这种方法使用计算机存储器中的缓存来有效地产生采样，可以使用软件或硬件定时控制任何生成信号。使用软件定时，采样生成的速率将由软件和操作系统确定而不是由测量设备确定。使用硬件定时，则由设备中的时钟控制生成速率。硬件时钟可以运行得很快，并且比软件循环更精确。与其他功能函数类似，用户可以为单通道或多通道生成多个采样。

除停止样本生成的事件必须发生之外，连续样本的生成和 *n* 个样本的生成类似。如果想连续生成信号，如生成无限信号，就要将定时设置为 General Continuously。

（2）任务触发

两种常见的 NI-DAQmx 输出行为是生成样本及启动样本生成。与模拟输入任务触发不同，模拟输出任务不支持参考触发器。

图 11-19 给出了一个常见的 DAQ 助手使用示例，图中子 VI 用于处理采集数据。

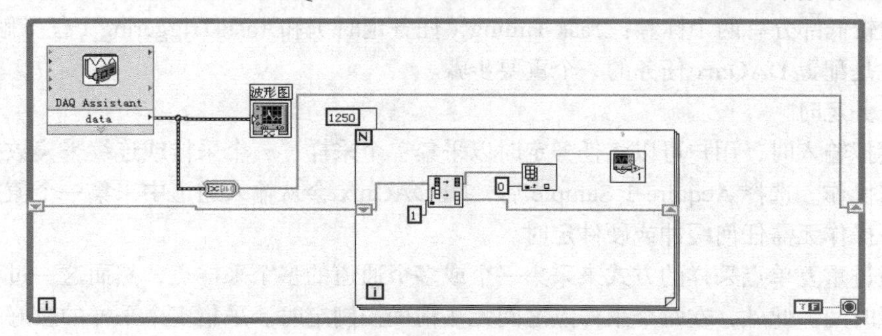

图 11-19 DAQ 助手的使用

本章小结

本章主要介绍了数据采集的一些基础知识，如数据采集系统的构成、不同的信号类型与信号处理方法，同时结合具体的数据采集板卡介绍其安装过程，最后对数据采集 VI 的组织结构、数据采集助手进行了详细的介绍。通过本章的学习，读者可以初步了解数据采集板卡的操作与配置，并熟悉数据采集助手的使用方法。

习 题

11-1 数据采集系统主要由哪几部分组成？各部分的主要功能是什么？

11-2 信号调理的主要类型有哪些？它们的主要功能是什么？

11-3 使用传统 DAQ 并为其创建一个类型为 Voltage 的虚拟传感器通道。

11-4 数据采集 VI 可以分为几个等级？各自有什么特点？

11-5 使用 DAQ Assistant Express VI 构建数据采集 VI 需要哪些步骤？

第12章 仪器控制与网络通信

在进行虚拟仪器开发时，用户要组成一个完整的系统仅靠数据采集系统来虚拟仪器是远远不够的，必须还有一些实际存在的仪器与虚拟系统协同工作。这就需要虚拟仪器与外部仪器之间的通信和控制，仪器控制就是通过计算机上的虚拟软件来实现这些功能。

LabVIEW 是 NI（National Instruments）公司具有革命性的图形化虚拟仪器开发环境，它内置信号采集、测量分析与数据显示功能，集开发、调试和运行于一体。LabVIEW 5.1 及以后的版本充分考虑测控系统的网络化要求，集成了各种通信协议，提供丰富的网络化组件。使用 LabVIEW 实现网络通信有四种方法。

（1）无需具体协议的远程桌面连接。

（2）使用 DataSocket 技术进行网络通信。

（3）实时发布测控程序的网页，异地使用浏览器（如 Internet Explorer、Netscape Communicator 等）进行监控。

（4）使用 TCP、UDP 等传输控制协议编程进行网络通信。

本章将详细介绍 LabVIEW 常用总线模块、VISA 编程、TCP、UDP、DataSocket 网络通信方法。

12.1 常用总线及总线模块

实际的测量往往随实际的测量环境和测量目的不同而产生不同的要求。现有的测试测量仪器能提供很高程序上的测量自动化操作，但有时仍然不能满足实际测量的需要。为了实现实时测量分析并记录其测量结果，必需进行额外的工作。方法之一是利用仪器本身的模拟输出接口，配一个数据采集卡对模拟输出信号进行采集并进行相应的后续分析处理。方法之二是利用仪器本身提供的编程接口，通过编程实现。与第一种方法相比，第二种方法不需要额外的硬件，使得测试系统变得简单、方便。

12.1.1 GPIB

通用接口总线（General Purpose Interface Bus，GPIB）是仪器与各种控制器（最常见的是计算机）之间的一种标准接口，许多仪器都带有此接口。典型的 GPIB 测量系统由 PC、GPIB 接口卡和若干台（最多 14 台）GPIB 仪器通过标准 GPIB 电缆连接而成。其中，GPIB 接口卡完成 GPIB 总线和 PCI 总线的连接；GPIB 接口仪器是一个独立的仪器，既可以构成一个 GPIB 总线虚拟测试系统，也可以作为独立的仪器使用。GPIB 总线以其良好的通用性、兼容性、灵活性和高速的数据传输能力使其广泛运用于现代电子测控仪器、仪表中。与 GPIB 总线相关的软硬件设备，已经相当成熟和完备。在 LabVIEW 等图形化开发软件中可以极其方便、快速地开发 GPIB 仪器的应用程序。

1. GPIB 总线虚拟仪器的硬件描述

GPIB 使用 8 位并行、字节串行、异步通信方式，所有字节通过总线顺序传送，数据传输速率最高可达到 8M/s。GPIB 总线是一个数字化 24 线（扁型接口插座）并行总线。其中，16 线为 TTL 电平信号传输线（包括 8 根双向数据线用于双向传输数据消息和命令消息；5 根接口管理线用于管理信息在接口上的流通；3 根数据传输控制线用于控制仪器之间信息字节的传输，保证数据线上信息字节的发送和接收不产生传输错误）；另 8 根为地线和屏蔽线。

GPIB 接口是一种 8 位数字并行通信接口，其数据传输速度为 1Mbyte/s。GPIB 设备分为听者（Listeners）、说者（Talkers）和控制器（Controllers）。说者负责发出消息（数据或命令）；听者负责接收消息（数据或命令）；控制器（通常是一台计算机）负责管理总线上的消息，并指定通信连接和发送 GPIB 命令到指定的设备。有些 GPIB 设备在不同的情况下可以扮演不同角色，有时充当说者，有时充当听者，有时又作为控制器。GPIB 接口的优点在于通过一个接口可以将多个 GPIB 设备连接在一起，同时完成多种不同物理量的测量。为了达到 GPIB 在设计时所确定的高数据传输率，总线上仪器之间的距离和能够连接的仪器数目有一定限制。一般来说，总线上相邻两台仪器之间的连接距离不得大于 4m，最多只能挂接 15 台仪器并至少 2/3 的仪器开机。

GPIB 的基地址共有 31 个。开发基于 GPIB 总线的虚拟仪器一般需如下硬件：计算机、带有 GPIB 接口的测试仪器、GPIB 接口卡和 GPIB 连接电缆。测试仪器的类型及数量取决于实际的测试要求，仪器本身还要有与之配套的传感器。GPIB 接口卡主要用于将仪器与计算机相连，各 GPIB 接口之间用 GPIB 连接电缆连接。

2. GPIB 总线虚拟仪器的软件要求

用 LabVIEW 开发一个基于 GPIB 总线的虚拟仪器的软件包括：LabVIEW 开发平台、GPIB 接口卡驱动程序和仪器的 LabVIEW 驱动程序（不是必需的）。仪器的 LabVIEW 驱动程序能使创建虚拟仪器更加方便。用户不必对仪器硬件有专门的了解，就可以通过仪器驱动程序来使用这些仪器。仪器的 LabVIEW 驱动程序负责仪器通信和控制的具体过程，里面封装了复杂的仪器编程细节，为用户使用仪器提供了简单的函数接口。

在 LabVIEW 中为实现与 GPIB 仪器通信有两种方式，一种是利用函数模板中 Instrument I/O 子模板下的 GPIB 相关函数，另一种是利用函数模板中 Instrument I/O 子模板下的 VISA 相关函数。建立通信的第一步是建立计算机与仪器的连接，这可以通过 VISA 的 OPEN 函数来实现；接着利用 VISA 的 WRITE 函数，可以根据需要向仪器发送各种命令；而使用 VISA 的 READ 函数可以读取仪器响应的任何数据；完成所有测试任务后，借助于 VISA 的 CLOSE 函数断开计算机与磁测量仪的通信连接。多数 GPIB 接口仪器基于字符串格式，即使从仪器读回的数字也是字符串格式的数字，为了进行后续的分析处理必须将其转化为数字类型。LabVIEW 中的函数模板中 String 子模板下的 Srting/Numbder Conversion 提供了一个专门从字符串中扫描数字的函数，利用此函数可以方便地将字符串格式的数字转化成数字型。仪器的编程风格有两种方式：一种是非模块化编程，即针对特定的需要编写特定的程序以满足需要，此方法直接，容易实现，但可扩充性差，不便于后续升级和更改；另一种是模块化编程，即将仪器的各种功能模块化，然后根据需要选择相应的模块来实现特定的要求，该方法前期工作投入大，但后续工作简单，且便于升级和更改。

12.1.2　VXI

1．VXI 技术的发展

1987 年春，Colorado Data systems、Hewlett Packard、RacalDana、Tektronix 和 Wavetek 公司的工程技术代表组成一个特别委员会，根据 VME 总线、EUROCARD 标准和 IEEE488.2 等其他标准，来制定开放性仪器总线结构所必需的附加标准。1987 年 7 月，他们一致宣布支持一种基于 VME 总线的模块化仪器的公用系统结构，并命名为 VXI 总线。VXI 总线是 VME eXtensions for Instrumentation 的缩写，即 VME 总线在仪器领域的扩展。

VXI 总线规范是一个开放的体系结构标准，其主要目标是：使 VXI 总线器件之间、VXI 总线器件与其他标准的器件（计算机）之间能够以明确的方式开放地通信；使系统体积更小；通过使用高带宽的吞吐量，为开发者提供高性能的测试设备；采用通用的接口来实现相似的仪器功能，使系统集成软件成本进一步降低。

自从 VXI 总线标准公布以来，国外 VXI 技术发展很快，尤其是军用测量仪器与测试技术采用 VXI 技术已成为一种发展趋势。

HP 是 VXI 技术主要发起人和设计者之一，在技术上已完成工作站作为主控设备，并嵌入机箱，作为嵌入式控制器，如 HP V/382，是 HP 公司 9000 系列计算机，内部装有 MOTOROLA MC68040 处理器，具有双通道 DMA 性能，有 32 位数据和地址总线；并且有标准接口功能，如 HP-IB、RS-232、HPHIL、SCSI、HP Parallel Ethernet/LAN802.3，以及音频功能；而且具有 VGA 彩色显示器图形子系统，功能十分强大，足以满足测量、控制系统要求。

在 1995 年 HP 又推出了高性能的 VXI 嵌入式控制器 V743/64 和 V743/100。这两种控制器能直接对 VXI 模件进行存取；能直接支持背板的高性能 I/O 接口，它们使用了惠普公司的 PA-RISC 技术使其性能达到很高的程度。在 HP-UNIX 运行环境下惠普公司 7100C PA-RISC 处理器具有很高的运行速度和很强的功能，对开发和实时应用来讲是很理想的。V743 支持全部 VXI 寻址方式（A16、A24、A32），也支持可编程中断管理器、VXI 扩展存储器器件单通道 DMA 功能以及用于高速数据采集的 1MB 双口存储缓存器。V743/64 和 V743/100 完全和 HP9000 系列 700 型工作站和控制器相兼容。它们都使用 HP-UX9.05 操作系统，并支持 C-SCPI。另外，支撑软件还有 SICL、HPVEE 等。

嵌入式控制器还有 HP RADI-EPC7、HP RADI-EPC8。它们分别由 Inteli486DX 和 Intel 486DX2 微处理机组成。实际上是以 PC 机为基础组建的 VXI 系统。

世界上现已有 300 多家工厂、公司生产 VXI 总线产品，已有近千种各类 VXI 总线产品。其中美国著名的仪器公司，尤其是供军用的仪器厂商已基本投入 VXI 总线产品研制，从超低频领域到微波领域均有 VXI 总线产品，应用领域非常广泛，包括航天、航空、通信、电子元器件、石油化工、冶金、电力等工业过程测量和控制领域。

2．VXI 技术特征

VXI 技术是把计算机技术、数字接口技术和仪器测量技术有机地结合起来。它集中了智能仪器、个人仪器和自动测试系统很多特长，在吸取了 VME 总线高速通信和 GP-IB 易于组合的优点后产生的。实现了模块化结构组建和使用灵活，易于充分发挥计算机效能和标准化程度高等优点，把计算机自动测量系统和台式仪器测试特长有效地结合。从本质上讲，VXI 系统应当命名为模块化仪器和数字接口系统更确切，更能体现 VXI 系统的本质特征。VXI 系统得到测控领域专家重视的另一个主要因素是程控领域的两个重要进展——IEEE488.2 和可程控仪器的标准命令（SCPI）都已普遍应用于 VXI 总线系统。VXI 总线作为新一代自动化测试系统的地位已经确立，使提出多年的虚拟仪器概念变成现实。随着计算机技术和大规模集成电路技术、通信网络技术的发展，电子测量仪器领域发生了飞跃变化。设计开放式系统，实现标准化、模块化、系列化、通用化的系统而尽可能不采用专用测试系统是一种必然趋势。开放式系统结构能实现系统资源、软件资源、硬件资源公享，系统通道易于升级，系统易于扩充，易于适应各种场合需要而很方便地重组系统，资源重复使用率能达到 75%～85%。系统不仅达到各类资源共享，而且能使系统适应计算机技术和集成技术发展，使自动测试设备系统始终能采用计算机技术、集成技术的最新成果，保持系统先进性和兼容性。

组建测试系统的主要目标是要降低测试成本、缩短测试系统的开发时间并且把风险减小到最低限度，而 VXI 系统正可适应这一发展潮流。因为降低测试成本，就必须使系统的吞吐量尽量大，建立的系统有充分的扩展能力；既能满足当前的测试要求，扩展性能时也不需要改变系统结构并能充分利用原有系统的各类资源。VXI 总线系统高度标准化及其开放式的模块化结构真正降低了测试成本；同时 VXI 技术是一种模块化、系列化、标准化和通用化的系统产品，很易实现系统集成，从而缩短了组成系统的时间，且系统兼容性产品可选择范围较宽。这样开发满足用户特定环境要求的系统，就不需要花费很多时间。

VXI 总线功能模块有以下 20 种：

（1）VXI 总线数字 I/O；
（2）VXI-1210 64 路数字量 I/O 模块；
（3）VXI-1211 96 路数字量 I/O 模块；
（4）VXIbus 信号源及信号调理模块；
（5）VXI-1310 40MS/s 12Bits 4Ch 任意波形发生器模块；
（6）VXI-1311 16Bits 16Ch　D/A 输出模快；
（7）XI-1312 8 通道程控放大滤波器；
（8）VXIbus 频率计数、时间间隔模块；
（9）VXI-1410 8 路高性能频率、周期、脉宽、时间间隔、计数带隔离模块；
（10）VXI-1411 8 路时间间隔分析模块；
（11）VXIbus 数据通信模块；
（12）VXI-1510 8 通道串口通信模块；
（13）VXIbus 开关模块；
（14）VXI-1610 32 路 8A A 型继电器开关模块；
（15）VXI-1611 32 路 5A C 型继电器开关模块；
（16）VXI-1612 2 组 16×4×8 继电器开关阵列模块；
（17）VXIbus 开发套件；
（18）VXI-1901 C 尺寸 VXI 总线开发模块；
（19）VXI-1902 C 尺寸 VXI 总线延伸卡；
（20）VXI-1903 C 尺寸 VXI 结构套件。

3. VXI 总线系统规范简介

VXI 总线系统或者其子系统由一个 VXI 总线主机箱、若干 VXI 总线器件、一个 VXI 总线资源管理器和主控制器组成。零槽模块完成系统背板管理，包括提供时钟源和背板总线仲裁等，当然也可以同时具有其他的仪器功能。资源管理器在系统启动或者复位时对系统进行配置，以使系统用户能够从一个确定的状态开始系统操作。在系统正常工作后，资源管理器就不再起作用。主机箱容纳 VXI 总线仪器，并为其提供通信背板、供电和冷却。

VXI 总线不是设计用来替代现存标准的，其目的只是为提高测试和数据采集系统的总体性能提供一个更先进的平台。因此，VXI 总线规范定义了几种通信方法以方便 VXI 总线系统与现存的 VME 总线产品、GPIB 仪器以及串口仪器的混合集成。

VXI 总线规范详细地规定了 VXI 总线兼容部件，如主机箱、背板、电源和模件的技术要求。它的目的是定义一种技术上严格的、以 VME 总线为基础的模块化仪器标准。该标准对所有的仪器厂家是公开的，并与现有工业标准相兼容。该规范内容明确，只要遵守约定都能设计出 VXI 产品。与 VXI 总线系列规范相配套的标准还有：可程控仪器标准命令（SCPI 标准）、可程控仪器使用的标准代码、格式、协议和公用命令（IEEE 488.2）以及 VME 总线标准。

（1）VXI 总线系统机械结构

VXI 总线规范定义了四种尺寸的 VXI 模块。较小的尺寸 A 和 B 是 VME 总线模块定义的尺寸，都是标准的 VEM 总线模块。较大的 C 和 D 尺寸模块是为高性能仪器所定义的，它们增大了模块间距，以便对包含用于高性能测量场合敏感电路的模块进行完全屏蔽。A 尺寸模块只有 P1、P2 和 P3 连接器。

目前市场上最常见的是 C 尺寸的 VXI 总线系统，这主要是因为 C 尺寸的 VXI 总线系统体积较小，成本相对较低，又能够发挥 VXI 总线作为高性能测试平台的优势。

（2）VXI 总线系统电气结构

VXI 总线完全支持 32 位 VME 计算机总线。除此之外，VXI 总线还增加了用于模拟供电和 ECL 供电的额外电源线、用于测量同步和触发的仪器总线、模拟相加总线以及用于模块之间通信的本地总线。

（3）VXI 总线控制方式

总的来说，VXI 控制器有嵌入式和外接式两类，而外接控制器又有很多不同的方案可供选择。

① 嵌入式 VXI 控制器。嵌入式 VXI 控制器就是把计算机做成 VXI 总线模块，直接安装到 VXI 主机箱中，并通常占据 0 槽位置。大多数嵌入式控制器都基于 PC 体系，也有部分是基于 HP-UX 和其他如 Lynx-OS 实时系统的。采用嵌入式控制器的 VXI 系统具有小体积特性。

嵌入式控制器能够直接访问 VXI 总线背板信号，并直接读写 VXI 总线器件的寄存器，而不会像外接控制器那样进行总线转换而引入软件开销，因此具有最高的数据传输性能。

② 外接式控制器。VXI 总线外接式控制方式是一种灵活而且性能价格比很高的控制方案，得到了十分广泛的应用。根据所采用的外部总线，外接式控制器又有直接扩展和转换扩展两种方式。

直接扩展就是将部分 VXI 总线信号线直接扩展到机箱外作为外总线，连接计算机和 VXI 机箱控制器，例如 MXI/MXI-2 总线控制方案。MXI/MXI-2 总线直接将 PC 扩展总线和 VXI 总线耦合起来通过硬件数据传输周期转换，在 PC 扩展总线和 VXI 总线之间并行地进行数据传输，具有很高的随机读写和字串行性能。MXI/MXI-2 总线还扩展了 VXI 总线的状态、中断、时钟和触发等总线，是一种高性能外接控制方案。

转换扩展就是用一些跟 VXI 总线无直接联系的通用总线（如 GP-IB、1394、MAX-3、光纤通路等）来连接计算机和 VXI 总线控制器，从而构成 GPIB-VXI、VXI-1394、MXI-3、FOXI 等控制方案。由于这些外总线通常都是串行的或者位数很少的并行总线，数据传输过程中需要做大量的总线转换工作，首字节延迟较长，随机读写和字串行性能较低，并且采用这些控制方式的计算机不能直接访问 VXI 总线的状态、中断、时钟和触发等信号线，系统的实时性和同步性能要受到影响。但是这些系统的组建成本通常都相对较低，GPIB-VXI 系统可利用已有的 GPIB 仪器，VXI-1394 和 MXI-3 系统的块数据传输性能高，MXI-3 和 FOXI 总线的工作距离远，因此它们适用于一些性能要求不是很高、经费不很充裕或者有特殊要求的场合。

常用的连接方式是嵌入式计算机，但成本过高。如在“0”槽控制器上设计适配器，使其一面对 VXI 总线背板，一面对所用计算机总线接口。这样计算机可放在 VXI 机箱外，用高速电缆与机箱连接，达到不使用嵌入式计算机，以降低成本；同时又不使用串口、并口，而使用计算机总线解决了瓶颈效应问题，并很容易与各类微机或计算机、工作站相联。

典型的系统结构配置是：单 CPU 系统、多 CPU 系统、独立系统和分层式仪器系统。除了上述结构外，集散型系统结构、适应测试系统结构发展方向也必然会带动 VXI 技术中许多变化，以更适合工业实际应用；同时系统吸收先进的网络技术，光纤通信技术，使 VXI 技术真正体现出它在测控领域的先进性。

VXI 系统从技术上很严密地考虑了电磁兼容和电磁干扰问题以及电源和模件功率、通风、散热等问题，但还应考虑故障检测（除主机外，还应能包括通道模件及仪器）、故障定位、故障屏蔽、多 CPU 互为备份等技术问题。

随着国际上 VXI 技术的发展，VXI 技术将在测试领域中起到越来越大的作用。

12.1.3 PXI

面向仪器系统的 PCI 扩展（PCI eXtensions for Instrumentation，PXI）是一种坚固的基于 PC 的测量和自动化平台。PXI 由 NI 公司在 1997 年完成开发，并在 1998 年正式推出，是为了满足日益增加的对复杂仪器系统的需求而推出的一种开放式工业标准。PXI 结合了 PCI 的电气总线特性与 Compact PCI 的坚固性、模块化及 Eurocard 机械封装的特性，并增加了专门的同步总线和主要软件特性。这使它成为测量和自动化系统的高性能、低成本运载平台。这些系统可用于诸如制造测试、军事和航空、机器监控、汽车生产及工业测试等各种领域中。如今，PXI 标准由 PXI 系统联盟（PXISA）所管理。该联盟由 60 多家公司组成，共同推广 PXI 标准，确保 PXI 的互换性并维护 PXI 规范。

简单来说，PXI 是以 PCI（Peripheral Component Interconnect）及 Compact PCI 为基础再加上一些 PXI 特有信号组合而成的一个架构。PXI 继承了 PCI 的电气信号，使得 PXI 拥有如 PCI 总线极高传输数据的能力，甚至能够有高达 132Mbyte/s～528Mbyte/s 的传输性能，在软件上是完全兼容的。另外，PXI 采用和 Compact PCI 一样的机械外型结构，因此也能同样享有高密度、坚固外壳及高性能连接器的特性。

一个 PXI 系统由几项组件所组成，包含了一个机箱、一个 PXI 背板（backplane）、系统控制器（System controller module）以及数个外设模块（Peripheral modules）。

1．机械特性

（1）与 Compact PCI 共享的机械特性

与 Compact PCI 共享的机械特性包括：高性能 IEC 连接器以及 Eurocard 机械封装和模块尺寸。

PXI 应用了与 Compact PCI 相同的、一直被用在像远距离通信等高性能领域的高级连接器中。这种由 IEC_1076 标准定义的高密度（2mm 间距）阻抗匹配连接器可以在各种条件下提供良好的电气性能。

PXI 和 Compact PCI 的结构形状完全采用了 ANNSI310-C、IEC-297 和 IEEE1101.1 等在工业环境下的 Eurocard 规范。这些规范支持小尺寸（3U=100mm×160mm）和大尺寸（6U=233.35mm×160mm）两种结构尺寸。IEEE1101.10 和 IEEE1101.11 等最新的 Eurocard 规范中所增加的电磁

兼容性（EMC）、用户可定义的关键机械要素以及其他有关封装的条款均被移植到了 PXI 规范中。这些电子封装标准所定义的坚固而紧凑的系统特性，使 PXI 产品可以安装在堆叠式标准机柜上，并保证在恶劣工业环境中应用的可靠性。

（2）新增加的电气封装规范

PXI 规范除包含 Compact PCI 规范中的所有机械规范之外，还增加了一些 Compact PCI 没有的要求。PXI 机箱中的系统槽必须位于最左端，而且主控机只能向左扩展以避免占用仪器模块插槽。PXI 还规定模块所要求的强制冷却气流必须从模块底部向顶部流动。PXI 规范建议的环境测试包括对所有模块进行温度、湿度、振动和冲击试验，并以书面形式提供试验结果。同时，PXI 规范还规定了所有模块的工作和存储温度范围。

（3）与 Compact PCI 的互操作性

PXI 的重要特性之一是保持了与标准 Compact PCI 产品的互操作性。但许多 PXI 兼容系统所需要的组件也许并不需要完整的 PXI 总线特征。如果用户在 PXI 机箱中使用一个标准 Compact PCI 网络接口模块，或者要在标准 Compact PCI 机箱中使用 PXI 兼容模块，则所需要的是模块的基本功能而不是完整的 PXI 特性。

2. PXI 总线的电气结构

（1）10MHz 参考时钟（10MHz reference clock）

PXI 规格定义了一个低歪斜（low skew）的 10MHz 参考时钟。此参考时钟位于背板上，并且分布至每一个外设槽（peripheral slot），其特色是由时钟源（Clock source）开始至每一槽的布线长度都是等长的，因此每一外设槽所接受的 clock 都是同一相位的，这对多个仪器模块的同步来说是一个很方便的时钟来源。

（2）局部总线（Local Bus）

在每一个外设槽上，PXI 定义了局部总线以及连接其相邻的左方及右方外设槽，左方或右方局部总线各有 13 条。这些总线除了可以传送数字信号外，也允许传送模拟信号。比如说 3 号外设槽上有左方局部总线，可以与 2 号外设槽上的右方局部总线连接；而 3 号外设槽上的右方局部总线，则与 4 号外设槽上的左方总线连接。但外设槽 3 号上的左方局部总线与右方局部总线在背板上是不互相连接的，除非插在 3 号外设槽的仪器模块将这两方信号连接起来。

（3）星形触发（Star Trigger）

前面说到外设槽 2 号的左方局部总线在 PXI 的定义下被作为另一种特殊的信号，叫作星形触发。这 13 条星形触发线被依序分别连接到另外的 13 个外设槽（如果背板支持到另外 13 个外设槽的话），且彼此的走线长度都是等长的。也就是说，若在 2 号外设槽上同一时间在这 13 条星形触发线送出触发信号，那么其他仪器模块都会在同一时间收到触发信号（因为每一条触发信号的延迟时间都相同）。也因为这一项特殊的触发功能只有在外设槽 2 号上才有，因此定义了外设槽 2 号叫作星形触发控制器槽（Star Trigger Controller Slot）。

（4）触发总线（Trigger Bus）

触发总线共有 8 条线，在背板上从系统槽（Slot 1）连接到其余的外设槽，为所有插在 PXI 背板上的仪器模块提供了一个共享的沟通管道。这个 8bit 宽度的总线可以让多个仪器模块之间传送时钟信号、触发信号以及特订的传送协议。

3. 硬件构架

PXI 的硬件系统由三个基本部分组成：机箱、系统控制器和外部模块。

PXI 机箱：机箱为系统提供了坚固的模块化封装结构。按尺寸不同，机箱有 4～18 槽不等，并且还可以有一些专门特性，如 DC 电源和集成式信号处理。机箱具有高性能 PXI 背板，它包括 PCI 总线、定时和触发总线，这些定时和触发总线使用户可以开发出需要精确同步的应用系统。

系统控制器：正如 PXI 硬件规范所定义的，所有 PXI 机箱包含一个插于机箱最左端插槽（插槽 1）的系统控制器。可选的控制器有标准桌面 PC 的远程控制，也有包含 Microsoft 操作系统（如 Windows2000/XP）或实时操作系统（如 LabVIEW RT）的高性能嵌入式控制。

PXI 远程控制利用 MXI-3（Measurement eXtensions for Instrumentation）接口工具，PXI 系统可以通过透明、高速的串口连接被 PC 或其他 PXI 系统直接控制。MXI-3 接口工具包提供从 PC 到 PXI 机箱的 84MB PCI-PCI 连接桥。在 PC 启动过程中，它会将 PXI 系统的所有外设模块当作 PCI 设备。通过 PC 远程控制一个 PXI 系统，用户可以以最低的成本得到最大化处理器的性能。用户可以任意购买一台标准的 PC，然后利用铜线或光纤 MXI-3 串口连接并远程控制 PXI 系统。

PXI 嵌入式控制使用嵌入式控制器就不需要用外部 PC，因而可用 PXI 机箱提供一套完整的系统。典型的 PXI 嵌入式控制器使用小型的、适合 PXI 结构的标准 PC 部件。例如，NI PXI-8176 控制器有 Pentium III 1.26 GHz 处理器、512MB RAM 内存、一个硬盘以及标准 PC 外设接口，如 USB、并口和串口。此外，用户还可以在 PXI 控制器上安装所选的操作系统，如 Windows 2000/XP 或 LabVIEW RT 模块。嵌入式控制非常适合便携式系统以及“单机箱”应用，这样的机箱可以很方便地从一个地点移到另一个地点。

4. PXI 外部模块

NI 提供了 100 多种不同的 PXI 模块，自从 PXI 成为开放的工业标准以来，PXI 系统联盟中的其他 50 多个厂商已提供近 1000 种模块。PXI 外部模块包含以下功能：

（1）模拟输入和输出；

（2）边界扫描；

（3）总线接口和通信；

（4）数字输入和输出；

（5）数字信号处理；

（6）功能测试和诊断原型设计板卡；

（7）仪器；

（8）运动控制；

（9）接收器内互连设备；

（10）开关；

（11）定时输入和输出。

PXI 可与 Compact PCI 直接兼容，因此任何 3U 的 Compact PCI 模块都可直接用于 PXI 系统。此外，Card/PCMCIA 和 PMC（PCI Mezzanine Card）卡使用转接模块（Carrier Module）可直接插入 PXI 系统使用。例如，NI PXI-8221 PC Card Carrier 可将 Cardbus 和 PCMCIA 设备接入 PXI 系统。

PXI 能够提供用于和独立式传统仪器或 VXI 系统通信的标准软硬件，因此它与独立仪器或 VXI 系统有很好的兼容性。例如，要将 PXI 系统与 GPIB 仪器相连接，可使用 PXI-GPIB 模块，也可使用 PCI-GPIB 模块。此外，PXI 软件的通用性较强，如 PXI 与 VXI 连接的方法就有多种。如需了解更多的信息，可以查看 PXI 的相关资料。

5. 软件构架

因为 PXI 硬件是基于标准 PC 技术（如 PCI 总线以及标准的 CPU 和外设），用户可以使用熟悉的标准 Windows 软件架构。基于 Windows 的 PXI 系统的开发和运行和基于 Windows 的标准 PCI

系统的开发和运行没有什么区别。此外，因为 PXI 背板使用的是工业标准的 PCI 总线，因此在许多情况下，编写与 PXI 设备通信的软件程序和编写与 PCI 模块通信的软件程序的方法是相同的。例如，与 NI PXI-6052E 多功能数据采集卡进行通信的软件程序与 PC 上 PCI-6052E 的软件程序是一样的。因此在 PC 系统和 PXI 系统之间移植软件时，已有的应用软件程序、例程代码以及编程方法都无需重新编写。

6. 系统配置

要规划并配置用户新的 PXI 系统，最快最简单的方法是使用在线 PXI Advisor 或 PXI/SCXI Advisor。这些配置向导通过向用户提出一系列问题来帮助构建新的 PXI 系统，包括系统控制器、软件、模块、附件和 PXI 或 PXI/SCXI 混合机箱。使用 PXI Advisor，只需回答一系列简单的问题并逐步选择最适合您需要的部件，即可完成整个系统的配置选择。您可以打印或导出已配置好的 PXI 系统图片，以作为计划书或设计预览之用。此外，配置向导还提供技术方面的建议，如模块插槽的特殊布置，线缆和终端附件，以及集成的软件包。配置向导使用内含的（behind-the-scene）逻辑性能保证系统的兼容性。例如，如果您选择了 LabVIEW RT PXI 控制器，配置向导会自动把 PXI 测量模块的选择范围限定在支持 LabVIEW RT 的产品中。如果配置向导的配置结果令用户满意，用户就可以把配置发给 NI 的销售工程师下订单，或在线订购产品。如果您订购产品时选择 NI 出厂安装服务（NI Factory Installation），您收到的将是完全根据您的配置安装好的 PXI 系统。

PXI 模块化仪器为测量和自动化用户提供了一个坚固的计算机平台，使他们可以充分利用主流 PC 工业的技术进步。利用标准的 PCI 总线，PXI 模块化仪器系统能够受益于可方便购得的软硬件产品。PXI 系统上运行的软件程序和操作系统是广大用户所十分熟悉的，因为它们已被广泛应用于台式 PC 机上。PXI 提供工业化的封装结构、大量的 I/O 槽以及诸多高级定时和触发功能的特性以满足您的各种应用需要。

PXI 在中国成功的主要原因有：

（1）标准化大势所趋；

（2）成本优势；

（3）技术性能优越；

（4）适用于多种行业。

但要想进一步发展，需要技术服务不断完善，标准更加统一。

12.1.4　PCI 技术

1991 年下半年，Intel 公司首先提出了 PCI 的概念，并联合 IBM、Compaq、AST、HP、DEC 等 100 多家公司成立了 PCI 集团，其英文全称为：Peripheral Component Interconnect Special Interest Group（外围部件互连专业组），简称 PCISIG。PCI 总线已成为事实上的计算机标准总线，有很多优点，比如即插即用（Plug and Play）、中断共享等。

PCI 有 32 位和 64 位两种，32 位 PCI 有 124 引脚，64 位有 188 引脚，目前常用的是 32 位 PCI。32 位 PCI 的数据传输率为 133MB/s，大大高于 ISA。

PCI 总线的主要性能有：

（1）支持 10 台外设；

（2）总线时钟频率 33.3MHz/66MHz；

（3）最大数据传输速率 133MB/s；

（4）时钟同步方式；

（5）与 CPU 及时钟频率无关；

（6）总线宽度 32 位（5V）/64 位（3.3V）；

（7）能自动识别外设。

在这里我们对 PCI 总线做一个深入的介绍。从数据宽度上看，PCI 总线有 32bit、64bit 之分；从总线速度上分，有 33MHz、66MHz 两种。目前流行的是 32bit @ 33MHz，而 64bit 系统正在普及中。改良的 PCI 系统，PCI-X，最高可以达到 64bit @ 133MHz，这样就可以得到超过 1GB/s 的数据传输速率。

1. 基本概念

不同于 ISA 总线，PCI 总线的地址总线与数据总线是分时复用的。这样做的好处是：一方面可以节省接插件的管脚数，另一方面便于实现突发数据传输。在进行数据传输时，由一个 PCI 设备做发起者（主控，Initiator 或 Master），而另一个 PCI 设备做目标（从设备，Target 或 Slave）。总线上的所有时序的产生与控制，都由 Master 来发起。PCI 总线在同一时刻只能供一对设备完成传输，这就要求有一个仲裁机构（Arbiter）来决定由谁拿到总线的主控权。

32bit PCI 系统的管脚按功能来分有以下几类。

（1）系统控制：CLK，PCI 时钟，上升沿有效

（2）RST：Reset 信号

（3）传输控制：FRAME#，标志传输开始与结束

（4）IRDY#：Master 可以传输数据的标志

（5）DEVSEL#：当 Slave 发现自己被寻址时置低应答

（6）TRDY#：Slave 可以转输数据的标志

（7）STOP#：Slave 主动结束传输数据的信号

（8）IDSEL：在即插即用系统启动时用于选中板卡的信号

（9）地址与数据总线：AD[31：：0]，地址/数据分时复用总线

（10）C/BE#[3：：0]：命令/字节使能信号

（11）PAR：奇偶校验信号

（12）仲裁号：REQ#，Master 用来请求总线使用权的信号

（13）GNT#：Arbiter 允许 Master 得到总线使用权的信号

（14）错误报告：PERR#，数据奇偶校验错

（15）SERR#：系统奇偶校验错

当 PCI 总线进行操作时，发起者（Master）先置 REQ#；当得到仲裁器（Arbiter）的许可时（GNT#），会将 FRAME#置低，并在 AD 总线上放置 Slave 地址；同时 C/BE#放置命令信号，说明接下来的传输类型。所有 PCI 总线上的设备都需对此地址译码，被选中的设备要置 DEVSEL#以声明自己被选中。然后当 IRDY#与 TRDY#都置低时，可以传输数据。当 Master 数据传输结束前，将 FRAME#置高以标明只剩最后一组数据要传输，并在传完数据后放开 IRDY#以释放总线控制权。

这里我们可以看出，PCI 总线的传输是很高效的，发出一组地址后，理想状态下可以连续发数据，峰值速率为 132MB/s。实际上，目前流行的 33M@32bit 北桥芯片一般可以做到 100MB/s 的连续传输。

2. 即插即用的实现

所谓即插即用，是指当板卡插入系统时，系统会自动对板卡所需资源进行分配，如基地址、中断号等，并自动寻找相应的驱动程序。而不像旧的 ISA 板卡，需要进行复杂的手动配置。

实际的实现远比说起来要复杂。在 PCI 板卡中，有一组寄存器叫“配置空间（Configuration Space）”，用来存放基地址与内存地址，以及中断等信息。

以内存地址为例。当上电时，板卡从 ROM 里读取固定的值放到寄存器中，对应内存的地方放置的是需要分配的内存字节数等信息。操作系统要根据这个信息分配内存，并在分配成功后把相应的寄存器中填入内存的起始地址，这样就不必手工设置开关来分配内存或基地址了，对于中断的分配也与此类似。

3. 中断共享的实现

ISA 卡的一个重要局限在于中断是独占的，而我们知道计算机的中断号只有 16 个，系统又用掉了一些，这样当有多块 ISA 卡要用中断时就会有问题了。

PCI 总线的中断共享由硬件与软件两部分组成。

（1）硬件上采用电平触发的办法。中断信号在系统一侧用电阻接高，而要产生中断的板卡上利用三极管的集电极将信号拉低。这样不管有几块板产生中断，中断信号都是低；而只有当所有板卡的中断都得到处理后，中断信号才会回复高电平。

（2）软件上采用中断链的方法。假设系统启动时，发现板卡 A 用了中断 7，就会将中断 7 对应的内存区指向 A 卡对应的中断服务程序入口 ISR_A；然后系统发现板卡 B 也用中断 7，这时就会将中断 7 对应的内存区指向 ISR_B，同时将 ISR_B 的结束指向 ISR_A。依此类推，就会形成一个中断链。而当有中断发生时，系统跳转到中断 7 对应的内存，也就是 ISR_B。ISR_B 就要检查是不是 B 卡的中断，如果是，则系统进行处理，并将板卡上的拉低电路放开；如果不是，则呼叫 ISR_A。这样就完成了中断的共享。

通过以上讨论，不难看出 PCI 总线有着极大的优势，而近年来的市场情况也证实了这一点。

12.1.5 总线平台的比较

基于 GPIB 总线、PCI 总线、VXI 总线和 PXI 总线的测试系统，因总线不同而各具特点与相应的应用范围。

GPIB 系统实质上是通过计算机对传统仪器功能的扩展与延伸；PCI 系统直接利用了标准的工业计算机总线，没有仪器所需要的总线性能；VXI 系统的投资大；PXI 系统与它们相比，是将台式 PC 的性价比优势与 PCI 总线面向仪器领域的必要扩展相结合的产物。

GPIB 接口仪器多为传统的高性能仪器，经过漫长的发展历程，其种类和测试精度都是其他总线类型模块化仪器所无法比拟的。因此，基于 GPIB 总线构建的自动测试系统，非常适合性能要求不是很高，但测试精度要求高的情况。GPIB 总线接口的速度慢，构建的系统体积大，总线传输的距离较短，且当使用多项设备时，需要额外的电路来达到同步触发的要求，这是限制其广泛应用的缺点。

与传统仪器组建的测试系统相比，基于 PCI 总线的虚拟仪器测试系统在性能、灵活性、易用性和低价格等方面具有优势。其仪器硬件为插卡式，具有与计算机插卡相同的尺寸，将硬件插卡直接插入计算机中的 PCI 槽上即可构成测试系统，从而充分利用计算机的资源来实现数据采集与处理、故障分析与诊断和过程控制等功能。和基于其他总线的测试系统相比，价格低廉的特点使其在工业、军工、教育和科研领域得到了广泛的应用。缺点在于这种测试系统缺乏标准化，以及其所处的计算机环境不能满足大功率、高质量冷却、抗干扰和电磁兼容等特殊要求，插卡的连接也可能因为所用计算机的型号限制而难以生产；而且因为计算机槽数有限，难以容纳大量的通道。

基于 PXI 总线的测试系统，由于 PXI 总线产品对 PCI 总线产品完全兼容，因此在许多领域，它们和基于 PCI 总线的测试系统可以相互代替。而性能超过 PCI 总线的测试系统，只是价格稍高一些。如果想将现有基于 PCI 总线的测试系统转向基于 PXI 总线的测试系统，只需对硬件投资，原有的软件可不加任何修改而运行在 PXI 系统上。同时由于 PXI 总线对机箱内部器件工作环境作了严格的规定以及 PXI 系统拥有比台式机更多的扩展槽，因此 PXI 系统可以在恶劣环境下正常工作，测试应用领域更宽。由于 PXI 总线是在 PCI 总线的基础上借鉴 VXI 总线的仪器特性组合而成的，因此 PXI 系统在价格上和性能上介于 PCI 系统和 VXI 系统之间。PXI 的数据传输速率峰值在 33MHZ@32bit 的总线上可达 132MB/s，于 66MHZ@64bit 的总线上可达 528MB/s，远高于 GPIB 和 VXI 接口的传输速率。表 12-1 给出了四种总线的部分参数的比较表。

表 12-1　四种总线的比较表

	GPIB	PCI	VXI	PXI
传输位宽	8	8，16（ISA）；8，16，32，64（PCI）	8，16，32	8，16，32，64
吞吐率（Mb/s）	1 或 8	1-2（ISA）；132 ~ 264（PCI）	4080（VME64）	132 ~ 264
定时和同步	无定义	有定义	有定义	有定义
市场可用产品	>10000	>10000	>1000	>1000
系统尺寸	大	中、小	中	中、小
标准软件框架	无定义	无定义	有定义	有定义
模块化	否	否	是	是
EMI 防护	可选	视具体板卡而定	有定义	视具体模块而定
系统成本	高	低	中、高	中、低

不同的测试任务对测试系统有不同的要求，任何一种总线测试系统都不可能涵盖整个市场对测试的要求。总的来说，基于 GPIB 总线的测试系统适用于专用仪器发达的领域，如电子领域，它有众多性能优越、带 GPIB 接口的仪器支撑系统灵活构建；基于 PCI 总线的测试系统通常适用于低频低速的过程控制系统、教学实验和实验室常规测试；基于 PXI 总线的仪器测试系统适用于一般要求的自动测试系统；基于 VXI 总线的仪器测试系统具有良好的性能，适用于速度高、频带宽、数据量大的自动测试系统，特别是军用自动化测试系统。

12.2　仪器驱动程序

仪器驱动程序也是一个 VI，是一款用于控制特定仪器的软件。一个仪器驱动程序是一个软件程序集合，它对应于一系列计划的操作，如配置仪器、从仪器读取数据、向仪器写入数据和触发仪器等。它将底层的通信命令或寄存器配置等封装起来，用户只要调用封装好的函数库就可以轻松实现对应于仪器的任何功能。LabVIEW 为用户提供了大量的在仪器开发中可以使用的 VI，因而对于不是有特别要求的用户来说，可以不必自己动手开发仪器驱动程序就可以完成开发工作，同时也避免了用户学习每个仪器复杂而低级的编程命令。由于 VI 的前面板可以仿真仪器前面板的操作，LabVIEW 非常适合于创建仪器驱动程序。LabVIEW 的程序框图将必要的命令传送给仪器以实现前面板中指明的各种操作。用户在使用仪器驱动程序时无需记住控制仪器所需的命令，这些都可以通过前面板中的输入来声明。

LabVIEW 为用户提供的可以在仪器驱动程序开发中使用的 VI 分为以下三类：

（1）标准 VISA I/O 函数；

（2）传统 GPIB 函数和由 GPIB488.2 添加的功能；

（3）串口通信函数。

另外，用户可以从 NI 公司的网站上下载仪器驱动程序，下载地址为：http://www.ni.com/idnet；或者直接从“工具”下拉菜单中选择“仪器”下的“访问仪器驱动网”选项自动链接到该网址。在该网址中，用户可以从 NI 公司提供的 2000 多个带有免费源代码的可用仪器驱动程序中搜索自己需要的仪器驱动程序并下载安装到 LabVIEW 根目录下的 instr.lib 子目录中。

LabVIEW 的仪器驱动程序位于“函数”选板下“仪器 I/O→仪器驱动程序”子选板下，如图 12-1 所示。用户安装的每个仪器驱动程序都可以在该选板下找到。图中显示的 AG34401 是安装系统软件时自动安装的一个仪器驱动程序。

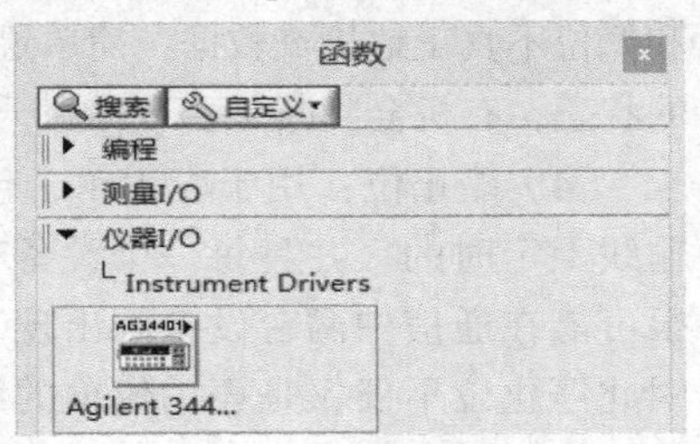

图 12-1　仪器驱动程序选板

12.3　串口通信

串口是计算机上一种通用设备通信的协议，大多数计算机都包含两个基于 RS232 的串口。串口同时也是仪器仪表设备通用的通信协议；很多 GPIB 兼容的设备也带有 RS 232 串口。同时，串口通信协议也可以用于获取远程采集设备的数据。

由于一个串口在某一时刻只能与一个设备进行通信，所以它的传输速度比并口通信慢，但是串口操作简单并且能够实现远距离通信。比如 IEEE488 定义并行通行状态时，规定设备线总长不得超过 20 米，并且任意两个设备间的长度不得超过 2 米；相比于串口，其长度可达 1200 米。典型的，串口用于 ASCII 码字符的传输。通信使用 3 根线完成：地线、发送线和接收线。由于串口通信是异步的，端口能够在一根线上发送数据，同时在另一根线上接收数据。串口通信主要的参数有传送波特率、用于字符编码的数据位、可选择的校验取值和停止位的个数。对于两个进行串行通信的端口，它们的参数必须互相匹配。

（1）波特率：衡量通信速度的参数。波特率是指线路状态更改的次数。在电子通信领域内，波特率即指调制速率，指的是信号被调制以后在单位时间内的波特数，也即单位时间内载波变化的次数。它是对信号传输速率的一种度量，单位通常为“波特每秒（bps）”。波特率有时会与比特率相混淆。实际上，比特率是对信息传输速率的度量，表示单位时间内传输的二进制代码的有效位（bit）。波特率与比特率有如下关系：比特率=波特率 × 单个调制状态对应的二进制位数。因此，只有在进行两相调制时，也即单个调制状态对应 1 位二进制数时，波特率等于比特率。在此情况下，波特率为 300 就表示每秒钟发送 300 个 bit。但是由于波特率和距离成反比，所以高波特率常常用于距离很近的仪器间的通信，如 GPIB 设备的通信。

（2）数据位：衡量通信中实际数据位的参数。当计算机发送一个信息包，实际的数据不会是 8 位的，标准的值是 5、7 和 8 位。如何设置取决于你想传送的信息。例如标准的 ASCII 码是 0 ~ 127（7 位），扩展的 ASCII 码是 0 ~ 255（8 位）。如果数据使用简单的文本（标准 ASCII 码），那么每个数据包使用 7 位数据。每个包是指一个字节，包括开始/停止位、数据位和奇偶校验位。实际数据位取决于通信协议的选取。

（3）奇偶校验位：是串口通信中一种简单的检错方式。有四种检错方式：偶、奇、高和低。当然也可以没有校验位。对于偶和奇校验的情况，串口会设置校验位（数据位后面的一位），用一个值确保传输的数据有偶个或者奇个逻辑高位。例如，如果数据是 011，那么对于偶校验，校验位为 0，保证逻辑高的位数是偶数个；如果是奇校验，校验位为 1，这样就有 3 个逻辑高位。高位和低位不真正地检查数据，简单置位逻辑高或者逻辑低校验。这样使得接收设备能够知道一个位的状态，有机会判断是否有噪声干扰了通信或者是否传输和接收数据不同步。

（4）停止位：用于表示单个包的最后一位。典型的值为 1、1.5 和 2 位。由于数据是在传输线上定时的，并且每一个设备有其自己的时钟，很可能在通信中两台设备间出现了小小的不同步。因此停止位不仅仅是表示传输的结束，并且提供计算机校正时钟同步的机会。适用于停止位的位数越多，不同时钟同步的纠正程度越大，但是数据传输率也越慢。

LabVIEW 中有关串口程序设计的编程函数位于“函数”选板下“仪器 I/O→串口”子选板下，如图 12-2 所示。

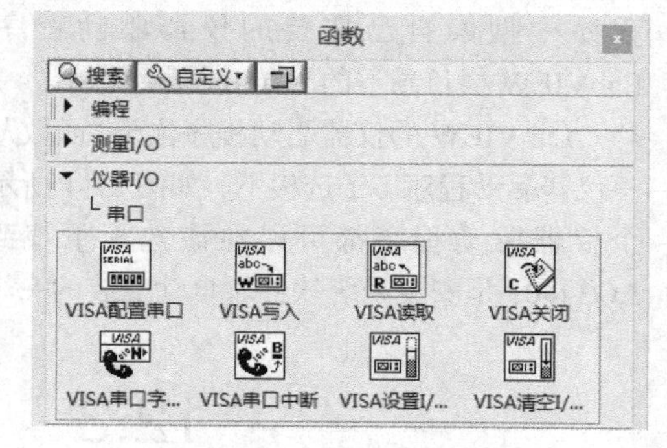

图 12-2 串口编程函数选板

下面对一些常用的串口编程函数的使用方法进行简要的说明。

1. VISA 写入

VISA 写入函数的接线端子如图 12-3 所示。它用于向 VISA 资源名称所指定的设备或接口中写入信息。根据不同的平台，数据传输可能是同步或异步的。用户可以在程度框图中鼠标右键单击函数图标，从弹出快捷菜单的“同步 I/O 模式”下选择同步或异步模式。模式的选择需要根据实际应用程序情况来确定，一般在同时与不多于 4 台仪器进行通信时使用同步调用可以获取更快的速度；但当同时进行通信的仪器多于 4 台时，则异步调用可使应用程序的速度显著提高。LabVIEW 默认的模式是异步 I/O。

2. VISA 读取

VISA 读取函数的接线端子如图 12-4 所示。它用于从 VISA 资源名称所指定的设备或接口中读取信息，并将数据返回到读取缓冲区中。

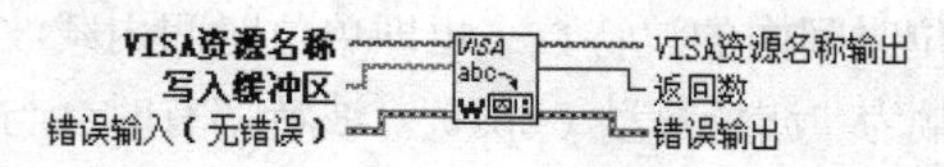

图 12-3 VISA 写入函数接线端子

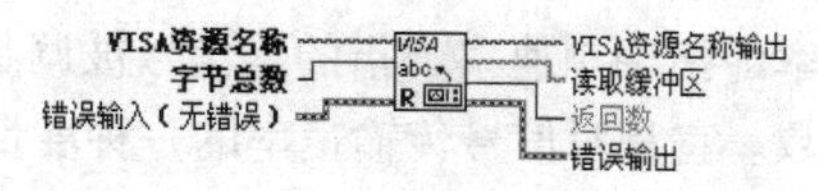

图 12-4 VISA 读取函数接线端子

3. VISA 关闭

VISA 关闭函数的接线端子如图 12-5 所示。它用于关闭 VISA 会话并释放相关的所有资源。与其他函数的错误 I/O 不同，该函数无论前次操作是否产生错误都将关闭 VISA 会话。

4. VISA 设置 I/O 缓冲区大小

VISA 设置 I/O 缓冲区大小函数的接线端子如图 12-6 所示。它用于设置 I/O 缓冲区大小。如果需要设置串口缓冲区的大小，则必须先进行本选板中的“VISA 配置串口”函数。

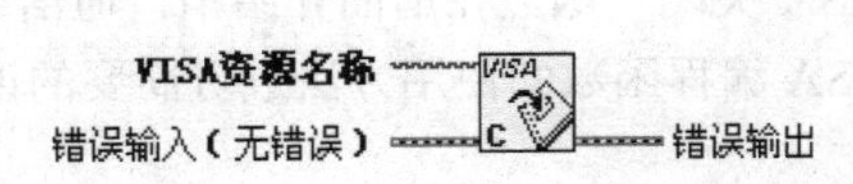

图 12-5 VISA 关闭函数接线端子

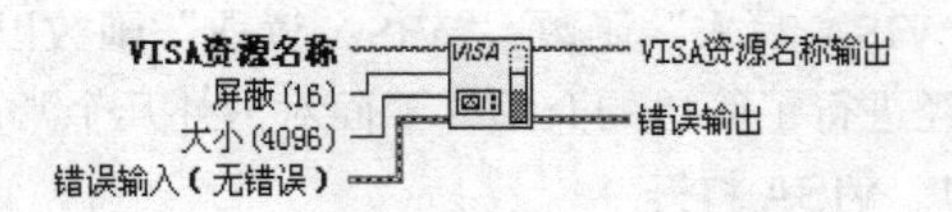

图 12-6 VISA 设置 I/O 缓冲区大小函数接线端子

5. VISA 配置串口

VISA 配置串口函数的接线端子如图 12-7 所示。它用于将 VISA 资源名称所指定的串口按特定设置初始化。具体使用哪个多态实例，则由连接到 VISA 资源名称输入端的 VISA 类决定。

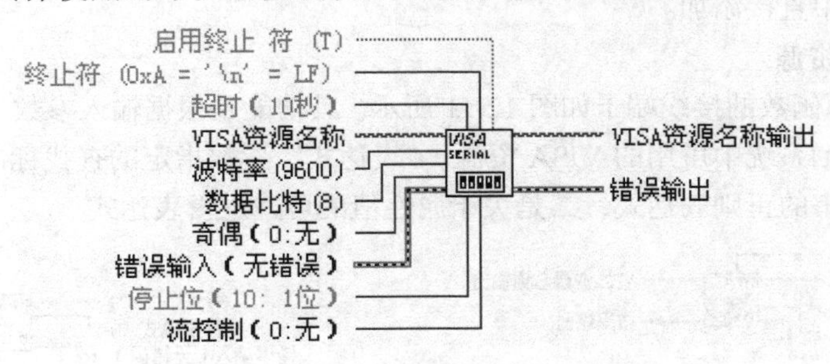

图 12-7 VISA 配置串口函数接线端子

12.4 VISA 编程

VISA 是 Virtual Instruments Software Architecture 的缩写，中文译为虚拟仪器软件架构。为推进虚拟仪器软件标准化进程，在 1993 年 NI 联合了 HP、Tectronix、GenRad 等成立了 VXI Plug & Play 系统联盟，并于 1996 年开发了 VISA。VISA 的出现使得用户不需要为每种硬件接口编写程序，只要通过调用相同的 VISA 库函数和配置不同的设备参数就可以编写控制各种 I/O 接口仪器的通用程序。它的目的是通过减少系统的建立时间来提高效率。

VISA 的本质是用于控制 GPIB、串口或 VXI 仪器以及根据仪器类型进行适当调用的 VI 库。VISA 本身不具备编程能力，而是通过调用低层的仪器驱动程序来实现对仪器的控制。

VISA 编程函数位于"函数"选板下"仪器 I/O→VISA"子选板下，如图 12-8 所示。在该选板下还有一个"高级 VISA"子选板，它包含有多个 VISA 编程函数，如图 12-9 所示。

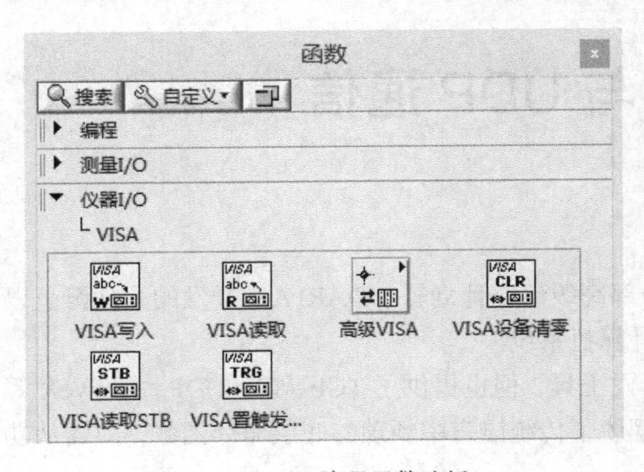

图 12-8 VISA 编程函数选板

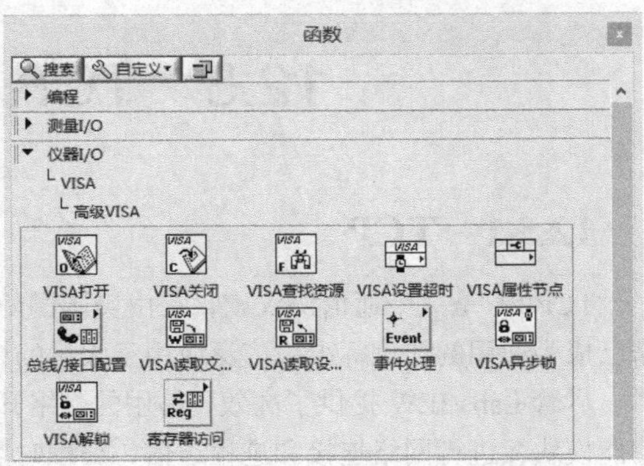

图 12-9 高级 VISA 编程函数选板

“VISA 写入”函数、“VISA 读取”函数以及“VISA 关闭”函数在前面介绍串口通信编程函数已经进行了简单的介绍，下面对另外几个常用的 VISA 编程函数的使用方法进行简要的说明。

1. VISA 打开

VISA 打开函数的接线端子如图 12-10 所示。其功能是打开 VISA 资源名称所指定设备的会话并返回一个会话标识符，该标识符可以用于调用该设备的其他操作。“VISA 查找资源”函数返回的所有字符串均能够被该函数识别，但是“VISA 查找资源”函数未必返回所有传输到该函数的字符串。特别是在网络和 TCP/IP 资源环境下，无需返回所有的字符串。如资源不在列表中，可在 NI-VISA 配置工具中直接添加。

2. VISA 查找资源

VISA 查找资源函数的接线端子如图 12-11 所示。其功能是根据输入参数“表达式”端口中指定的查找规则，查询系统中可用的 VISA 资源。“表达式”参数指定的查找标准可分为两个部分：一是关于资源字符串的正则表达式；二是关于属性值的可选逻辑表达式。

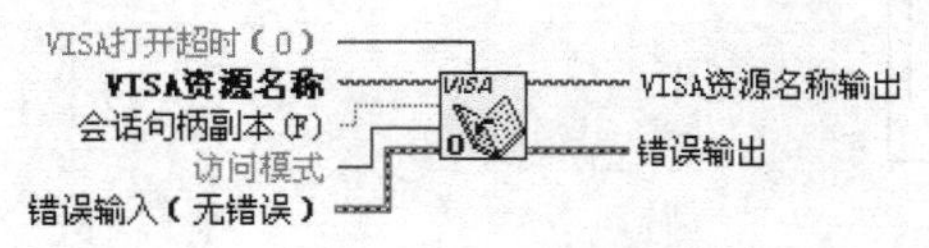

图 12-10　VISA 打开函数接线端子

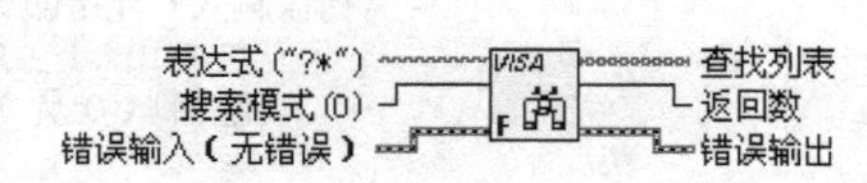

图 12-11　VISA 查找资源函数接线端子

3. VISA 读取设备并写入文件

VISA 读取设备并写入文件函数的接线端子如图 12-12 所示。其功能是根据指定的要读取的字节数量，从 VISA 资源名称所指定的设备或接口中异步读取信息并保存到“文件名”端口指定的文件中。需要注意的是，文件名要以二进制模式打开。

4. VISA 读取文件并写入设备

VISA 读取文件并写入设备函数的接线端子如图 12-13 所示。其功能与以二进制模式打开由“文件名”端口所指定的文件，读取文件中的数据同步写入设备中。读取的数据量由“总数”端口指定。

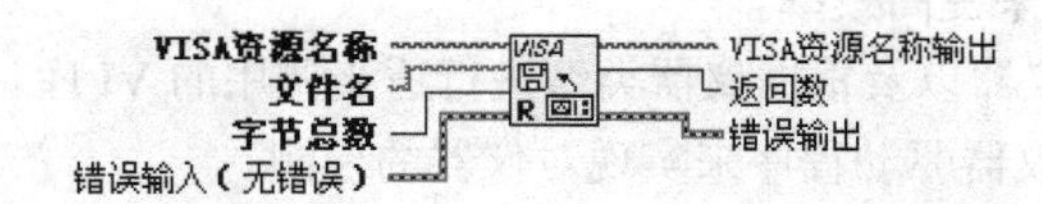

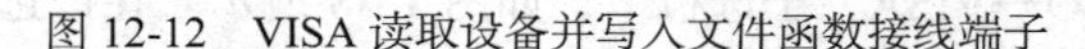

图 12-12　VISA 读取设备并写入文件函数接线端子

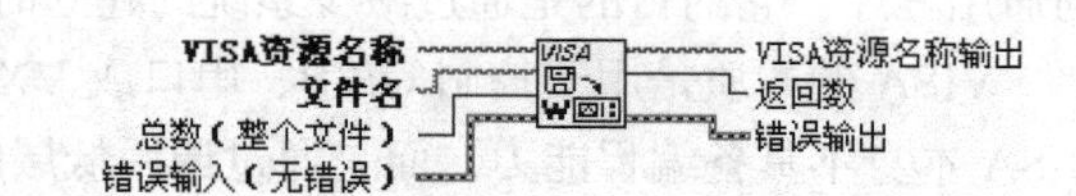

图 12-13　VISA 读取文件并写入设备函数接线端子

12.5　TCP 与 UDP 通信

12.5.1　TCP

TCP/IP 是一个通信协议族，是由美国国防部高级研究计划署（DARPA）开发的，从诞生以来已成为通用的通信标准被广泛应用于大量的计算机系统。

尽管 LabVIEW 提供了高效、易用的网络开发工具，但也提供了 TCP、IP、UDP、ActiveX 等功能模块板进行网络连接和进程通信，编程时摆脱了传统语言中烦琐的底层命令函数，只需从功能模板中选用有关的函数图标连线而成。

IP 是网络层协议，实现的是不可靠无连接的数据包服务。TCP 和 UDP 都是建立在 IP 的基础上的传输层协议。UDP 协议实现的也是不可靠无连接的数据包服务。而 TCP 是基于连接的协议，提供了可靠的建立连接的方法。

TCP/IP 协议是一套把互联网上的各种系统互联起来的协议组，保证互联网上数据的准确快速传输。TCP/IP 通常采用一种简化的四层模型，分别为：网络接口层、网间层、传输层、应用层。它由控制同一物理网络上的不同机器间数据传送的底层协议组成，具体功能如下：

（1）网络接口层提供 TCP/IP 协议的数据结构和实际物理硬件之间的接口；

（2）网间层用来提供网络诊断信息；

（3）传输层提供有两种端到端的通信服务，一是能提供可靠的数据流运输服务的 TCP 协议，二是提供不可靠的用户数据报服务的 UDP 服务；

（4）应用层要有一个定义清晰的会话过程，通常包括的协议有 HTTP、FTP、Telnet 等。

TCP/IP 协议在互联网上每时每刻保证了数据的准确传输。在数据采集领域，如何利用 TCP/IP 协议在网络中进行数据传输越来越多地受到人们的关注。

LabVIEW 运用内嵌的 TCP/IP 网络通信协议组实现远程测控系统通信把数据从网络或者 Internet 的一台计算机传输到另外一台计算机，实现了单个网络内部以及多个互联网络之间的通信。这样，科研人员和工程技术人员即使不在控制现场，也可以通过网络随时了解现场的控制系统运行情况和系统参数的实时变化，并可根据具体情况通过网络在客户计算机上对在控制现场运行于服务器计算机的控制系统发出命令，及时调整现场控制系统运行状况，从而达到远程控制的目的。基于计算机的网络测量系统平台将会不断发展，应用也将更加广泛。

通过把复杂的 TCP/IP 协议封装而提供的各种网络测量技术，使得网络测量的开发变得不再复杂；同时网络测量带来的巨大效益，使得网络测量在测量自动化领域得到了广泛的应用。

LabVIEW 中用于 TCP 编程的 VI 函数位于“函数”选板下的“数据通信→协议→TCP”子选板下，如图 12-14 所示。图中的 TCP 编程函数的具体含义如表 12-2 所示。

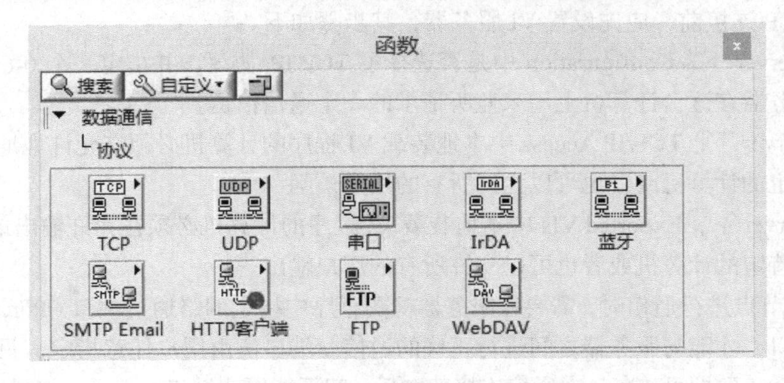

图 12-14　TCP 编程 VI 函数面板

表 12-2　TCP 编程 VI 函数含义列表

VI 函数名称	功　能
TCP 侦听	在指定端口创建一个监听器，并等待客户端的连接
打开 TCP 连接	打开由地址和远程端口或服务名称所指定的 TCP 网络连接
读取 TCP 数据	从指定的 TCP 连接读取数据并通过数据输出返回结果

续表

VI 函数名称	功　能
写入 TCP 数据	向指定的 TCP 网络连接写入数据
关闭 TCP 连接	关闭指定的 TCP 网络连接
IP 地址至字符串转换	将 IP 地址转换为字符串
字符串至 IP 地址转换	将字符串转换为 IP 地址或 IP 地址数组
解释机器别名	返回计算机的物理地址，用于联网或在 VI 服务器函数中使用
创建 TCP 侦听器	在指定端口创建一个监听器
等待 TCP 侦听器	等待已接受的 TCP 网络连接

利用服务器端/客户端模式进行通信，是在 LabVIEW 平台下网络通信最基本的结构模式。“TCP”子选板中的“TCP 侦听”VI 函数用来创建一个 TCP 收听者，等待指定端口的 TCP 网络连接。它的主要参数包括：

（1）端口（port）：是系统中发布数据使用的端口。

（2）超时（timeout，ms）：在指定的时间内没有建立连接则程序结束，返回一个出错信息。缺省值-1，表示无限等待。

（3）连接标识（connection ID）：输出网络连接参考号。后面的函数用这个值执行特定连接上的任务。

（4）远程地址（remote address）：连接到这台计算机指定端口的远程计算机 IP 地址。

（5）出错信息输出（error out）：指出这个函数产生的错误。

TCP 通信的两端分别为服务器端（Server）和客户端（Client）。服务器端先对指定的端口（Port）监听，客户端向服务器端被监听的端口发出请求，服务器端接收到请求后便建立客户端与服务器端的连接，然后就可以利用该连接进行通信了。通信完毕后，两端通过关闭连接函数断开连接。

在建立 TCP 连接前，应先设置 VI 服务器，其步骤如下。

（1）VI Server 下，Configuration 中是否选择了 TCP/IP 协议，并指定一个 0-65535 之间的端口号，确定服务器在这台计算机上用来监听请求的一个通信信道。

（2）VI Server 下，TCP/IP Access 中本地装载 VI 程序的计算机必须在允许地址的列表中，可以选择包括特定的计算机或者也可以允许所有的用户访问。

（3）VI Server 下，Exported VIs 中本地装载 VI 程序的计算机必须在允许输出地址的列表中，可以选择包括特定的计算机或者也可以允许所有的用户输出。

在用 TCP 节点进行通信时，需要在服务器框图程序中指定网络通信端口（Port），客户机也要指定相同的端口，才能与服务器之间进行正确的通信。端口值由用户任意指定，只要服务器与客户机的端口保持一致即可。在一次通信连接建立后，就不能更改端口的值了。如需要改变端口值，则必须首先断开连接才能重新设置端口值。

下面通过几个实例程序来具体介绍如何在 LabVIEW 中进行 TCP 编程。

【例 12-1】 利用 TCP 协议进行简单的点对点通信。

本例中，服务器端不断地向客户端发送数组数据，客户端不断接收数据。服务器端程序如图 12-15 所示。首先通过“TCP 侦听”函数在指定端口 2052 监听是否有客户端请求连接，当客户端发出连接请求后，进入主循环发送数据。最后关闭连接，并过滤掉因为正常关闭导致的错误信息。

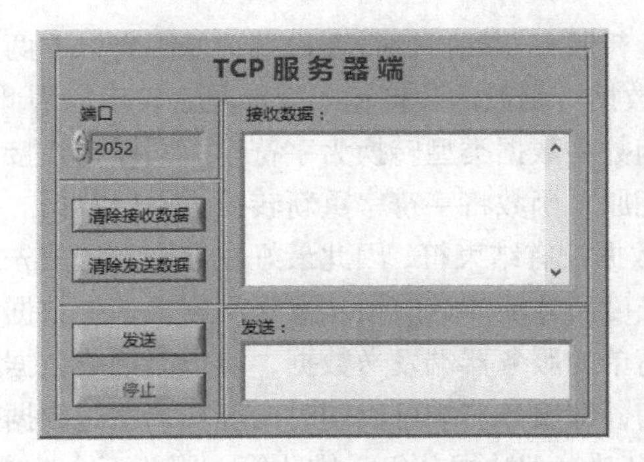

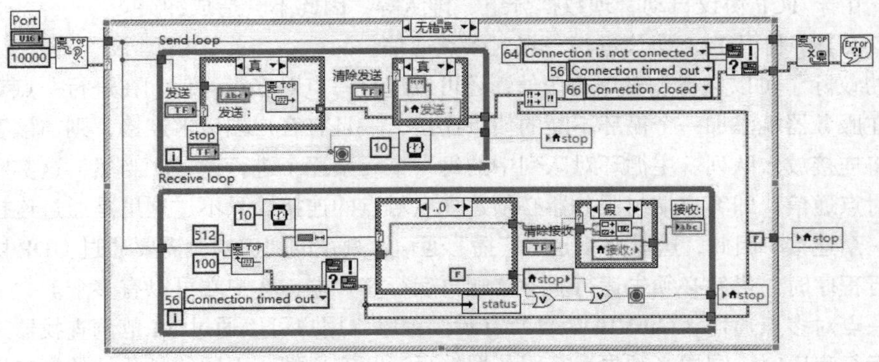

图 12-15　利用 TCP 协议进行点对点通信——服务器端程序

客户程序如图 12-16 所示。首先通过“打开 TCP 连接”函数向服务器端请求连接并建立连接，进入主循环接收数据。最后关闭连接，并过滤掉因为正常关闭导致的错误信息。

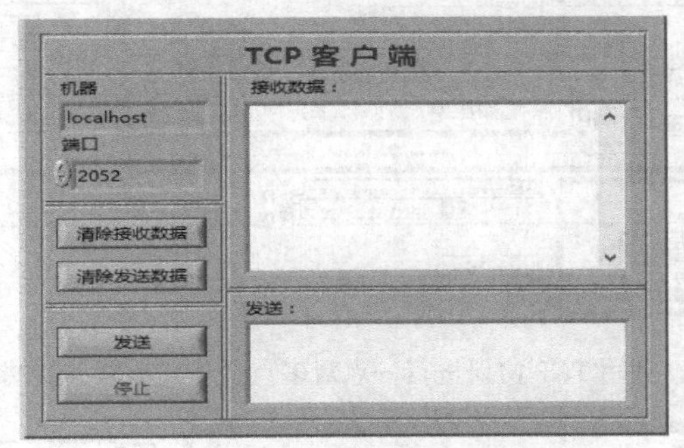

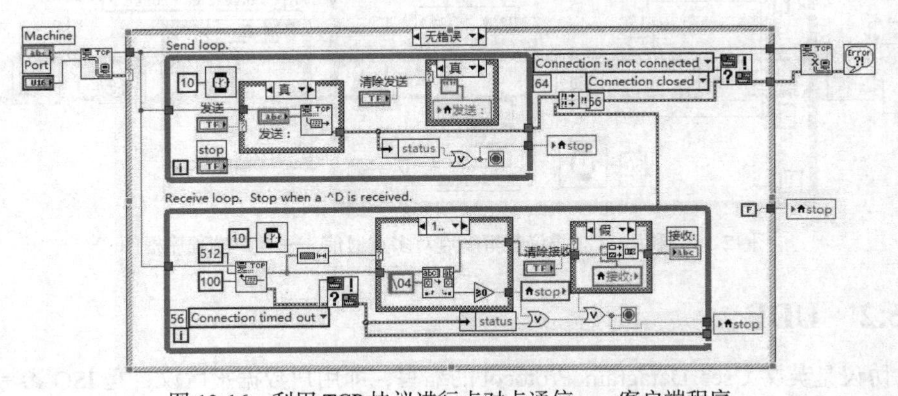

图 12-16　利用 TCP 协议进行点对点通信——客户端程序

运行程序时，必须先运行服务器端再运行客户端，原因有以下两点。

（1）由于“写入 TCP 数据”函数的数据输入只能是字符串，因此需要通过“强制类型转换”函数或“平化至字符串”函数将数据类型转换为字符串。同样，在接收端需要再通过“强制类型转换”函数或“从字符串还原”函数将字符串重新转换为原始数据。

（2）由于 TCP 传递的数据没有结束符，因此最好在数据发送前先发送该数据包的长度给接收端，接收端获知数据包的长度后才能知道应该从发送端读出多少数据。

在示例中只是进行了简单的服务器端发送数据，客户端接收数据。实际上，服务器端与客户端可以同时进行交互式通信，即服务器端可以同时向客户端发送数据并从客户端接收数据，客户端也一样。由于 TCP 协议自动管理数据分组、排队等，因此不会造成冲突。

【例 12-2】 利用 TCP 协议进行一点对多点通信。

TCP 协议除了可以进行点对点通信外，还可以进行一点对多点通信。在进行一点对多点通信时，只需在服务器端添加一个循环不断的侦听连接，一旦有客户端请求连接，则与该客户端建立连接，并将连接放入队列。主循环对队列中的每一个元素逐个进行读写。当然，这实际上仍然利用的是点对点通信，即客户端与服务器必须建立点对点的连接。只不过这里是通过连接队列来逐个处理每一个连接。因此，这里并不是“广播”通信，真正的“广播”需要通过 UDP 协议才能实现。在运行程序时，仍然必须先运行服务器端再运行客户端，客户端可以有多个。

关于一点对多点通信，LabVIEW 自带有示例程序，用户可以通过 NI 范例查找器来打开进行学习。在运行程序时，同样必须先运行服务器端再运行客户端，不同的是此处的客户端可以有多个。如图 12-17 和图 12-18 所示分别给出了 LabVIEW 自带的一点对多点通信示例的服务器端程序框图和客户端程序框图。

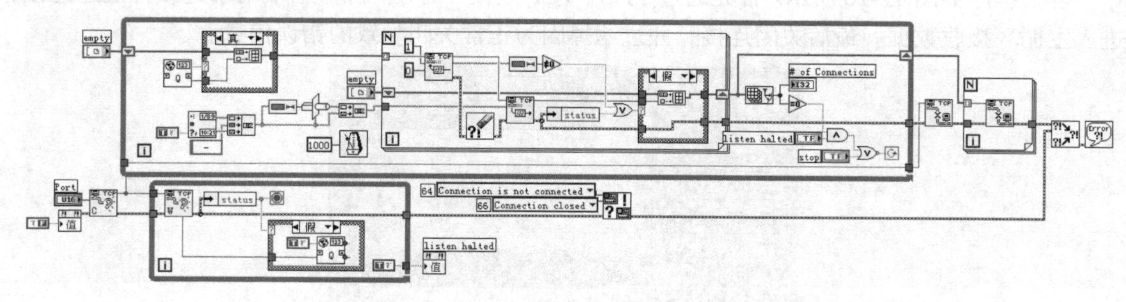

图 12-17 利用 TCP 协议进行一点对多点通信——服务器端程序框图

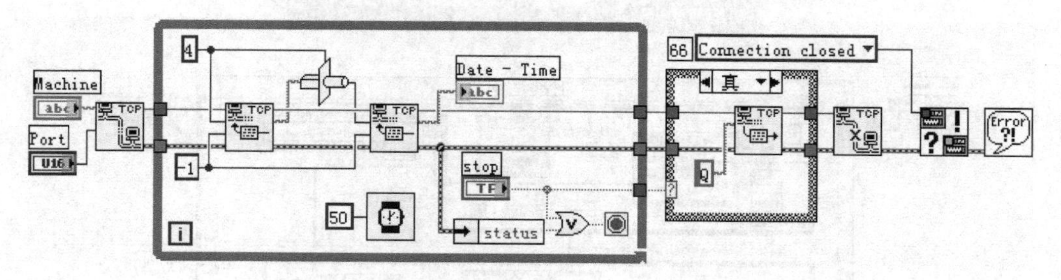

图 12-18 利用 TCP 协议进行一点对多点通信——客户端程序框图

12.5.2 UDP

UDP 协议是英文 User Datagram Protocol 的缩写，即用户数据报协议，是 ISO 参考模型中一种无连接的传输层协议，提供面向操作的简单不可靠信息传送服务。UDP 协议直接工作于 IP 协议的顶层。UDP 协议端口不同于多路应用程序，其运行是从一个单个设备到另一个单个设备。UDP 主要用来支持那些需要在计算机之间传输数据的网络应用，包括网络视频会议系统在内的众多客户/服务器模式的网络应用都需要使用 UDP 协议。UDP 协议从问世至今已经被使用了很多年，到现在为止仍然不失为一项非常实用和可行的网络传输层协议。

UDP 协议的特性主要有以下 4 点。

（1）UDP 是一个无连接协议，传输数据之前源端和终端不建立连接，当它想传送时就简单地去抓取来自应用程序的数据，并尽可能快地把它扔到网络上。在发送端，UDP 传送数据的速度仅仅是受应用程序生成数据的速度、计算机的能力和传输带宽的限制；在接收端，UDP 把每个消息段放在队列中，应用程序每次从队列中读一个消息段。

（2）由于传输数据不建立连接，也就不需要维护连接状态，包括收发状态等，因此一台服务机可同时向多个客户机传输相同的消息。

（3）UDP 信息包的标题很短，只有 8 个字节，相对于 TCP 的 20 个字节信息包的额外开销很小。

（4）吞吐量不受拥挤控制算法的调节，只受应用软件生成数据的速率、传输带宽、源端和终端主机性能的限制。

用于 UDP 编程的 VI 函数位于“函数”选板下的“数据通信→协议→UDP”子选板下，如图 12-19 所示。

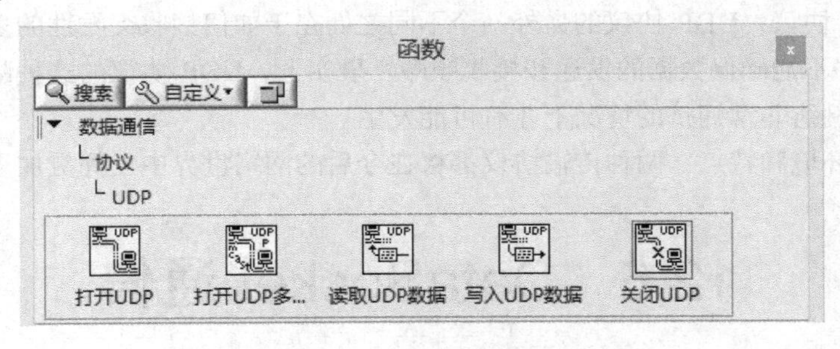

图 12-19　UDP 编程 VI 函数面板

UDP 协议使用报头中的校验值来保证数据的安全。校验值首先在数据发送方通过特殊的算法计算得出，在传递到接收方之后，还需要再重新计算。如果某个数据报在传输过程中被第三方篡改或者由于线路噪声等原因受到损坏，发送和接收方的校验计算值将不会相符，由此 UDP 协议可以检测是否出错。这与 TCP 协议是不同的，后者要求必须具有校验值。

下面是一个在 LabVIEW 中进行 UDP 编程的实例，如图 12-20 和图 12-21 所示。

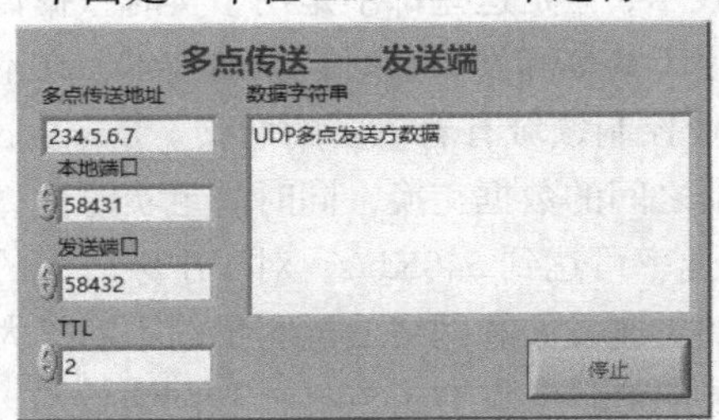

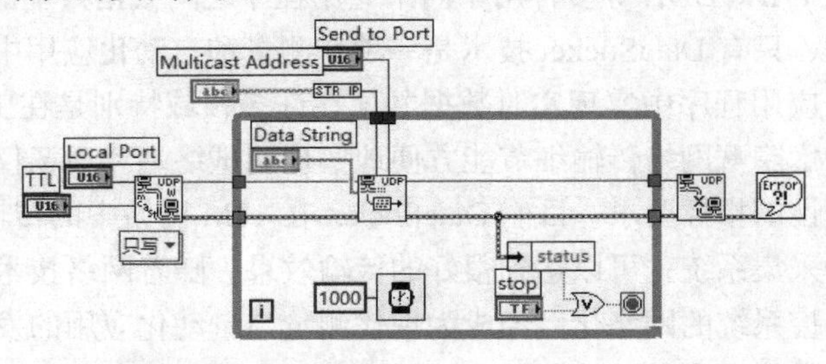

图 12-20　UDP 多点传送程序发送端

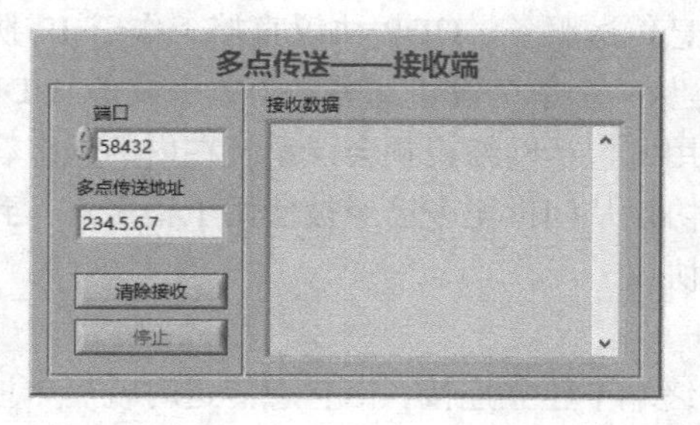

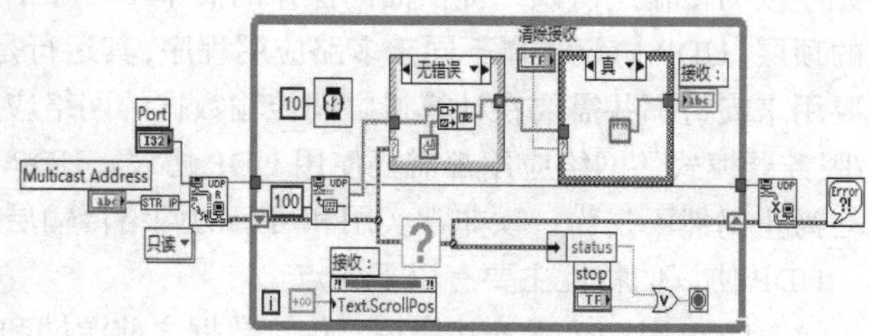

图 12-21　UDP 多点传送程序接收端

12.5.3　UDP 和 TCP 的比较

UDP 和 TCP 协议的主要区别是两者在如何实现信息的可靠传递方面不同。TCP 协议中包含了专门的传递保证机制，当数据接收方收到发送方传来的信息时，会自动向发送方发出确认消息；发送方只有在接收到该确认消息之后才继续传送其他信息，否则将一直等待直到收到确认信息为止。

与 TCP 不同，UDP 协议并不提供数据传送的保证机制。如果在从发送方到接收方的传递过程中出现数据报的丢失，协议本身并不能做出任何检测或提示。因此，通常人们把 UDP 协议称为不可靠的传输协议。

相对于 TCP 协议，UDP 协议的另外一个不同之处在于如何接收突发性的多个数据报。不同于 TCP，UDP 并不能确保数据的发送和接收顺序。事实上，UDP 协议的这种乱序性基本很少出现，通常只会在网络非常拥挤的情况下才有可能发生。

根据不同的环境和特点，两种传输协议都将在今后的网络世界中发挥更加重要的作用。

12.6　DataSocket 通信

12.6.1　概述

DataSocket 是 NI 公司推出的一项基于 TCP/IP 协议的新技术，面向测量和网络实时数据交换，可以用于一个计算机内和网络中多个应用程序之间的数据交换。在数据交换的时候，交换的应用程序位于本机还是网络中的其他客户机在编程时仅在于 URL 地址的区别。虽然目前已经有了 TCP/IP、DDE 等多种用于两个应用程序之间数据共享的技术，但是这些都不是用于实时数据传输的，只有 DataSocket 技术是一项在测量和自动化应用中用于共享和发布实时数据的技术。在不同的应用程序中实现实时数据共享在许多领域特别是在工业控制领域有着重要的意义。DataSocket 技术隐藏网络传输细节能方便地实现测试终端和现场仪器之间的数据交换，同时满足实时性、安全性的指标要求。目前 DataSocket 在 10M 网络中的传输速率可达到 640Kb/s。对于中频以下的数据采集系统，可以达到很好的传输效果。随着网络技术的飞速发展和网络信道容量的不断扩大，测控系统的网络化已经成为现代测量与自动化应用的发展趋势。依靠 DataSocket 和网络技术，人们将能更有效地控制远程仪器设备，在任何地方进行数据采集、分析、处理和显示；并利用各地专家的优势，获得正确的测量、控制和诊断结果。

DataSocket 包含 DataSocket API 和 DataSocket Server 两部分。

（1）DataSocket API：它是一个和协议、编程语言、操作系统无关的应用程序接口，通过 ActiveX 控件来实现并支持多种数据类型，包括字符串、标量、布尔变量和波形等。它自动把用户测得的数据转化为网络上传输的字节流，适用于任何编程环境。它包括 4 个基本动作：open、read、write、close。

（2）DataSocket Server：DataSocket Server 是一个必须运行在服务器端的程序，负责监管 Manager 中所设定的具有各种权限的用户组和客户端程序之间的数据交换。DataSocket Server 通过内部数据自描述格式对 TCP/IP 进行优化和管理，简化 Internet 通信方式，提供自由的数据传输，可以直接传送虚拟仪器程序所采集到的布尔型、数字型、字符串型、数组型和波形等常用类型的数据。它可以和测控应用程序安装在同一台计算机上，也可以分装在不同的计算机上，以便用防火墙进行隔离来提高整个系统的安全性。DataSocket Server 不会占用测控计算机 CPU 的工作时间，测控应用程序可以运行得更快。

DataSocket 支持多种数据传送协议，不同的 URL 前缀表示不同的协议或数据类型。

（1）DSTP（DataSocket Transfer Protocol）：DataSocket 的专门通信协议，可以传输各种类型的数据。当使用这个协议时，VI 与 DataSocket Server 连接，用户必须为数据提供一个附加到 URL 的标识 Tag，DataSocket 连接利用 Tag 在 DataSocket Server 上为一个特殊的数据项目指定地址，目前应用虚拟仪器技术组建的测量网络大多采用该协议。在服务器端进行 DataSocket Server 配置后，当在客户端运行 DataSocket Server 时，基于 Internet TCP 连接的程序便可以被访问。用 DataSocket Server 发布数据需要 3 个部分：发布者（Publisher）、服务器（DataSocket Server）、接收者（Subscriber）。发布者通过 DataSocket API 把数据写入 DataSocket Server，接收者通过 DataSocket API 从 DataSocket Server 读出数据。发布者和接收者之间具有时效性，接收者只能读到信息运行后发布者发来的数据，此数据可以被多次读到。

（2）HTTP（Hyper Text Transfer Protocol，超文本传输协议）。

（3）FTP（File Transfer Protocol，文件传输协议）。

（4）OPC（OLE for Process Control，操作计划和控制）；特别为实时产生的数据而涉及，例如工业自动化操作而产生的数据。要使用该协议，必须首先运行一个 OPC Server。

（5）FieldPoint、Logos、Lookout：分别为 NI FieldPoint 模块，LabVIEW 数据记录与监控（DSC）模块及 NI Lookout 模块的通信协议。

（6）File（local file servers，本地文件服务器）：提供一个到包含数据的本地文件或网络文件的连接。

DataSocket Server Manager 是一个独立运行的程序，其主要功能有：设置 DataSocket Server 连接的客户端程序的最大数目和创建数据项的最大数目；创建用户组和用户；设置用户创建和读写数据项的权限；限制身份不明的客户对服务器进行访问和攻击。Manager 对 DataSocket Server 的配置必须在本地计算机上进行，而不能远程配置或通过运行程序来配置。

当计算机中安装有 LabVIEW 开发环境后，在 Windows 的开始菜单中的“National Instruments”下有一个“DataSocket”项，它包括两个组件：DataSocket Server Manager 和 DataSocket Server。

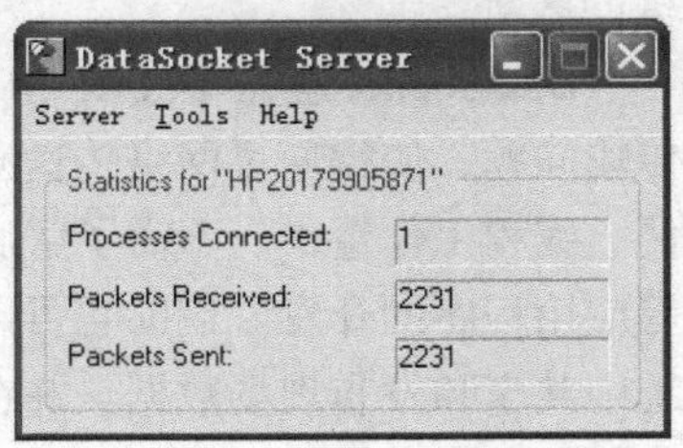

图 12-22　DataSocket Server 面板

DataSocket Server 的面板如图 12-22 所示。它显示了主

机“HP20179905871”当前连接到 DataSocket Server 上的任务数和已经发送的数据包数量。DataSocket Server 只有通过面板中“server”下拉菜单中的“Shutdown DataSocket Server”命令才可以关闭，其他（如单击关闭按钮）方法只是起到隐藏 DataSocket Server 面板的作用，而不能真正地关闭。在利用 DataSocket 技术来传输数据时，必须先在发布数据的计算机上打开 DataSocket Server。

DataSocket Server Manager 则用来对 DataSocket Server 进行参数设置。DataSocket Server Manager 面板如图 12-23 所示。在面板的左侧有三组设置项：Server Settings、Permission Groups 和 Predefined Data Items。当选中了左侧的某个选项时，在右侧的“Description”中就会显示对选中项的说明。当关闭面板时，DataSocket Server Manager 中将自动保存更改的设置，这些设置在 DataSocket Server 重新启动时生效；或者在面板中的“Settings”下拉菜单中选择“Save Settings now”选项来保存设置。一般情况下，DataSocket Server Manager 的默认设置能够满足大多数的使用要求。

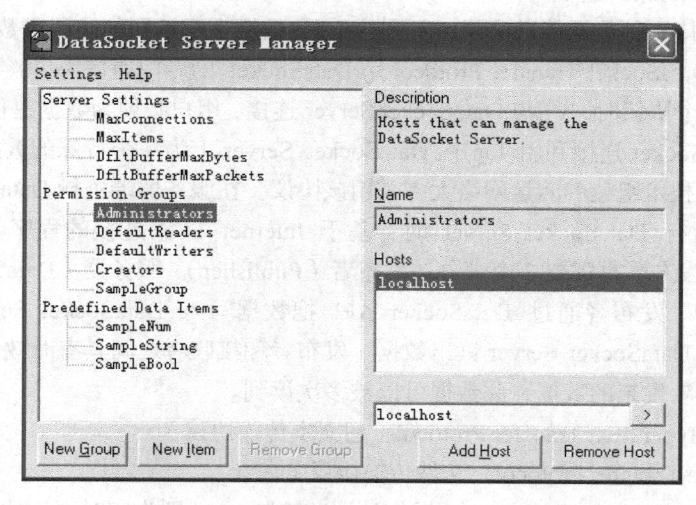

图 12-23 DataSocket Server Manager 面板

DataSocket Server Manager 的三组设置项的主要功能有以下 3 种。

（1）Server Settings：服务器设置。在该选项中可以设置客户端和可创建数据项的最大数目，设置数据项能够使用的内存缓冲区字节数和数据包数目的最大值。

（2）Permission Groups：许可组设置。对许可进行分类。设置项中的 localhost 指运行 DataSocket Server 的计算机，everyhost 指其他任何一台计算机。

（3）Predefined Data Items：预定义数据项设置。用于定义 DataSocket Server 启动后首先创建的数据项，并可以为每个预定义的数据项设置数据类型、初始值、访问许可和允许使用的缓冲区等。

DataSocket 遵循 TCP/IP 协议，是对 WinSock 的高级封装。DataSocket 大大简化了实时数据的传输问题，使得通过网络传送测试数据就如同向一个文件中写入信息一样方便，因此具有使用方便、编程工作量少、不需了解底层操作过程等优点，特别适合于远程数据采集、监控和数据共享等应用程序的开发。借助它可以在不同的应用程序和数据源之间共享数据，方便地在测量控制系统中共享和发布现场数据，并在 Internet 上实时发布。

12.6.2　Datasocket 技术在 LabVIEW 中的实现

在 LabVIEW 中运用 DataSocket 技术实现网络通信有两种途径：前面板控件属性直接连接和利用 DataSocket VI 编程。

（1）前面板控件直接连接

LabVIEW 为每一前面板控件都设定一个 DataSocket Connection 属性，利用它可以实现不同计算机上相对应的两个甚至多个同类型控件之间的 DataSocket 通信。通过规定 URL 和控件连接方式，就可以在本地和远程进行实时无误差的数据发布（Publish）和读取（Subscribe）。

连接方式中的 Publish 和 Subscribe 方式为双向传输提供方便，两台计算机中的任何一台都可以控制另外一台计算机的控件数值。例如，要将本地波形图显示器的数据与网络中的其他计算机共享，可在本地波形图显示器的 DataSocket Connection 属性对话框中指定 URL，并选择 Publish 连接方式。异地波形显示器的 DataSocket Connection 对话框中 URL 应符合以下格式：dstp://servernamecom/waveformdata，其中 servername com 是本地计算机的网址，它可以是计算机名、IP 地址或计算机域名；waveformdata 是数据的名称标识（tag），用以区别不同的 DataSocket 连接。这样两异地控件就建立连接。运行两程序，当控件右上角的方框呈绿色时，表明数据发送或接收得到正确连接，本地控件的数据就可实时地传输到异地控件中；当方框呈红色时，表明数据与 DataSocket Server 连接失败。

（2）DataSocket 编程函数

利用控件属性直接连接实现数据传输而无需编程、简单易用，但缺点是数据不透明，在客户端处理服务器传入的数据，就必须利用 DataSocket 函数库提供的 VI。DataSocket 函数库包含有 ReadHE Write 等功能节点。Read 节点用于从服务器的数据公共区下载数据；Write 节点用于把数据写入服务器的数据公共区。DataSocket 在读数据文件时，支持 text、txt、wave 和 dsd 等格式；在写数据文件时，支持 text 和 dsd 等格式。

要写入数据公共区的数据类型必须与数据公共区设定的数据类型一致。当有多个不同类型数据需要写入时，可以多次发送、读取和开辟多个相应类型的数据公共区，也可以利用功能函数 Variant 把多个不同类型数据转换为 Variant 类型而写入一个数据公共区。当有多个相同类型的数据先后写入数据公共区时，后写入的数据会覆盖前一个写入的数据。

DataSocket 编程函数位于“函数”选板下“数据通信→DataSocket”子选板下，如图 12-24 所示。

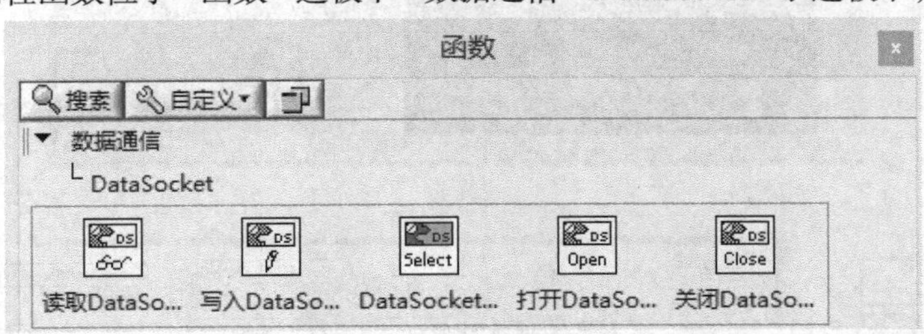

图 12-24　DataSocket VI 编程函数面板

下面给出了一个在 LabVIEW 中利用 DataSocket 技术实现网络通信的实例。首先设计服务器端程序，服务器 VI 产生的数据是一张图片，用 DataSocket Write 节点向指定的 URL：dstp://localhost/wave 写数据，服务器 VI 的前面板和程序框图如图 12-25 和图 12-26 所示。

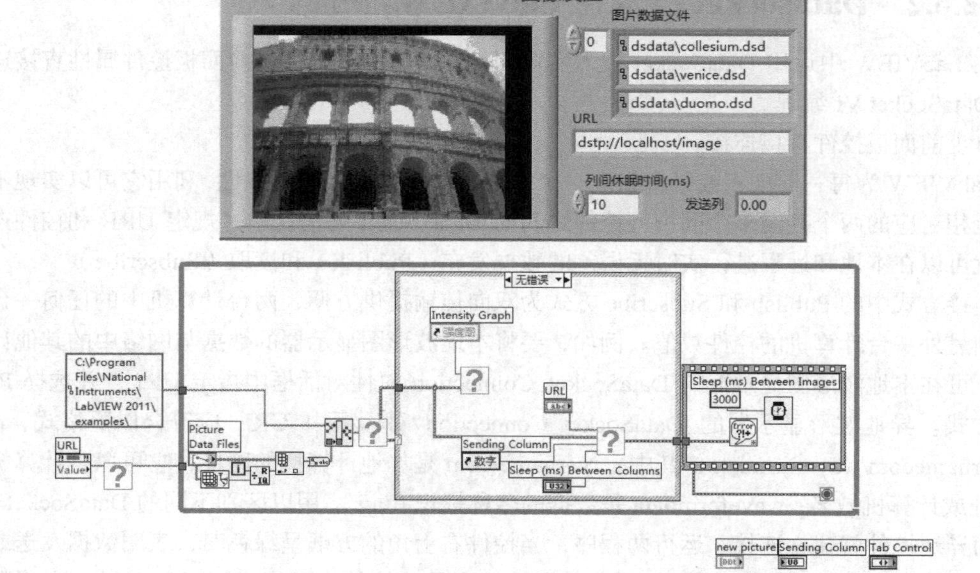

图 12-25 DataSocket 服务器 VI 前面板和程序框图

然后进行客户机段程序设计，客户机 VI 利用 DataSocket Read 节点从指定的 URL：dstp://localhost/wave 中读出数据，并还原为原来的数据类型送到前面板窗口中的 WaveformGraph 指示中显示。这里需要提及的一点是：在上述两个 VI 进行 DataSocket 通信之前，必须首先运行 DataSocket Sever。客户机运行后的前面板和程序框图如图 12-26 所示。例子中 IP 地址写的是 localhost，说明使用的是本机。当然也可以使用本机的 IP 地址。本例中，服务器和客户机都是使用的本机。

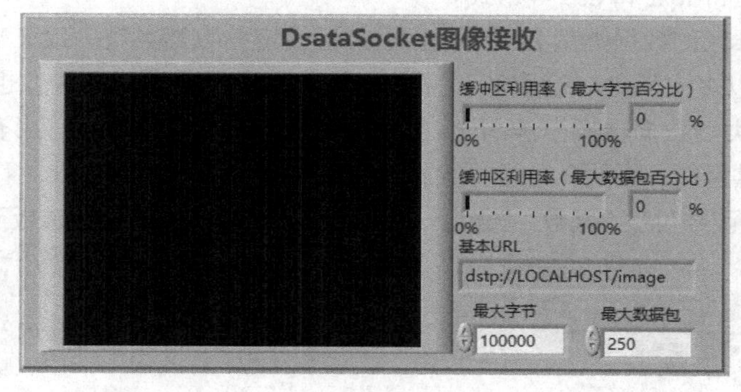

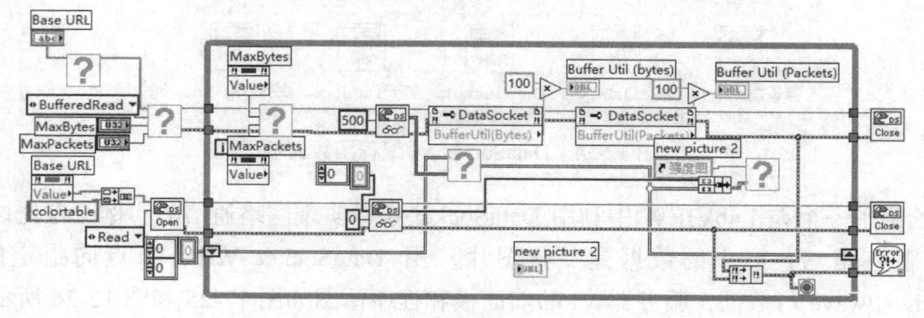

图 12-26 DataSocket 客户机 VI 运行后前面板和程序框图

本章小结

在本章中首先主要介绍了 GPIB、PXI、VXI 和 PCI 几种常用总线技术，并对这几种总线技术进行了比较，读者可以清晰地了解到各总线的相关参数以能够在实际应用时根据实际情况选择合适的总线类型。随后介绍了仪器驱动程序、串口通信和 VISA 编程函数的相关内容。在本章的后半部分详细介绍了 TCP、UDP、DataSocket 等 LabVIEW 中几种常用的网络通信方法，并结合示例详细说明了使用编程函数来实现网络通信的方法，将用户从复杂的网络编程中解脱出来。

习　题

12-1　LabVIEW 中实现通信有哪几种方法？

12-2　什么是 GPIB？什么是 PCI？它们的主要功能分别是什么？

12-3　什么是串口通信？串口通信有哪些主要参数？

12-4　什么是 VISA？其本质是什么？

12-5　编写程序，要求利用 TCP 协议实现文本数据的点对点通信。

12-6　编写程序，要求利用 UDP 协议进行计算机间数值型数据的通信。

12-7　试比较 TCP 协议和 UDP 协议的区别。

12-8　什么是 DataSocket 通信？编写程序,要求利用 DataSocket 通信实现数据的写入与读取。

第13章 LabVIEW常用外部接口

尽管 LabVIEW 是一款功能强大的图形化编程软件，但有时仍然无法实现某些特定的功能。为了弥补自身的不足，LabVIEW 提供了强大的外部程序接口以充分利用其他编程语言的优势。LabVIEW 提供的外部程序接口主要有：DDL、API、CIN、DDE、Matlab Script 和 Active X 等。通过这些接口，LabVIEW 能够方便地调用外部程序和控件以及访问数据库。本章将主要介绍调用库函数、Matlab 接口、CIN 节点和 Active X 等几种常用外部接口的使用方法。

13.1 调用库函数

13.1.1 DLL 简介

DLL 是 Dynamic Link Library 的缩写，中文译为动态链接库。它是作为共享函数库的可执行文件。动态链接提供了一种方法，使进程可以调用不属于其可执行代码的函数。函数的可执行代码位于一个 DLL 中，该 DLL 包含一个或多个已被编译、链接并与使用它们的进程分开存储的函数。DLL 还有助于共享数据和资源。多个应用程序可同时访问内存中单个 DLL 副本的内容。DLL 是一个包含了可由多个程序同时使用的代码和数据的库。例如在 Windows 操作系统中，Comdlg32.dll 执行与对话框有关的常见函数。因此，每个程序都可以使用该 DLL 中包含的功能来实现“打开”对话框。这有助于促进代码重用和内存的有效使用。动态链接库文件的扩展名在大多数情况下为.dll，也可以为.drv、.sys 或.fon。

可以把动态链接库理解为一个函数库，包含了全局数据、编译过的函数和资源。动态链接库不能像普通的可执行文件那样直接运行，而是用来为其他的.exe 文件或.dll 文件提供共享函数库。DLL 经过编译后，被装入一个预定的基地址中，如果没有与其他 DLL 冲突，文件就被映射到进程中相同的虚地址上。与静态库不同的是，它不能直接链接到可执行文件中，而且在程序运行时才加载。由于 DLL 代码使用了内存共享技术，在某些地方 Windows 也给了 DLL 一些更高的权限，因而 DLL 中可以实现一些一般程序所不能实现的功能，如实现 Windows 的 HOOK、ISAPI 等。通过使用 DLL，程序可以实现模块化由相对独立的组件组成。例如，一个计账程序可以按模块来销售，可以在运行时将各个模块加载到主程序中（如果安装了相应模块）。因为模块是彼此独立的，所以程序的加载速度更快，而且模块只在相应的功能被请求时才加载。此外，用户可以更为容易地将更新应用于各个模块，而不会影响该程序的其他部分。例如，用户可能具有一个工资计算程序，而税率每年都会更改。当这些更改被隔离到 DLL 中以后，用户无需重新生成或安装整个程序就可以实现应用更新。

DLL 在编程中的广泛应用主要源于它的一些优点。

（1）使用较少的资源。当多个程序使用同一个函数库时，DLL 可以减少在磁盘和物理内存中加载的代码的重复量。这不仅可以大大有助于在前台运行的程序，而且可以大大有助于其他在 Windows 操作系统上运行的程序。

（2）推广模块式体系结构。DLL 有助于促进模块式程序的开发，可以帮助用户开发要求提供多个语言版本的大型程序或要求具有模块式体系结构的程序。模块式程序的一个示例是具有多个可以在运行时动态加载模块的计账程序。

（3）简化部署和安装。当 DLL 中的函数需要更新或修复时，部署和安装 DLL 不要求重新建立程序与该 DLL 的链接。此外，如果多个程序使用同一个 DLL，那么多个程序都将从该更新或修复中获益。当您使用定期更新或修复的第三方 DLL 时，此优势可能会更明显地出现。

Windows 操作系统中一些作为 DLL 实现的文件有：ActiveX 控件（.ocx）文件、控制面板（.cpl）文件和设备驱动程序（.drv）文件。ActiveX 控件的一个示例是日历控件，它使用户可以从日历中选择日期；控制面板文件的一个示例是位于控制面板中的项，每个项都是一个专用 DLL；设备驱动程序文件的一个示例是控制打印到打印机驱动程序。

13.1.2 API 简介

应用程序编程接口（Application Programming Interface，API）是一套用来控制 Windows 的各个部件（从桌面的外观到为一个新进程分配的内存）的外观和行为的一套预先定义的 Windows 函数。用户的每个动作都会引发一个或几个函数的运行以告诉 Windows 发生了什么，这使得它很像是 Windows 的天然代码，而其他的语言只是提供一种能自动而且更容易访问 API 的方法。如果用户用 VB 写了一段代码，则当这些代码在 Windows 环境中运行时，每行代码都会被 VB 转换为 API 函数传递给 Windows，如 VB 中的 Form1.Print 函数将会以一定的参数调用 TextOut 这个 API 函数。

同样，当用户单击窗体上的一个按钮时，Windows 会发送一个消息给窗体（这对于用户来说是隐藏的），VB 获取这个调用并经过分析后生成一个特定事件（Button_Click）。

Windows 系统下的 API 函数位于 Windows 系统目录下的动态链接库文件中（如 User32.dll、GDI32.dll、Shell32.dll...），因此在 LabVIEW 中调用 API 函数和调用动态链接库的方法是一致的。具体的 API 函数的功能、原型以及参数等，用户可以查阅专门介绍 API 函数的相关书籍。

13.1.3 库函数的调用

"调用库函数节点"函数支持众多数据类型和调用规范。大多数的标准 DLL 或自定义的 DLL 以及共享库中的函数都可被其调用，并且还可以与属性节点等其他节点结合起来使用从而调用含有 ActiveX 对象的 DLL。

LabVIEW 中动态链接库的调用是通过"调用库函数节点"函数来实现的。"调用库函数节点"函数位于"函数"选板下"互连接口→库与可执行程序"子选板中，如图 13-1 所示。

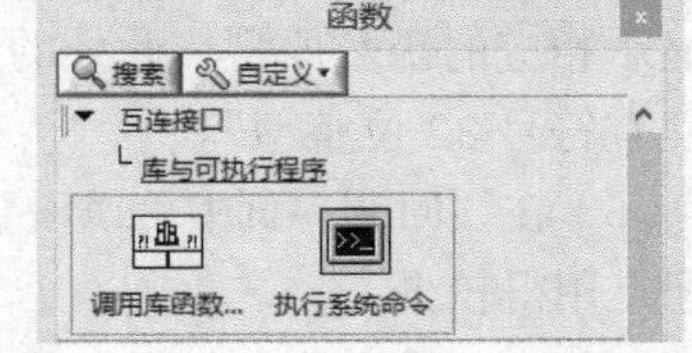

图 13-1 "调用库函数节点"函数位置

将“调用库函数节点”函数直接拖放至程序框图中可以发现，此时的函数未与其他函数或控件有任何连接。用户可以在函数图标上单击鼠标右键，从弹出的快捷菜单中选择“配置”选项可打开函数的配置属性对话框，如图 13-2 所示。用户也可以用鼠标左键双击图标来打开该对话框，在其中可以配置 DLL 的库名、路径、函数名、线程、调用规范、参数和回调等。

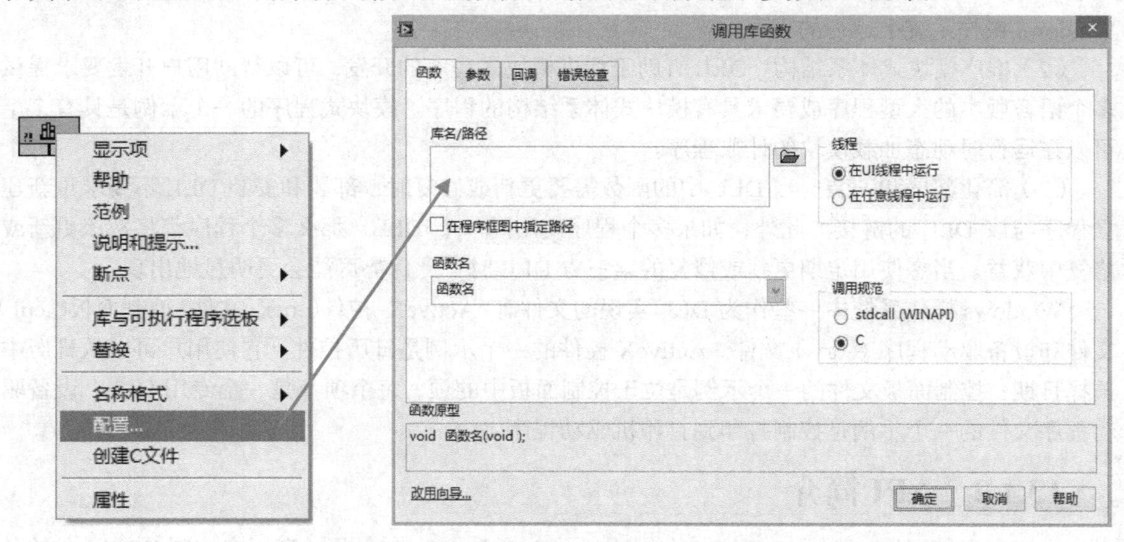

图 13-2 “调用库函数节点”函数配置属性对话框

对话框中的参数设置过程主要如下。

（1）在“库名或路径”中直接输入库文件的名称或路径，或者通过单击打开文件对话框来选择调用的库文件。

（2）在“函数名”下拉框中可以看到所有该动态链接库所包含的函数名。

（3）右侧的“线程”中可以选择 DLL 是否可以被重入调用，默认选择为第一个选项，这样该动态链接库只能在当前 UI 线程中使用。但是有时候用户需要 LabVIEW 同时执行其他 UI 线程中的任务，就要将该选项选择为“在任意线程中运行”使该动态链接库可以由多个 UI 线程同时调用。

（4）在“调用规范”中用户可以选择该动态链接库是标准 WINAPI 调用还是普通的 C 调用，默认选项为 C 调用。如果库函数是在 VC 环境下编译的，则需选择 C 调用。

（5）在“参数”页中用户可以设置函数的返回值类型和输入参数。左侧栏中可以添加或删除参数，并可以对参数进行上、下移动来排序，默认情况下会带有“返回类型”的参数。右侧的“当前参数”用来选择当前的参数名称以及返回值的类型。LabVIEW 支持绝大部分的 Windows、ANSI 和数组等数据类型。每设定一个参数，在对话框最下面的“函数原型”栏中都会显示相应的函数原型。此处的当前参数选择为“返回类型”不变，类型为“数值”、数据类型选“有符号 32 位整型”。

（6）在“回调”页中可以设置回调函数，这是 LabVIEW 8.2 及以后版本新增的功能，但是目前还是用得较少。

（7）在“错误检查”页中可以设置错误检查的等级。错误检查等级分为最大值、默认和禁用三级，一般情况下使用“默认”来对调用函数节点启用最低等级的错误检查。

（8）单击“确定”按钮退出配置属性对话框。

13.1.4 调用库函数示例

图 13-3 给出了一个调用库函数的示例程序框图，图中“调用库函数节点”函数的主要设置为：

（1）在“库名或路径”中选择的库文件为 user.dll，该文件可在“WINDOWS→system32”目录下找到，用户也可以将其复制到任何希望的路径。

（2）在“函数名”下拉框中选择的函数为 GetCursorPos 函数，或直接输入函数名。

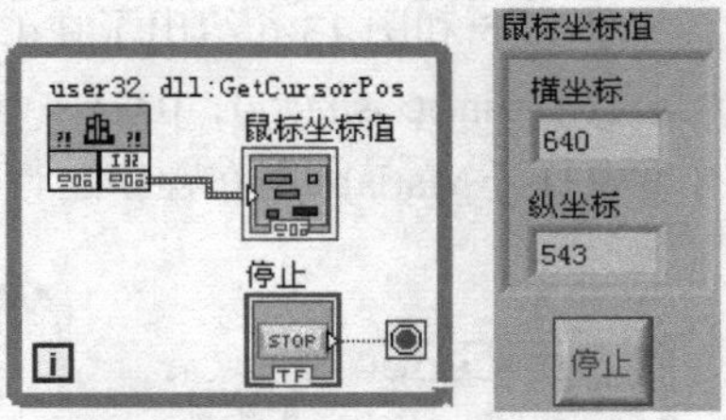

图 13-3 调用库函数示例程序框图

（3）在“线程”中选择为“在 UI 线程中使用”。

（4）在“调用规范”中选择为“stdcall（WINAPI）”调用。

（5）在“参数”页中单击添加一个参数，并命名为 lpPoint，设置类型为“匹配至类型”，选择数据格式为“按值处理”。命名添加参数名为 lpPoint，是因为在前面所选的 GetCursorPos 函数声明中已经定义了参数 lpPoint。

（6）单击“确定”按钮退出配置属性对话框后会发现“调用库函数节点”函数图标的“返回值”端口中显示为 I32，说明返回值的数据类型为 I32。

图中的“鼠标坐标值”是一个簇，包含有两个数值控件，用于分别显示鼠标在屏幕上所处位置的横、纵坐标值。运行该程序后可以发现，无论鼠标是否在 VI 的前面板上，当移动鼠标时鼠标的坐标值都会随着鼠标的移动而变化，并始终显示鼠标当前的位置。

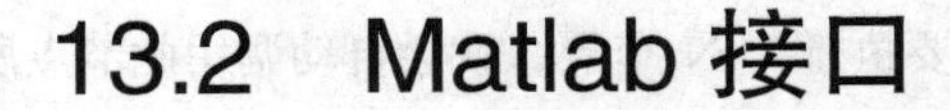

13.2 Matlab 接口

13.2.1 Matlab Script 节点

Matlab 是由数值分析、矩阵分析、信号处理和图形绘制等组成的一个高性能的数值计算和图形显示的计算软件环境。为了结合两者以充分利用 LabVIEW 和 Matlab 各自的优点，LabVIEW 通过提供的 Matlab Script 节点可以导入和编辑 Matlab 程序。

Matlab Script 节点位于“函数”选板下“数学→脚本与公式→脚本节点”子选板中，如图 13-4 所示。

图 13-4 “调用库函数节点”函数位置

Matlab 脚本节点只能用于 Windows 平台，这是由于 LabVIEW 使用的是 ActiveX 技术来执行。Matlab 脚本节点支持的数据类型有：Real、Complex、1-D Array of Real、1-D Array of Complex、2-D Array of Real、2-D Array of Complex、String 和 Path，它们分别对应于 LabVIEW 中的数据类型和图标为：双精度浮点型、复数双精度浮点型、双精度浮点型一维数组、复数双精度浮点型一维数组、双精度浮点型二维数组、复数双精度浮点型二维数组、字符串和路径。

在程序框图中放置了“Matlab Script 节点”函数后，就可直接使用操作工具在节点中编写 Matlab 程序，然后在函数图标中单击鼠标右键从快捷菜单中选择“导出”选项将程序保存至指定目录，或在快捷菜单中选择“导入”选项导入已事先编写好的 Matlab 程序。

13.2.2 Matlab Script 节点示例

图 13-5 和图 13-6 给出了在 LabVIEW 中使用 Matlab Script 节点调用 Matlab 的示例。图中，对函数 $u=\sin(\pi x)\sin(\pi y)$，$0\leqslant x$，$y\leqslant 1$ 在 LabVIEW 以及 Matlab 中作图，作图步长为 0.05。如果没有事先打开 Matlab，则在程序运行时 LabVIEW 将同时启动 Matlab 并在 Matlab 中自动运行该脚本。

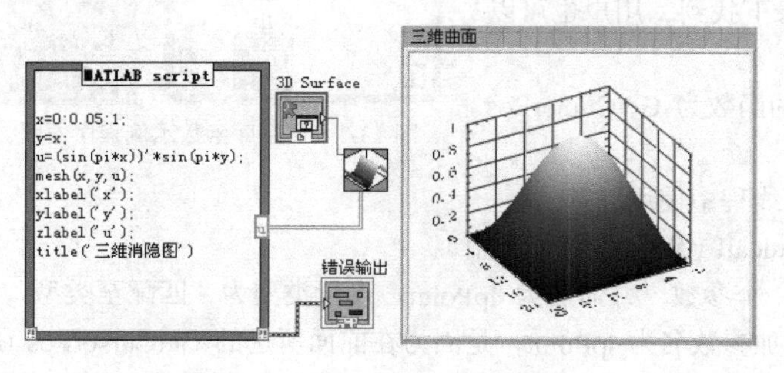

图 13-5 Matlab Script 节点示例

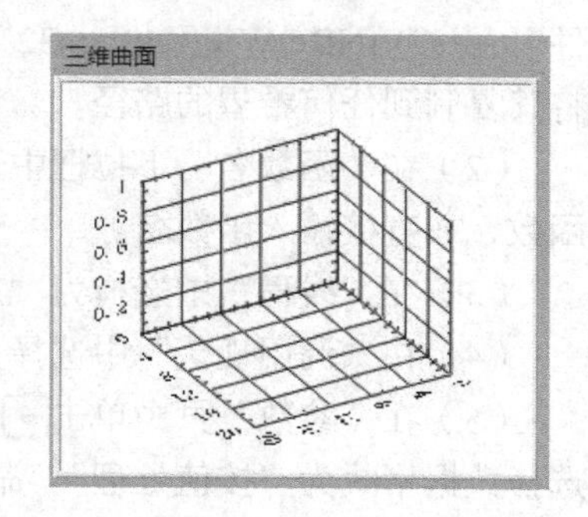

图 13-6 脚本在 Matlab 中的运行结果

13.3 代码接口节点（CIN）

在 LabVIEW 中，用来调用 C/C++的接口是代码接口节点（Code Interface Node，CIN）。用户可以将编写好的 C 语言代码通过一定手段编译成 LabVIEW 可以识别的代码，并将其与 CIN 相连。这样在执行程序时，如果需要执行 CIN 节点，就会自动调用此节点所连接的 C 语言代码，实现 LabVIEW 与 C 语言代码的连接。

CIN 节点需要调用格式为*.lsb 的文件，这种文件可以通过 Visual C++ 来生成，也因此使得 CIN 节点的使用比调用 DLL 要复杂得多。由于在生成*.lsb 文件时需要用到 C 语言，所以在使用 CIN 节点时必须事先安装 C 编译器。

一般情况下，创建 CIN 节点需要以下几步。

（1）创建一个空 CIN 节点；

（2）创建 CIN 节点的输入输出端口；

（3）创建 C 语言源文件；

（4）编译 C 语言源文件为*.lsb 文件；

（5）加载*.lsb 文件到 CIN 节点，完成调用过程。

下面以利用 CIN 节点实现除法运算为例，介绍如何在 LabVIEW 中实现 CIN 节点调用。本例中使用的编译器为 Visual C++ 6.0。

（1）在程序框图中创建一个空 CIN 节点。与“调用库函数节点”函数一样，“CIN 节点”函数位于“函数”选板下“互连接口→库与可执行程序”子选板中，其接线端子如图 13-7 所示。将 CIN 节点函数拖放至程序框图中，此时的 CIN 节点只是一个空壳，不能实现任何功能。

（2）为创建的 CIN 节点创建输入输出端口。默认情况下，CIN 只有一对端口：一个输入端口和一个输出端口。用户可以在 CIN 节点函数图标上向下拉大节点边框来增加输入输出端口，或者通过鼠标右键单击 CIN 节点函数图标，从弹出的快捷菜单中选择“添加参数”项增加输入输出端口。删除数据端口的方法与增加数据端口的方法类似。

CIN 节点中的数据端口都是以成对的形式出现的，每个端口都既可作为输入也可作为输出。默认情况下，CIN 数据端口为输入数据端口，如果需要更改某个数据端口为输出端口时，可用鼠标右键单击该输入端口从弹出的快捷菜单中选择“仅可输出”项来更改。此时该对数据端口左侧的端口变成灰色，表明该对端口为输出端口。

本例中需要实现的功能是 $z=x/y$，因此需要两个数据输入端口（用于分别定义被除数 x 和除数 y）和一个数据输出端口（用于输出商 z）。在前面板中创建了三个数值型控件后，在程序框图中将其分别与相应数据端口连接，如图 13-8 所示。

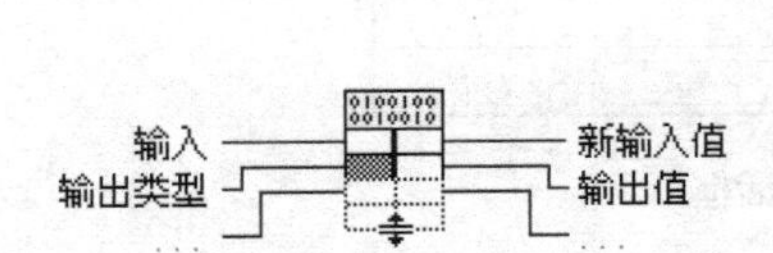

图 13-7　CIN 节点函数接线端子

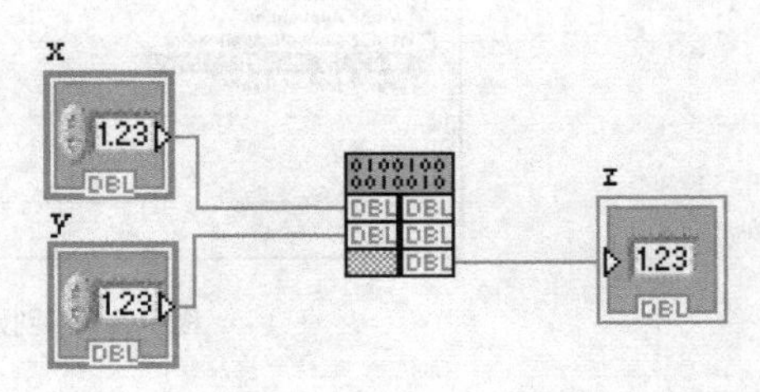

图 13-8　CIN 节点函数接线端子与控件的连接

由于没有装载*.lsb 文件，所以虽然控件与端口已经连接，但是程序并不能运行，此时的 CIN 节点还不具备任何功能。并且此时的运行按钮显示为，表示程序框图中有错误存在。

（3）创建 C 语言源文件。为了实现 CIN 节点函数的调用，需要为 CIN 创建 C 语言代码。在程序框图中，用鼠标右键单击 CIN 节点函数图标，从弹出的快捷菜单中选择“创建.c 文件”项即可弹出一个名为“命名源文件”的对话框，在该对话框中指定需要保存的.c 文件的名称以及位置后，LabVIEW 会自动生成一些 C 语言代码如下。

```
/* CIN source file */
#include "extcode.h"
MgErr CINRun(float64 *x, float64 *y, float64 *z);
MgErr CINRun(float64 *x, float64 *y, float64 *z)
    {
    /* Insert code here */
    return noErr
    }
```

代码中，extcode.h 定义了 CIN 节点与外部子程序要用到的基本数据类型和可供调用的函数。CINRun 则是 LabVIEW 执行 CIN 节点时所调用的函数。

打开前面保存的.c 文件进入 Visual C++ 编程环境后，用户就可以对 C 语言代码进行编辑。对代码的修改是在 Insert code here 部分进行。此处需要添加一个除法运算，添加的代码如下。

```
*z=*x/(*y);
```

修改代码后保存该文件，即完成了.c 源文件的创建。

（4）编译 C 语言源文件为*.lsb 文件。该编译过程主要分为两大步：第一步是将 C 语言源文件编译成 DLL 文件；第二步是将 DLL 文件编译成*.lsb 文件。这需要借助于 Visual C++ 来完成。主要的步骤如下。

① 首先在 Visual C++ 中“文件”下拉菜单中选择“新建”命令，将弹出如图 13-9 所示的对话框。在“工程”页中选择 Win32 Dynamic-Link Library，并命名为 CIN，保存位置如图中所示。

单击“确定”按钮后从弹出的对话框中选择创建类型为“一个空的 DLL 工程”，单击“完成”按钮完成空的 DLL 工程的创建。

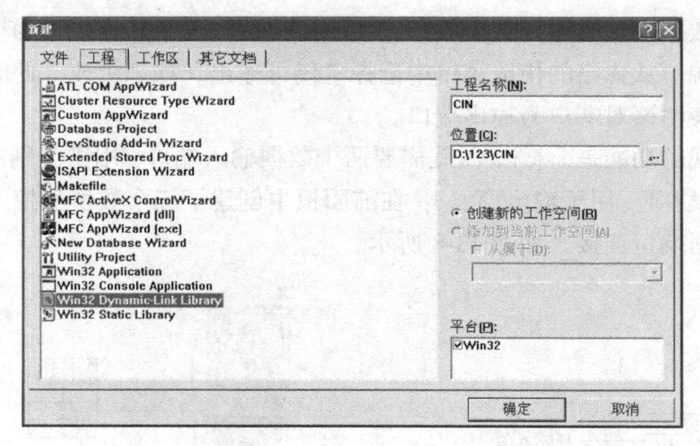

图 13-9　创建 DLL 工程对话框

② 创建空的 DLL 工程后，需要为其添加 CIN 对象和函数库。将前面创建的 CIN 节点函数.c 文件与 cintools 路径下的 cin.obj、labview.lib、lvsb.lib 和 lvsbmain.def 添加到工程中。添加方法是在 Visual C++ 主界面的“工程”下拉菜单中选择“增加到工程→文件”，在打开的对话框中将上述五个文件载入。LabVIEW 在默认情况下，其 cintools 路径为 C:\Program Files\National Instruments\LabVIEW 8.5\cintools。

③ 选择 Visual C++ 主界面的“工程”下拉菜单中的“设置”项，将弹出工程设置对话框，在设置项中选择“所有配置”，选择“C/C++”选项卡，设置分类为“预处理器”，并在附加包含路径中输入 cintools 路径，完成 cintools 路径的添加，如图 13-10 所示。

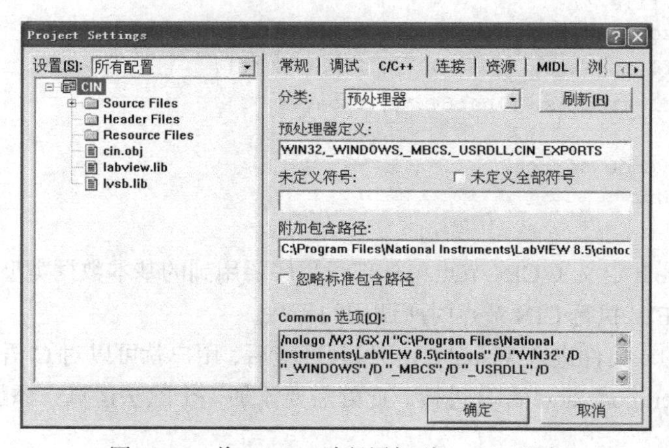

图 13-10　将 cintools 路径添加到 DLL 工程中

④ 在如图 13-10 所示的“C/C++”选项卡中设置分类为“Code Generation”，在 Use run-time library 中选择“Multithreaded DLL”，在 Struct member alignment 中选择“1 Byte”，完成代码生成的设置，如图 13-11 所示。

⑤ 在如图 13-10 所示的对话框中选择“自定义组建”选项卡，在命令栏中输入“C:\Program Files\National Instruments\LabVIEW 8.5\cintools\lvsbutil $(TargetName) -d $(WkspDir)\$(OutDir)”，在输出栏中输入“$(OutDir)\$(TargetName).lsb”，如图 13-12 所示。Lvsbutil 函数能够将生成的动

态链接库文件编译成*.lsb 文件。单击“确定”按钮退出对话框，在 Visual C++“组建”下拉菜单中选择“全部组建”项进行文件编译，编译成功后将在文件保存的目录下 Debug 文件夹中生成一个*.lsb 的文件。

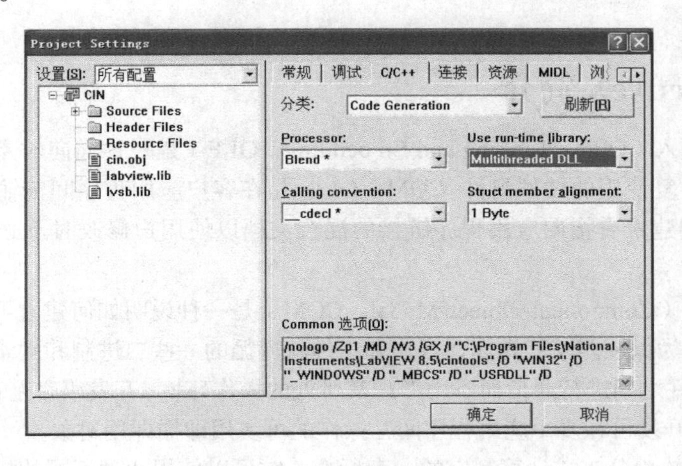

图 13-11　代码生成的设置

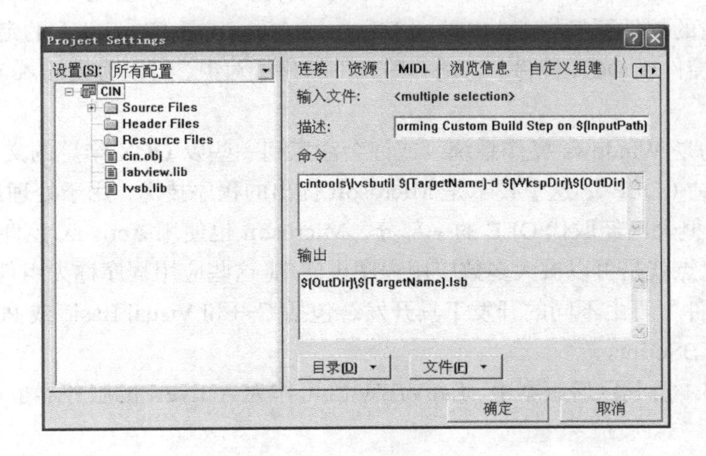

图 13-12　DLL 工程编译命令

（5）加载*.lsb 文件到 CIN 节点，完成调用过程。生成*.lsb 文件后，关闭 Visual C++，在 LabVIEW 程序框图中的 CIN 节点上单击鼠标右键，从弹出的快捷菜单中选择“加载代码资源”项，在弹出的文件选择对话框中选择前面创建好的 CIN.lsb 文件，即完成了*.lsb 文件的加载。此时 LabVIEW 中的运行按钮也由变为，单击运行按钮，可以看到程序将调用 CIN 节点中的 C 语言代码来计算所示变量值 z。图 13-13 给出了所述的程序框图和运行界面。

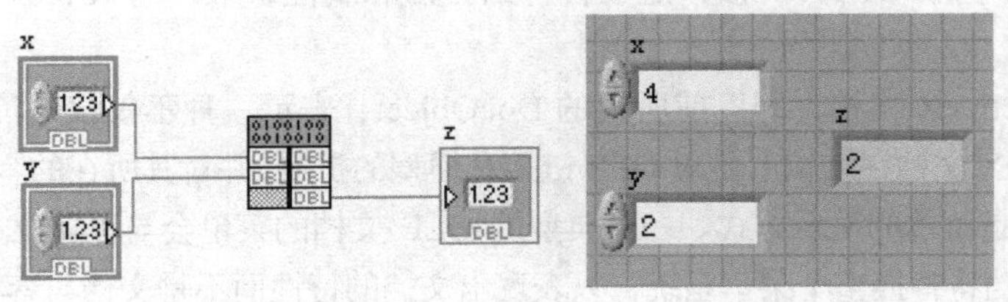

图 13-13　CIN 节点示例程序框图和运行界面

13.4 ActiveX

13.4.1 ActiveX 简介

对象连接与嵌入（Object Linking and Embedding，OLE）是一种面向对象的技术。利用这种技术可以开发能重复使用的软件组件 COM。OLE 是在客户应用程序间传输和共享信息的一组综合标准，允许创建带有指向应用程序链接的混合文档以使用户修改时不必在应用程序间切换的协议。

组件对象模型（Component Object Modal，COM）是一种说明如何建立可动态互变组件的规范。该规范提供了为保证能够互操作，客户和组件就遵循的一些二进制和网络标准。通过这些标准，能够在两个组件之间进行通信而不用考虑其所处的操作环境、开发语言是否相同等问题。OLE 基于 COM 并允许开发可在多个应用程序间互操作的可复用即插即用对象。

ActiveX 是微软为分布式计算制定的一套标准。它可以使用两种不同的机制对客户请求作出响应：一种是“分布组件对象模型（DCOM）”；另一种是“远程自动化（Remote Automation）”。

根据微软权威的软件开发指南 MSDN（Microsoft Developer Network）的定义，ActiveX 插件以前也叫作 OLE 控件或 OCX 控件。它是一些软件组件或对象，可以将其插入 Web 网页或其他应用程序中。

如果您使用的是 Windows 操作系统，或许会注意到一些以 OCX 结尾的文件。OCX 代表“对象链接与嵌入控件”（OLE），这个技术是 Microsoft 提出的程序技术，用于处理桌面文件的混合使用。现在 COM 的概念已经取代 OLE 的一部分，Microsoft 也使用 ActiveX 控件代表组件对象。

组件的一大优点就是可以被大多数应用程序再使用（这些应用程序称为组件容器）。一个 COM 组件（ActiveX 控件）可由不同的开发工具开发，包括 C++和 Visual Basic 或 PowerBuilder，甚至一些脚本语言如 VBScript。

在 LabVIEW5.1 及其以后版本中，LabVIEW 既可作为 ActiveX 的服务器也可以作为一个客户端 ActiveX。

ActiveX 组件包括如下几类。

（1）自动化服务器：可以由其他应用程序编写的组件。自动化服务器至少包括一个，或许是多个供其他应用程序生成和连接的基于 IDispatch 的接口。自动化服务器可以含有也可以没有用户界面（UI），这取决于服务器的特性和功能。

（2）自动化控制器：可以使用和操纵自动化服务器的应用程序。

（3）控件：ActiveX 控件等价于以前的 OLE 控件或 OCX。一个典型的控件包括设计时和运行时的用户界面，唯一的 IDispatch 接口定义控件的方法和属性，唯一的 IConnectionPoint 接口用于控件可引发的事件。

（4）文档：ActiveX 文档，即以前所说的 DocObject，表示一种不仅仅是简单控件或自动化服务器的对象。ActiveX 文档在结构上是对 OLE 链接和模型的扩展，并对其所在的容器具有更多控制权。一个最显著的变化是菜单的显示方式。一个典型的 OLE 文档的菜单会与容器菜单合并成一个新的集合，而 ActiveX 文档将替换整个菜单系统，只表现出文档的特性而不是文档与容器共同的特性。

（5）容器：ActiveX 容器是一个可以作为自动化服务器、控件和文档宿主的应用程序。

13.4.2　ActiveX 控件

ActiveX 控件是 ActiveX 最常用的，是存放于 ActiveX 容器的一个可嵌入的组件。LabVIEW 中 ActiveX 容器函数位于“控件”选板下“新式→容器”子选板中，如图 13-14 所示。利用“ActiveX 容器”函数，用户可以调用第三方提供的各种 ActiveX 控件。

将“ActiveX 容器”函数拖放至前面板中后，鼠标右键单击函数图标，从弹出的快捷菜单中选择“插入 ActiveX 对象”项，将打开一个如图 13-15 所示的名为“打开 ActiveX 对象”的对话框。选择如图 13-15 所示的“Calendar Control 8.0”，单击“确定”按钮后，将在前面板中出现一个如图 13-16 所示的日历控件对象。鼠标右键单击该对象，从快捷菜单中选择“Calendar→属性”项，可调出日历属性对话框。在该对话框中，可以对日历控件对象的字体、颜色、字号以及其他一些属性进行修改。

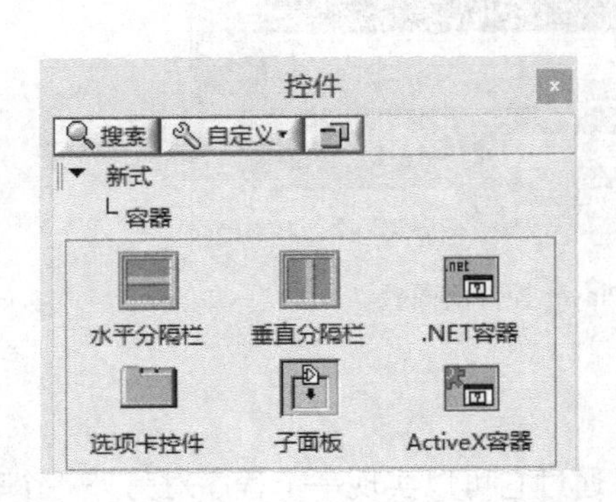

图 13-14　“ActiveX 容器”函数位置

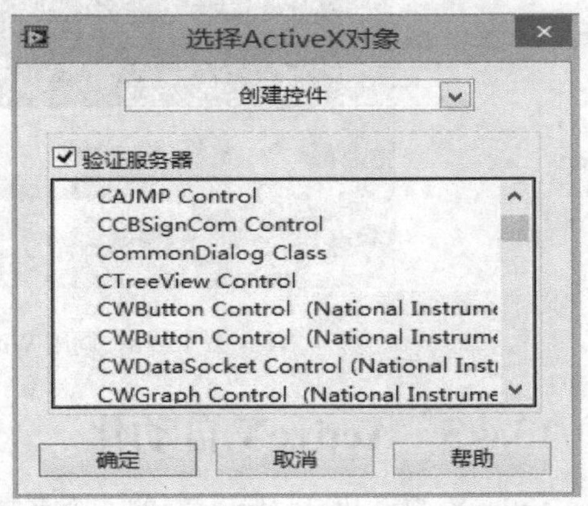

图 13-15　选择 ActiveX 对象对话框

若想在 LabVIEW 中调用 Windows Media Player，则可在如图 13-14 所示的对话框中选择 Windows Media Player，此时在前面板中可以看到一个类似于 Media Player 播放器的界面。此时在程序框图中，可用鼠标右键单击控件图标，从弹出的快捷菜单中选择“ActiveX 选板”下的“调用节点”函数，将 Windows Media Player 控件的数据输出端口与函数的数据输入端口相连，并选择“方法”为 openPlayer，同时在下面的数据输入端口 bstrURL 创建一个路径输入控件，程序框图如图 13-17 所示。

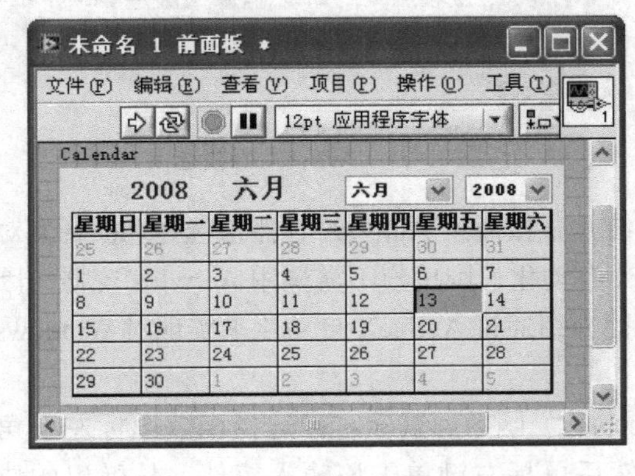

图 13-16　ActiveX 日历控件对象

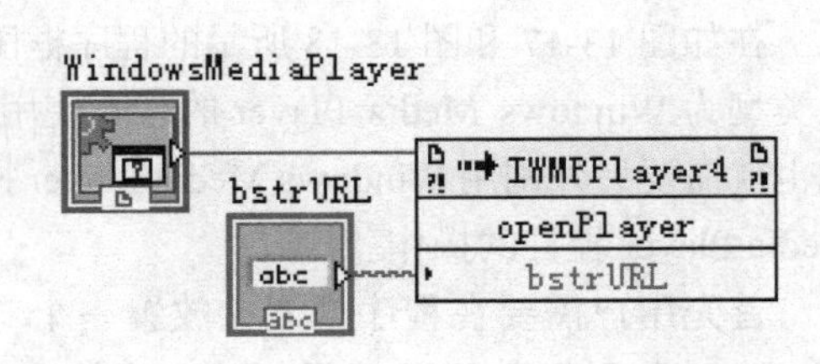

图 13-17　调用 Windows Media Player 控件程序框图

当用户在如图 13-18 所示前面板中的路径输入控件中输入文件路径后，运行程序，将会打开 Windows Media Player 程序并播放相应文件。

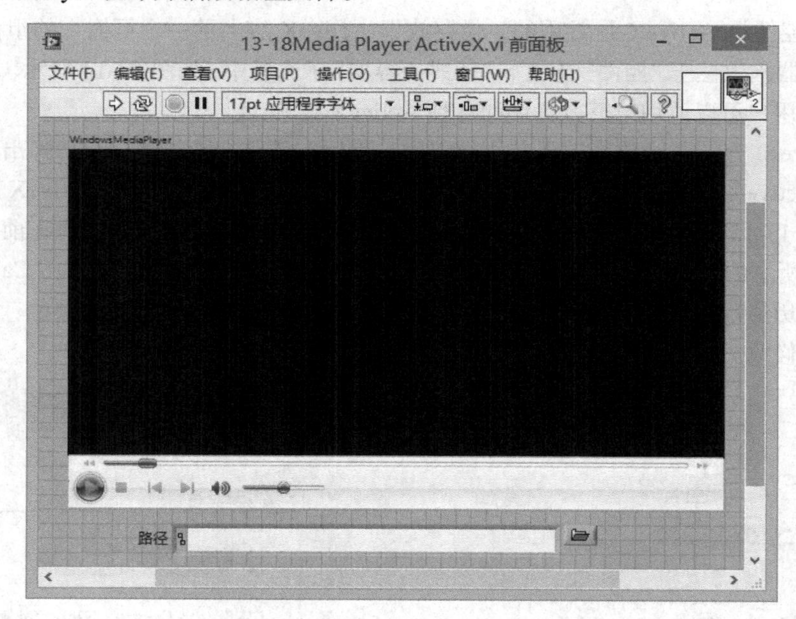

图 13-18 调用 Windows Media Player 控件前面板

13.4.3 ActiveX 自动化

ActiveX 自动化是 ActiveX 的一个重要组成部分，通过它可以实现一个程序对另外一个程序的调用。

LabVIEW 作为 ActiveX 自动化客户端时，同样可以访问 ActiveX 对象。ActiveX 相关的操作函数位于“函数”选板下“互连接口→ActiveX”子选板中，如图 13-19 所示。

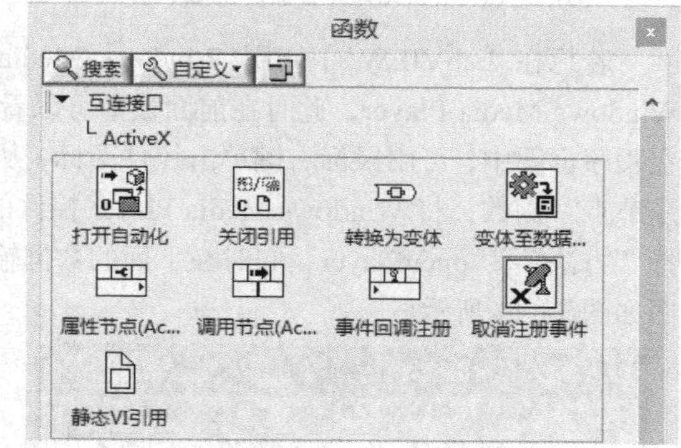

图 13-19 ActiveX 函数选板

若要在 LabVIEW 中操作 ActiveX 对象，首先需要利用“打开自动化”函数来返回一个 ActiveX 对象的自动化引用句柄，然后由“调用节点”函数来调用该句柄以打开 ActiveX 对象，并且在“打开自动化”函数中指定提供对象的类型。

在如图 13-17 和图 13-18 所示的程序框图中，系统是直接通过 ActiveX 容器来选择 ActiveX 对象类型为 Windows Media Player 的。若使用 ActiveX 自动化，则用户不需调用 ActiveX 容器，因此也就需要另外调用 Windows Media Player 控件。下面介绍通过 ActiveX 自动化来实现对 Windows Media Player 控件的操作。

首先用户需要在程序框图中放置一个“打开自动化”函数，鼠标右键选择函数图标左上角的“自动化引用句柄”端子创建一个输入控件，然后鼠标右键单击该输入控件，从弹出的快捷菜单中选择“选择 ActiveX 类→浏览”选项，打开一个名为“从类型库中选择对象”的对话框，如图 13-20 所示。在对话框中选择类型库为“Windows Media Player Version 1.0”，选择对象为“IWMPPlayer4”，单击“确定”按钮退出对话框，这样就完成了自动化引用句柄与 Windows Media Player 控件的连接。

用户完成了上面的连接后，只需将“打开自动化”函数右上角的“自动化引用句柄”端子与“调用节点”函数连接即可完成 Windows Media Player 控件的调用，从而实现希望达到的功能。需要注意的是，“打开自动化函数”的左上角与右上角都有一个名为“自动化引用句柄”的端子，用户要注意这两个端子之间的区别，不要在连线的时候由于混淆以致程序出现错误。图 13-20 给出了使用“打开自动化”函数来实现 Windows Media Player 控件调用的程序框图以及前面板界面，单击运行按钮时即可打开 Windows Media Player 程序并播放指定路径的文件。可以看到，此时前面板中没有出现类似 Windows Media Player 控件的界面。

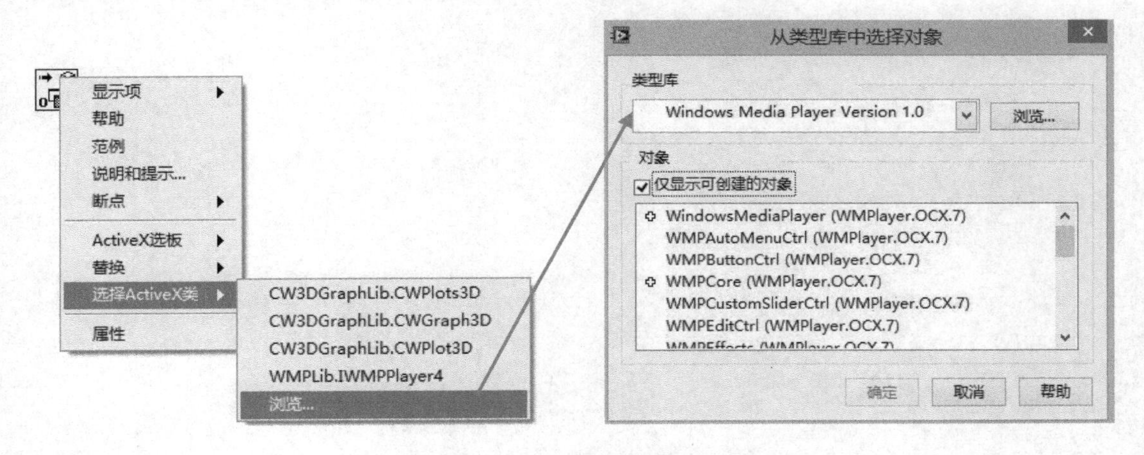

图 13-20　ActiveX 对象选择对话框

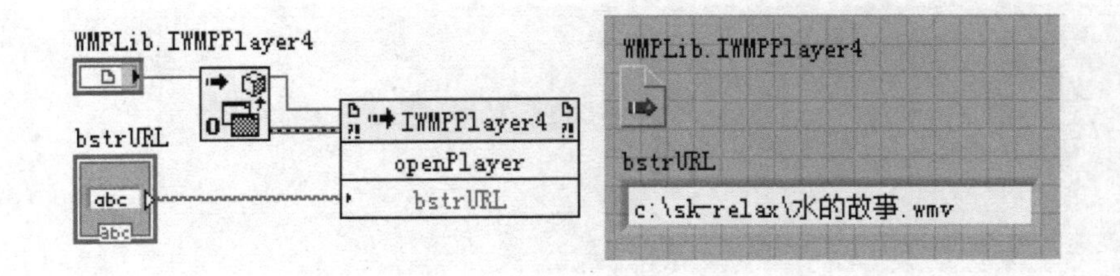

图 13-21　利用“打开自动化”函数调用 Windows Media Player 控件

本章小结

为了能够充分利用其他编程语言的优点，LabVIEW 提供了强大的外部程序接口能力。通过这些外部程序接口，再结合前面介绍的其网络通信能力，LabVIEW 可以实现与外部程序交换数据。本章中主要介绍了 DLL、API、Matlab、CIN 和 Active X 等几种常用外部程序接口，并结合具体示例来详细说明了使用外部程序接口的过程与需要注意的问题。

习　题

13-1　编写程序，要求调用 API 函数实现动态显示鼠标在屏幕中的坐标值。

13-2　调用 Matlab 节点在 Matlab 图形中绘制正弦曲线，要求正弦曲线的频率为 100Hz，幅值为 6。

13-3　简述 LabVIEW 8.5 调用 C 语言代码的方法与步骤。

13-4　编写程序，要求调用 CIN 节点实现求出两个实数的平方和。

13-5　编写程序，要求调用 ActiveX 控件调用 Windows Media Player 播放器。

第 14 章 上机练习

为了增强实际操作能力，在对 LabVIEW 的一些基础知识进行了比较全面的介绍后，本章将提供几个上机练习。通过这些上机练习，希望读者能够达到熟悉 LabVIEW 软件的编程环境、加深理解 LabVIEW 的图形化编程概念等目的以及掌握一些使用 LabVIEW 时应注意的事项和技巧。

练习一

上机目的：熟悉 LabVIEW 软件的基本编程环境。

上机内容：创建一个 VI 程序，并将此程序保存为子 VI。此 VI 要实现的功能是：当输入发动机转速时，经过一定的运算过程，输出发动机温度和汽车速度值。

实现步骤：下面分点叙述。

1. 前面板

前面板如图 14-1 所示。

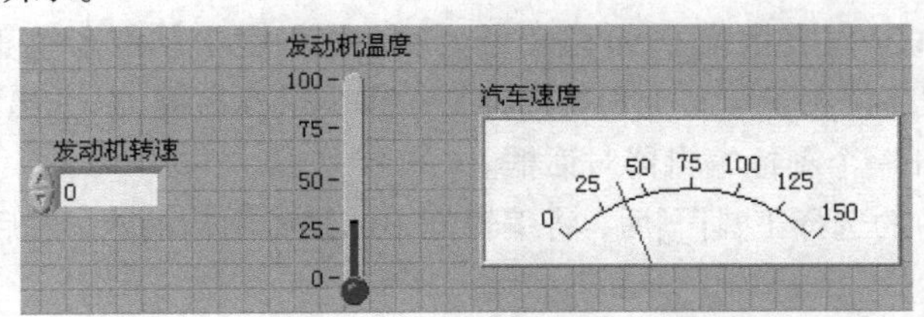

图 14-1 练习一 前面板

（1）启动 LabVIEW 2013，选择文件中的新建 VI 选项，新建一个 VI。

（2）在前面板中空白处单击鼠标右键，从弹出的控件选板中选择“控件→经典→经典数值”子选板中的温度计控件并将其拖入前面板中，在高亮显示的标签中输入发动机温度修改标签名。

（3）默认情况下，温度计 VI 标尺的最大值为 10，最小值为 0。若要对标尺刻度范围进行修改，可用鼠标左键双击最大或最小值，输入希望的值后鼠标左键单击前面板的空白处或单击工具栏左侧的“√”按钮，则标尺的刻度值将自动变为前面设置的范围。本处设置最大值为 100，最小值不变。

（4）按（2）和（3）相同的方法在前面板中放置一个仪表控件，并修改仪表控件的标签名为汽车速度，标尺刻度范围为 0 ~ 150。

（5）按（2）和（3）相同的方法在前面板中放置一个数值输入控件，并修改标签名为发动机转速。

2. 程序框图

本练习程序框图如图 14-2 所示。

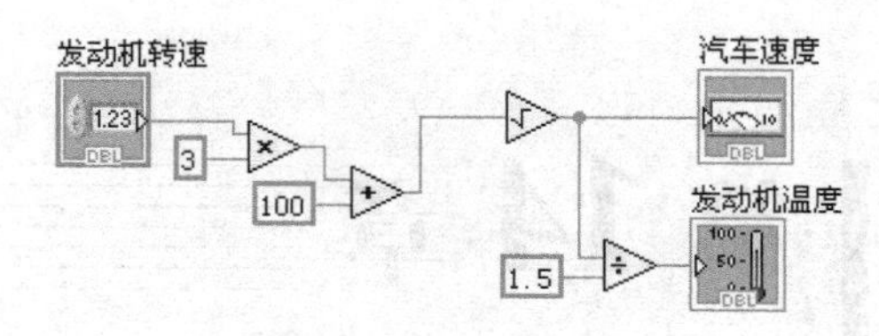

图 14-2 练习一 程序框图

（1）选择“窗口”下拉菜单中的“显示程序窗口”选项或直接用鼠标单击程序框图中的任何位置，切换至程序框图窗口。

（2）从函数选板中的“函数→编程→数值”子选板中选择乘法函数，并将其拖入程序框图中。将鼠标箭头移至发动机转速输入控件的接线端子附近，鼠标箭头将变成连线工具样式，此时单击鼠标左键并移动鼠标，发现从该接线端子处拉出一条虚线，将鼠标箭头移至乘法函数的输入端子处再单击鼠标左键，即完成连线。在乘法函数的另一个输入接线端子处单击鼠标右键，从弹出的快捷菜单中选择“创建→常量”则创建一个已与该端子连线的数值输入常量，默认值为 0，当该值为高亮显示时，输入希望的值，然后鼠标左键单击程序框图中的空白处，完成创建。

（3）按（2）相同的方法完成加法函数、平方根函数和除法函数的创建，按图 14-2 中所示的值为相应函数创建相应的输入常量。

（4）按（2）中所述方法完成平方根函数的输出端子与汽车速度输出控件的连线，完成除法函数的输出端子与发动机转速输入控件的连线。

（5）从“窗口”下拉菜单中的“显示前面板”选项或直接鼠标单击前面板中的任何位置，切换至前面板窗口。

（6）单击运行按钮，运行 VI 程序。若单击连续运行按钮，则使程序运行于连续运行模式。当程序处于连续运行状态时，若再次单击该按钮，则关闭连续运行状态。

3. 修改图标和连接器

（1）修改图标为 T/V 以表示该子 VI 输出量为发动机温度 T 和汽车速度 V。

（2）在前面板或程序框图窗口右上角的图标框中单击鼠标右键，从弹出的快捷菜单中选择“编辑图标”选项，将打开一个图标编辑器对话框。

（3）选择对话框中的选择工具后，将编辑框中的缺省图标消除。然后用画图工具画出需要的图标 T/V。

（4）完成图标编辑后单击确定按钮，退出图标编辑器完成图标的编辑。此时在窗口右上角的图标框中的缺省图标就已替换为所画的图标。

（5）在窗口的图标框中单击鼠标右键，从弹出的快捷菜单中选择“显示连线板”选项。此时会弹出软件中提供的 36 种连接器形式，选择某种形式后退出该界面，图标框中由显示图标变为显示连接器。如果在提供的连接器形式中没有想要的形式，则可以选择一个形式最相近的，然后在连接器窗口中选择相应的端口后，单击鼠标右键，从弹出的快捷菜单中选择“添加/删除接线端”来调整输入输出端口数量。此处的左侧接线端口为 1 个，右侧的接线端口为 2 个。

（6）使用连线工具，在左边的输入连接器端口框内单击鼠标左键，则该端口框变为黑色，然后在数值输入控件上单击鼠标左键，会发现数值输入控件将被一个流动的虚线框包围，并且连接器相应端口中的黑色也变为橙色，这表示左边的连接器端口对应着前面板中的数值输入控件。在前面板中的空白处单击鼠标左键，数值输入控件的虚线框消失。当此 VI 作为子 VI 被其他 VI 调用时，相当于外部的数据输入该数值输入控件中，在接线端口上对应于左侧的输入端口。

（7）按（6）中相同的办法，将右侧的两个接线端口分别与前面板中的发动机温度显示控件和汽车速度显示控件对应连接。

（8）单击窗口中的保存按钮或从“文件”下拉菜单中选择“保存”选项保存 VI 至特定路径，并将该 VI 命名为子 VI.vi。

（9）子 VI 创建完成，关闭程序。

练习二

上机目的：熟悉子 VI 的调用。

上机内容：创建一个 VI 程序，并在编写程序过程中调用上机练习一中创建的子 VI。此 VI 要实现的功能是：通过旋钮控件来显示输入的发动机转速值，中间调用练习一中创建的子 VI 作为计算过程，从子 VI 输出的值分别输出至不同的数值显示控件来显示发动机的温度以及当前汽车速度，同时判断当汽车速度超过 100 时，系统将产生蜂鸣声，报警提示。

实现步骤：下面分点叙述。

1．前面板

前面板如图 14-3 所示。

（1）启动 LabVIEW 2013，选择文件中的新建 VI 选项，新建一个 VI。

（2）在前面板中空白处单击鼠标右键，从弹出的控件选板中选择“控件→经典→经典数值”子选板中的旋钮控件并将其拖入前面板中，在高亮显示的标签中修改标签名为发动机转速。

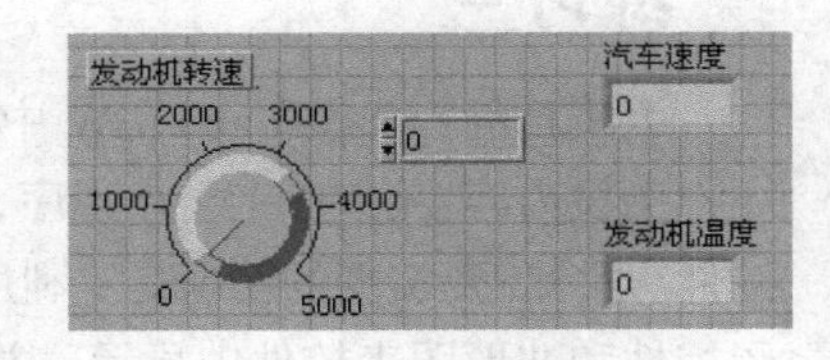

图 14-3　练习二 前面板

（3）默认情况下，旋转控件的数值范围是 0 ~ 10。此处需要将该数值范围修改为 0 ~ 5 000。将鼠标箭头移至最大值处双击鼠标左键，默认的最大值将高亮显示。此时输入希望的最大值 5 000，单击工具栏左侧的“√”按钮或鼠标单击前面板中空白处完成修改，旋钮控件的刻度值及区间便随设定的最大值与最小值的变化而相应变化。

（4）鼠标右键单击旋钮控件，从弹出的快捷菜单中选择“显示项→数字显示”，则调出一个数字显示控件来同步显示旋钮控件当前的值。

（5）在前面板中空白处单击鼠标右键，从弹出的控件选板中选择“新式→数值”子选板中的数值显示控件，并将其拖入前面板中，修改标签名为汽车速度。

（6）按与（5）相同的方法在前面板中创建一个数值显示控件，并修改标签名为发动机温度。

2．程序框图

程序框图如图 14-4 所示。

（1）选择“窗口”下拉菜单中的“显示程序窗口”选项或直接用鼠标单击程序框图中的任何位置，切换至程序框图窗口。

（2）从函数选板中的“函数→编程→比较”子选板中的≥函数，并将其拖入程序框图中。

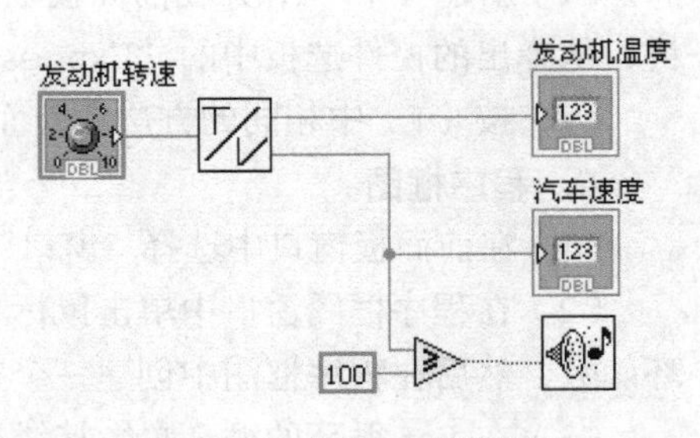

图 14-4　练习二 程序框图

（3）从函数选板中的“函数→选择 VI”选项，将打开一个选择 VI 选项对话框，该对话框类似于 Windows 中的打开文件对话框。用户进入特定路径后，选择上机练习一中所创建的子 VI.vi，确定后退出对话框。当鼠标在程序框图窗口的编程区内移动时会发现有一个随之移动的虚线框，这说明子 VI 已经加载。在程序框图中空白处单击鼠标左键，则调用子 VI，并且子 VI 的图标显示为前面所编辑的图标。由于在上机练习一中创建的子 VI 的接线端口是 3 个：一个输入端口，两个输出端口。因此在当前的程序框图中可以看出，调用子 VI 后，子 VI 的输入输出端口与原来设定的相一致。

（4）按图 14-4 所示的程序框图中的连线情况完成连线。

（5）从函数选板中的“函数→编程→图形与声音”子选板中的蜂鸣声函数，将其拖入程序框图中，并将其输入端与≥函数的输出端相连，当≥函数的输出端输出为真时，系统产生蜂鸣声。

（6）单击窗口中的保存按钮或从“文件”下拉菜单中选择“保存”选项保存 VI 至特定路径，并将该 VI 命名为上机二.vi。

（7）单击连续运行按钮，使程序运行于连续运行模式。可以看见随着旋钮的调节，旋钮的数字显示值也随之变化，这表明输入子 VI 中的数据也发生相应变化，从而引起主 VI 中的发动机温度和汽车速度两个显示控件中的输出值也不断变化，当汽车速度中的输出值超过 100 时，系统将产生蜂鸣声来报警提示该输出值超限。

（8）VI 创建完成，关闭该程序。

练习三

上机目的：熟悉 LabVIEW 中 For 循环的使用以及图形与图表的数据显示。

上机内容：创建一个 VI 程序，程序中需要使用一个 For 循环以及一个波形图控件与波形图表控件。此 VI 要实现的功能是：利用 For 循环生成 100 个随机数，并将这 100 个随机数分别在波形图控件和波形图表控件中显示，并比较波形图控件和波形图表控件在数据显示上的区别。

实现步骤：下面分点叙述。

1. 前面板

前面板如图 14-5 所示。

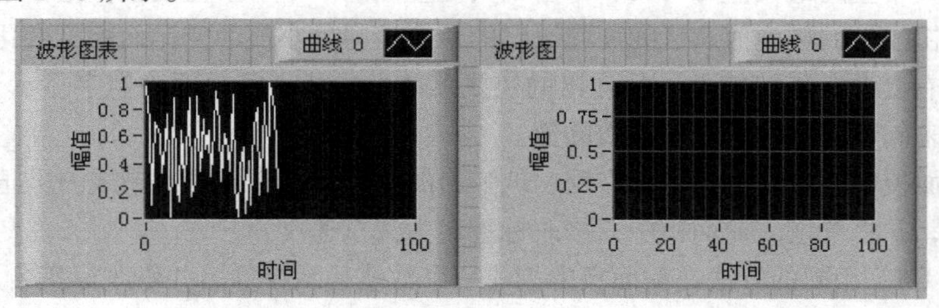

图 14-5　练习三 前面板

（1）新建一个 VI，并在前面板中添加一个波形图控件。波形图控件可在前面板中单击鼠标右键，从弹出的控件选板中的“Express→图形显示控件”子选板中找到。

（2）按（1）中相同的方法在前面板中添加一个波形图表控件。

2. 程序框图

（1）在前面板窗口中选择“窗口”下拉菜单中的“显示程序框图”选项切换到程序框图窗口。

（2）在程序框图窗口中单击鼠标右键，从弹出的函数选板中的“结构”子选板中选择 For 循环函数，然后在程序框图中创建一个空的 For 循环。

（3）在 For 循环的循环总数接线端单击鼠标右键，从弹出的快捷菜单中选择“创建常量”选项创建一个常量，用来确定循环总数。此处设置为 50。

（4）在程序框图窗口中单击鼠标右键，从弹出的函数选板中的“数值”子选板中选择随机数函数，并将其拖放至 For 循环中。

（5）在程序框图窗口中单击鼠标右键，从弹出的函数选板中的“定时”子选板中选择等待下一个整数倍毫秒函数，并将其拖放至 For 循环中。然后在该函数的输入接线端单击鼠标右键，从弹出的快捷菜单中选择“创建→常量”选项，并设置常量为 100，即为每隔 100ms 执行一次 For 循环。

（6）完成如图 14-6 所示程序框图的连线后，切换窗口至前面板窗口。

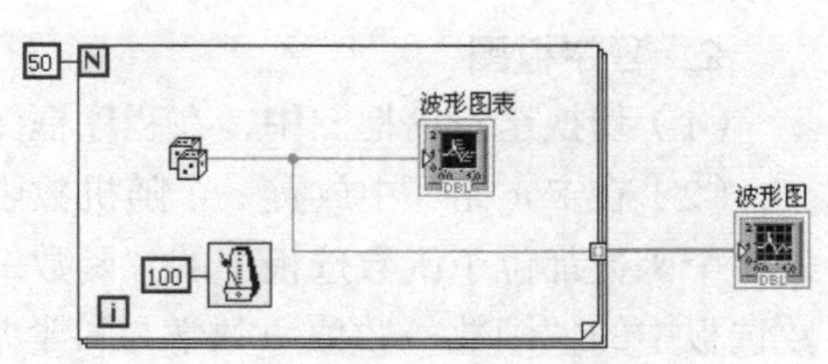

图 14-6　练习三 程序框图

观察程序运行过程可以发现，由于波形图表控件放在 For 循环的内部，而波形图控件旋转在 For 循环的外部，因此在程序运行的过程中，每执行一次 For 循环将产生一个随机数，并被送入波形图表中。所以在程序运行时可以看到波形图表控件中的随机数曲线逐渐增长，而波形图中的随机数曲线是在 For 循环执行完后一次性生成的。这是由于波形图表与波形图在数据显示方面的区别而造成的。波形图表一般用于实时显示数据，新输入的数据将接续在原有数据的后面连续显示，而波形图属于事后显示数据型，当波形图接收到新数据时，先将原有数据清空后再一次性显示新接收的数据。并且观察程序框图中连接随机数函数和波形图控件的连线可以看出，该连线在 For 循环中和循环外的粗细不同，这是因为在循环内传递的是产生的浮点型随机数，在循环执行过程中，不断生成的随机数先存储在索引隧道中，当循环结束后再一次性将生成的随机数作为一个数组传递给波形图。

练习四

上机目的：熟悉如何在一个波形图控件中创建多条曲线，同时显示曲线数据以及将其保存至指定的路径和格式文件中。

上机内容：创建一个 VI 程序。此 VI 要实现的功能是：使用一个 For 循环并执行 100 次循环，在循环中将产生 100 个随机数，同时使用一个正弦函数来生成正弦波形，正弦波形的周期通过数值函数来调整。通过 For 循环生成的两条曲线的数据通过创建数组函数转换成一个二维数组，用户使用一个数值显示控件和波形图控件来分别显示两条曲线的数据和波形。最后使用文件写入函数将曲线数据写至一个电子表格文件中。

实现步骤：下面分点叙述。

1. 前面板

前面板如图 14-7 所示。

（1）新建一个 VI，在前面板中添加一个波形图控件。该控件可在控件选板中“Express→图形显示控件”子选板中找到。

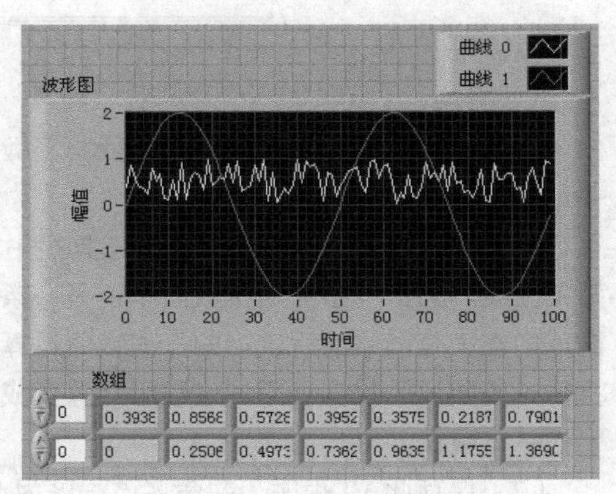

图 14-7　练习四 前面板

（2）在前面板中添加一个显示二维数组中元素的数值显示控件。首先需要创建一个空数组，创建空数组控件可在“控件→新式→数组、矩阵与簇”子选板中找到。创建一个空数组后，在前面板中创建一个数值显示控件，并将该控件拖放入空数组中作为数组的输入数据类型。默认情况下创建的数组为一维数组，此时为了显示一个二维数组数据，需要将创建的数组由一维更改为二维。

（3）将鼠标移至数组左侧带有上、下箭头的元素的下边框处，该处元素用于控件数组的维数。按住鼠标左键，并向下拖动至出现两个元素，这时便将原来的一维数组更改为二维数组，然后将鼠标移至数组中元素框架的右下角，当鼠标变成楼梯状时拖动鼠标来控制可见的数据元素的行、列数。

2. 程序框图

（1）切换至程序框图中，在程序框图中放置一个 For 循环，并设置循环总数为 100。

（2）在 For 循环中放置一个随机数函数。在 For 循环中放置 2 个乘法函数和 1 个除法函数，这 3 个函数都位于函数选板中的“函数→数值”子选板中。在程序框图中单击鼠标右键，选择函数选板中的“函数→数值→数学与科学常量”子选板中选择常量 2π。在程序框图中选择函数选板中的“函数→数学→初等与特殊函数→三角函数”子选板中的正弦函数并将其拖放至程序框图中的 For 循环中。

（3）在程序框图中单击鼠标右键，选择函数选板中的“函数→编程→数组”子选板的创建数组函数并将其拖放至程序框图中合适的位置。

（4）从函数选板中的“函数→编程→文件 I/O”子选板中选择写入电子表格文件函数，并将其拖放至程序框图中合适的位置，同时为该函数创建如图 14-8 所示的文件写入的路径以及是否在存入数据时转置输入的二维数组选择控件。此处给定了文件存储的路径以及在存储数据时先对数组数据进行转置。如果文件写入路径为空，则当程序运行时会弹出一个写入文件路径的对话框，类似于 OFFICE 中存储文件时的对话框。默认情况下，转置端子属性为否。因为经过创建数组函数创建的二维数组中的数据是每行存储一条曲线数据，如果需要在写入文件时将其转换为列数据，则此处属性应设置为是。

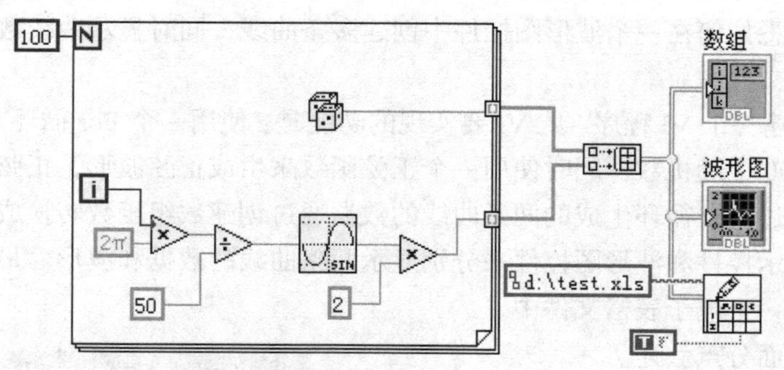

图 14-8　练习四 程序框图

（5）按给定的程序框图完成控件与函数间的连线，同时为图中所示的两个数值函数的输入端子创建常量，分别为 50 和 2。

（6）切换至前面板窗口，单击工具栏中的运行按钮运行程序，会发现波形图中同时显示有两条曲线。其中一条为随机数曲线，另一条为正弦曲线。在 100 个点内正弦曲线的周期数与 For 循环中在正弦函数前后进行的一些数值运算相关。为了同时在波形图控件中显示多条曲线，需要将每一条曲线的数据利用创建数组函数变成一个二维数组，原来每条曲线的数据转换为二维数组中的一行数据。

（7）保存此 VI 程序，并命名该程序为上机四.vi。

（8）完成程序的创建，关闭该程序。

练习五

上机目的：熟悉信号分析处理的使用。

上机内容：创建一个 VI 程序，程序中需要使用正弦波形函数，波形图控件、幅度谱和相位谱函数以及加法函数。此 VI 要实现的功能是：首先创建两个正弦波形，并为每个正弦波形函数设置不同的频率、幅值和相位。通过加法函数将两个正弦波形合成一个波形并输入合成波形图的显示控件中，同时将合成的波形图输入幅度谱和相位谱函数，并从该函数的相位谱输出接线端输出至波形图控件中。

实现步骤：下面分点叙述。

（1）新建一个 VI，在前面板中创建两个波形图控件，并分别修改标签为合成波形图和相位谱分析，其外观如图 14-9 所示。

（2）切换至程序框图，从函数选板中的“函数→波形→模拟波形→生成波形”子选板中的正弦波形函数，将其放置于程序框图中。

（3）在正弦波形函数相应的输入接线端子处单击鼠标右键，从弹出的快捷菜单中选择“创建→输入控件”选项，为输入端子创建输入控件。修改标签为频率 1、幅值 1 和相位 1，设置其参数分别为 5Hz、3、90。

（4）接步骤（2）、（3）重新创建一个正弦波形函数，并设置相应的输入控件值为 3Hz、2、0。

（5）在其中一个正弦波形函数的采样信息输入端子处单击鼠标右键，创建一个输入控件，该控件包含两个内容：采样频率和采样数。设置参数为 100Hz 和 200，并将其输入另一个正弦波形函数的采样信息输入端子。

（6）在程序框图中添加一个加法函数，并将两个不同的正弦波形作为输入数据输入加法函数中。

（7）选择函数选板中的“函数→信号处理→谱分析”子选板中的幅度谱和相位谱函数，将其放置于程序框图中并按所给的程序框图完成控件与函数间的连线。程序框图如图 14-10 所示。

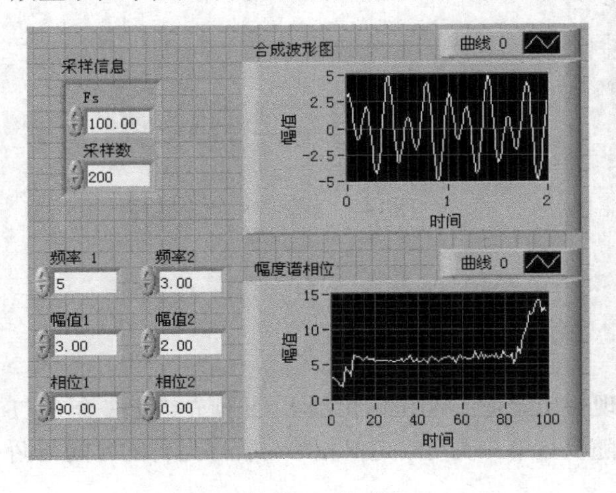

图 14-9　练习五 前面板

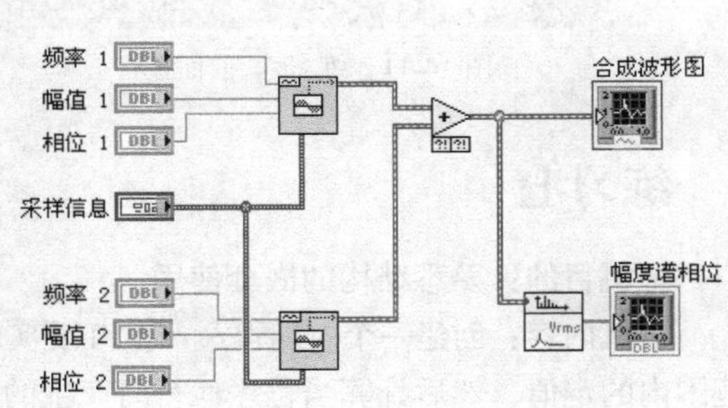

图 14-10　练习五 程序框图

（8）切换至前面板窗口，单击工具栏中的“运行”按钮运行程序并观察运行结果。保存此 VI 程序，并命名该程序为上机五.vi。

（9）完成程序的创建，关闭该程序。

练习六

上机目的：熟悉使用多虚拟通道来进行数据采集。

上机内容：创建一个 VI 程序。此 VI 要实现的功能是：首先创建两个虚拟输入通道，并为每个虚拟输入通道输入波形数据，然后使用 AI Acquire Waveforms.vi 函数扫描两个输入通道内的信号波形，并将它们显示在波形图控件中。

实现步骤：分为以下 8 点。

（1）新建一个 VI，并在前面板中创建一个波形图控件，其外观如图 14-11 所示。

（2）切换至程序框图。从函数选板的“函数→测量 I/O→Data Acquisition→Analog Input”子选板中的 AI Acquire Waveforms.vi 函数，并将其放置于程序框图中。

（3）在程序框图中创建一个正弦波形信号和一个锯齿波形信号，并将正弦波形信号的幅值设置为 2。

（4）将上步所创建的两个波形信号作为输入信号源分别接入数据采集卡的 0 通道和 1 通道的模拟输入端。

（5）在 AI Acquire Waveforms.vi 函数的相应输入端子上分别单击鼠标右键，创建输入控件，如图 14-12 所示。并完成 AI Acquire Waveforms.vi 函数与波形图控件的连线。

（6）设置 AI Acquire Waveforms.vi 函数的通道为“0，1”，通道样本数为 500，扫描速率为 1000。

（7）切换至前面板窗口，单击工具栏中的运行按钮运行程序并观察运行结果。保存此 VI 程序，并命名该程序为上机六.vi。

（8）完成程序创建，关闭该程序。

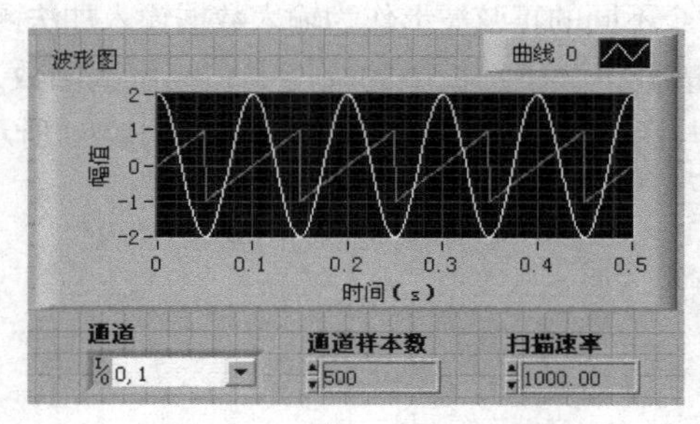

图 14-11　练习六　前面板

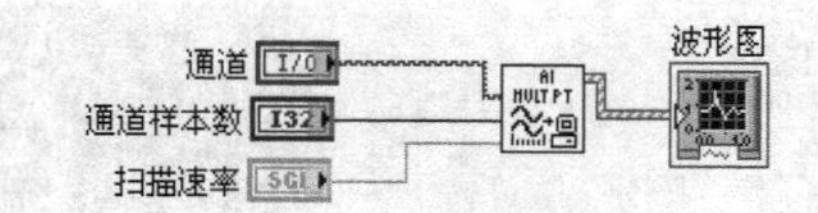

图 14-12　练习六　程序框图

练习七

上机目的：熟悉结构的嵌套使用。

上机内容：创建一个 VI 程序。此 VI 要实现的功能是：利用顺序结构，并预先给定一个 0 ~ 1 范围内的定值，然后计算当程序运行时产生的随机数第一次与给定值相等时程序运行的时间与循环运行的次数。

实现步骤：分为以下 8 点。

（1）新建一个 VI，在前面板中创建一个数值型输入控件，并将其标签修改为给定值。

（2）在前面板中创建两个数值型显示控件，分别将其标签修改为循环次数与运行时间，用来表示当程序运行的循环次数及运行时间（ms），其外观如图 14-13 所示。

（3）切换至程序框图中，在“函数→结构”子选板中选择平铺式顺序结构，并在程序框图中创建一个空的平铺式顺序结构。该顺序结构只有一帧，若要增加帧数，可在顺序结构的边框上单击鼠标右键，从弹出的快捷菜单中选择“在后面/前面添加帧”选项来添加帧，当在快捷菜单中选择“删除本帧”时则删除鼠标所单击的帧。

（4）在第二帧中创建一个 While 循环，并移动鼠标箭头至条件接线端，当鼠标变为手状时单击鼠标左键，将条件接线端图标变为，表示当条件为真时循环继续。

（5）在 While 循环中添加一个随机数函数及一个大于比较函数，并完成图 14-14 所示连线，表示在程序运行中，当产生的随机数大于给定值时，循环继续；当产生的随机数小于给定值时，循环停止。此时利用加法函数将 While 循环的计数接线端加 1 输入循环次数数值显示控件，加 1 是因为 While 循环的计数端是从 0 开始计数。

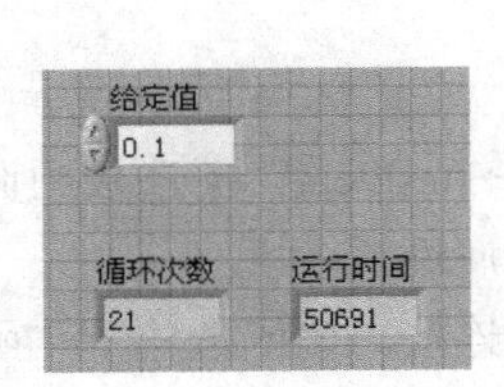

图 14-13　练习七　前面板

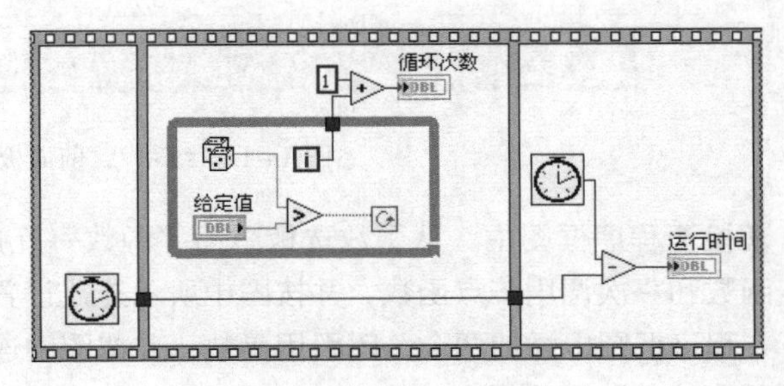

图 14-14　练习七　程序框图

（6）在第一帧和第三帧中分别放置一个时间计数器函数，并将两个时间计数器函数的输入端子接入一个减法函数来计算程序的运行时间并送入运行时间数值显示控件。这是由平铺顺序结构的特性决定的。

（7）切换至前面板窗口，单击工具栏中的“运行”按钮运行程序。当程序开始时，首先执行第一帧，第一帧中的时间计数器将送出一个数到第二帧中然后开始执行第二帧；第二帧将第一帧的时间计数器中的数再送入第三帧，同时执行 While 循环，当循环停止后，时间计数器送入第三帧中的数再开始运行，此时第三帧中的时间计数器也将送给减法函数一个数并进行减法运算，结果输入运行时间数值显示控件。这样两个时间计数器产生数值的时间差即为程序运行的时间。若要详细观察程序运行时的数据流，可以选择工具栏中的高亮执行按钮，这样在程序运行过程中，能够看到代表数据流动的小圆点在连线上不停移动，它的移动轨迹即表示程序的执行过程和数据的流动过程。

（8）保存此 VI 程序，并命名该程序为上机七.vi 后关闭程序。

练习八

上机目的：熟悉使用 LabVIEW 调用 ActiveX 控件。

上机内容：创建一个 VI 程序。此 VI 要实现的功能是：调用 ActiveX 控件，并设置 ActiveX 控件对象为 Microsoft Office Spreadsheet 11.0，并通过设置往 Spreadsheet 中写入指定数据。

实现步骤：分为以下 8 点。

（1）新建一个 VI，在前面板中添加一个 ActiveX 容器。它位于控件选板中的“控件→新式→容器”子选板中。将其放置到前面板中后，鼠标右键单击其图标，从弹出的快捷菜单中选择“插入 ActiveX 对象”对话框，选择上面的“创建控件”选项，并从下面的选择区域中选择 Microsoft

Office Spreadsheet 11.0，按确定按钮退出对话框后即可见刚才的 ActiveX 容器图标变为图 14-15 所示的、类似于 Excel 表格的电子表格界面。

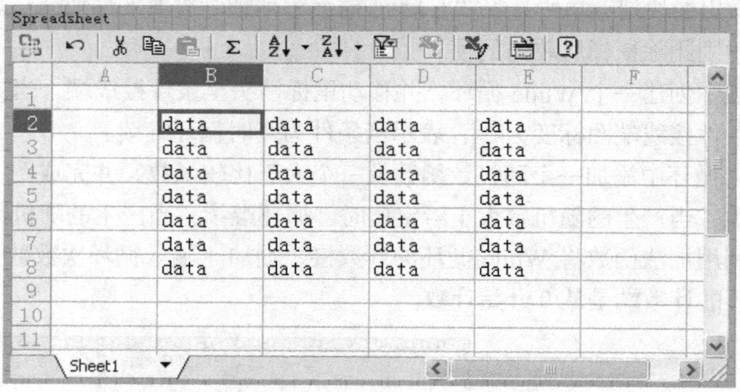

Spreadsheet

	A	B	C	D	E	F
1						
2		data	data	data	data	
3		data	data	data	data	
4		data	data	data	data	
5		data	data	data	data	
6		data	data	data	data	
7		data	data	data	data	
8		data	data	data	data	
9						
10						
11						

Sheet1

图 14-15 练习八 前面板

（2）切换至程序框图中，从函数选板中的“函数→互连端口→ActiveX”子选板中调用两次属性节点函数和一次调用节点函数，并按图中所示连线设置相应的属性。

（3）在程序框图中添加两个关闭引用函数，并按图中连线完成连接。该函数位于“函数→编程→应用程序控件”子选板中。

（4）在调用节点函数的两个 Cell 输入端分别输入不同的值，此处设置为 b2 和 e8，表示设定写入数据的区域为电子表格中由 b2 和 e8 两个单元格所围成的矩形区。

（5）在后一个属性节点函数中设置 value2 端口为输入端口，该端口用于确定具体的写入数据。此处设置为 data，意即写入电子表格中的数据为 data。

（6）完成图 14-16 所示的程序框图的连接后，返回至前面板中。

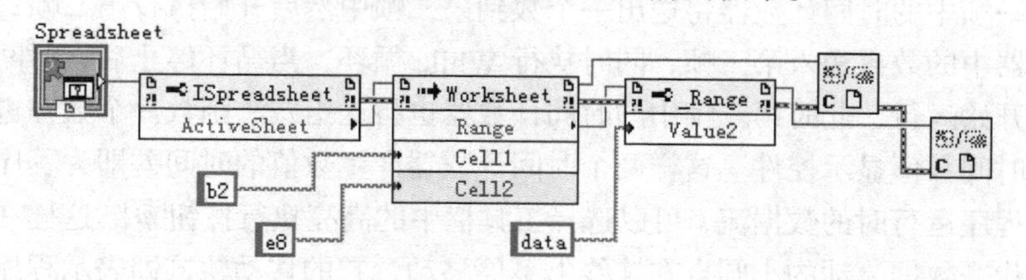

图 14-16 练习八 程序框图

（7）单击工具栏中的运行按钮运行程序，将会发现电子表格中由 b2 和 e8 所围成的区域内的数据填充为 data。在电子表格的上部有一排工具栏可以执行一些相关操作，如复制、剪切、排序、字体设置等，也可以通过按钮将前面板中的电子表格中的数据导出到 Excel 表格中。

（8）保存此 VI 程序，并将该程序命名为上机八.vi 后关闭程序，完成 VI 的创建。

参考文献

[1] (美) Robert H. Bishop. LabVIEW 7 实用教程——Learning with LabVIEW 7 express. 乔瑞萍，林欣等译. 北京：电子工业出版社，2006.

[2] National Instruments Corporation. LabVIEW Help.

[3] 陈锡辉，张银鸿. LabVIEW 8.20 程序设计从入门到精通[M]. 北京：清华大学出版社，2007.

[4] 王磊，陶梅. 精通 LabVIEW 8.0[M]. 北京：电子工业出版社，2007.

[5] 侯国屏，王珅，叶齐鑫. LabVIEW 7.1 编程与虚拟仪器设计[M]. 北京：清华大学出版社，2005.

[6] 杨乐平，李海涛，赵勇，杨磊，安雪滢. LabVIEW 高级程序设计[M]. 北京：清华大学出版社，2003.

[7] 杨乐平，李海涛，杨磊. LABVIEW 程序设计与应用(第 2 版) [M]. 北京：电子工业出版社，2005.

[8] 胡仁喜，王恒海，齐东明等. LabVIEW 8.2.1 虚拟仪器实例指导教程[M]. 北京：机械工业出版社，2008.

[9] 申焱华，王汝杰，雷振山. LabVIEW 入门与提高范例教程[M]. 北京：中国铁道出版社，2007.

[10] 雷振山，赵晨光，魏丽，郭涛. LabVIEW 8.2 基础教程[M]. 北京：中国铁道出版社，2008.

[11] 蔡建安，陈洁华，张文艺. 计算机仿真和可视化设计:基于 LabVIEW 的工程软件应用[M]. 重庆:重庆大学出版社，2006.

[12] 戴鹏飞，王胜开，王格芳，马欣. 测试工程与 LabVIEW 应用[M]. 北京：电子工业出版社，2006.

[13] 孙祥，徐流美，吴清. MATLAB 7.0 基础教程[M]. 北京：清华大学出版社，2005.

[14] Eric Tall, Mark Ginsburg. Active X 开发人员指南[M]. 章巍等译. 北京：机械工业出版社，1997.

[15] 李燕，刘鹏. 基于配置文件的虚拟仪器数据管理方法[J]. 计算机辅助工程. 2005.9，第 14 卷第 3 期，31-34.

[16] 冉宝春，郭庆吉. 应用 LabSQL 构建和访问数据库的方法[J]. 工业仪表与自动化装置，2005.6，48-50.

[17] 李波，张龙. 用 LabSQL 实现 LabVIEW 中数据库的访问[J]. E 时代自动化行业应用. 2006.4，120-122.

[18] 薛定宇，陈阳泉. 高等应用数学问题中的 MATLAB 求解[J]. 北京：清华大学出版社，2004.

[19] 王丹民. LabVIEW 下基于 DLL 的数据采集应用[J]. 控制工程. 2002.5 第 9 卷第 3 期，68-70.

[20] 杨忠仁，饶程，邹建，彭珍莲. 基于 LabVIEW 数据采集系统[J]. 重庆大学学报. 2004.2 第 27 卷第 2 期，32-35.

[21] 张冰，戴晓强，朱志宇. ADO 和 LabSQL 在数据库操作方面的应用[M]. 微计算机信息. 2005 年第 21 卷第 10-2 期，88-90.

[22] 谢启，温晓行，高琴妹，顾启民. LabVIEW 软件中菜单形式的用户界面设计与实现[M]. 微计算机信息. 2005 年第 21 卷第 9-1 期，88-90.

[23] 俞亚平. LabVIEW 与 C 接口设计[J]. 仪表技术. 2005 年第 3 期，65-66.

[24] 夏冬星. LabVIEW 与 C 语言数据存储格式转换[J]. 工业控制计算机. 2004 年第 17 卷第 5 期，54-55.

[25] 文西芹，张永忠，杜玉玲. 基于 DataSocket 的远程设备监测和故障诊断的实现[J]. 煤矿机械. 2003 年第 5 期，91-92.